PORPHYRINE
und
PORPHYRINKRANKHEITEN

VON

Priv.-Doz. Dr. A. VANNOTTI
SEKUNDARARZT DER MEDIZIN. UNIVERSITÄTSKLINIK BERN

MIT 64 ABBILDUNGEN

BERLIN
VERLAG VON JULIUS SPRINGER

ISBN-13: 978-3-642-98161-6   e-ISBN-13: 978-3-642-98972-8
DOI: 10.1007/978-3-642-98972-8

Vorwort.

In den letzten Jahren hat sich die Aufmerksamkeit des Klinikers und des Biologen dem Porphyrin, bzw. dem ganzen Komplex der Porphyrine zugewandt, da diese Farbstoffe in zahlreichen, verwickelten Krankheitszuständen eine wichtige Rolle spielen.

So finden wir in der Literatur viele Arbeiten über das Vorkommen der Porphyrine und deren Wirkung als Auslöser schwerster Organschädigungen oder als Produkt einer Störung des Pigmentstoffwechsels im menschlichen Organismus.

Leider sind sich die Autoren sowohl über die Entstehung und die Funktion als auch über die Bedeutung dieser wichtigen Farbstoffe heute noch nicht einig. Wesentliche Fortschritte verzeichnet man dagegen auf dem Gebiete der Porphyrinchemie, wo durch systematische Untersuchungen der Nachweis, die Isolierung, die quantitative Bestimmung und Synthese einer ganzen Reihe von Porphyrinen erreicht werden konnte. Die exakte chemische Charakterisierung dieser Pigmente war für die weitere Entwicklung der Biologie der Porphyrine von entscheidender Bedeutung.

Die vorliegende Monographie ist aus dem Bedürfnis nach einer kritischen und begründeten Darlegung der heutigen Lage der Porphyrinforschung entstanden. Dabei wurde nicht nur die Aufmerksamkeit auf das Problem der typischen und seit den Arbeiten GÜNTHERs schon lange in ihrer Symptomatologie klargestellten Porphyrinkrankheit (der Porphyrie) gerichtet, sondern auch und noch vielmehr auf die Bedeutung des Porphyrinstoffwechsels im Rahmen der normalen und pathologischen Funktion des Gesamtorganismus hingewiesen.

Die systematische Erforschung führte zu der Entdeckung wichtiger Beziehungen zwischen Porphyrinwirkung und Organfunktion, zwischen quantitativen Pigmentschwankungen und cellulärer Regulation. Es läßt sich also zeigen, daß die Porphyrine schon in physiologischen Mengen wichtige und unersetzbare Stoffe sind, daß ihre abnorme Bildung im Organismus wesentliche Veränderungen hauptsächlich funktioneller Natur in den Organen mit sich führen kann und daß sowohl bei reversiblen wie bei irreversiblen Schädigungen bestimmter Gewebe die Porphyrine vermehrt auftreten können. Die Porphyrie zeigt mit ihrem schweren, oft letal verlaufenden Krankheitsbild die letzte Stufe einer komplexen Pigmentstoffwechselanomalie. Zwischen diesem bedrohlichen Symptomenkomplex und der belanglosen Porphyrinvermehrung wie beispielsweise im Fieberstadium oder bei Belastung der Leber bzw. des Magendarmtractus, besteht eine lange Reihe pathologischer Zustände, in denen das Porphyrin oft eine wichtige Rolle spielt und sogar Symptome auslösen kann, die bis in die neuere Zeit verkannt wurden.

Man findet in der Tat nicht selten in den Anamnesen von latenten Porphyrikern oder Patienten mit verdeckten Störungen des Pigmentstoffwechsels die Angabe, daß dieselben wegen bestimmter Symptome lange Zeit hindurch als Magen-, Nieren-, Nerven-, Leber-, Gemütskranke usw. behandelt, ja sogar wegen Ileus, Magenulcus, Gallen- und Nierensteinkoliken operiert worden sind; nur die systematische Untersuchung des Porphyrinstoffwechsels hat dann in diesen Fällen zu der Entdeckung einer schweren Pigmentanomalie geführt.

Daher wurde in der vorliegenden Monographie besonders auf den intermediären Stoffwechsel der Porphyrine, auf die funktionellen Beziehungen des Porphyrins sowohl zu den einzelnen Organen wie zu den Organsystemen des Körpers, ferner auf die Entstehung dieses Pigmentes unter verschiedenen exogenen und endogenen Bedingungen Rücksicht genommen. Die zum Teil am Menschen, zum Teil im Tierversuch gewonnenen, hier beschriebenen Erfahrungen wurden immer mit den Angaben der Literatur verglichen und hauptsächlich in Zusammenhang mit der für die Klinik wichtigen Frage der therapeutischen Bekämpfung der Porphyrinstörungen gebracht.

Die Entwicklung der Porphyrinforschung hat sich im Laufe der Jahre in mannigfacher Hinsicht entfaltet. Wir finden eine Reihe von hervorragenden Forschern, deren Namen sowohl mit der Chemie wie mit der Biologie dieses Farbstoffes verknüpft sind.

HOPPE-SEYLER, NENCKI und seine Schule haben die ersten Grundlagen in der Chemie der Porphyrine gelegt. McMUNN war derjenige, der die Aufmerksamkeit der Biologen auf diesen Farbstoff lenkte; WILLSTÄTTER zeigte die chemischen Beziehungen des Chlorophylls zum Porphyrin; aber hauptsächlich HANS FISCHER und seine Schule waren die genialen Begründer der modernen Forschungsrichtung der Pyrrolfarbstoffe. Ihnen verdanken wir die klassischen Arbeiten hauptsächlich über die Entdeckung, die Trennung, die Konstitution, die Synthese und die Isomerie der Porphyrine. Die moderne Forschung der Pigmentanomalien nimmt ihren Ursprung in den Arbeiten FISCHERs. Die schönen Fluorescenzstudien DHÉRÉs haben den Nachweis dieses Pigmentes in der Biologie stark befördert. Das lang verkannte Krankheitsbild der Porphyrie wurde vor mehr als 25 Jahren von GÜNTHER ausführlich beschrieben und in ätiologischer Hinsicht erforscht. Seitdem hat man versucht, in gemeinsamer Arbeit mit der Chemie, Klinik und Pathologie das Wesen dieser Krankheit zu ergründen. Hier seien unter anderem besonders die Namen von KÄMMERER und BORST und KÖNIGSDÖRFER erwähnt. Die Frage des Porphyrins im Bilde des gesamten Körperstoffwechsels und hauptsächlich im Rahmen des Pigmentumsatzes im Organismus bringt eine Reihe von Problemen mit sich, die nur mit Hilfe der allgemeinen Biologie, der Physiologie, der Pathologie und vor allem der Klinik gelöst werden können. Daher wurden diese Hauptthemata in der vorliegenden Darstellung systematisch verfolgt und in verschiedene Kapitel geordnet. Die klinischen Angaben stammen hauptsächlich aus Beobachtungen am Krankenmaterial der Medizinischen Universitätsklinik in Bern, andere dagegen von Patienten, die mir in freundlicher Weise zur genauen Untersuchung zugestellt wurden. Sämtliche experimentelle Untersuchungen wurden im Laboratorium der Medizinischen Universitätsklinik ausgeführt, dafür und für sein Wohlwollen bin ich meinem Lehrer, Prof. Dr. W. FREY, besonders dankbar. Es ist mir eine angenehme Pflicht, an dieser Stelle Herrn Prof. Dr. C. WEGELIN, Direktor des Pathologischen Instituts Bern, für die Überlassung von Material, Herrn Prof. Dr. H. ZANGGER, Direktor des gerichtlich-medizinischen Instituts Zürich, für seine freundliche Unterstützung, sowie Herrn Geheimrat Prof. Dr. HANS FISCHER, München für seine aufschlußreichen Angaben über die neuesten chemischen Errungenschaften auf diesem Gebiete und für seine wertvollen Ratschläge, zu danken. Gewisser Mängel und Lücken in der Bearbeitung der verschiedenen Fragen des Porphyrinproblems bewußt, wage ich diese Monographie der Kritik und Beurteilung der Öffentlichkeit vorzulegen. Wenn es aber meiner Darlegung gelingt, den Eindruck zu erwecken, daß die Porphyrine in der Biologie und Pathologie des menschlichen Organismus eine oft verkannte, jedoch grundlegende Rolle spielen können und dem Forscher weiteres Material für neue Untersuchungen in diesem komplexen und weiten Gebiete zu liefern, dann erscheint der Zweck dieser Arbeit erfüllt.

Meinen Mitarbeitern und vor allem meiner Frau bin ich für die Hilfe und die Unterstützung besonders dankbar.

A. VANNOTTI.

B e r n , September 1937.

Inhaltsverzeichnis.

Erstes Kapitel.

Die Porphyrine.

Die Chemie der Porphyrine.

Die Untersuchungsergebnisse über die chemische Konstitution, die physiko-chemischen Eigenschaften, den Auf- und Abbau des Blutfarbstoffs und seiner Derivate sind heute so zahlreich, daß es im Rahmen der vorliegenden Darstellung nicht möglich ist, jede Frage eingehend zu erörtern und auf jedes Problem näher einzugehen.

Als zusammenfassende Referate über die Chemie der Blutfarbstoffderivate sind die Arbeiten von H. FISCHER und von KÜSTER zu erwähnen.

Das Hämoglobin setzt sich aus einem eisenhaltigen Farbstoff und einem Eiweißkörper zusammen. Das Hämin, ein Kunstprodukt aus dem eisenhaltigen Anteil des Hämoglobins, bildet den Ausgangspunkt für die Porphyrine. Beraubt man nämlich das Hämin seines Eisens, so entstehen die Porphyrine.

Hämin hat die Formel $C_{34}H_{32}O_4N_4FeCl$ und besteht aus 4 Pyrrolkernen.

Die Bausteine des Häminmoleküls sind also die Pyrrolringe. Aus Hämin lassen sich durch reduktive Spaltung 4 Pyrrolbasen (Hämopyrrol, Kryptopyrrol, Phyllopyrrol, Opsopyrrol) und 4 Hämopyrrolsäuren (die dazuge-hörigen Pyrrolcarbonsäuren) bilden.

Bei der Oxydation der Hämopyrrolcarbonsäure entsteht die Hämatinsäure.

Sowohl das Hämin wie die Porphyrine lassen sich von einem Grundkörper, dem *Porphin* ableiten, das folgende Konstitutionsformel zeigt:

Dieser wichtige Körper wurde 1935 von H. FISCHER und seinem Schüler GLEIM aus α-Pyrrolaldehyd, und gleichzeitig von ROTHEMUND aus Pyrrol und Formaldehyd 1936 synthetisch hergestellt. Die oben angegebene Formulierung des Porphyrins und daher der weitere Aufbau sämtlicher Porphyrinformeln wurde auf Grund der spektroskopischen Arbeiten STERNs festgestellt.

Das Hämin zeigt folgende Konstitution: 4 Pyrrolringe werden durch 4 Methingruppen (CH) miteinander verbunden, wobei an zwei NH-Gruppen des Porphinsystems substituierend die Gruppe FeCl getreten ist.

Nach den neuesten Anschauungen der FISCHERschen Schule wird das Hämin folgendem Schema entsprechend dargestellt:

$$\text{H}_3\text{C}\text{---}\text{CH}=\text{CH}_2 \qquad\qquad \text{H}_3\text{C}\text{---}\text{CH}=\text{CH}_2$$

Hämin

(Strukturformel des Hämins mit zentralem Fe·Cl, vier N-haltigen Pyrrolringen, Seitengruppen H_3C, $\text{CH}=\text{CH}_2$, HC, CH, sowie $\text{H}_3\text{C}\text{---}\text{CH}_2\text{CH}_2\text{COOH}$ und $\text{HOOCH}_2\text{CH}_2\text{C}\text{---}\text{CH}_3$.)

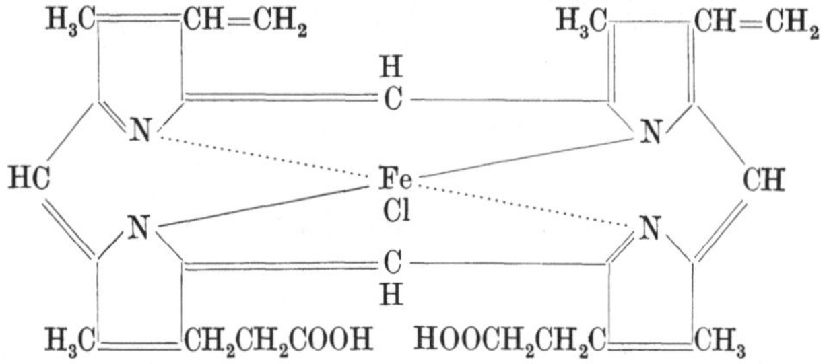

An Stelle des Eisens beim Hämin enthält das Chlorophyll Magnesium. Eisen verleiht dem Hämoglobin den oxydativen Charakter, Magnesium reguliert den synthetischen Prozeß im Pflanzenreich (Kohlensäureassimilation).

Verwandtschaftliche Beziehungen zeigt das Hämin zu dem Chlorophyll, prinzipiell aber unterscheiden sich diese zwei Körper durch das gebundene Metall.

„Verbindet man in obiger vom Eisen befreiter Häminformel den Propionsäurerest in 6-Stellung mit der benachbarten Methingruppe unter Ringbildung und Verschiebung der beiden Wasserstoffatome in die Vinylgruppe in Pyrrolkern II, ersetzt in β-Stellung zum Propionsäurerest in Pyrrolkern III die beiden Wasserstoffatome durch Sauerstoff und hydriert Pyrrolkern III in β-Stellung, so hat man nach Einführung des komplexgebundenen Magnesiums die heute gültige Chlorophyll a-Formel im Prinzip vor sich" (H. FISCHER).

$$\text{H}_3\text{C}\text{---}\text{CH}=\text{CH}_2 \qquad \text{H}_3\text{C}\text{---}\text{C}_2\text{H}_5$$

Chlorophyll a

(Strukturformel des Chlorophyll a mit zentralem Mg, vier N-haltigen Pyrrolringen, Seitengruppen H_3C, $\text{CH}=\text{CH}_2$, C_2H_5, HC, CH, sowie $\text{H}_3\text{C}\text{---}\text{CH}_2$, CH_2, Phytyl OOC, $\text{C}=\text{O}$, OCH_3 und CH_3.)

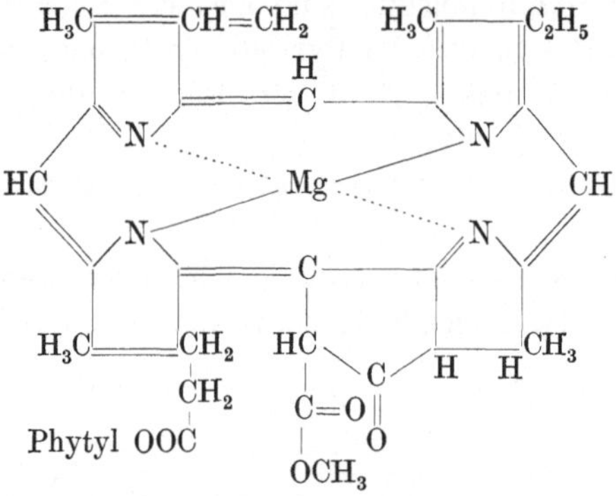

Unter energischem Abbau des Chlorophylls erhielt WILLSTÄTTER zahlreiche Porphyrine, unter ihnen Phyllo-, Pyrro-, Rhodoporphyrin.

„Das Pyrroporphyrin läßt sich durch Einführung des Propionsäurerestes in 6-Stellung in das Blutfarbstoffporphyrin Mesoporphyrin überführen" (H. FISCHER).

Wir werden in der Folge die verschiedenen Porphyrine kennenlernen. Durch den Abbau des Blutfarbstoffes mittelst chemischer Methoden lassen sich die folgenden Porphyrine gewinnen, die aus diesem Grunde *Porphyrine des Blutfarbstoffes* genannt werden.

Die Porphyrine des Blutfarbstoffes.

Das Protoporphyrin. Dieses Porphyrin kann, wie H. FISCHER und PÜTZER feststellen konnten, durch Abspaltung des Eisens aus dem Hämin gebildet werden. Die Eisenabspaltung wird mit Ameisensäure-Eisen vorgenommen. Durch Eiseneinführung in das Protoporphyrin entsteht wieder Hämin.

Das Protoporphyrin ist mit dem KÄMMERER-Porphyrin und mit Ooporphyrin identisch, es wird von SCHUMM als Hämaterinsäure bezeichnet.

Seine Konstitutionsformel lautet:

Protoporphyrin = Kämmererporphyrin = Ooporphyrin

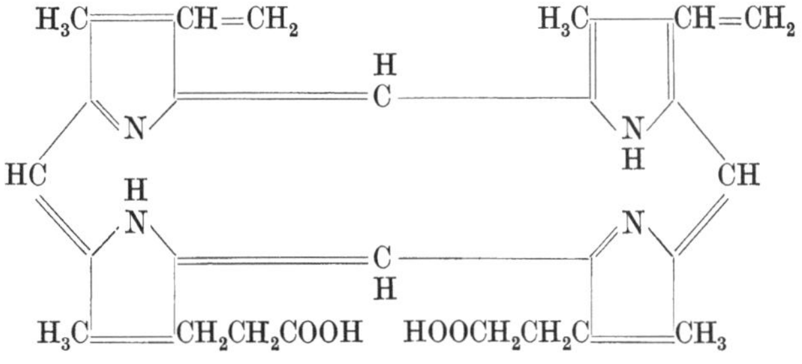

$$H_3C\text{---}CH=CH_2 \qquad H_3C\text{---}CH=CH_2$$

Das Mesoporphyrin ($C_{34}H_{38}N_4O_4$). Es wurde von NENCKI und ZALESKI durch gelinde Reduktion mit Jodwasserstoff aus Hämin gewonnen. Aus Mesoporphyrin lassen sich leicht Salzkomplexe bilden, am wichtigsten ist das Eisensalz, das *Mesohämin* (ZALESKI).

Das Hämatoporphyrin. Durch Einwirkung von Eisessigbromwasserstoff auf das Hämin entsteht das Hämatoporphyrin (NENEKI), das zwei Sauerstoffatome mehr besitzt als Hämin und folgende Zusammensetzung aufweist: $C_{34}H_{38}N_4O_6$. Durch Resorcinschmelze des Hämins werden die beiden Vynylgruppen abgespalten und man erhält Deuteroporphyrin (SCHUMM).

Das Ätioporphyrin. Sowohl das Meso- als auch das Kopro- und Uroporphyrin konnten in Ätioporphyrin dekarboxyliert werden. WILLSTÄTTER fand die Ätioporphyrinreaktion auf. H. FISCHER und seine Schule haben das Ätioporphyrin als Tetramethyl-tetraäthylporphin erkannt.

Das Ätioporphyrin ist also sauerstofffrei und besitzt folgende Formel: $C_{32}H_{38}N_4$, wobei es als Seitenketten 4 Methyl- und 4 Äthylgruppen aufweist. Das Einsetzen dieser 8 Gruppen kann, wie H. FISCHER und seine Mitarbeiter durch die Synthese des Ätioporphyrins gezeigt haben, in verschiedenen Stellungen gegenüber dem Pyrrolskelet geschehen, und daher besitzt das Ätioporphyrin 4 verschiedene Isomere.

Auf diese Weise lassen sich auch bei den anderen Porphyrinen verschiedene Isomere unterscheiden, die für die Biologie und die Klinik von besonderer Bedeutung sind.

Wir geben hier die Konstitutionsformeln der 4 Ätioporphyrinisomeren wieder:

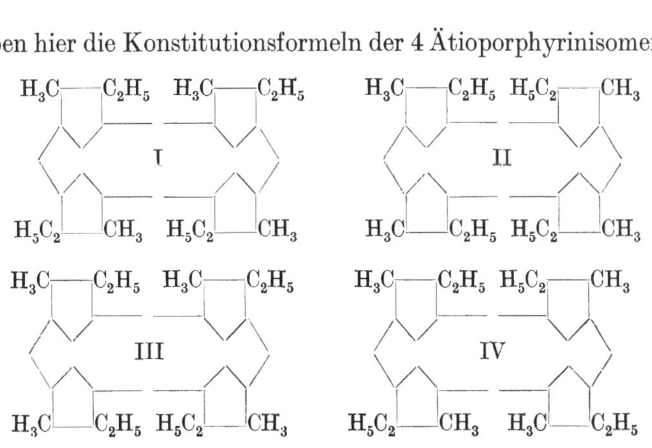

Das Ätioporphyrin geht durch Einführung von Eisen in sein Molekül, in Ätiohämin, über (WILLSTÄTTER).

Nach dem Gesagten kann folgendes Schema über den Zusammenhang der wichtigsten Porphyrine und der dazu gehörigen Ausgangsprodukte aufgestellt werden:

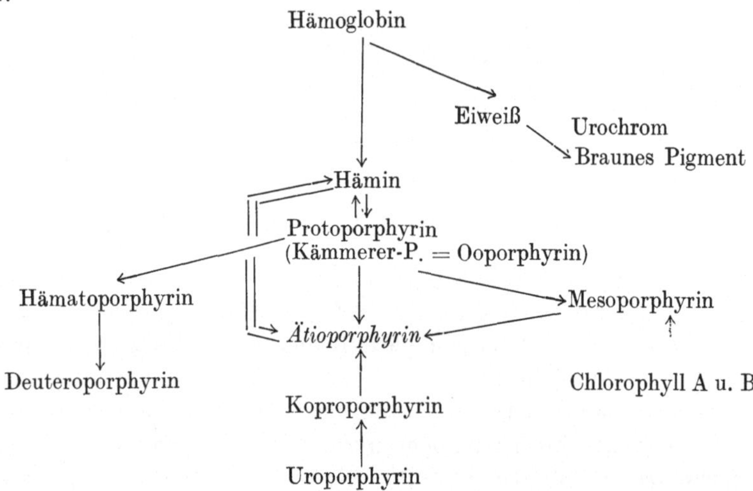

Außer diesen chemisch hergestellten Porphyrinen gibt es noch natürliche Porphyrine, d. h. Porphyrine, die in der Natur zu finden sind. H. FISCHER teilt die natürlichen Porphyrine in primäre, in der Natur präformierte Porphyrine, und sekundäre, unter biologischen Prozessen erzeugte Porphyrine ein.

Die primären, natürlichen Porphyrine.

Das **Koproporphyrin** ist normalerweise in kleinen Mengen im menschlichen Urin und Stuhl (oft in Form einer Leukoverbindung) vorhanden und kann ferner unter anderem im Blutserum und in der Milch nachgewiesen werden. Auch in der Tierreihe wurde Koproporphyrin gefunden. Fäulnis von Fleisch, menschlichem und tierischem Blut führt zu Koproporphyrinbildung. Auch Hefe ist koproporphyrinhaltig.

Das Koproporphyrin besitzt folgende Zusammensetzung: $C_{36}H_{38}N_4O_8$; es ist ein vierfach carboxyliertes Ätioporphyrin und hat folgende Konstitutionsformel:

Koproporphyrin I

Biologisch besonders wichtig ist, daß neben dem Koproporphyrin I noch sein Isomer, das Koproporphyrin III besteht, das sich von Ätioporphyrin III ableiten läßt und das daher folgende Formel besitzt:

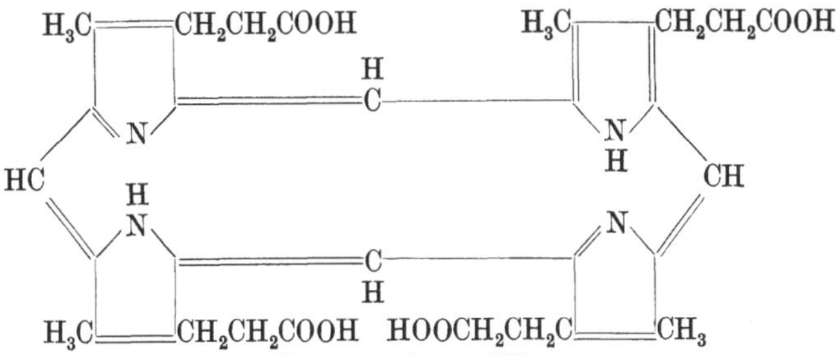
H3C CH2CH2COOH H3C CH2CH2COOH
H
C
N
N
H
HC
H
CH
N
N
C
H
H3C CH2CH2COOH HOOCH2CH2C CH3

Koproporphyrin III

In seltenen Fällen findet man dieses Koproporphyrin III im Urin. Die Isomere II und IV sind bis jetzt in der Natur nicht gefunden worden.

Die Oxydation des Koproporphyrins führt zu Hämatinsäure, die Reduktion dagegen zu Hämopyrrolcarbonsäure.

Das **Konchoporphyrin** $C_{37}H_{38}N_4O_{10}$ ist ein monocarboxyliertes Koproporphyrin, das in der Perlmuschel (Pteria radiata) enthalten ist.

Das **Uroporphyrin** $C_{40}H_{38}N_4O_{16}$ steht in engem Zusammenhang mit dem Koproporphyrin. Es kann durch Decarboxylierung in Koproporphyrin übergeführt werden. Uroporphyrin unterscheidet sich durch die Löslichkeit von Koproporphyrin, indem dieses leicht in Essigäther löslich ist, Uroporphyrin hingegen diese Eigenschaft nicht besitzt.

Das Uroporphyrin wird in größeren Mengen als pathologisches Produkt durch den menschlichen Urin ausgeschieden, es läßt sich mit Leichtigkeit aus seiner Leukoverbindung ableiten. Seine Konstitutionsformel:

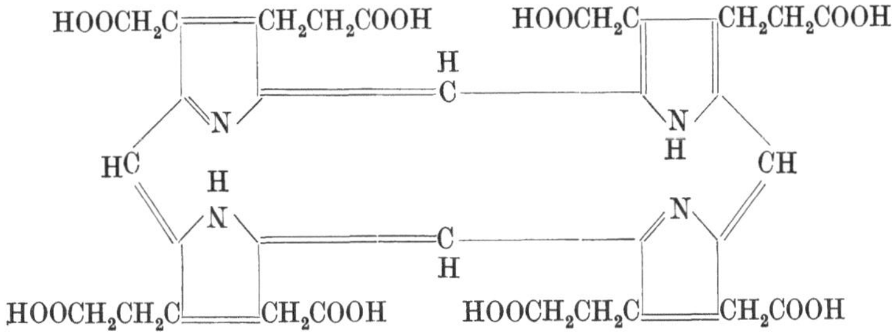
HOOCH2C CH2CH2COOH HOOCH2C CH2CH2COOH
H
C
N
N
H
HC
H
CH
N
N
C
H
HOOCH2CH2C CH2COOH HOOCH2CH2C CH2COOH

Uroporphyrin ist also ein achtfach carboxyliertes Ätioporphyrin. Die Aufnahme von 4 weiteren Carboxylgruppen wird von H. Fischer als ein Entgiftungsvorgang aufgefaßt. Dieser Autor konnte nämlich durch Abspaltung von 4 Carboxylgruppen aus dem Uroporphyrin die giftige Wirkung dieser Substanz verdoppeln.

Das Uroporphyrin bildet mit Metallen (Cu, Zn) Komplexsalze, von denen das Kupfersalz von einiger Bedeutung ist. Es ist mit *Turacin* identisch, einem Farbstoff, der aus den Federn der Turacus-Vogelarten (Zentralafrika) extrahiert werden kann. H. Fischer und Hilger konnten durch Entfernung des Kupfers aus dem Turacin einen krystallisierten Uroporphyrinester gewinnen.

Vor einigen Jahren haben Derrien und Cristol das Vorkommen eines Zinksalzes des Uroporphyrins im menschlichen Urin beschrieben. Diese Erscheinung verspricht nicht nur vom chemischen, sondern auch vom biologischen Standpunkt aus von besonderer Bedeutung zu sein. Sowohl Kupfer wie Zink kommen als Schwermetalle im menschlichen Organismus konstant vor, das erstere besonders in der Leber, das letztere vorwiegend im Pankreas.

Ferner konnten FISCHER und HILGER aus Uroporphyrin Ätioporphyrin darstellen und somit diese beiden natürlichen Porphyrine den Porphyringruppen des Hämins und des Chlorophylls anschließen.

Das **Ooporphyrin** wurde von FISCHER und KÖGL als Ester in krystallisierter Form aus den Eierschalen der im Freien brütenden Vögel extrahiert. Das Ooporphyrin läßt sich in Mesoporphyrin überführen, es zeigt also nahe Beziehungen zum Hämin. Ferner hat sich erwiesen, daß das Ooporphyrin völlig identisch ist mit dem Porphyrin KÄMMERERs, einem Farbstoff, der der Gruppe der sekundären natürlichen Porphyrine angehört.

Die sekundären, natürlichen Porphyrine.

Das Kämmerer-Porphyrin = Protoporphyrin $C_{34}H_{34}N_4O_4$. Es entsteht durch hydrolytische Abspaltung des Eisens aus der Blutfarbstoffkomponente. Dieses Porphyrin, das identisch mit Proto- und Ooporphyrin ist, wird nach den Untersuchungen KÄMMERERs unter der Wirkung bestimmter Bakteriensynergismen aus dem Blutfarbstoff frei gemacht. Es entsteht auch bei der sterilen Fleischautolyse (HOAGLAND). Protoporphyrin, KÄMMERER-Porphyrin und Ooporphyrin sind also Synonyma, es ist dieselbe Substanz unter verschiedenen Erscheinungsarten, und zwar ist das Ooporphyrin als Protoporphyrin der Eierschalen als ein primäres natürliches Porphyrin, das KÄMMERER-Porphyrin als ein sekundäres natürliches Porphyrin aufzufassen.

Das Deutoporphyrin ($C_{30}H_{30}N_4O_4$) entsteht durch Eisenabspaltung aus dem Deuterohämin, das aus dem Hämin bei monatelang dauernder Fäulnis in schwach alkalischer Reaktion (Soda) zu gewinnen ist (H. FISCHER). Deuteroporphyrin weist zwei freie Methingruppen auf. Seine Konstitutionsformel ist:

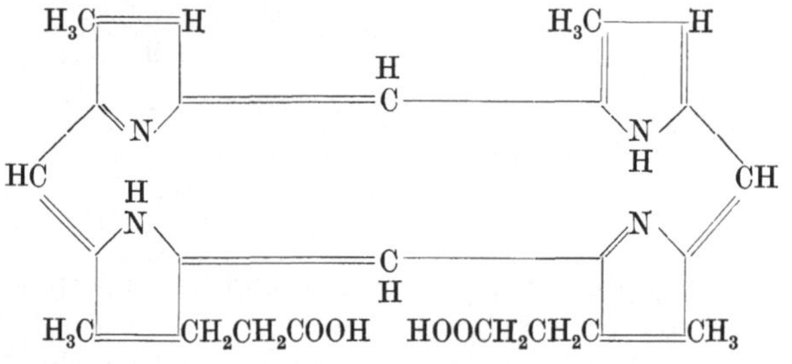

$$H_3C\!=\!H \qquad\qquad H_3C\!-\!H$$

Das Deuteroporphyrin kann auch im Darmtractus des Menschen aus dem Blut- und Muskelfarbstoff entstehen.

In den letzten Jahren wurde große Aufmerksamkeit auf die von H. FISCHER beschriebenen und synthetisch hergestellten Isomeren der Porphyrine gelegt. Sie bieten nicht nur ein rein chemisches Interesse, sondern sind für die Entwicklung der Porphyrinlehre auf dem Gebiete der Biologie und der Klinik von eminenter Bedeutung geworden.

Ein Vergleich der natürlichen Porphyrine mit den synthetisch hergestellten Porphyrinisomeren zeigt, daß in der Natur nach den bisherigen Untersuchungen nur zwei Porphyrinisomere vorhanden sind, nämlich Porphyrin Typ I und III.

Die Identifizierung der Ätioporphyrine ist infolge ihrer zu hohen Schmelzpunkte unmöglich, es gelang aber H. FISCHER, alle vier Koproporphyrinisomere synthetisch herzustellen. Diese Körper lassen sich durch entsprechende charakteristische Schmelzpunkte genau individualisieren.

Wie es sich später zeigen wird, kann unter pathologischen Bedingungen sowohl Koproporphyrin I wie III durch den menschlichen Urin ausgeschieden werden.

Von besonderem biologischem Interesse ist die Tatsache, daß häufig das Kopro- und das Uroporphyrin von dem Ätioporphyrin I, der Blut- und Muskelfarbstoff sowie das Chlorophyll hingegen sich von dem Ätioporphyrin III ableiten lassen.

Bei der Synthese des Mesoporphyrins fand H. FISCHER, daß das Mesoporphyrin 9 identisch ist mit dem aus dem Hämin stammenden Mesoporphyrin. Da man aber das Mesoporphyrin 9 vom Ätioporphyrin III ableiten kann, war es H. FISCHER möglich, einwandfrei nachzuweisen, daß das Hämin des Blutfarbstoffes vom Ätioporphyrin III stammt.

Durch die Überführung von Chlorophyllporphyrin in Mesoporphyrin 9 konnte dieser Autor auch die Ableitung desselben aus dem Ätioporphyrin III zeigen.

Vom Ätioporphyrin III lassen sich 6 Mesoporphyrine, also auch 6 Hämine ableiten. Wie H. FISCHER betont, entspricht das Hämin des menschlichen und tierischen Blutfarbstoffes dem „Hämin IX".

H. FISCHER hat auf Grund dieser und anderer später zu erwähnenden Feststellungen einen Dualismus der Porphyrine in der Natur bewiesen, ein entsprechender Dualismus der Hämine ist aber bis jetzt noch nicht beobachtet worden. Wir müssen also annehmen, daß in der Biologie zwei getrennte Systeme von Porphyrinen vorhanden sind, die in ihrer Entstehung und Funktion scharf voneinander zu trennen sind.

Dieser Dualismus ist nicht nur in der Tier-, sondern auch in der Pflanzenreihe zu beobachten, er ist in klassischer Form bei der Hefe zu sehen, aus der neben dem Koproporphyrin I das Protoporphyrin, ein dem Ätioporphyrin III entsprechender Farbstoff, zu gewinnen ist.

Die Porphyrine der ersten Isomerenreihe, die den Kliniker besonders interessieren, weil sie die Urin- und Kotporphyrine des normalen Individuums und einiger Porphyrinkranken darstellen, besitzen also keine direkte Beziehung zu dem Blut-, Muskel- und Blattfarbstoff. H. FISCHER glaubt an die Möglichkeit einer Synthese der Porphyrine I im Organismus. H. FISCHER sowie BORST und KÖNIGSDÖRFER erblicken in diesem Vorgang einen biologischen Atavismus, indem die Bildung des Porphyrin I im Organismus einen Rückschlag in embryonale Zustände darstelle, (Die Erythroblasten, die Knochen des Embryos und das Meconium sind porphyrinreich.)

Die Differenzierung der Porphyrinisomere geschieht entweder durch die Bestimmung der Schmelzpunkte oder durch Aufstellung der p_H-Fluorescenzkurve nach H. FINK, die für jedes Porphyrinisomer charakteristisch ist.

Die Chlorophyllporphyrine. „Im Chlorophyll kann durch vorsichtige Reduktion mit Jodwasserstoff das komplexgebundene Magnesium entfernt werden. Gleichzeitig tritt Dehydrierung des Pyrrolkernes III ein und Hydrierung der Vinylgruppe in Pyrrolkern I. Es resultiert dann das Phäoporphyrin a_5, das durch Decarboxylierung in das wichtige, in der Natur vorkommende Chlorophyllporphyrin, das Phylloerythrin, übergeht.

$$\text{Phylloerythrin}$$

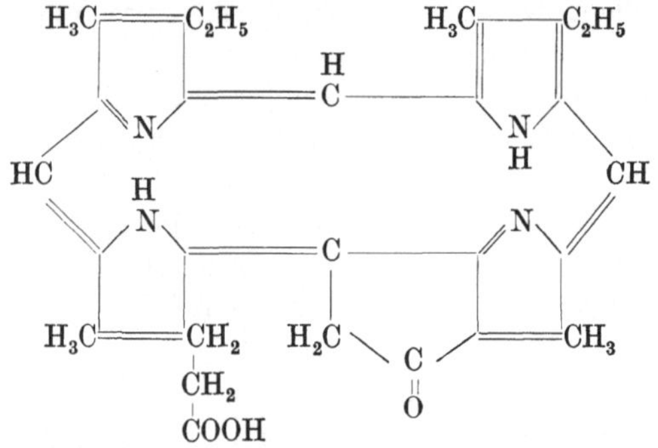

Die Anordnung der Substituenten entspricht Ätioporphyrin III. Chlorophyll und Hämin leiten sich also von demselben Ätioporphyrin ab" (H. Fischer).

Die physikochemischen Eigenschaften der Porphyrine.

Die Farbe der Porphyrine. In genügender Konzentration zeigen die Porphyrine in den verschiedenen Solventien eine rote Farbe, die von der Konzentration sowie der Art des Lösungsmittels und seinem p_H abhängig ist. Besonders die Wasserstoffionenkonzentration der Lösungsmittel kann bei den gleichen Porphyrinen deutliche Farbabweichungen bedingen, so sehen wir z. B., daß die rotorange bis bräunliche Farbe des Porphyrins im alkalischen Medium in einen mehr violettroten Ton in sauren Medien übergeht.

Diese Schwankungen der Porphyrinfarben kann man am besten mit dem Absorptionsspektrum der Porphyrine in verschiedenen Lösungsmitteln feststellen.

Im allgemeinen geben die Porphyrine im sauren Lösungsmittel ein Spektrum mit 3 Hauptabsorptionsstreifen, während sie im alkalischen Medium 4—6 Hauptstreifen aufweisen. Sowohl die Zahl wie die Breite der Absorptionsstreifen als auch die Absorptionsintensität sind von der Porphyrinkonzentration abhängig. Desgleichen ist die Konzentration des Lösungsmittels für die Spektraluntersuchung von Bedeutung. Porphyrinlösungen in HCl zeigen bei starker Salzsäureverdünnung eine leichte Verschiebung der Absorptionsbande nach dem kurzwelligen Gebiet (Schumm).

Die Hauptstreifen lokalisieren sich besonders zwischen Rot und Grün, einige Streifen liegen auch im Grünblau und schließlich findet man nicht selten, worauf Günther besonders hingewiesen hat, auch bei schwacher Porphyrinkonzentration einen Streifen im Violettgebiet.

Von besonderem Interesse ist die von Fischer und Gleim festgestellte Tatsache, daß der Grundkörper der Porphyrine, das Porphin, spektroskopisch die typischen Porphyrinzeichen (scharfe Ausbildung aller Banden) besitzt. Im Grün sind an Stelle der breiten, zwei scharfe Banden vorhanden. Das Salzsäurespektrum des Porphins gleicht am ehesten einem Hämochromogenspektrum (Absorptionsband bei 542 mμ nach Stern).

Aus den Tabellen von H. Fischer und von O. Schumm reproduzieren wir hier die wichtigsten Wellenlängen, und zwar nur die Maxima der Absorptionsstreifen einiger Porphyrine in verschiedenen Lösungsmitteln.

Lösungsmittel		Absorptionsbande							
Blutfarbstoffporphyrine.									
Protoporphyrin									
F[1]	25% HCl	602,4	582,2	557,2					
S[2]	25% HCl	602,7		557,2	410,8				
F	n/10 KOH	645,2	591,0	539,7					
S	n/10 KOH	642,0	591,0	540,0	auf der Grenze grün/blau ein violettwärts nicht deutlich abgegrenzter Schatten				
F	Äther	632,5	585,1	575,8	536,8	501,9			
S	Chloroform	630,6		575,3	540,7	506,9etwa			
S	Pyridin	632,8		576,0	541,0	507,0			
Dimethyl-ester F	25% HCl	668,8	603,4	583,4	557,0				
F	Chloroform	631,6	603,9	581,1	541,3	506,0			
Hämatoporphyrin									
F	25% HCl	595,8	575,5	551,7	527,9	510,5			
F	n/10 NaOH	619,8	568,0	539,5	505,2				
F	Äther	624,8	614,7	598,1	578,6	569,0	530,4	496,5	470,3
Mesoporphyrin									
F	25% HCl	593,1	572,4	548,7	524,8	508,7			
F	n/10 NaOH	630,0	578,3	548,0	513,3				
F	Äther	623,3	612,4	596,6	578,3	567,6	559,0	528,6	494,6
S	Chloroform	621,0				565,9		532,8	498,2etwa
Ätioporphyrin									
F	Äther	622,3	610,2	595,7	576,5	566,6	557,3	545,1	527,8
								493,8	466,6
Primäre natürliche Porphyrine.									
Koproporphyrin									
F	25% HCl	593,9	574,6	550,9					
S	25% HCl	593,6		550,2	405,8				
F	n/10 KOH	617,5	568,5	538,5	503,9				
F	Äther	623,9	597,3	577,7	568,2	529,3	497,9		
S	Äther	623,6			568,4	526,3	495,0		
S	Pyridin	622,5			567,5	531,5	499,5		
Methyl-ester F	25% HCl	593,8	573,1	550,3					
F	Chloroform	622,3	596,7	578,1	567,7	532,9	499,1		
Uroporphyrin									
F	25% HCl	596,6	577,6	553,6	511,3				
S	25% HCl	597,1		554,1		410,7			
F	n/10 NaOH	612,0	560,5	539,0	503,7				
S	n/10 KOH	618,0	567,5	538,4	501,8				
Methyl-ester F	25% HCl	596,9	576,7	553,6					
F	Chloroform	626,2	599,0	581,4	570,5	537,3	500,8		
Turacin (Cu-Salz) F	NH_3	565,4	528,2						

[1] F bedeutet, daß die angegebenen Werte aus der Monographie von H. FISCHER in ABDERHALDENs Handbuch der biologischen Arbeitsmethoden, Abt. 1, Teil II, stammen.

[2] S bedeutet, daß die Werte aus den Tabellen von O. SCHUMM: „Spektrochemische Analyse der natürlichen und organischen Farbstoffe", FISCHER 1927, entnommen wurden.

Lösungsmittel		Absorptionsbande						

Sekundäre natürliche Porphyrine.

Deuteroporphyrin

S	25% HCl	591,0		548,0		404,0	
S	n/10 KOH	611,3	559,3	535,5			
S	Äther	621,3	566,2	523,8	492,5		
S	Pyridin	621,0	566,0	530,0	497,0		
S	Chloroform	619,8	565,0	532,0	497,0etwa		
Methyl-ester S	Chloroform	620,2	565,3	532,8	498,0		

Aus der Tabelle ist ersichtlich, daß die Hauptgruppen der Absorptionsbänder der verschiedenen Porphyrine besonders in salzsaurer Losung nahe nebeneinander zu liegen kommen. Oft ist deshalb die spektroskopische Trennung von Porphyringemischen sehr schwer, manchmal sogar unmöglich, da die wenig differenzierten Streifen nicht mehr mit Genauigkeit voneinander zu trennen sind.

Das Protoporphyrin bildet in dieser Hinsicht eine Ausnahme, da seine sämtlichen Absorptionsbänder sowohl in sauren wie in alkalischen Medien gegen das langwellige Gebiet hin verschoben sind.

Die Porphyrine zeigen ferner im violett-ultravioletten Abschnitt den spezifischen Absorptionsstreifen, der auch dem Hämoglobin eigen ist. Diese Erscheinung war schon 1896 (GAMGEE) bekannt, GÜNTHER hat, wie oben erwähnt, die Bedeutung dieses Bandes für die Charakterisierung verdünnter Porphyrinlösungen betont. Nach den Untersuchungen von HAUSMANN-KRUMPEL und auch von FRIEDLI, liegt dieser Streifen bei den verschiedenen Porphyrinen um 400 mμ herum.

Die folgende Tabelle aus dem Buch HEILMEYERs gibt die Maxima der Absorption an:

	Absorption	
Hämatoporphyrin-Chlorhydrat in HCl-Lösung	401	(450—260)
Hämatoporphyrin-Chlorhydrat in alkalischer Lösung	396	(463—263)
Uroporphyrinester in Chloroform	408	(466—275)
Koproporphyrinester in Chloroform	405	(463—264)
Hämatoporphyrin-Tetramethylester in Chloroform	403	(466—274)
Hämatoporphyrin-Dimethylester in absolutem Alkohol	393,6	
Mesoporphyrin Chlorhydrat in absolutem Alkohol	400,0	

(die letzten Werte stammen von FRIEDLI).

Der Arbeit von BOIS aus dem DHÉRÉschen Institut werden hier Werte der Absorptionsstreifen einiger Porphyrine im Gebiet von Violett und Ultraviolett entnommen:

	In Pyridin		In 2-n HCl	
	Grenzwerte	Zentrum	Grenzwerte	Zentrum
Protoporphyrin	427,0—363,7	395,3	416,2—399,8	408,0
Uroporphyrin	—	—	413,7—399,8	406,6
Koproporphyrin	416,2—364,0	390,1	411,2—393,5	402,3
Hämatoporphyrin . . .	417,2—363,4	390,3	411,7—393,5	402,6
Mesoporphyrin	418,7—363,7	391,2	408,9—393,5	401,2
Ätioporphyrin	413,7—363,2	388,4	407,0—393,5	400,2

In der letzten Zeit hat sich O. MERKELBACH mit der Infrarotspektroskopie des Blutfarbstoffes und seiner Derivate befaßt.

Interessant ist die Feststellung HELLSTRÖMs, der beim Studium der Beziehungen zwischen Porphyrinspektrum und Konstitution die Hypothese aufgestellt hat, daß die oszillatorische Erweiterung des Porphyrinringes die ersten Rotbande des Spektrums charakterisiert.

In der letzten Zeit hat man neben der Spektroskopie noch die Spektrophotometrie der Porphyrinfarbstoffe mit genauen technischen Mitteln ausgeführt. Besonders die Spektrophotometrie der Harnporphyrine hat verschiedene Forscher beschäftigt. Diese optische Untersuchungsmethode leistet bei der qualitativen Bestimmung der einzelnen Komponenten eines Porphyringemisches ausgezeichnete Dienste, besonders dort, wo die Spektroskopie versagt. Mit der Spektrophotometrie kann man schließlich das Porphyrin aus einem Gemisch von verschiedenen anderen Farbstoffen identifizieren und auch quantitativ bestimmen.

Für das Hämatoporphyrin in 5% Salzsäure hat HEILMEYER diese Kurve angeführt (Abb. 1).

Für das Kopro- und Uroporphyrin hat derselbe Autor folgende Extinktionskoeffizienzwerte angegeben.:

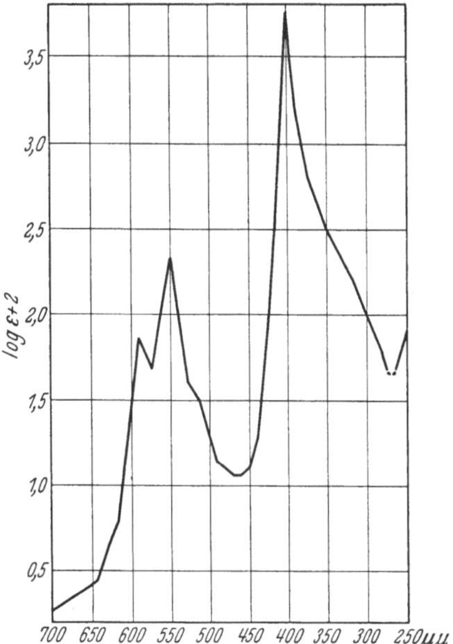

Abb. 1. Gesamtverlauf der Farbkurve des Hämatoporphyrins in 5%iger HCl, Konzentration 0,01% (spektrophotometrische Bestimmung nach L. HEILMEYER).

Koproporphyrin c = 0,00010 g/ccm			Uroporphyrin c = 0,00010 g/ccm		
Wellenlänge in $\mu\mu$	E (1 cm)	log ε + 2	Wellenlänge in $\mu\mu$	E (1 cm)	log ε + 2
610	0,087	0,939	610	0,138	1,139
600	0,424	1,627	600	0,525	1,720
595	0,795	1,880	597 (Max. I)	0,597	1,776
593,3 (Max. I)	0,841	1,925			
			595	0,590	1,771
590	0,757	1,879	590	0,478	1,679
585	0,565	1,752	587 (Min.)	0,446	1,649
583,5 (Min.)	0,550	1,740			
			585	0,471	1,673
580	0,578	1,760	580	0,561	1,745
570	0,845	1,927	570	0,705	1,848
560	1,120	2,080	560	1,439	2,158
555	2,089	2,320	554 (Max. II)	1,910	2,181
550 (Max. II)	2,483	2,395			
			550	1,596	2,203
545	2,099	2,322	540	0,593	1,773
540	1,096	2,040	530	0,354	1,549
530	0,476	1,678	520	0,292	1,465
520	0,387	1,588	510	0,238	1,376
510	0,327	1,514	500	0,149	1,173
500	0,212	1,326	490	0,115	1,059
490	0,138	1,141	470	0,099	0,997
470	0,108	1,033			

Die Spektrophotometrie ist auch bei der Analyse der Urinfarbe von Bedeutung; so konnte HEILMEYER in Porphyrinharn ohne Extraktion, neben den für die anderen Farbstoffkomponenten des Urins charakteristischen Merkmalen, die für die Porphyrine typischen Maxima darstellen.

In den letzten Jahren haben STERN und WENDERLEIN die Lichtabsorption einer großen Reihe von Porphyrinen bestimmt (Bestimmung des Extinktionskoeffizienten beim Absorptionsspektrum. Hierbei sei der Leser auf die ausführlichen Publikationen der beiden Autoren in der Z. physik. Chem., Abt. A, verwiesen.) Dabei haben sie Beziehungen zwischen den optischen Absorptionscharakteristica und der feinen Struktur der Porphyrine festgestellt.

Von weiterer großer Bedeutung für die Charakterisierung wie auch für die qualitative und quantitative Bestimmung dieser Farbstoffe auch in kleinen Dosen ist die fluorescierende Eigenschaft der Porphyrine.

Die Fluorescenz der Porphyrine.

Es ist besonders das Verdienst DHÉRÉs, gründliche und eingehende Studien über die Porphyrinfluorescenz eingeleitet und die Methodik dieser Untersuchungen zugänglich gemacht zu haben.

Schon 1867 war die rote Fluorescenz des Hämatoporphyrins bekannt, erst später aber lernte man aus dieser wichtigen Feststellung Nutzen zu ziehen. Alle Porphyrine zeigen eine sehr intensive, auch in sehr hohen Verdünnungen noch immer wahrnehmbare, rote Fluorescenz. Die Intensität derselben ist selbstveständlich von der Konzentration der Porphyrinlösung abhängig. DHÉRÉ gibt an, daß die Verdünnungsgrenze für die Wahrnehmung einer Porphyrinfluorescenz in absolutem Alkohol 5×10^{-7}, in Schwefelsäure und in Ammoniak 1×10^{-9} beträgt. Die Fluorescenzfarbe wird ferner von der Art des Porphyrins, von den Solventien und vom p_H der zu untersuchenden Lösung bestimmt. Auf diese Weise ist es uns also möglich, mit Hilfe der Fluorescenzanalyse qualitative und quantitative Bestimmungen dieser wichtigen Farbstoffe auszuführen.

Eindrucksvoll ist folgende Zusammenstellung von STERN und DEŽELIĆ, die die Verschiebung der Fluorescenzbanden für das Octäthylporphin je nach dem Lösungsmittel wiedergibt.

Lösungsmittel	I	II	III	IV	V	VI
Aceton	596	622	649	670	689	719
Pyridin	597	622	649	671	690	722
Diäthyläther	599	623	651	673	692	—
Chloroform	594	622	650	671	691	722
Dioxan	596	622	654	671	690	723
Tetrachlorkohlenstoff . . .	602	626	654	676	695	—
Paraffin	599	625	654	674	693	718
Phytol	—	624	639	664	694	—

Wir werden in den folgenden Kapiteln die Bedeutung der Fluorescenzuntersuchungen näher kennenlernen.

Die Änderung der Fluorescenzfarbe je nach der Reaktion des Lösungsmittels wurde schon 1911 von DHÉRÉ und SOBOLEVSKI beobachtet. Genauere Angaben über die spektroskopische Analyse dieser Erscheinung wurden einige Jahre später veröffentlicht (Dhéré und seine Mitarbeiter 1924, Dhéré und Bois 1926). An Hand der Fluorescenzspektrogramme konnte Dhéré bei Beleuchtung der Porphyrine mit Ultraviolettlicht die genaue Bestimmung der charakteristischen Fluorescenzfarbe durchführen. In der Arbeit von Borst und Königsdörfer über den Fall Petry wurde die Fluorescenzspektroskopie der Porphyrine durch zahlreiche Untersuchungen (diesmal aber ohne Spektrographie) ergänzt und erweitert und direkt auf die Biologie angewandt.

Wie bei den Absorptionsspektren zwei grundsätzlich verschiedene Reihen von Absorptionsbänder beim gleichen Porphyrin je nach der alkalischen oder sauren Reaktion der Lösung zu unterscheiden sind, so sind auch bei der Fluorescenz zwei Formen von Spektren bekannt: Das Fluoscenzspektrum Typus Dhéré I (ein Hauptstreifen und drei Nebenstreifen) für die neutralen organischen Lösungsmittel und für Ammoniak und das Fluorescenzspektrum Typus Dhéré II (drei Bande) für die sauren Lösungsmittel (Abb. 2 und 3).

Wir geben hier in der Folge einige Angaben (Dhéré, Dhéré und Bois, Borst und Königsdörfer) über die Bande der Fluorescenzspektren der wichtigsten Porphyrine wieder:

Fluorescenzspektren Dhéré I.

Porphyrin	Lösungsmittel	Nebenbande			Hauptbande
		γ	β	α	
Protoporphyrin	Pyridin	701	683	663	634,2
Hämatoporphyrin	Pyridin	691	673	654	624,7
Mesoporphyrin	Pyridin	689	670	651	620,8
Ätioporphyrin.	Pyridin	689	671	651	620,6
Koproporphyrin.	Pyridin	689	672	651	620,2
Uroporphyrin	Pyridin	692	674	656	623,0

Fluorescenzspektren Dhéré II.

Porphyrin	Lösungsmittel	I	II	III
Protoporphyrin	2-n HCl	655	626	604
	25% HCl	679—644	619	599
Hämatoporphyrin	2-n HCl	653	619	597
	25% HCl	662—649—636	618,5	598
Mesoporphyrin	2-n HCl	650	617	594
Ätioporphyrin.	2-n HCl	649	616	594
Koproporphyrin.	2-n HCl	652	618	595
	25% HCl	659—646—634	618	596,5
	98% H_2SO_4	660—648—646—635	627—615	604—590
Uroporphyrin	2-n HCl	653	619	596
	25% HCl	664—652—641	624	602,5

	I	II	
Zinkverbindung des Hämatoporphyrins Alkohol abs.	644—615	592—572	3 Min. Belichtungsdauer
Zinnverbindung des Hämatoporphyrins Alkohol abs.	636—627	585—576	3 Min. Belichtungsdauer

Stern und Molvig haben in neuerer Zeit bei der Untersuchung des Fluorescenzspektrums zur Ermittlung der Porphyrinkonstitution eine ganze Reihe

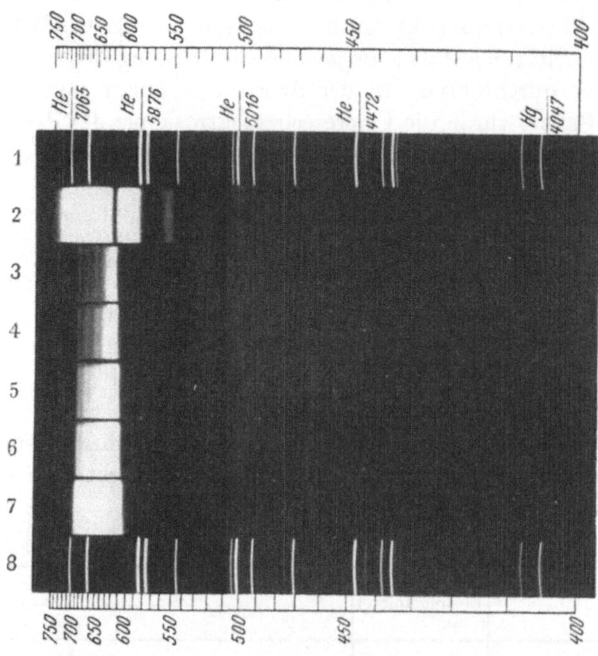

Abb. 2. Absorptions- und Fluorescenzspektren des Hämatoporphyrins (Acetonlösung) nach CH. DHÉRÉ. 1 und 8 He + Hg-Spektrum. 2 Absorptionsspektrum. 3—7 Fluorescenzspektrum (Typus DHÉRÉ I). (Verschiedene Expositionszeiten.)

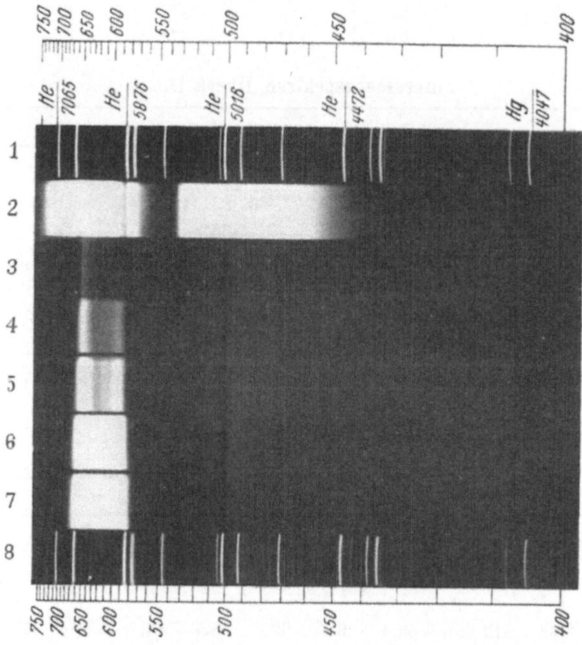

Abb. 3. Absorptions- und Fluorescenzspektren des Hämatoporphyrins (Schwefelsäurelösung) nach CH. DHÉRÉ. 1 und 8 He + Hg-Spektrum. 2 Absorptionsspektrum. 3—7 Fluorescenzspektrum (Typus DHÉRÉ II). (Verschiedene Expositionszeiten.)

von Fluorescenzspektra von Porphyrinen und nahverwandten Stoffen mit Dioxan als Lösungsmittel bestimmt.

Hier die Werte einiger Porphyrine nach den oben genannten Autoren:

	Bandenmaxima					
	I	II	III	IV	V	VI
Ätioporphyrin	596	**622**	653	670	690	723
Ätioporphyrin II	596	**622**	653	670	690	723
Koproporphyrin I, Tetramethylester	597	**623**	654	671	691	
Koproporphyrin II, Tetramethylester	597	**623**	654	671	691	
Uroporphyrin- (Petry), Oktamethylester	600	**626**	658	676	695,5	
Protoporphyrin (frei)	605,5	**632,5**	669,5	704		
Protoporphyrin, Dimethylester . . .	(606)	**632,5**	669,5	703,5		

Aus der Tabelle ist ersichtlich, wie die Stellungsisomeren auf Grund ihrer Fluorescenzspektra nicht voneinander unterschieden werden können.

Die Autoren haben ferner die Fluorescenz einiger Porphyrine im festen Zustande untersucht und gefunden, daß von einigen Porphyrinen auch in krystallinischer Form eine schöne, helle Fluorescenz abgegeben wird.

In der letzten Zeit haben Dhéré und seine Schüler sowie Stern und Molvig versucht, die fluorescenzspektroskopischen Untersuchungen auch ins Infrarot auszudehnen.

Dhéré und Raffy konnten in der Tat bei der Untersuchung der Chlorophyllfluorescenz der grünen Blätter einen breiten Streifen an der Grenze des Rot-Infrarotgebietes (λ 761—715: Mitte 738) feststellen. Auf der Suche nach einigen Emissionslinien zur Wellenlängenbestimmung im Infrarot haben Dhéré und Biermacher mit Hilfe der Emissionslinien von Silber, Kupfer, Rubidium, Kalium und Helium (λ 1014—827—667) brauchbare Referenzlinien für die Fluorescenzspektroskopie gefunden, mit denen es ihnen möglich war, das Fluorescenzspektrum des Deutoporphyrins im Infrarot genau zu studieren.

Wir geben hier die Fluorescenzspektren des Deutero- und Pyrroporphyrins im Infrarot aus der oben zitierten Arbeit von Dhéré und Biermacher wieder (Abb. 4).

Gewisse Beziehungen zwischen Absorptions- und Fluorescenzspektren sind mit einiger Regelmäßigkeit vorhanden. Dhéré hat bei den wichtigsten Porphyrinen festgestellt, daß der stärkste Spektrumstreifen der Fluorescenz an der gleichen Stelle wie der Absorptionsstreifen I (Rot) liegt. Stern und Molvig haben dazu noch das Zusammenfallen der Vorbande I des Fluorescenzspektrums mit dem Absorptionsband Ia feststellen können. Hellström betont, daß die Fluorescenzerregung der Porphyrine nur durch Licht, das der Wellenlänge der verschiedenen Absorptionsbande entspricht, zustande kommt. Gleichzeitig konnte er beobachten, daß durch die Fluorescenzerregung eine teilweise Umwandlung des Porphyrins durch Oxydation stattfindet (Photoporphyrin, mit folgendem Spektrum: 6517, 5268, 5018—4919 Å).

Weitere Untersuchungen auf dem Gebiete der Fluorescenz, die von Stern und Molvig in neuerer Zeit gemacht wurden, führen zur Aufklärung der Beziehungen zwischen den Fluorescenzspektren und der Struktur des Porphyrinmoleküls.

Diese Autoren kommen zum Schluß, daß die Hauptfluorescenz der krystallisierten Porphyrine im sichtbaren Gebiete (620—640 mμ) im gleichen Bereich liege wie die Fluorescenz aller freien Pyrromethenen in festem Zustande (610 bis 640 $\mu\mu$). Sie nehmen also danach an, daß die Porphyrinfluorescenz auf das Vorliegen der Pyrromethinstruktur im Porphinsystem zurückzuführen ist.

Die Pyrromethene sowie Pyrrolsysteme, welche drei Pyrrolkerne enthalten, oder Pyrrolsysteme, die vier Pyrrolkerne in offener Kette aufweisen, zeigen nur eine diffuse Fluorescenz (600—640 mμ) oder höchstens ein einziges Fluorescenzband.

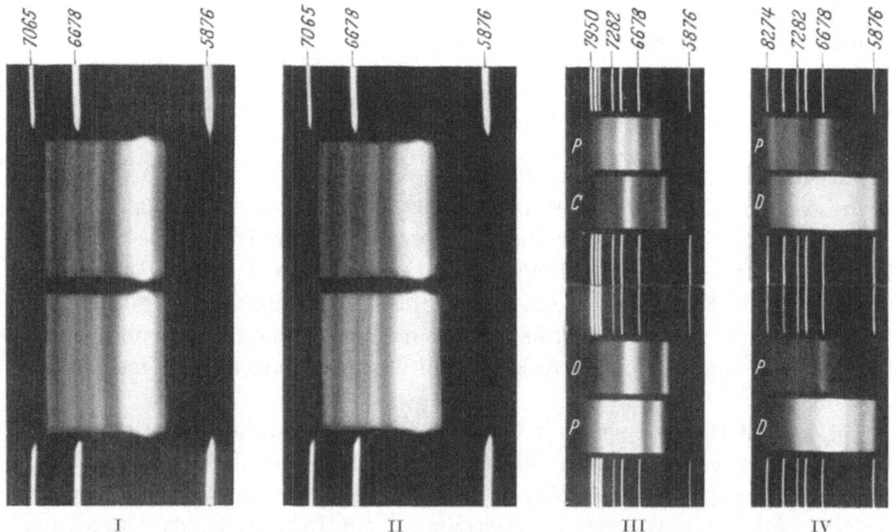

Abb. 4. Fluorescenzspektren des Deutero- und Pyrroporphyrins nach DHÉRÉ und BIERMACHER. I Normales Flurescenzspektrum des Deuteroporphyrins in Äthyläther. II Normales Fluorescenzspektrum des Pyrroporphyrins in Äthyläther. III Infrarotes Fluorescenzspektrum der beiden Porphyrine in Pyridin. IV. Infrarotes Fluorescenzspektrum der beiden Porphyrine in 2 n-Salzsäure.

Gut definierte Fluorescenzspektren mit Bänderstruktur sind nach den Angaben STERNs und MOLVIGs erst zu beobachten, wenn das Porphinsystem in einem Ring geschlossen erscheint.

BANDOW und KLAUS studierten in neuerer Zeit die Absorption und die Fluorescenz der Porphyrine in festen Grundstoffen, Untersuchungen, die biologisch von Interesse sein dürften. Zu diesem Zwecke haben die beiden Autoren die Porphyrine in Gelatine gelöst und die damit hergestellten Gelatinephosphore optisch geprüft. Sowohl die Absorptions- wie die Fluorescenzspektren dieser Porphyrin-Gelatinephosphore zeigen denselben Aufbau wie die ursprünglichen Lösungen, durch die Einlagerung des Farbstoffes in Gelatine (Adsorption) werden aber die Spektren nach dem langwelligen Gebiete hin verschoben. Die Beobachtungen der beiden Autoren haben neue Wege zur weiteren Untersuchung der Porphyrine eröffnet. Die Dauer der Porphyrinphosphorescenz schwankt zwischen $^1/_{100}$ und 1 Sekunde. Sie zeigt eine gelbliche Farbe. Nicht alle Lichtstrahlen, die die Porphyrinfluorescenz anregen können eine Phosphorescenz auslösen, nur der Spektrumbereich 580—480 mμ ist für die Phosphorescenz wirksam.

Eine weitere, für den qualitativen Nachweis der Porphyrine und seiner Isomeren wichtige Verwertung der Fluorescenzuntersuchung wurde von FINK und seinen Mitarbeitern in den letzten Jahren ausgearbeitet. Die Fluorescenzintensität ist vom p_H der Porphyrinlösung abhängig. FINK hat nachgewiesen, daß das Intensitätsminimum der Porphyrinfluorescenz bei einem bestimmten p_H-Wert liegt, der infolgedessen für jedes Porphyrin als charakteristisch zu betrachten und als chemisch-physikalische Konstante zur Identifizierung der verschiedenen Porphyrinarten herangezogen werden kann. Dieser Punkt entspricht aber nicht genau dem auf elektrophoretischem Wege bestimmten isoelektrischen Punkte. „Betrachtet man die relative Intensität des Fluorescenzlichtes als

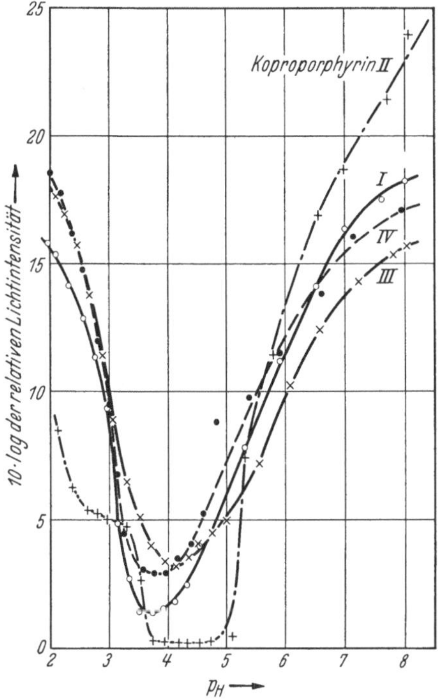

Abb. 5. p_H-Fluorescenzkurve des Koproporphyrins nach H. FINK und W. HOERBURGER.

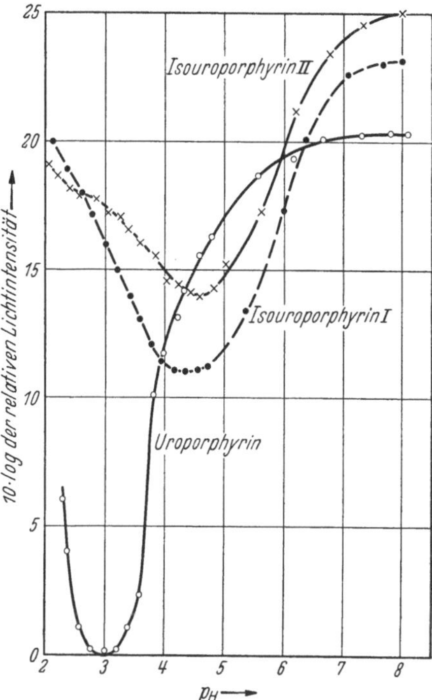

Abb. 6. p_H-Fluorescenzkurve des Uroporphyrins nach H. FINK und W. HOERBURGER.

Funktion der (H′), so erhält man Kurven, die im wesentlichen die Form von Dissoziationsrestkurven von Ampholyten mit saurem und alkalischem Ast haben."

Das Studium der Beziehungen zwischen Fluorescenzintensität der Porphyrine und Wasserstoffionenkonzentration hat nach der FINKschen Methode (s. Kap. X) zur näheren Charakterisierung der natürlichen Porphyrine und ihrer Isomeren geführt, die für die praktische Bestimmung der Porphyrinisomeren von großer Bedeutung ist. Bei den Fluorescenzkurven findet man im allgemeinen eine Verschiedenheit des alkalischen Astes von Porphyrin zu Porphyrin. Die Porphyrine kommen in wässerigen Lösungen als Ampholyte vor. Als Träger der sauren Eigenschaften kommen nach FINK und HOERBURGER hauptsächlich die COOH-Gruppen in Frage, während die basischen Porphyrincharakteristica mehr bei den 4 N-Atomen des Porphyrinringes zu suchen sind. Wir geben hier die Kurven und die dazugehörigen Werte aus den Arbeiten FINKs wieder (Abb. 5 und 6).

Aus der Kurve a geht hervor, daß das Fluorescenzminimum der 4 Koproporphyrinisomeren bei folgenden p_H-Werten liegt:

Koproporphyrin I   bei p_H 3,8   (3,74)
„   II   „   „ 4,2—4,75 (4,17—4,75)
„   III   „   „ 4,1   (4,15—4,07)
„   IV   „   „ 3,9   (3,79—3,99).

Beim Uroporphyrin finden sich folgende Verhältnisse:

Uroporphyrin I   bei p_H 3,0   (2,96)
Isouroporphyrin I   „   „ 4,2   (4,15—4,33)
Isouroporphyrin II   „   „ 4,6   (4,58)

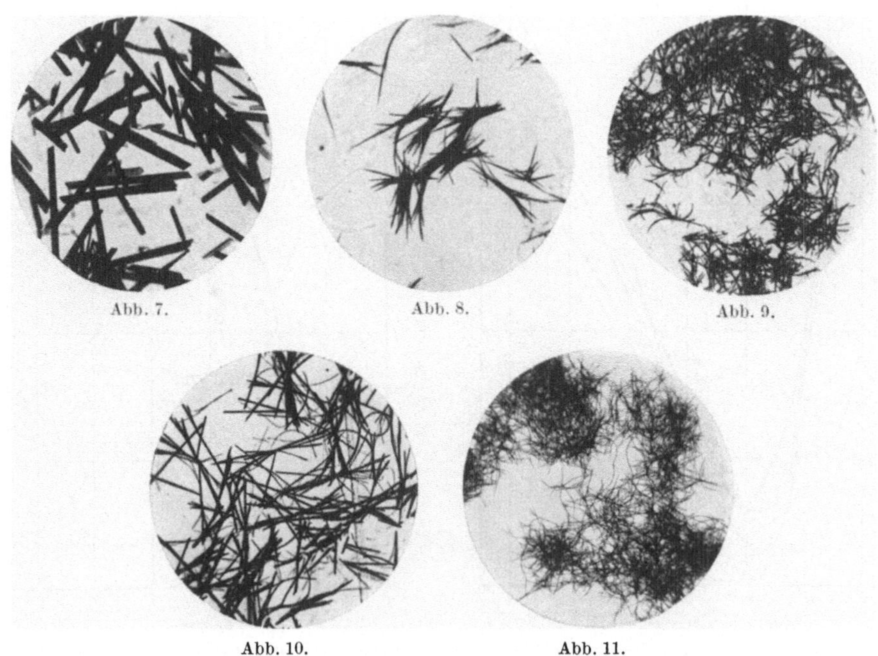

Abb. 7.   Abb. 8.   Abb. 9.

Abb. 10.   Abb. 11.

Abb. 7—11. Porphyrinkrystalle nach H. FISCHER (Handbuch der biologischen Arbeitsmethoden, Abt. I, Teil 11). Abb. 7. Protoporphyrin, frei. Abb. 8. Mesoporphyrin, frei. Abb. 9. Koproporphyrinmethylester. Abb. 10. Koproporphyrinäthylester. Abb. 11. Uroporphyrinester.

Das Ätioporphyrin I besitzt bei der Fluorescenzkurve nur einen Ast im sauren Gebiet (Fehlen von Carboxylgruppen). Bei p_H 2,61 hört die Fluorescenz auf. Die Kurven des Deuteroporphyrins und des Mesoporphyrins zeigen die Charakteristica der Dicarbonsäurekurven. Das Hämatoporphyrin weist wegen seiner guten Löslichkeit eine Verflachung der p_H-Fluorescenzkurve auf, indem es eine starke Fluorescenzintensität bei kleinster Lichtemission besitzt.

Ein weiteres, für die Identifizierung der Porphyrine wichtiges chemischphysikalisches Hilfsmittel ist die Bestimmung der *Löslichkeitsverhältnisse* der Porphyrine.

Im allgemeinen sind die Porphyrine in Wasser, Alkohol, reinem Äther und Aceton unlöslich. In kleinen Mengen löst sich das protoporphyrinsalzsaure Salz und in Spuren auch das Deuteroporphyrin in Chloroform. Die Chloroformlöslichkeit dieser beiden Porphyrine bezieht sich aber nur auf das salzsäurehaltige

Chloroform. Zur Prüfung der Chloroformlöslichkeit des Porphyrins darf jedoch, wie Schumm und Papendick und ferner H. Fischer betonen, nur Chloroform angewandt werden, das absolut frei von Alkohol ist, da es sonst zu einer Veresterung kommt. Die Porphyrinester sind in Chloroform leicht löslich. In salzsäurehaltigem Alkohol und auch in essigsaurem Amylalkohol lassen sich nach Weiss die wichtigsten Porphyrine lösen.

Das Uroporphyrin macht eine Ausnahme, indem es sich in Amylalkohol und in Chloroform nicht auflöst. Ebenfalls unlöslich zeigt sich das Uroporphyrin gegenüber Essigsäure und Essigsäureäther. Die meisten Porphyrine sind in Salzsäure, Natron- bzw. Kalilauge und Pyridin gut löslich. Die Löslichkeit in Natriumcarbonat ist dagegen gering.

Für die Trennung und die Klassifizierung der verschiedenen Porphyrine spielen die Löslichkeitsverhältnisse (s. Kap. X) eine große Rolle.

Die Porphyrinkrystalle. Zur weiteren Klassifizierung der Porphyrine wurde die nähere Analyse dieser Stoffe im festen Zustand herangezogen. Die Porphyrine können in krystallinischer Form gewonnen werden.

H. Fischer und Steinmetz haben die wichtigsten Porphyrinkrystalle auf ihre physikalischen Eigenschaften geprüft. Wir geben hier einige Abbildungen der Porphyrinkrystalle aus der Arbeit H. Fischers.

Die **Schmelzpunktbestimmung** der Porphyrine ist von H. Fischer besonders für die Trennung der Porphyrinisomere angewandt worden. Diese Bestimmung ist oft mit Schwierigkeiten verknüpft, da die Herstellung der Porphyrinkrystalle in reinster Form sich manchmal zu einem Problem gestaltet und große Geschicklichkeit erfordert, außerdem sind nicht selten Krystalle zweier oder mehrerer Farbstoffarten zusammen, die eine Änderung des Schmelzpunktes veranlassen. Diese Schmelzpunktwerte sind meistens schwer zu verwerten und die Trennung der verschiedenen Komponenten ist nicht selten kompliziert. Ferner sind Porphyrine bekannt, die eine starke Unstabilität in der Schmelzpunktbestimmung aufweisen.

Nach den Angaben H. Fischers * und nach der Tabelle Carriés folgen hier die Schmelzpunkte der wichtigsten Porphyrine:

*Protoporphyrindimethylester	222—223⁰ (aus Hämin)

*Protoporphyrindimethylester . . . . $222\text{—}223^0$ (aus Hämin)
Protoporphyrin III-Methylester . . . $223\text{—}225^0$
*Ätiouroporphyrin . . . . $270\text{—}280^0$
*Koproporphyrinmethylester. . . . . 250^0
*Uroporphyrinmethylester. . . . . . 293^0 (aus Knochen Fall Petry
$\qquad\qquad\qquad\qquad\qquad\qquad 280\text{—}283^0$)
Uroporphyrin I-Methylester . . . . . 290^0
*Ooporphyrindimethylester . . . . . $222\text{—}225^0$
*Kämmererporphyrinmethylester . . . 225^0
Deuteroporphyrinmethylester . . . . $218\text{—}220^0$
Koproporphyrin I-Methylester . . . . 251^0
Koproporphyrin II-Methylester . . . 287^0
Koproporphyrin III-Methylester . . . 137^0
Koproporphyrin IV-Methylester . . . 168^0
Koprpporphyrin I-Äthylester . . . . $217\text{—}220^0$
Koproporphyrin IV-Äthylester . . . . 152^0
Uroporphyrin I-Äthylester . . . . . 220^0
Deuteroporphyrin III-Äthylester . . . 189^0.

Die Leukoverbindungen der Porphyrine.

Nicht selten sind die Porphyrine in der Natur in einem farblosen Zustande vorhanden. Es handelt sich dabei um die Leukobase der Porphyrine, um das *Porphyrinogen*. Wir sehen oft, daß porphyrinhaltige Urine erst beim Stehenlassen an der Luft und am Licht eine dunkelbraune Farbe annehmen.

Schon ältere Autoren haben das Vorkommen solcher Leukoverbindungen vermutet. Interessant ist diesbezüglich die Angabe von SAILLET, der annimmt, daß in nativem Urin $^3/_4$ des Porphyrins als Porphyrinogen vorliege, welches durch Lichteinwirkung in gefärbte Porphyrine umgewandelt werden kann.

GÜNTHER hat die Bildung des Porphyrins aus seiner farblosen Vorstufe durch Säurezusatz und durch längeres Kochen erreicht. Die chemischen Beziehungen zwischen Porphyrin und Porphyrinogen werden von FISCHER aufgeklärt. Die Porphyrinleukobase wird durch Oxydation in Porphyrin (Mesoporphyrin) umgewandelt (FISCHER, BARTHOLOMAEUS und RÖSE). Dieser Vorgang wird hauptsächlich durch Lichteinwirkung gefördert.

Das Porphyrinogen kann als farbloser Körper nach FISCHER direkt aus dem Hämin gewonnen werden, es besitzt noch die gleiche Molekulargröße wie Hämin und hat folgende Zusammensetzung: $C_{34}H_{42}O_4N_4$. Von FISCHER und seinen Mitarbeitern wird folgende Tabelle über die Beziehungen des Porphyrinogens zum Hämin gegeben:

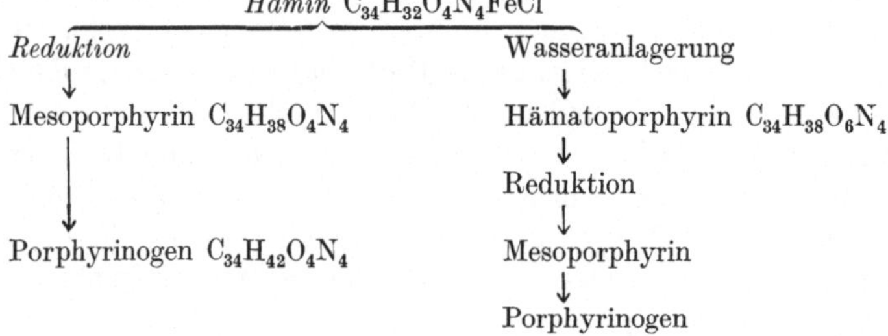

Der Übergang des Porphyrinogens in den gefärbten Zustand kann nach FISCHER unter zwei Formen geschehen, einerseits durch Bildung von Porphyrin, andererseits von Urobilin, daher ist das Dunkelwerden des Urins bei der Belichtung zum Teil auch durch Urobilinbildung bedingt.

Neulich hat auch GOUZON die Urobilinbildung aus dem Porphyrin nachgewiesen. Nach 11stündiger Bestrahlung von Hämatoporphyrin mit ultraviolettem Licht konnte er nach dem Verschwinden der Porphyrinstreifen das Auftreten des breiten Absorptionsstreifens des Urobilins beobachten.

Veränderungen des Porphyrins infolge Lichteinwirkung wurden schon vor längerer Zeit von H. FISCHER beschrieben. Dieser Autor hat beim Koproporphyrin, später (FISCHER und KÖGL) auch beim Protoporphyrin das Auftreten einer grünen Verfärbung bemerkt.

Durch starke Lichteinwirkung kann andererseits eine Entfärbung des Porphyrins auftreten. GÜNTHER hat durch Ultraviolettbestrahlung in $2^1/_4$ Stunden die völlige Entfärbung einer 0,002%igen Uroporphyrinlösung erzielt, wobei es sich nicht um die Bildung einer Leukobase, sondern, wie er zeigen konnte, vielmehr um einen speziellen Oxydationsprozeß handelte.

HELLSTRÖM spricht bei solchen Oxydationsprodukten von Photoporphyrin.

Die nachstehende Abbildung zeigt das Absorptions- und das Fluorescenzspektrum eines während einiger Wochen im Dunkel aufbewahrten Koproporphyrinextraktes, das allmählich in eine hellgrüne Farbe überging. Einige Monate später war im gleichen Extrakt auch die rote Fluorescenz des Porphyrins nicht mehr sichtbar.

Zusammenfassung.

Die Porphyrine lassen sich in ihrer chemischen Konstitution von einem Grundkörper, dem Porphin (4 Pyrrolkerne, die durch 4 Methingruppen miteinander verbunden sind) ableiten, sie sind also mit dem Hämin und dem Chorophyll verwandt. Bei der Entfernung des Eisens aus dem Hämin er

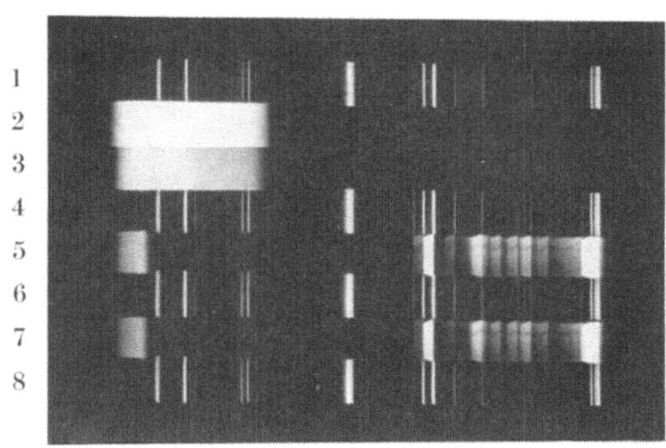

Abb. 12. Absorptions- und Fluorescenzspektrum des „Grünen" Porphyrins. 1, 4, 6, 8 Hg-Spektrum. 2, 3 Absorptionsspektrum. 5, 7 Fluorescenzspektrum.

zeugt man Porphyrin, und zwar Protoporphyrin. Man unterscheidet: 1. Die Porphyrine des Blutfarbstoffes (Proto-, Meso-, Ätio- und Hämatoporphyrin), die sich also aus dem Hämoglobin ableiten lassen. 2. Die Porphyrine des Chlorophylls, unter denen vom biologischen Standpunkt aus das Phylloerythrin das Wichtigste ist. 3. Die primären natürlichen Porphyrine (FISCHER) (Kopro-, Uro-, Koncho- und Ooporphyrin), die in der Natur präformiert auftreten. 4. Die sekundären natürlichen Porphyrine (FISCHER) (Proto-, Kämmerer- und Deuteroporphyrin), die unter biologischen Prozessen aus verwandten Farbstoffen in der Natur erzeugt werden.

Die Porphyrine lassen sich durch genau festgestellte physiko-chemische Eigenschaften charakterisieren. Diese Pigmente zeigen typische Absorptionsund Fluorescenzspektren, die je nach der chemischen Zusammensetzung der Porphyrine und je nach dem p_H und der Art des Lösungsmittels verschieden sind. Die Porphyrinisomeren wurden nach den Untersuchungen der FISCHERschen Schule in ihrer chemischen und biologischen Bedeutung genau studiert, sie lassen sich durch die Bestimmung des Schmelzpunktes und nach der p_H-Fluorescenzkurve (FINK, HOERBURGER) identifizieren.

In der Natur können die Porphyrine in Form ihrer farblosen Leukobase, des Porphyrinogens, vorkommen, der Übergang des Porphyrinogens in den gefärbten Zustand kann sowohl unter Bildung von Porphyrin als auch von Urobilin vor sich gehen.

Literatur zu Kapitel I.

BANDOW, F. u. F. J. KLAUS: Über Porphyrin-Gelatinephosphore. Hoppe-Seylers Z. **238**, 1 (1936).

BOIS, E.: Recherches spectrochimiques sur quelques porphyrines animales. Diss. Naturwiss. Freiburg (Schweiz.) 1927.

BORST, M. u. H. KÖNIGSDORFER: Untersuchungen über Porphyrin. Leipzig: S. Hirzel 1929.

CARRIÉ, C.: Die Porphyrine, ihr Nachweis, ihre Physiologie und Klinik. Leipzig: Georg Thieme 1936.

DERRIEN, E. et P. CRISTOL: Zincoporphyrinurie. C. r. Soc. Biol. Paris **103**, 126 (1930).

DHÉRÉ, CH.: Nachweis der biologisch wichtigen Körper durch Fluoreszenz und Fluoreszenz-spektren. ABDERHALDENs Handbuch biologischer Arbeitsmethoden, Abt. II, Teil 3, H. 4, Lief. 420.

— La fluorescence en biochimie. Les presses universitaires. Paris 1937.

— et O. BIERMACHER: Sur la choix des raies de référence spectrale dans l'étude du tout proche infrarouge spécialement pour la détermination des spectres de fluorescence. C. r. Soc. Biol. Paris **120**, 1162 (1935).

— — Sur les spectres de fluorescence de la deutéroporphyrine et de la pyroporphyrine; structur fine, émission dans le proche infrarouge. C. r. Acad. Sci. Paris **202**, 442 (1936).

— et E. BOIS: Étude comparative de la fluorescence de quelques porphyrines naturelles et artificielles. C. r. Acad. Sci. Paris **183**, 321 (1926).

— et A. RAFFY: Sur le rayonnement infrarouge qu'émettent par fluorescence les feuilles vertes frappées par la lumière. C. r. Acad. Sci.Paris **200**, 1146 (1935).

— A. SCHNEIDER et TH. VAN DER BOM: Détermination photographique des spectres de fluorescence de l'hématoporphyrine dans divers solvents. C. r. Acad. Sci. Paris **179**, 351 (1924).

— et S. SOBOLEWSKI: Sur quelques propriétés de l'hématoporphyrine. C. r. Soc. Biol. Paris **70**, 511 (1911).

FINK, H.: Der isoelektrische Punkt des Koproporphyrins und seine physiologische Bedeutung. Naturwiss. **17**, 388 (1929).

— u. W. HOERBURGER: Beiträge zur Fluoreszenz der Porphyrine. 1. Mitt. Hoppe-Seylers Z. **218**, 181 (1933). 2. Mitt. Hoppe-Seylers Z. **220**, 123 (1933). 3. Mitt. Hoppe-Seylers Z. **225**, 49 (1934).

— u. K. WEBER: Porphyrinfluoreszenz und Wasserstoffzahl. Naturwiss. **18**, 16 (1930).

FISCHER, H.: Über Blut- und Gallenfarbstoff. Erg. Physiol. **15**, 791 (1916).

— Beobachtungen an frischem Harn und Kot von Porphyriepatienten. Hoppe-Seylers Z. **97**, 148 (1916).

— Neuere Methoden der Isolierung und des Nachweises von Porphyrinen. ABDERHALDENs Handbuch der biologischen Arbeitsmethoden, Abt. I, Teil 11, S. 169, Lief. 211.

— Konstitution der eiweißfreien Farbstoffkomponenten und ihrer Derivate (Chlorophyll). BETHE-BERGMANNs Handbuch der normalen und pathologischen Physiologie, Bd. 6/1, S. 164 u. Bd. 18. Berlin: Julius Springer 1928.

— Hämin, Bilirubin, Porphyrine. Naturwiss. **18**, 1026 (1930).

— Über Hämin und Porphyrine. Verh. dtsch. Ges. inn. Med. **1933**, 7.

— Chlorophyll. Mikrochem. (MOLISCH-Festschrift) **1936**, 67.

— u. E. BARTHOLOMÄUS: Über Porphyrinogen. Ber. dtsch. Chem. Ges. **46**, 511.

— — u. H. RÖSE: Zur Kenntnis der Porphyrinbildung. II. Mitt. Hoppe-Seylers Z. **84**, 262 (1913).

— u. W. GLEIM: Synthese des Porphyrins. Liebigs Ann. **521**, 157 (1935).

— u. J. HILGER: Zur Kenntnis der natürlichen Porphyrine. Hoppe-Seylers Z. **138**, 49 (1924).

— — Ätioporophyrin aus Uroporphyrin. Hoppe-Seylers Z. **142**, 223 (1924).

— u. H. J. HOFMANN: Über die Konstitution des Uro- und Muschelschalenporphyrins. Hoppe-Seylers Z. **246**, 15 (1937).

— u. F. KÖGL: Über Ooporphyrin. Hoppe-Seylers Z. **131**, 241 (1923).

— u. B. PÜTZER: Überführung von Hämin in Protoporphyrin. Hoppe-Seylers Z. **154**, 39 (1926).

FRIEDLI, H.: Bull. Soc. Chim. biol. **6**, 908 (1926). Zit. nach HEILMEYER.

GAMGEE, A.: Z. Biol., N. F. **16**, 505 (1896). Zit. nach HEILMEYER.

GOUZON, B.: Urobilinbildung durch ultraviolette Strahlen aus Chlorophyll und Porphyrin. C. r. Acad. Sci. Paris **196**, 1542 (1933).

GÜNTHER, H.: Die Bedeutung der Hämatoporphyrine in Physiologie und Pathologie. Erg. Path. **20 I**, 608 (1922).

HAUSMANN, W. u. O. KRUMPEL: Biochem. Z. **186**, 203 (1927). Zit. nach HEILMEYER.

HEILMEYER, L.: Medizinische Spektrophotometrie. Jena: Gustav Fischer 1933.

HELLSTRÖM, H.: Beziehungen zwischen Konstitution und Spektren der Porphyrine. II. Mitt. Z. physik. Chem. B **14**, 9 (1931). — Arch. Kem., Mineral., Geol. B **11**, 11 (1932).

Hellström, H.: Die Fluoreszenz des Ätioporphyrins. Arch. Kem., Mineral., Geol. B. **11** (1933).

Hoagland, R.: Formation of hematoporphyrine in ox muscle during autolysis. J. agricult. Sci. **1916**, 7.

Hoerburger, W.: Zur Kenntnis der Porphyrinfluoreszenz und deren Anwendung bei physiologischen Untersuchungen. Diss. Naturwiss. München 1933.

Kämmerer, H.: Über Hämatoporphyrinbildung durch Darmbakterien. Verh. dtsch. Ges. inn. Med. Wiesbaden **1923**, 188.

— Über das durch Darmbakterien gebildete Porphyrin und die Bedeutung der Porphyrinprobe für die Beurteilung der Darmfäulnis. Dtsch. Arch klin. Med. **145**, 257 (1924).

Klaus, E. J.: Untersuchungen über die Fluoreszenz und Phosphoreszenz von Hämatoporphyrin und Ätioporphyrin in festen Medien. Diss. med. Freiburg i. Br. 1934.

Küster, W.: Die eisenhaltigen Komponenten der Blutfarbstoffe. Studien auf dem Gebiete der Porphyrine, Abbau des Hämatins. Abderhaldens Handbuch der biologischen Arbeitsmethoden, Abt. I, Teil 8. 1921.

Lichtwitz, L.: Klinische Chemie, S. 401. Berlin: Julius Springer 1930.

Merkelbach, O.: Die biologische Bedeutung der infraroten Strahlen. Helvet. Med. Acta **4** (Beil.) H. 3 (1937).

Nencki u. Zaleski: Untersuchungen über den Blutfarbstoff. Ber. dtsch. Chem. Ges. **34**, 997 (1901).

Saillet: De l'urospectrine ou urohématoporphyrine normale. Rev. Méd. **16**, 542 (1896).

Schumm, O.: Spektrochemische Analyse natürlicher organischer Farbstoffe. Jena: Gustav Fischer 1927.

— u. Pappendick: Hoppe-Seylers Z. **137**, 103 (1924).

— u. M. Deželić: Zur Fluoreszenz der Porphyrine. III. Mitt. Z. physik. Chem. A **177**, 347 (1936).

Stern, A. u. H. Molvig: Zur Fluoreszenz der Porphyrine. I. und II. Mitt. Z. physik. Chem. A. **175**, 38 (1935); **176**, 209 (1936).

— u. H. Wenderlein: Über die Lichtabsorption der Porphyrine. I—IV. Mitt. Z. physik. Chem. A. **174**, 321 (1935); **175**, 405 (1936).

Weiss: Biochem. Z. **233**, 354 (1931).

Willstätter, R.: Über Pflanzenfarbstoffe. Ber. dtsch. chem. Ges. **47**, 2831 (1914).

— u. M. Fischer: Untersuchungen über den Blutfarbstoff. Hoppe-Seylers Z. **87**, 423 (1913).

— u. A. Stoll: Untersuchungen über Chlorophyll. Berlin: Julius Springer 1913.

Zaleski: Über Verbindungen des Mesoporphyrins mit Eisen und Mangan. Hoppe-Seylers Z. **43**, 11 (1904).

Zweites Kapitel.

Das Vorkommen der Porphyrine.

Die Porphyrine sind in der Natur auffallend stark verbreitet. Diese Farbstoffe werden sowohl im tierischen Organismus wie auch im Pflanzenreich und im Gebiet der Mikrobiologie angetroffen. Der Grad der Verbreitung der Porphyrine ist sicherlich mit ihrer chemischen Struktur, ihre Abstammung und ihren sehr nahen Beziehungen zum Blutfarbstoff einerseits und zum Chlorophyll andererseits in Zusammenhang zu bringen. Ferner wissen wir heute, daß das dem Gebiet der Atmungsfermente angehörende Cytochrom, das Warburgsche Atmungspigment und die Katalase in enger Verbindung mit den Porphyrinen stehen. Das Porphyrin weist also nahe funktionelle Beziehungen zu der lebenden Zelle auf; wir können daher von tierischen und pflanzlichen Porphyrinen sprechen.

Im allgemeinen erscheinen diese Pigmente in der Natur in ganz kleinen Mengen. Ihre Erforschung, die aus diesem Grunde beschwerlich ist, erfährt in

der Biologie eine wichtige Unterstützung durch die neueren Untersuchungsmethoden, der Fluorescenzmikroskopie und Fluorescenzspektroskopie.

Nicht jede rote Fluorescenz ist den Porphyrinen zuzuschreiben; wir kennen
eine ganze Reihe von Substanzen, wie Bilirubin und Bilirubinderivate, Chlorophyll und seine Abkömmlinge, Rufin und Rufescin, einige Alkaloide, mehrere
Medizinalextrakte wie Rheum Cascara sagrada, Aloe Frangula, China Coccus
cacti, Secale cornutum, Crocus [1] u. a.m., die eine starke eigene Rotfluorescenz
aufweisen, ohne jedoch Beziehungen zum Porphyrin zu haben. DHÉRÉ hat in
zahlreichen Arbeiten die rote Fluorescenz dieser Farbstoffe studiert. Nur die
spektroskopische Identifizierung der typischen Fluorescenzbande kann den
sicheren Porphyrinnachweis liefern.

Die Porphyrine und die Atmungsfermente.

Der Atmungsmechanismus der lebenden Zelle wurde von WARBURG, KEILIN
und anderen Autoren eingehend untersucht. Ihre Ergebnisse führten zur Identifizierung eines Systems von Fermenten, die der cellulären Oxydation dienen.

Das WARBURGsche Atmungsferment reagiert direkt mit dem molekularen
Sauerstoff, das KEILINsche Cytochrom hingegen gilt, zwischen Atmungsferment
und organischem Substrat eingeschaltet, als Überträger des Sauerstoffes.

Das bei der Oxydation gebildete H_2O_2 wird auf dem Wege der Peroxydase
zur weiteren Oxydation in Bereitschaft gestellt, während die Katalase, durch
Spaltung des H_2O_2, neuen molekularen Sauerstoff für die Reaktion des Atmungsfermentes abgibt (ZEILE).

*Das WARBURGsche Atmungsferment, das Cytochrom, die Peroxydase und die
Katalase sind Eisen-Porphyrin-Verbindungen.*

Daß das Atmungsferment eisenhaltig ist, beweist die Hemmung seiner Wirkung durch Blausäure. Sein Absorptionsspektrum zeigt drei Bande: Das deut-
lichste Band α liegt bei 590 mμ, zwei kleine Streifen β und β' bei 524 und 546,
und das Hauptband γ ist bei 430 im Violett zu sehen.

Das Spektrum mit der oben genannten Konstitution läßt sich bei der Bierhefe,
den Bakterien, in der Netzhaut der weißen Ratten und in den Leukocyten feststellen. Somit kommt man zur Annahme, daß das WARBURGsche Atmungsferment unter der gleichen Form im Tier-, Pflanzen- und Bakterienreich vorhanden sei.

Das Absorptionsspektrum des Fermentes erinnert stark an die Struktur
des Hämins.

Das Cytochrom von KEILIN weist ein aus drei Hämochromogenen zusammengesetztes Spektrum auf. Im reduzierten Zustande zeigt das Cytochrom ein vier-
bändiges Absorptionsspektrum, a = 604,6, b = 566,5, c = 550,2, d = 521,0,
wobei aber das Absorptionsband d seinerseits aus drei sekundären Bändern
x, y, z besteht.

Das Hämochromogen a′ ist von den zwei Streifen a und z, das Hämochromogen
b′ ist von den zwei Streifen b und y und das Hämochromogen c′ von den Streifen
c und x zusammengesetzt.

Das Cytochrom besteht also auch aus Porphyrinverbindungen und besitzt,
wie BIGWOOD und seine Schüler nachgewiesen haben, in seiner oxydierten Form
eine gelborange Fluorescenzfarbe.

[1] NEUGEBAUER, S.: Capillarluminescenz im pharmazeutischen Laboratorium.

Hill und Keilin haben experimentell gezeigt, daß aus dem Cytochrom c durch Eisenentzug ein Hämatoporphyrin entsteht, das die gleichen optischen Eigenschaften und sonstigen Charakteristica wie das normale Hämatoporphyrin besitzt. (Zeile konnte allerdings mit ähnlicher Methode eine Hämatoporphyrinbildung nicht bekommen.) Das so gewonnene Porphyrin läßt sich in Protoporphyrin überführen. Hill und Keilin vermuten deshalb, daß das Cytochrom aus dem in den Zellen vorhandenen Protohämin seinen Ursprung nehme.

Nach Hand ist die aktive Gruppe der Peroxydase eine Eisenporphyrinverbindung, und beim Studium der katalytischen Aktivität der Häminkomplexe beschreibt Stern künstliche Verbindungen dieser Komplexe mit einfach gebauten Stickstoffbasen und Globin. Dabei soll nach diesem Autor die Kuppelung des Hämins mit N-Basen meistens zu einer beträchtlichen Verstärkung seiner katalytischen Wirksamkeit führen.

Bakterien und Porphyrine.

Die Porphyrinbildung durch niedere Lebewesen kann auf zwei Wegen zustande kommen, entweder durch direkte Porphyrinsynthese oder aus dem Nährboden durch Spaltung und Aufbau des Substrates.

Von den pathogenen Bakterien, die Porphyrine bilden können, seien hier der Tuberkel- und der Diphtheriebacillus genannt.

Bei der Züchtung der Bakterien auf porphyrinfreiem Boden konnte Dhéré Porphyrin beim Mycobacterium smegmatis und Mycobacterium tuberculosis ranicula feststellen.

Der Smegmabacillus zeigt das Fluorescenzspektrum des Koproporphyrins, der Tuberkelbacillus des Frosches das saure Spektrum des Koproporphyrins. Auch das Mycobacterium tuberculosis typus bovinus und B.C.G. weist nach den Untersuchungen Dhérés und Rapettis das typische Bild der Porphyrinfluoreszenzen auf (Streifen bei 625 mμ). Auch beim Diphtheriebacillus war es diesen Autoren möglich, das Porphyrinband 616 mμ im Fluorescenzspektrum zu beobachten. Dieses kann sich aber im Verlaufe der Entwicklung der Kulturen nach beiden Richtungen des Spektrums verschieben.

Schon Fischer und Fink hatten 1925 bei dem Tuberkelbacillus sowie beim Tuberkulin das Vorhandensein von Porphyrin festgestellt. Sie legten aber darauf keinen besonderen Wert, da der Nährboden auf seine Zusammensetzung hin nicht genau untersucht worden war. Nach den Mitteilungen von Dhéré wäre anzunehmen, daß die Porphyrinbildung aus den Bakterien selbst zustande kommt.

Wir haben verschiedene Fälle von Organtuberkulose wie autoptisch gewonnene Lungenpräparate vermittelst der Fluorescenz auf Porphyrin untersucht, konnten aber in den Geweben nie durch Bacillen gebildetes Porphyrin feststellen. In Kap. VIII wird ein Fall näher beschrieben werden, bei welchem eine Porphyrie im Verlauf einer schweren, zum Tode führenden Tuberkulose diagnostiziert worden war. Auch in diesem Fall war es nicht möglich, einen direkten Zusammenhang zwischen der Porphyrinproduktion aus den Bakterien und der Porphyrinausscheidung festzustellen.

Die Porphyrinbildung aus den Diphtheriebacillen beobachteten schon 1931 v. Coulter und Stone. Die Porphyrinmenge scheint von der Toxinproduktion abhängig zu sein. Toxin und Farbstoff sollen nach den Autoren vom Cytochrom der Bacillen abstammen. Sie konnten ferner im Filtrate von Diphtheriekulturen neben einem anderen unbeständigen und nicht näher definierten Porphyrin noch Koproporphyrin nachweisen. Der Gehalt an komplexen Porphyrinen ist dem biologischen Titer der Kultur proportional. Die Autoren schließen daraus, daß zwischen Toxin- und Porphyringehalt genetische Zusammenhänge bestehen müssen, indem das Toxin die N-haltige Base darstellt, die in den Zellen mit Porphyrin zum Cytochrom vereinigt ist.

Außerdem konnten die beiden Autoren aus den Diphtheriebacillen, der Hefe und dem Bacterium phosphorescens mit NaOH ein Hämochromogen (Cytochrom C) mit essigsaurem Äther, α-Hämatin und Koproporphyrin isolieren. Es gelang ihnen auch die Darstellung von Lycopin aus den Diphtheriebacillen. DHÉRÉ konnte überdies neben Koproporphyrin in den Diphtheriekulturen Cu- und Fe-Porphyrinverbindungen feststellen, während bei den Pseudodiphtheriebacillen überhaupt kein Porphyrin zu konstatieren war.

Auf Grund dieser Beobachtungen wurde bei zahlreichen Patienten systematisch die Fluorescenz der Diphtheriemembranen in situ und nach deren Ablösung untersucht. Ihre Fluorescenzfarbe ist vorwiegend grünlich bis schmutziggelb, sie scheint aber verschieden von derjenigen der nichtdiphtheritischen Beläge im Rachen zu sein, eine genauere fluoroskopische Untersuchung der Halsbeläge könnte vielleicht für die Differentialdiagnose der Diphtherie von Bedeutung sein. Mit Hilfe des Spektroskopes war es möglich, in einigen Fällen von Diphtherie den für das Porphyrin typischen Fluorescenzstreifen im Rot zu beobachten.

Man muß sich aber fragen, ob diese Erscheinung streng für die Diphtherie typisch ist, denn es wäre nicht ausgeschlossen, daß das Porphyrin nicht aus den Diphtheriebacillen, sondern aus dem Cytochrom der Leukocyten und des Membransubstrates, oder aus der Umgebung und Nahrung stammen könnte.

Die Mundschleimhaut weist oft, wie HYMANNS V. D. BERGH zeigte, eine auffallend starke Rotfluorescenz auf. Dieser Autor beobachtete das Auftreten von Koproporphyrin im weißen Belag der Zähne älterer Leute, ferner in der Zungenschleimhaut, im Zahnfleisch und an den Zähnen. Er vermutete, daß diese Porphyrinbildung bakterieller Natur sei. Die Züchtung verschiedener Bakterien und Schimmelarten ergab aber kein Porphyrin. Auch DERRIEN und TURCHINI haben an die Möglichkeit einer bakteriellen Zersetzung von Blut an der Mundschleimhaut gedacht, erst die Untersuchungen CARRIÉS erbrachten hierüber Klarheit.

Diesem Autor war es, wie schon HYMANNS V. D. BERGH, nicht möglich, auf gewöhnlichem Nährboden eine Fluorescenz bei der Züchtung verschiedener Mikroorganismen aus der Mundschleimhaut zu gewinnen, dagegen konnte er bei Impfung auf den von FINK für die Züchtung der Koprohefe (s. später) angegebenen Nährboden bei einem Erreger die Bildung von Koproporphyrin beobachten. Dieser Mikroorganismus, der regelmäßig aus porphyrinhaltigem Material der Mundschleimhaut zu züchten ist, stellt einen grampositiven Bacillus dar, der keine Hämolyse zeigt.

Interessant ist ferner die Tatsache, daß die Porphyrinbildung dieses Bacillus in einem porphyrinfreien Nährboden vor sich geht. Eine Porphyrinbildung aus dem Hämoglobin oder aus dem Chlorophyll durch bakterielle Tätigkeit scheint also unwahrscheinlich, CARRIÉ möchte die Bildung dieses Koproporphyrins I durch den Bacillus selbst annehmen.

Zusammen mit MALLINCKRODT-HAUPT hat CARRIÉ auf dem gleichen FINKschen Nährboden eine Reihe von Mikroorganismen, wie Streptotrichen, Achorion, Trichophyton, Mikrosporon, Epidermophytenarten und Aspergillus niger untersucht. Nur bei Streptotrichen konnten die Autoren regelmäßig eine Porphyrinbildung feststellen. Auf festen oder flüssigen Sabourodnährböden war aber eine solche nie zu sehen.

Mit anderer Technik haben wir nach dem Verfahren DHÉRÉs die Fluorescenz von Kulturen bei einer Reihe von Pilzen und Mikroorganismen, die klinisch und biologisch von gewissem Interesse sind, direkt auf festem Nährboden untersucht[1].

Bei jeder Untersuchung wurde auf das Vorhandensein von Porphyrinen im Nährboden fluoroskopisch nachgeschaut. Niemals war das Porphyrinspektrum im Nährboden zu sehen. Ähnliche Beobachtungen auf dem FINKschen Nährboden führten zu fast gleichem Resultat wie auf festem Nährboden.

Das Achorion gallinae z. B. zeigt eine sehr lebhafte

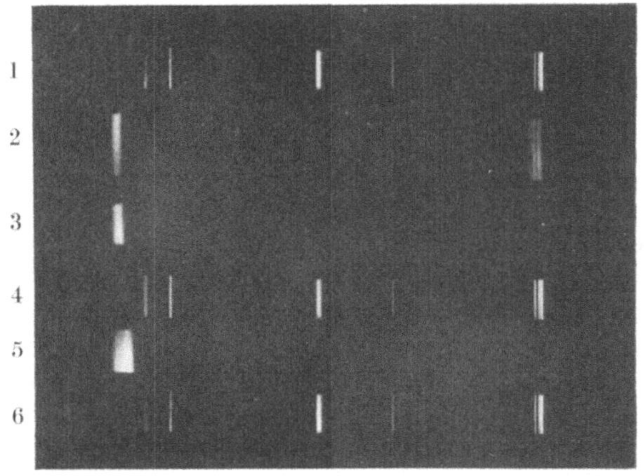

Abb. 13. Fluorescenzspektrum einer Kultur von Achorion gallinae (2). Vergleichsspektra (3 und 5) der Koproporphyrinfluorescenz. 1, 4, 6 Hg-Spektrum.

rote Fluorescenz, die bei ganz jungen Kulturen kaum vorhanden ist, in der 2.—3. Woche mit dem Ausbreiten der Kultur an Intensität stark zunimmt. Die Randzone gibt besonders am Ende der 2.—3. Woche eine schöne, dunkelrote Fluorescenz.

Allmählich kommt es zu einer Abblassung der Fluorescenz in den zentralgelegenen und älteren Partien der Kultur. Bei der Tageslichtbelichtung ist allerdings zwischen Zentrum und Randzonen kein Farbenunterschied festzustellen.

Die Fluorescenzmikroskopie mit starken Vergrößerungen (Ölimmersion) ergibt bei den jüngeren Pilzen eine starke hellrosa Fluorescenz, die besonders an den Verbindungsstellen der einzelnen Segmente sowie bei den Sporen zutage tritt. Zudem ist das Mycel sehr stark fluorescent. Interessant ist aber, daß die Mycelfluorescenz nur in den oberflächlichen Schichten (Hyphen) lokalisiert ist. In den tieferen, mit dem Nährboden in Kontakt sich befindenden Abschnitten dagegen hört die Porphyrinfluorescenz auf, ihre Farbe ist hier eine gelbliche, sie zeigt nur eine unscharf begrenzte Linie im Gelb.

Das Achorion gallinae produziert ein Koproporphyrin, das nicht näher identifiziert werden kann. Protoporphyrin fehlte in jeder der untersuchten Kulturen.

[1] An dieser Stelle möchte ich Herrn Prof. Dr. O. NAEGELI, Direktor der Dermatologischen Universitätsklinik Bern, für die freundliche Überlassung des Materials danken.

Wird die Kultur des Achorions starkem Lichte ausgesetzt, ist in verhältnismäßig kurzer Zeit ein allmähliches Verschwinden der Porphyrinfluorescenz zu beobachten. Es entsteht in den oberflächlichen Schichten eine Abblassung der Fluorescenz, die Pilze sind jetzt entfärbt, während das Mycel noch Porphyrin in abgeschwächter Konzentration enthält. Erst nach langer Zeit, nachdem die Kultur wieder im Dunkeln gehalten wurde, erscheint am Rande der jüngeren Kulturabschnitte wieder eine blasse Porphyrinfluorescenz. Diese Rückkehr zu der ursprünglichen Fluorescenzfarbe ist aber durchaus nicht konstant. Bei einer intensiveren Belichtung kommt es zu einer Verschiebung der Fluorescenz von der Oberfläche nach der Tiefe, auch die unmittelbar nahe dem Nährboden liegenden Schichten, die sonst kein Porphyrin enthalten, fluorescieren vorübergehend rot und dies sogar auf der Rückseite des Nährbodens.

An jenen Kulturen des Achorion gallinae, die während langer Zeit im Dunkeln gehalten wurden, kann eine sehr starke, intensive Porphyrinfluorescenz beobachtet werden, die bei der quantitativen Messung 2—3fach intensiver erscheint als bei denjenigen Kulturen, die mäßig belichtet wurden.

Einige Pilze, die normalerweise keine Porphyrinfluorescenz aufweisen, zeigten eine ziemlich starke Porphyrinerscheinung an denjenigen Stellen der Kultur, an denen es zu einer Vertrocknung des Nährbodens gekommen war; es ist hier an ungünstige Wachstumsverhältnisse zu denken, die, wie wir auch bei der Hefe sehen werden, zu einer Porphyrinsynthese oder zu einer Vermehrung von sonst minimalen, fluoroskopisch nicht nachweisbaren Mengen eines präformierten Porphyrins geführt haben. Durch wiederholte Kulturpassagen kann schließlich schon bei den jungen Kulturen ein Verschwinden der Porphyrinfluorescenz beobachtet werden. Es kommt dabei zu einer grüngelblichen Fluorescenz.

Es scheint uns hier die Frage von dem Vorkommen des von SCHNEIDER als Batatenoporphyrin genannten Farbstoffes der photosynthetisch tätigen Purpurbakterien erwähnenswert. Das von diesen Bakterien gebildete Bakteriochlorin ist trotz starker spektraler Abweichung mit dem Chlorophyll verwandt (Bakteriochlorophyll) und weist die biologisch wichtige Eigenschaft des Chlorophylls auf, nämlich die Möglichkeit, in zwei, in ihren Oxydationsstufen verschiedenen Abarten (Komponente a und b) vorzukommen.

Aus dem Bakterienchlorophyll war es diesem Autor möglich, eine Reihe von Porphyrinen herzustellen. Aus dem Bakteriochlorophyll b war es erst bei seinem fortgeschrittenen Abbau möglich, Porphyrin zu gewinnen, das der Chlorophyllreihe angehört (Phyllo- und Pyrroporphyrin).

SCHNEIDER gibt für die Bakterienporphyrine folgende Absorptionsstreifen in Ätherlösungen an:

Bakterioporphyrin 6 : 638,4	584	557,5	515,5
„ 12 : 644,3	593,5	569	525,5
„ 3 : 638,3	584	558	514,5

Bis jetzt haben wir von der Porphyrinbildung in den Mikroorganismen selbst gesprochen. Neben dieser, *vom Medium unabhängigen Porphyrinsynthese* müssen wir eine zweite Art berücksichtigen, bei der die *Baustoffe aus der Umgebung und aus dem Nährboden entnommen* werden.

Der Pyrrolring zu dieser Synthese wird jetzt vom Blut- bzw. Muskelfarbstoff und vom Chlorophyll geliefert.

So konnte KÄMMERER aus Blutfarbstoff durch Einwirkung von Darmbakterien eine Porphyrinbildung beobachten. Im Gegensatz zur ersten Gruppe handelt es sich hier um Bildung von Porphyrin III, und zwar von Protoporphyrin. Die direkte Synthese von Porphyrin III in der Natur ist bis jetzt noch nie beobachtet worden; das Porphyrin III entsteht gewöhnlich aus dem Hämin unter Eisenentzug aus dem Fe-Porphyrinkomplex. *Das Porphyrinprodukt aus den Mikroorganismen selbst ist ein Porphyrin I, wogegen die Bildung des Porphyrins bei der bakteriellen Umwandlung des Hämins ein Porphyrin III darstellt.*

Nach den Untersuchungen KÄMMERERs entsteht aus dem Hämoglobin unter Wirkung von sporenhaltigen anaeroben Bakterien des Darmes das Protoporphyrin. Diese Eigenschaft ist wahrscheinlich nur auf die Tätigkeit der sporenhaltigen Darmbakterien zurückzuführen, da das Erwärmen der Kulturen auf 70⁰ ihre porphyrinbildende Eigenschaft nicht vermindert oder zerstört.

KÄMMERER hat betont, daß es sich bei der Porphyrinbildung durch die Darmbakterien um einen Bakteriensynergismus handeln muß, da eine Trennung der verschiedenen Bakterienstämme und eine isolierte Einwirkung derselben auf den Blutfarbstoff zu keiner Umwandlung führte. Dieser Prozeß wird ferner von verschiedenen Faktoren und Agenzien beeinträchtigt, z. B. hemmt der Zusatz von Galle die Porphyrinbildung.

In weiteren Untersuchungen über die porphyrinbildende Tätigkeit der Bakterien konnte KÄMMERER und sein Schüler WANG die Entstehung dieser Farbstoffe bei der Impfung von stinkendem Eiter von Bronchiektasie und Lungengangrän auf Blutbouillon nachweisen. Spätere Untersuchungen mit Impfung von Eiter auf Blutbouillon führten bei 54 Eiterproben nur in 5 Fällen zur Porphyrinbildung und in sämtlichen 5 Fällen waren Anaerobier festzustellen. Nach diesen Versuchen kommt man zur Annahme, daß die Anaerobier ähnlich wie im Darmtractus auch beim Eiter die Hauptrolle bei der Porphyrinentstehung aus dem Blute spielen.

Durch Bakterientätigkeit im Darmtractus kann auch aus dem Chlorophyll Porphyrin gebildet werden. So berichten KÄMMERER und GÜRSCHING über Porphyrinbildung durch Bakterieneinwirkung auf vegetabilische Nahrungsmittel, wie Rotkraut und Gelbrüben. Im frischen Zustande sind diese Gemüse porphyrinfrei, hingegen einige Tage der Luft ausgesetzt, kann in ihnen sofort Porphyrin konstatiert werden. Die bakterielle Zersetzung ruft also auch aus dem grünen Pflanzenfarbstoff eine Porphyrinbildung hervor, die dann besonders stark sein wird, wenn pflanzliche Nahrungsmittelaufschwemmungen der Einwirkung von Darmbakterien ausgesetzt werden. Die spektroskopische Bestimmung der Extrakte hat ein Gemisch von Proto- und Koproporphyrin (λ 631) gezeigt. Die Autoren betonen dabei, daß diese Porphyrinbildung nicht unter Beteiligung von Hefe stattfindet. Auffallend ist aber noch die Tatsache, daß die synergetische Wirkung der Darmbakterien die Porphyrinbildung auch bei den pflanzlichen chlorophyllfreien Nahrungsmitteln ermöglicht.

Durch die Mikroorganismen und besonders durch anaerobe Darmbakterien kann also Porphyrin sowohl bei alkalischer Fäulnis wie bei saurer Gärung aus animalischen und vegetabilischen Nährböden gebildet werden. Die Porphyrinbildung durch Fäulnis wird bei der Besprechung des Vorkommens der Porphyrine im tierischen Organismus eingehend erörtert. Hier soll nur auf die *Porphyrinbildung aus der Hefe* eingegangen werden.

Die Hefe als einzelliger Organismus wurde besonders beim Studium des Atmungsvorganges von den Forschern berücksichtigt; so wurden das Cytochrom und das WARBURGsche Pigment an der Hefe genau studiert.

H. FISCHER und SCHNELLER, später SCHUMM (Porphyratin) beobachteten schon 1923 bei der Bierhefe das Auftreten des Porphyrins. Die weiteren Untersuchungen dieser Autoren zeigten dann, daß das in der Hefe vorkommende Porphyrin ein Koproporphyrin I ist. Wiederholte Fortzüchtungen von Hefe im porphyrinfreien Nährboden führen auch unter diesen Umständen zu einer Porphyrinvermehrung. Mit großer Wahrscheinlichkeit handelt es sich also hier um eine Porphyrinsynthese in der Hefe. Bei der Untersuchung verschiedener Hefearten auf Porphyrin konnten FISCHER und FINK Koproporphyrin in Bierhefe, in Saccharomyces anamensis, in der schwarzen Hefe und in der Sekthefe finden. Der Aspergillus oryzae sowie die Bierhefe zeigen auch Protoporphyrinbildung.

Das Vorkommen des Koproporphyrins I in der Hefe ist von besonderer Bedeutung, da auch hier wie bei den oben besprochenen Mikroorganismen an die Synthese dieses Körpers im einzelligen Organismus gedacht werden muß. Ein Abbau von Blutfarbstoff kann hier nicht in Frage kommen, weil es sich sonst nur um Koproporphyrin III handeln könnte. Der Blutfarbstoff ist aber in der Hefe auch vertreten. Dies wurde 1926 von FISCHER und SCHWERDTEL beobachtet und von den gleichen Autoren 1928 bestätigt. Aus plasmolysierter Hefe war es ihnen möglich, krystallinisches Hämin darzustellen. Das Hämin blieb jedoch ohne Einfluß auf die Koproporphyrinbildung; damit war noch einmal die *Existenz eines Porphyrindualismus bestätigt und zugleich die scharfe Trennung zwischen Porphyrin I und Porphyrin III* bewiesen.

In käuflicher Hefe findet man neben Hämin und Koproporphyrin auch Protoporphyrin. Die Saccharomyceszelle kann (FISCHER und HILMER) das Hämin zu KÄMMERER-Porphyrin abbauen und andererseits durch Zusatz von Eisensalzen das normale Hämochromogen bilden.

Die Hefe produziert also normalerweise primär Hämin und neben diesem in geringer Menge noch Koproporphyrin, bei ihrer Weiterzüchtung wird die Häminsynthese nach den Untersuchungen der beiden oben erwähnten Autoren stark reduziert oder direkt verdrängt, während dafür das Koproporphyrin in den Vordergrund tritt. Diese Erscheinung ist aber nicht auf einen Eisenmangel, sondern vielmehr auf eine Hemmung der Eiseneinführung in die Porphyrinmoleküle zurückzuführen. Auf ähnliche Verhältnisse werden wir bei der Besprechung der Porphyrinbildung bei der Bleivergiftung stoßen.

Im Verlaufe der Spontanautolyse der Hefe kommt es nach FISCHER und SCHWERDTEL zur Koproporphyrinbildung. Bei der alkalischen Autolyse (Sodazusatz) entstehen neben Hämin größere Mengen Koproporphyrin, wogegen bei der sauren Autolyse wenig Koproporphyrin und viel Protoporphyrin auftritt.

Trotz der Vermehrung des Koproporphyrins bei der Hefeautolyse ist in dieser selbst kein Koprohämin zu beobachten, man muß daher (FISCHER und HILMER) an die Möglichkeit einer sekundären Synthese aus dem vorhandenen Hämin denken.

Aus diesen und anderen, hier nicht angeführten Resultaten, kommen FISCHER und HILMER zum Schlusse, daß ein Dualismus des Blutfarbstoffes in der Tat bestehen muß, indem zwei Synthesevorgänge nebeneinander gehen, wobei aber kein Koprohämin gebildet wird.

Die Fortsetzung dieser Arbeiten von FISCHER und FINK zeigt, daß die Weiterzüchtung von Hefe in geeigneter Nährlösung zu einer beträchtlichen Vermehrung
der Koproporphyrinbildung führt und daß das Koproporphyrin auch in anderen
Mikroorganismen der gleichen Gruppe vorkommt (Saccharomyces anamensis,
schwarze Hefe, Aspergillus oryzae, hier neben Protoporphyrin).

Der quantitative und qualitative Porphyringehalt der Hefe kann noch von
anderen Faktoren abhängig sein. In der gezüchteten Winterhefe wurde zum
Unterschied von der Sommerhefe nur in zwei Fällen KÄMMERER-Porphyrin
nachgewiesen (FISCHER und FINK).

Im weiteren kommt man zur Annahme, daß die Porphyrinreaktion in der Hefe
(Hefeautolysaten) enzymatischer Natur sein müsse (FISCHER und HILMER,
FISCHER und SCHWERDTEL). MAYER konnte durch Blausäure eine Hemmung
der Hefeplasmolyse und durch Chloroform eine Begrenzung der Koproporphyrin-
vermehrung im Plasmolysat erzielen und damit den *fermentativen Charakter der
Koproporphyrinsynthese* beweisen. Für diese Fermentwirkung spricht auch die
Erzeugung von Koproporphyrin aus der Trockenhefe durch FINK und WEBER.

Ausgehend von diesen Versuchen und der Beobachtung MAYERs, wonach
die porphyrinfluorescierenden Hefezellen (Koprohefe) fast ausschließlich tote
Zellen sind, hat FINK in eingehender Weise die Frage der Porphyrinsynthese bei
der über ein Jahr dauernden Fortzüchtung von Hefestämmen studiert. Er
konnte dabei ein Größerwerden der Hefezellen bei den höheren Generationen
feststellen. Er bestätigte ferner den Befund MAYERs, nach welchem die Koprozellen gewöhnlich abgestorbene Elemente sind (Methylenblaufärbung), zeigte
aber überdies, daß nur ein Teil des Porphyrins im Protoplasma festgebunden
ist (20—30%), während die Hauptmenge (70—80%) nur in lockerer Verbindung
mit der Hefezelle steht und leicht entfernt werden kann. Die Porphyrinadsorption
bei der Hefe geht in zwei Stufen vor sich. Während die lebenden Zellen den
Farbstoff nur oberflächlich adsorbieren, dringt das Koproporphyrin in die toten
Hefezellen tief ein. Nur diese können daher eine starke Fluorescenz abgeben.
Sie verschwindet aber bei der Elution sofort wieder, und zwar bei neutraler oder
schwach alkalischer Reaktion der Elutionsflüssigkeit.

Das Vorhandensein einer Porphyrinfluorescenz in den Hefezellen ist also
nicht von der direkten Zelltätigkeit, sondern von der stärkeren Haftfestigkeit
und dem Eindringen des Porphyrins in das Protoplasma abhängig.

Neben der Hypothese, daß der Koproporphyringehalt der toten Hefezellen
auf Eindringung des Farbstoffes in die Tiefe beruht, stellt sich noch die Frage,
ob der Zelltod nicht auf die Giftwirkung des Koproporphyrins zurückzuführen
sei. Nach MAYER handelt es sich hier nicht um eine direkte Schädigung der
Zelle durch den Farbstoff, sondern wahrscheinlich um ein Zugrundegehen der
Koprozellen unter dem Einflusse der Belichtung (Photosensibilität). Er stützt
seine Annahme auf die Beobachtung von fluorescierenden und gleichzeitig
lebenden Hefezellen bei einer Hefereinkultur, die 9 Monate lang unter völligem
Lichtabschluß gehalten wurde.

Bei Wiederholung der Versuche MAYERs und FINKs haben wir die Fluorescenz
der Hefezellen am Fluorescenzmikroskop mit starken Vergrößerungen verfolgt.
Die abgestorbenen Hefezellen sind meistens auch ohne Methylenblaureaktion
schon an der Größe und an der Randdemarkierung von den anderen Zellen zu
unterscheiden. Die Porphyrinfluorescenz ist nicht diffuser Art, sondern sie ist

besonders an bestimmte Teile des Zelleibes gebunden. Man beobachtet eine starke, fast elektive Fluorescenz in den Zellkernen und in den Sporen. Und zwar sind es die Ascosporen, die sich in der Mutterzelle in einer für die einzelne Spezies konstanten Zahl befinden, die eine starke Fluorescenz der Hefezellen verursachen. Bei der mikroskopischen Beobachtung mit Ölimmersionobjektiven (s. Abb. 14) kann man aber ohne weiteres die scharfe Fluorescenz der einzelnen Sporen sehen.

Die Farbe und die Fluorescenzintensität ist ferner sehr oft vom Alter der Zelle abhängig. Ältere, stark demarkierte und leicht geschrumpfte Zellen zeigen eine schöne, hellrote Fluorescenz, wogegen bei wenig geschrumpften und kaum mit Methylenblau sich färbenden Zellen die Fluorescenz schwächer und blasser auftritt.

Bei dem Adsorptionsversuch mit Koproporphyrin kann man die Porphyrinfluorescenz auch bei den lebenden Zellen sehen, jedoch nur dann, wenn die mikroskopische Beobachtung in durchfallendem Lichte geschieht. Mit dem Dunkelfeldkondensor oder mit der Mikroskopie im auffallenden Lichte (Opakilluminator) kann man nicht selten eine sehr schwache, oberflächliche Fluorescenz der lebenden Hefezelle beobachten. Diese Fluorescenz hat eine gelblich-schmutzige, manchmal rosa Farbe und ist an Intensität nicht mit der Fluorescenz der toten Zellen zu vergleichen.

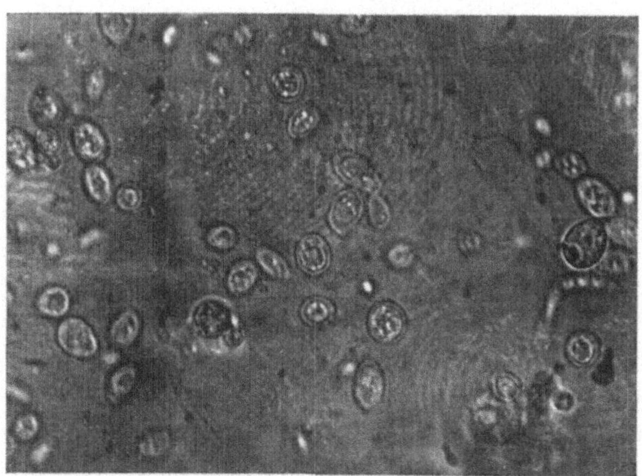

Abb. 14. Mikrophotographie von fluorescierenden Hefezellen (Ölimmersion).

Diese Beobachtung deckt sich mit den Angaben MAYERs, der bei den fluoreszierenden Hefezellen ein Vorstadium beschreibt, in welchem bei den lebenden Zellen eine bunte Fluorescenz zu sehen ist, ohne daß es möglich wäre, spektroskopisch ein Porphyrinemissionsspektrum festzustellen. Mit unserer Beobachtungseinrichtung ist nicht selten diese Erscheinung bei vielen noch lebenden Zellen zu konstatieren. Die Zelle fluoresciert am Anfang weißlich und zeigt allmählich das Auftreten der oberflächlich gelegenen typischen Porphyrinfarbe.

Infolge der oberflächlichen Verankerung der Fluorescenz sind auch durch auffallende Beleuchtung die Einzelheiten der Zelle (scharfer Begrenzungsrand, Kern, Ascosporen usw.) mikroskopisch nicht mehr zu differenzieren. Es handelt sich vielmehr um ein diffuses Fluorescenzaufleuchten derselben.

Bei der Bestrahlung mit Ultraviolettlicht geht allmählich die Fluorescenzintensität der Zellen zurück, die Koprozellen besitzen jetzt eine gelblichbraune Fluorescenzfarbe, dabei sind nicht selten einige gelblich fluorescierende Pünktchen als Lipoideinlagerung zu sehen.

Auch zwischen Tageslicht- und Dunkelkulturen ist oft ein Unterschied in der Fluorescenzintensität und in der Fluorescenzfarbe zu konstatieren.

Zur Adsorptionsfähigkeit der Kerne und bestimmter Zellteile für das Koproporphyrin erscheinen folgende Angaben Dhérés von Interesse:

Zusammen mit Roche hat dieser Autor durch fluorescenzspektroskopische Untersuchungen das Vorkommen von Koproporphyrin in der Nucleinsäure, die aus der Bierhefe gewonnen wird, verfolgt und konnte dabei feststellen, daß bei den Nucleinkörpern und besonders bei der Nucleinsäure, die aus der Hefe stammen (nur zwei Nucleinprodukte der Firma Grubler zeigten diese Erscheinung nicht), regelmäßig Koproporphyrin in verschiedener Konzentration zu finden ist.

Bei den Nucleinkörpern aus tierischen Geweben ist das Koproporphyrin nicht mit Sicherheit nachzuweisen. Es ist hier also an die Adsorptionsmöglichkeit des Porphyrins an das Nuclein zu denken, man kann aber auch eine Bildung des Porphyrins im Hefezellkern annehmen, wobei, wie die Autoren betonen, die Annahme Macallums, es fände die Bildung von Hämoglobin und sonstigen Eisenporphyrinkomplexen im Zellkern statt, eine Stütze erfahren würde.

Wir konnten keine primäre Porphyrinfluorescenz in den Kernen der lebenden Hefezellen feststellen. Am wahrscheinlichsten ist doch die Hypothese, daß das Porphyrin durch Adsorption im Chromatingerüst der Zellen stärker haften bleibt und bei der Nucleinextraktion mitgerissen wird.

Die Porphyrine im Pflanzenreich.

Die chemische Verwandtschaft des Chlorophylls mit den Porphyrinen ist bekannt (s. Kap. I). In der Pflanzenwelt ist aber ein biologischer Abbau des grünen Farbstoffes zu Porphyrin nicht bekannt. Gemeinsam mit Hilger konnte H. Fischer 1923 den Beweis erbringen, daß bei den Pflanzen Porphyrine als Häminderivate auftreten können. Wir stehen also auch hier, im pflanzlichen Gebiete, vor derselben Frage des Porphyrinaufbaus, wie wir sie bei der Besprechung der Hefe schon angetroffen haben.

Es scheint uns an dieser Stelle die Mitteilung von Euler und Hellström von gewissem Interesse zu sein, in der auf Grund zahlreicher Untersuchungen über die Synthese von Xanthophyll, Carotin und Chlorophyll in den belichteten und unbelichteten Gerstekeimlingen, behauptet wird, daß auch die Bildung von Carotin in der Pflanze eine Lichtreaktion darstelle. Das System der konjugierten Doppelbindungen ist sowohl bei den Carotinoiden wie beim Porphyrinring vorhanden, so daß die genannten Autoren Übergänge von Carotinoiden in Porphyrine für möglich halten. Eine Hypothese, die bei der Betrachtung der chemischen Konstitution der Carotine und der Porphyrine schwer erklärlich ist.

Fischer und Schwerdtel gelang es indessen, bei verschiedenen Pflanzen das Porphyrin direkt nachzuweisen. Junges Saatgetreide, Mais, Brennessseln, Kartoffeln, Runkelrüben, junge Eiben, Eschen- und Ahornblätter sind alle porphyrinhaltig. Das käufliche Mehl zeigt das Koproporphyrinspektrum und ebenfalls kann man in Pyridinextrakten von Kleie Koproporphyrin nachweisen. Ein ähnliches Pyridinextrakt aus Malz gibt das Protoporphyrinspektrum und dieses Porphyrin ist besonders in den Malzwurzeln vorhanden.

Bei der Autolyse von Malz in Zimmertemperatur entsteht Kopro- und Protoporphyrin, nach der Autolyse bei 50° ist der Protoporphyrinanteil viel geringer. Wie bei der Hefe konnten Fischer und Schwerdtel auch bei Malz (allerdings nicht mit derselben Regelmäßigkeit) bei der Fortzüchtung eine starke Porphyrinvermehrung nachweisen, so daß auch hier an eine künstliche Beeinflussung der Porphyrinsynthese wahrscheinlich durch unzweckmäßige Ernährungsbedingungen zu denken ist. Porphyrin ist ferner nach den genannten Autoren auch in Cocosmilch und in Form von Koproporphyrin im Bier vorhanden.

In weiteren Untersuchungen stellte SCHUMM fest, daß das im Cytochrom festgebundene Porphyratin einen physiologischen Bestandteil der Pflanzensamen darstelle. Porphyratin wurde in der Hefe, im Hafer, in den Mandeln, in den Kakaobohnen und im Malz gefunden; alle diese Porphyrine zeigen nach SCHUMM die Peroxydasewirkung des Hämatins.

Im Pflanzenreich kommen außer dem Chlorophyll spezielle Farbstoffe vor, die direkte Beziehungen zum Porphyrin haben. So wird von FISCHER und HESS die Vermutung ausgesprochen, daß der unter dem Namen Hyperizin bekannte Farbstoff des Hypericum perforatum und des Hypericum crispum mit dem Farbstoff einiger Pilze, dem Mykoporphyrin, identisch sei. Das Mykoporphyrin hat allerdings nichts mit den Porphyrinen des Blutfarbstoffes und des Chlorophylls zu tun. Zu ähnlichem Schlusse kommt auch DHÉRÉ durch vergleichende Fluorescenzuntersuchungen der beiden pflanzlichen Pigmente.

Die Frage des Vorkommens von Porphyrin in der Pflanzenwelt ist auch von praktischer Bedeutung für den Menschen bei der Berechnung der exogenen Porphyrinzufuhr durch die Nahrung. In klinischer Hinsicht spielt die perorale Porphyrinverabreichung eine wichtige Rolle bei der quantitativen Beurteilung der Ausscheidung dieses Farbstoffes. Zur Klärung dieser Frage haben KÄMMERER und GÜRSCHING systematisch qualitative und quantitative Bestimmungen bei tischfertigen Nahrungsmitteln ausgeführt und folgende Resultate erhalten: Spinat, grüne Erbsen und Äpfel enthalten kleine Mengen, Brot, Semmel und Bier größere Mengen Koproporphyrin, Tomaten besitzen Protoporphyrin in geringer Konzentration. Es ist aber zu betonen, daß im frischen Zustande die untersuchten Vegetabilien nur sehr kleine Quantitäten Porphyrin aufweisen.

Das Chlorophyll spielt, wie wir sehen werden, bei der Bildung von Porphyrin im Magendarmtractus eine nicht zu unterschätzende Rolle.

Zum Schlusse sind die interessanten Angaben TREIBS' erwähnenswert. Dieser Autor hat eine Reihe von Erdölen, Kohlen, Gesteinen und Phosphoriten auf das Vorhandensein von Chlorophyll und Häminderivaten untersucht. Bei verschiedenen Arten von Erdöl wurden Chlorophyllporphyrin und Porphyrinmetallkomplexe gefunden. In der Kohle konnte Deuteroporphyrin, später auch Ätioporphyrin (Deuteroätioporphyrin) und Porphyrinkomplexe (Hämochromogen) nachgewiesen werden. Auch DHÉRÉ und HRADIL haben bei der fluoroskopischen Untersuchung von Ölschiefern das Fluorescenzspektrum des Desoxophylloerythrins festgestellt.

Die Porphyrine des Tierreiches.

Aus der Monographie GÜNTHERS vom Jahre 1922 entnehmen wir die Angaben von früheren Autoren, wonach Porphyrine bei einer Reihe von niederen Tieren vorhanden sind.

Von McMUNN wurden im Integument von Echinodermen Porphyrine gefunden. Auch bei den Gastropoden konnte dieser Farbstoff im Integument nachgewiesen werden (Arion und Limax). Günther selbst stellte Versuche mit dem Arion empiricorum an, der Porphyrinnachweis war aber negativ. Am gleichen Versuchsmaterial wurden vor einigen Jahren von Dhéré neue Untersuchungen angestellt. Dhéré und Baumler war es dann möglich, bei genauen Fluorescenzbestimmungen die Angaben McMunns zu bestätigen. Auch sie fanden Porphyrin im Integument von Arion empiricorum und anderer nahe verwandter Arten. Die negativen Resultate Günthers beruhten wahrscheinlich auf einer für den Porphyrinnachweis ungünstigen Summation des Farbstoffes mit einem gelblichen Pigment des Dermas, dem Rufin.

Ebenfalls zu negativen Resultaten führten die Analysen Günthers bei der Untersuchung des Regenwurmes. McMunn hatte 1886 aus dem Lumbricus terrestris das Porphyrin extrahieren können. Diese Angaben wurden außer von Günther auch von anderen Autoren in Abrede gestellt, da man den Farbstoff McMunns für ein Kunstprodukt hielt. Fischer und Hilmer konnten dann aber 1925 aus 250 g Regenwürmer ein Kämmerer-Porphyrin isolieren und Dhéré erhielt bei der Freilegung des Integumentes des Lumbricus die rote Fluorescenz des Protoporphyrins. Damit war der Nachweis erbracht, daß vorgebildetes Porphyrin normalerweise beim Regenwurm vorhanden ist. In vivo ist allerdings dank der Schutzwirkung der Integumentzellen eine Fluorescenz nicht zu beobachten, nur die Verarbeitung des Integumentes selbst mit geeigneten Lösungsmitteln führt im Extrakt zum fluoroskopischen Nachweis des Porphyrins. Dies beruht, wie Dhéré auseinandersetzt, auf der Tatsache, daß das Porphyrin im kolloidalen Zustande wasserlöslich ist und als solches keine Fluorescenz aufweist. Interessant ist die Tatsache, daß das Porphyrin des Integumentes der Eisenia foetida die Tiere gegen Licht schützt (Zielinska).

Dhéré hat ferner ein anderes Pigment, das bei der Bonellia viridis zu finden ist, fluoroskopisch untersucht. Der Farbstoff, das Bonellin, hat in organischen Lösungsmitteln eine grüne Farbe, zeigt aber eine schöne, rote Fluorescenz. Genaue vergleichende Untersuchungen ließen Dhéré annehmen, daß das Bonellin eine große Analogie zu dem Phylloerythrin und dem Protoporphyrin aufweist. Es muß daher auch in die Gruppe des Porphyrins klassifiziert werden.

Derrien stellte bei der Untersuchung von Cestodeslarven (Tetrahyridium) eine rote Fluorescenz fest, die auf Kopro- oder Protoporphyrin zurückzuführen ist. Der Cysticercus der Taenia solium aus der Muskulatur des Schweines weist eine stark rote Fluorescenz auf. In der betroffenen Muskulatur waren nach Derrien noch mehrere hellrote, fluorescierende Pünktchen vorhanden, die sehr wahrscheinlich auf calcifizierte Cysticerken zurückzuführen sind. Hier ist an die Affinität des Calciumsalzes zum Porphyrin zu erinnern. Das Auftreten von Porphyrin im Finnenstadium der Taenia läßt zwei Möglichkeiten offen, entweder eine Muskelautolyse durch den Cysticercus mit Umwandlung des Myoglobins oder aber das Auftreten von Porphyrin als Embryonalfarbstoff, in ähnlicher Weise wie bei dem Fruchtwasser der Säugetiere.

Fischer und Fink haben im Mottenraupenkot Kopro- und Protoporphyrin gefunden. Fischer und Kögl isolierten aus Perlmutterschalen das Konchoporphyrin, ein Porphyrin, das auf das Ätioporphyrin I zurückzuführen ist, und zwei Jahre später gelang es Fischer zusammen mit Haarer, aus der Schale der Pteria vulgaris Uroporphyrin zu extrahieren. Interessant ist auch, daß die Fluorescenzuntersuchung von Muschelversteinerungen aus verschiedenen

Zeitaltern eine schwache Fluorescenz ergab, die eine große Ähnlichkeit mit derjenigen des Porphyrins aufwies.

Auch in den Schalen der Vogeleier, besonders in denjenigen von im Freien brütenden Vögeln, findet man eine auffallend große Menge Porphyrin, FISCHER und KÖGL konnten daraus das Ooporphyrin extrahieren (Kiebitz). Auch in der Hühnereischale wurde Ooporphyrin nachgewiesen, und zwar schon 1883 war es KRUKENBERG möglich, mit organischen Lösungsmitteln aus der Eischale ein rot fluorescierendes Pigment (Oorhodein) zu isolieren. Das Absorptionsspektrum des Schalenpigmentes beschrieb SORBY schon 1875 mit sorgfältiger Genauigkeit. Die Fluorescenz des Ooporphyrins wurde später von KÖNIGSDÖRFER untersucht und DHÉRÉ hat dann an der Hühnereischale direkt das Fluorescenzspektrum studiert. Über die Biologie dieser Fluorescenz haben sich DERRIEN und TURCHINI in verschiedenen Mitteilungen geäußert; BIERRY und GOUZON konnten nachweisen, daß die Eier der weißen Hennen, auch von verschiedenen Rassen, die größte Porphyrinfluorescenz abgeben, während Hennen mit farbigem Gefieder keine fluorescierende Eier legen. Die Verfasser denken bei den weißen Hühnern an die Folge einer Photosensibilisation, wonach diese Tiere unter einem latenten Porphyrismus im Sinne GÜNTHERs leben würden. Auf der Suche nach dem Herkommen des Porphyrins in der Eierschale haben DERRIEN und TURCHINI, später auch FURREG die Eileiter und den Uterus der Henne fluoroskopisch untersucht, und konnten dabei an der Schleimhautoberfläche dieser Organe eine für das Porphyrin typische Fluorescenz feststellen. In diesem Zusammenhang seien noch die Angaben von GIERSBERG, zitiert nach FISCHER und KÖGL, erwähnt, der die Pigmentablagerung in die Eierschalen dadurch erklärt, daß die Pigmentkörnchen während der Wanderung in den Eileitern in groben Klumpen geballt werden, und im Uterus an die Oberfläche gelangen, um auf die Eierschale fixiert zu werden.

Das Porphyrin (Protoporphyrin) ist nach KÖNIGSDÖRFER und nach GOUZON auch im Eigelb enthalten, zwischen Porphyrin im Innern und in der Schale des Eies bestehen sehr wahrscheinlich keine genetischen Zusammenhänge. HIJMANS VAN DEN BERGH und GROTEPASS konnten bei der künstlichen Bebrütung nach etwa 110—120 Stunden einen plötzlichen Anstieg des Porphyringehaltes des Eies feststellen; es handelt sich wahrscheinlich um eine Porphyrinsynthese aus bis jetzt noch unbekannten Bestandteilen des Eiweißes.

DERRIEN und TURCHINI haben ferner eine Porphyrinfluorescenz an den Federkielen und anderen Horngebilden der Haut junger Tauben und an Igelstacheln beobachtet, so daß die Hypothese naheliegt, daß die Lokalisation der Porphyrine sich bei den Säugetieren genau wie bei den Würmern besonders auf die Haut erstreckt. Auch in den HARDERschen Drüsen der Nagetiere der Art Mus wird Porphyrin gefunden.

Die Komplexmetallsalze der Porphyrine können auch in der Natur vorkommen, das Turacin, ein seit vielen Jahren bekannter Farbstoff aus dem Gefieder der Turacusvögel (Vogelart in Zentralafrika), stellt nach FISCHER und HILGER, ein Kupfersalz des Uroporphyrin I dar. Das Turacin kann durch ammoniakhaltiges Regenwasser eluiert werden, so daß das Gefieder unter Umständen den roten Farbstoff verliert. Den oben genannten Autoren war es möglich, durch Entfernung des Kupfers aus diesem Pigment den Uroporphyrinester krystallinisch zu gewinnen. Von weiterem Interesse sind diesbezüglich die

Untersuchungen von DERRIEN und TURCHINI, die bei den Federn von Nachtvögeln eine starke Protoporphyrinfluorescenz feststellen konnten. Es besteht also bei den Nachtvögeln ein gewisser Porphyrismus, der an einen gestörten Pigmentstoffwechsel denken läßt.

Die Eisenporphyrinverbindungen sind, wie schon zu Anfang dieses Kapitels betont, in den tierischen und pflanzlichen Zellen sehr verbreitet und gehören in die Gruppe der Atmungsfermente, und als solche sind sie unersetzliche Bestandteile der lebenden Gewebe und Zellen.

Eine Reihe von tierischen Geweben weist also bei der Ultraviolettuntersuchung oft eine sehr auffallende Porphyrinfluorescenz auf und nicht selten kann man bei Extraktion der organischen animalischen Produkte Porphyrin finden.

Die Eigenschaft der lebenden Zelle, Porphyrin direkt zu synthetisieren (Reihe I) oder von dem Blutfarbstoff abzuleiten (Reihe III) ist heute bekannt. Quellen des Porphyrins sind Abbauprodukte des Hämoglobins und des Chlorophylls, diese können durch bakterielle Zersetzung oder durch spontane Autolyse in Porphyrin umgewandelt werden. Dazu gesellen sich die Atmungsfermente als Porphyrinvermittler.

Bei höheren Lebewesen, und zwar dementsprechend in größeren Mengen, finden wir auch Porphyrin als wichtiges Pigment in den Organzellen und in der Körperflüssigkeit.

Von besonderer Bedeutung ist die Ausscheidung von solchen Pigmenten als Maß des Porphyrinumsatzes im lebenden Organismus. Hier spielt die Bildung dieser Farbstoffe eine große Rolle, die nach der dualistischen Theorie von HANS FISCHER einerseits durch Synthese und Ableitung aus anderen Pigmenten in den Körperzellen vor sich geht und andererseits aus natürlichen Pigmenten der pflanzlichen und tierischen Reihe, die hauptsächlich mit der Nahrung in den Organismus gelangen, entsteht. Diese zweite Möglichkeit der exogen bedingten Porphyrinbildung ist bei den höheren Tieren und beim Menschen von besonders großer Bedeutung. Eine dritte Gruppe von Faktoren, die mit dem Porphyrinstoffwechsel in Zusammenhang steht, umfaßt alle diejenigen pathologischen Prozesse in den Körperzellen und diejenigen Störungen in der Funktion der Organe und Organsysteme, die zu einer abnormen Porphyrinbildung auf krankhafter Basis führen.

Diese besonders wichtige Gruppe findet in dem folgenden Kapitel Erwähnung. Hier beschränken wir uns darauf, die verschiedenen Bedingungen, unter welchen das Porphyrin beim normalen Menschen und Versuchstier vorkommt, zu besprechen.

Bei den gewöhnlichen Experimenttieren konnte wiederholt das Vorkommen von Porphyrin als Ausscheidungsprodukt nachgewiesen werden. Schon STOKVIS wies auf den starken Porphyringehalt des Kaninchenharns hin. Der Hund scheidet trotz der negativen Angaben NEUBAUERs im Harn und Kot Porphyrin aus, auch in der Galle des Hundes wurde in neuerer Zeit Porphyrin gefunden (CARRIÉ). Als Kuriosum seien hier der Nachweis von Koproporphyrin im fossilen Krokodilkot (FIKENTSCHER) und die Angaben TREIBS' über das Vorkommen von Koproporphyrin in den Koprolithen aus dem Tertiär erwähnt.

Vorkommen der Porphyrine als Ausscheidungsprodukt beim Menschen.

Der Nachweis von Porphyrin als Ausscheidungsprodukt des Menschen ist schon seit langer Zeit gelungen. Ende des letzten Jahrhunderts erschienen die Arbeiten Garrods und Saillets, die im menschlichen Urin das Porphyrin beschrieben. Stokvis konnte diesen Farbstoff auch im menschlichen Kot nachweisen. In neuerer Zeit wurden die Angaben dieser Autoren hauptsächlich von Fischer und seiner Schule wie auch von Günther in weitem Umfange ergänzt.

Im Meconium wurde zuerst von Garrod Porphyrin festgestellt. Schumm hat regelmäßig Koproporphyrin gefunden und die Untersuchungen Günthers haben gezeigt, daß der Porphyringehalt etwa 0,7 mg pro 100 g Meconium beträgt. Schon vor dem physiologischen Einwandern der Darmbakterien ist nach diesem Autor das Meconium porphyrinhaltig. Aerobe und anaerobe Bakterien sollen keinen Einfluß auf den Porphyringehalt des Meconiums haben.

In den letzten Jahren hat sich die Aufmerksamkeit der Forscher besonders auf den Porphyringehalt des normalen menschlichen Organismus gerichtet.

Im Stuhl kann man drei Arten von Porphyrinen finden, das Kopro-, das Proto- und das Deuteroporphyrin. Ihr Vorkommen, sowie die Menge, die durch den Darm ausgeschieden wird, hängt von der Qualität und Quantität der Nahrung ab.

Wir haben oben vom Porphyringehalt der Nahrungsmittel gesprochen. Die Untersuchungen Kämmerers wurden dort ausführlich referiert.

Neben den Porphyrinen, die direkt durch die Nahrung in den Magendarmkanal gelangen, sind noch die Porphyrine zu erwähnen, die im Darm unmittelbar durch die Bakterientätigkeit und durch bakterielle Umwandlung des Blut- und Muskelfarbstoffes sowie des Chlorophylls entstehen. Ferner wird angenommen, daß Porphyrine, die durch die Galle ausgeschieden werden, auch durch den Stuhl den Körper verlassen. Eine letzte Porphyrinquelle im Organismus stellt eine innere Blutung im Magendarmtractus dar, eine solche kann zu erhöhter Porphyrinausscheidung führen und ist als pathologisches Zeichen zu werten.

Durch die experimentellen Untersuchungen von Kämmerer und Gürsching wissen wir heute, daß eine chlorophyllreiche Nahrungszufuhr zu einer Vermehrung des Porphyringehaltes des Stuhles führt. Neben den kleinen Mengen präformierter Porphyrine haben wir es hier mit einer Umwandlung des Chlorophylls zu tun. Kurze Zeit nach der Nahrungsaufnahme läßt sich in der Galle das Phylloerythrin nachweisen, das aus dem Chlorophyll nach Magnesiumabspaltung entsteht und dem Mesoporphyrin nahe verwandt ist. Der exakte Nachweis dieses Farbstoffes im menschlichen Kot wurde auch von Fischer und Hendschel erbracht. Das von Brugsch als Sterkophorbid bezeichnete Pigment (siehe unten) gehört zu dieser Gruppe von Chlorophyllporphyrinen. Das Phylloerythrin ist als ein Porphyrin aufzufassen; sein Auftreten in der Galle beweist, daß das Chlorophyll abgebaut und aus dem Darm resorbiert wird. Dieser Resorption des Chlorophylls durch den Darm wurde oft nachgegangen und die experimentellen Untersuchungen Bürgis und seiner Schüler fanden, daß die Menge sowie die Geschwindigkeit der Chlorophyllresorption von der Form, in welcher das Chlorophyll dem Darmtractus zugeführt wird, abhängig ist. Die Einnahme von extrahierten Chlorophyllpräparaten (Chlorosan) führt zu einer 20—30mal größeren Porphyrinausscheidung als die entsprechende Zufuhr von grünem Gemüse (NISHIURA).

Auch die Untersuchungen ROTHEMUNDs, McNARYs und INMANs sind für die Frage der Beziehungen des Chlorophylls zu den Porphyrinen von Interesse. Diese Autoren wiesen die Chlorophyllabbauprodukte (Phyllerythrin, Rhodo-, Phyllo- und Pyrroporphyrin sowie Phäophytin) im gesamten Verdauungstractus von Kühen und Schafen nach. Neben diesen Farbstoffen war auch Proto- und Deuteroporphyrin vorhanden, dagegen trat Koproporphyrin nur im unteren Darmtractus auf. Diese letzteren Porphyrine sollen aus dem Blutfarbstoff stammen und haben daher keine direkte Beziehung zum Chlorophyll.

Frühere Untersuchungen ROTHEMUNDs und INMANs berichten über die direkte Isolierung von Phylloerythrin, Rhodo-, Phyllo- und Pyrroporphyrin aus dem Mageninhalt der Kuh, die Bildung der Porphyrine soll im dritten Magen zustande kommen. Daneben sind andere, nicht näher zu identifizierende Porphyrine isoliert worden.

Wie BÜRGI und seine Schüler gefunden haben, entfaltet das Chlorophyll eine günstige erythropoetische Wirkung; Untersuchungen von ROTHEMUND und INMAN an Ratten führten bei Verabreichung von 0,1—0,2 mg Phylloerythrin und Phäophorbid zu einer deutlichen Erythropoese. Hier ist wahrscheinlich neben einer fraglichen direkten Umwandlung des Chlorophylls in Blutfarbstoff (BÜRGI: Therap. Mh., Jan.-Febr. **1918**) auch eine günstige Stimulation der blutbildenden Organe durch das Bilirubin und Porphyrin anzunehmen.

BRUGSCH beschrieb vor kurzem einen mit der Methode der Porphyrinextraktion isolierbaren Farbstoff, der am Tageslicht grün erscheint, im Ultraviolettlicht aber eine schöne rote Fluorescenz aufweist. Besonders der Stuhl soll reich an Chlorophyllabbauporphyrin (Sterkophorbid) sein und dessen Gehalt kann durch reichliche Chlorophyllzufuhr durch die Nahrung rasch zunehmen. Nach BRUGSCH muß angenommen werden, daß die Chlorophyllporphyrine durch bakterielle Zersetzung im Darmtractus aus dem grünen Pflanzenfarbstoff entstehen. Es ist hier im Zusammenhang mit den Beobachtungen BRUGSCHs an die Untersuchungen von FISCHER und DEŽELIC zu denken, die unter Einwirkung von Schwefelsäure und Wasserstoffsuperoxyd aus dem Ätioporphyrin grüne, an Chlorophyllderivate erinnernde Farbstoffe gewinnen konnten. Die Ozonisierung von Ätioporphyrin in Chloroform verursachte eine olivgrüne Farbänderung des Porphyrins, dessen nähere Untersuchung zu der Isolierung eines grünen Farbstoffes geführt hat. Dieser Farbstoff fluoresciert rot und besitzt ein dem Phäophorbid a ähnliches Spektrum. In diesem Falle wäre also nicht eine Porphyrinbildung aus dem Chlorophyll, sondern umgekehrt ein Übergang von Porphyrin in ein Chlorophyllderivat anzunehmen.

Die Frage der Porphyrinentstehung aus dem Blut- und Muskelfarbstoff unter dem Einfluß von Fäulnis und autolytischen Prozessen im Darmtractus und in Reagensglasversuchen lenkte besonders Aufmerksamkeit auf sich. HOAGLAND studierte bei strenger Asepsis den Autolyseeinfluß auf das Fleisch und konnte feststellen, daß in der quergestreiften Muskulatur des Rindes durch enzymatische Prozesse und unter streng anaeroben Bedingungen das Oxyhämoglobin rasch und vollständig zu Porphyrin umgewandelt wird. Dabei ist, wie SCHUMM 1924 nachweisen konnte, das Porphyrin nicht als präformierter Farbstoff im frischen

Fleisch enthalten, sondern es kommt zu einer raschen Pigmentneubildung durch die Autolyse und Fäulnis.

Der Befund HOAGLANDs wurde in späteren Jahren von verschiedenen Autoren (SCHUMM, FISCHER, KÄMMERER) bestätigt und erweitert, indem man die bei der Autolyse entstandenen Porphyrine genau identifizierte (Protoporphyrin und spurenweise Koproporphyrin).

Im Fleisch läßt sich das Porphyrin kurze Zeit nach dem Tode des Tieres nachweisen. Durch Fäulnis wird der Porphyringehalt rasch und stark gesteigert. Bei wochenlanger Fäulnis bei 15^0 tritt eine starke Vermehrung von Protoporphyrin auf und bei einer 12 Monate lang dauernden Zersetzung konnte SCHUMM ein spektroskopisch dem Koproporphyrin sehr ähnliches Porphyrin nachweisen, während bei der Fäulnis bei 37^0 Mesoporphyrin neben dem Koproporphyrin gefunden wurde. FISCHER und LINDER studierten den Einfluß des p_H auf die Porphyrinbildung bei der Fleischfäulnis. Die saure Autolyse bewirkt im allgemeinen eine sehr starke Porphyrinvermehrung. Bei der alkalischen Fleischautolyse wurde eine wesentlichere Zunahme des Koproporphyrins gegenüber dem Protoporphyrin beobachtet.

Deuterohämin und Deuteroporphyrin wurden sowohl von SCHUMM wie von FISCHER und LINDER bei der lang dauernden Fäulnis von Fleisch und Blut gefunden. BOAS wies bei Darmblutungen das Deuteroporphyrin im Stuhl nach. Ein solcher Porphyrinnachweis deutet also auf das Vorliegen einer okkulten Darmblutung hin. SCHUMM beschreibt schließlich bei der protrahierten Fäulnis des Fleisches neben dem Kopratoporphyrin (identisch mit Deuteroporphyrin) noch ein dem Hämatoporphyrin spektroskopisch ähnliches Porphyrin, das Saproporphyrin.

FISCHER, KÄMMERER und KÜHNER stellen die Hypothese auf, daß bei der Proto- und Koproporphyrinbildung bei der Fleischautolyse das Eisen des Hämoglobins in den zweiwertigen Zustand übergeführt werde und daraufhin die autolysierenden Fermente sich an die ungesättigte Seitenkette des Pyrrolringes anlagern, worauf dann das Eisen vollständig frei würde.

Die Anschauungen KÄMMERERs in bezug auf die bakterielle Umwandlung des Blut- und Muskelfarbstoffes wurden am Anfang dieses Kapitels erwähnt. Es handelt sich dabei um eine Enteisung des Blutfarbstoffes durch einen bakteriellen Synergismus zwischen den verschiedenen Gruppen sporenhaltiger Anaerobier. Für die Klinik ist die KÄMMERERsche Probe von diagnostischer Bedeutung, indem sie je nach der Porphyrinmenge in den Stuhlaufschwemmungen zur Beurteilung der Darmfäulnisvorgänge dient.

Eine Hemmung der bakteriellen Porphyrinbildung kommt durch die Galle (taurocholsaures und glykocholsaures Natron) und durch Zucker (Gärung) zustande.

Das Vorkommen der verschiedenen Porphyrine im Stuhl bildet für die Klinik wichtige differentialdiagnostische Symptome. HAUROWITZ beschreibt beim Abbau des Blutfarbstoffes im Verdauungstractus die Entstehung von Proto- und Deuterohämin sowie von Proto- und Deuteroporphyrin als Fäulnisprodukte. Aus der Erscheinung dieses Farbstoffes im Stuhl kann auf eine Blutung in Magen, Dünn- und Dickdarm geschlossen werden. BOAS betont, daß das Vorkommen von Deuteroporphyrin im Stuhl eine okkulte Darmblutung aufdecken kann, auch wenn die Peroxydasereaktion negativ ausfällt.

Im Urin kommt normalerweise Koproporphyrin, evtl. Uroporphyrin in Spuren vor (FISCHER). Die Porphyrinausscheidung ist sehr gering, so daß eine nähere Identifizierung dieses Porphyrins mit Schwierigkeiten verbunden ist. FINK und HOERBURGER konnten *im normalen Urin Koproporphyrin I* nachweisen. Wir wissen aber nicht, ob daneben evtl. ein Porphyrin III vorliege. In pathologischen Zuständen kommt es nicht selten zu einer Vermehrung des Koproporphyrins im Urin. Wir werden in den folgenden Kapiteln oft Gelegenheit haben, über die *Porphyrinurie* zu sprechen. Neben Koproporphyrinausscheidung wird unter krankhaften Zuständen auch eine Uroporphyrinabsonderung beobachtet.

Diese Porphyrine gelangen auf hämatogenem Wege in die Niere und unterstehen sehr wahrscheinlich ähnlichen Vorgängen wie die Hämoglobinausscheidung durch die Nieren. Es ist nicht ausgeschlossen, daß in den Nieren selbst eine Umwandlung einer Porphyrinart in eine andere zustande kommt.

Bei den schweren pathologischen Porphyrinurien findet man in den Tubuli contorti eine besonders starke Ablagerung von Porphyrin und porphyrinhaltigem Pigment (Fall PETRY, beschrieben von BORST und KÖNIGSDÖRFER). Bei drei anderen Fällen fanden wir bei der histologischen Untersuchung regelmäßig Porphyrin, und zwar fast ausschließlich in den Tubuli contorti. In zwei Fällen mit geringer Porphyrinurie waren die Epithelien der Tubuli diffus mit roter Fluorescenz imprägniert; in einem schweren Fall von gewaltiger Ausscheidung sowohl von Kopro- wie auch von Uroporphyrin zeigten die Epithelien neben diffuser Imprägnation noch zahlreiche Pigmentkörnchen, die als umschriebene Fluorescenzherde erschienen. Beim Fall PETRY waren sogar Porphyrinkrystalle zu beobachten.

BOAS beschreibt auch Protoporphyrin im normalen Urin des Menschen. Diese Angabe ist bis jetzt noch nicht bestätigt worden. Sowohl nach den Untersuchungen von SCHREUS und CARRIÉ, wie auch nach den unsrigen, die sich auf eine große Zahl normaler Individuen erstrecken, konnte Protoporphyrin nicht isoliert oder identifiziert werden.

Allerdings wird von SCHREUS und CARRIÉ im Urin von Neugeborenen ein dem Protoporphyrin spektroskopisch ähnliches Porphyrin beschrieben.

Das Blut enthält ebenfalls Porphyrin, und zwar konnten HIJMANS VAN DEN BERGH und GROTEPASS *in den roten Blutkörperchen normaler Individuen Protoporphyrin* feststellen. Diese Angabe, die anfangs angezweifelt wurde, ist heute von verschiedenen Autoren bestätigt worden. Ferner konnten KELLER und SEGGEL im menschlichen Blute rotfluorescierende Erythrocyten *(Fluorescyten)* feststellen, die sehr wahrscheinlich von einem im Erythrocytenstroma vorhandenen Porphyrin stammen. In Zusammenhang mit dieser Beobachtung, die wir auch in normalen und pathologischen Fällen durchaus bestätigen konnten, sind die Untersuchungen BORST' und KÖNIGSDÖRFERs zu bringen, die im normalen Knochenmark und im embryonalen Blute das Auftreten von rotfluorescierenden jungen Zellen (Erythroblasten) beobachteten. Die fluorescenzspektroskopischen Untersuchungen der Erythroblasten ergaben vorwiegend Protoporphyrin, diejenigen des menschlichen Embryos zeigten aber auch Kopro- und Uroporphyrinfluorescenz. Es ist daher zu erwägen, ob die von KELLER und SEGGEL beschriebenen Fluorescyten die jungen Zellformen der zirkulierenden Erythrocyten darstellen. Später soll auf diese Frage zurückgekommen werden (Kap. V).

Auch im Blutserum kann man Porphyrin, und zwar nach FISCHER und ZERWECK Koproporphyrin finden. HIJMANS VAN DEN BERGH und GROTEPASS berichten ebenfalls über Porphyrinvorkommen im Blutserum. Diese Erscheinung ist im allgemeinen selten zu beobachten. Das Porphyrin im Serum wird mit einer gewissen Häufigkeit in pathologischen Fällen gefunden. Wir können nicht die Angaben FISCHERs und ZERWECKs bestätigen, wonach Koproporphyrinspuren im Blutserum schon normalerweise zu finden sind, vielmehr scheint hier Porphyrin ein seltener Befund zu sein. Bei der Untersuchung von mehreren normalen Individuen war es nie möglich, Porphyrin aus dem Serum zu extrahieren. In einem Fall war der Farbstoff einmal vorhanden, zwei hintereinander erfolgte Bestimmungen beim gleichen Individuum ergaben später aber kein Porphyrin mehr.

FIKENTSCHER hat neulich im Serum von Feten und Neugeborenen Koproporphyrin feststellen können, während die Mutter dieses Porphyrin im Serum nicht besaß. Die Placenta ist also für das Porphyrin undurchlässig. Dies ist vom biologischen Standpunkte aus von großer Bedeutung und vielleicht mit der Abweichung der Dissoziationskurve des Hämoglobins aus Blut vom Fetus und von der Mutter in Zusammenhang zu bringen [1]. Dieses abweichende Hämoglobinverhalten und der verschiedene Porphyrinbefund im Serum sind wahrscheinlich vom Eiweißanteil beider Pigmente bedingt.

Die Galle enthält normalerweise Koproporphyrin, auch Protoporphyrin kann in ihr beobachtet werden. Die Porphyrinausscheidung aus der Leber ist unter anderem von der Nahrung abhängig. Die im Darmtractus resorbierten Porphyrine (von außen durch die Nahrung in den Verdauungskanal eingeführt oder im Darm unter Bakterientätigkeit gebildeten Porphyrine) gelangen via Pfortadersystem in die Leber und werden zum Teil durch die Galle ausgeschieden. Dazu gesellen sich weitere kleine Mengen von Porphyrinen, die in der Leber entstanden und frei geworden sind, ohne jedoch dem Pfortaderkreislauf zu entstammen. Bei porphyrinarmer Diät findet man eine starke Verminderung der Porphyrinausscheidung aus der Galle. Versuche, die lange Zeit hindurch am Menschen ausgeführt wurden, ergeben bei porphyrinfreier Diät ein fast völliges Verschwinden der Porphyrinausscheidung durch die Galle (s. Kap. IV). Ein Teil des aus dem Darm resorbierten Porphyrins wird dann durch die Niere ausgeschieden.

Interessant sind schließlich die von FIKENTSCHER mitgeteilten Befunde über Koproporphyrin im menschlichen Fruchtwasser sowie die schon früher erwähnten Angaben von Porphyrinen in der Mundschleimhaut (Zunge, Zahnfleisch, Zahnbelag, Zahnstein nach HIJMANS VAN DEN BERGH und HIJMANS).

In diesem Zusammenhang seien hier die Angaben LOOS' erwähnt, der Porphyrine in normalen und pathologischen Zähnen suchte. In den Querschnitten von gesunden Zähnen wurde nie Porphyrin beobachtet. Bei tiefgreifenden Zerstörungsprozessen an den Zähnen findet er jedoch bei eröffneten Pulpakavernen reichlich Porphyrin, und zwar in den Pulparesten und in dem der Pulpa nahe gelegenen Dentin. Bei der Untersuchung eines aus einer follikulären Cyste stammenden, mit Schmelz versehenen Zahnkeims konnte dieser Autor auch im Schmelz Porphyrin feststellen. Diese Beobachtung stimmt mit den Angaben

---

[1] Über Dissoziationskurve des Hämoglobins von Fetus und Mutterblut vgl. A. v. MURALT, Referat in der 117. Jahresversammlung der Schweizer Naturforschergesellschaft 1936.

MAACKEs überein, der bei histologischen Untersuchungen von Porphyrinpatienten auch im Schmelz Porphyrinablagerung beobachtete. Die Porphyrinablagerung im Dentin entspricht der Form der normalen Dentinverkalkung und geschieht nur während der Zahnentwicklung. Auch nach Porphyrininjektion konnte PFLÜGER am Versuchstier die Porphyrinablagerung im Zahn (Dentin) finden. DERRIEN und BENOIT haben eine rote Porphyrinfluorescenz bei den Speichelsteinen beschrieben.

Mit großer Regelmäßigkeit ist Porphyrin bei der Ultraviolettuntersuchung der Haut festzustellen. An der Öffnung der Talgdrüsen im Gesicht, und zwar hauptsächlich um den Mund herum, am Nasenrücken und in der Nasolabialfalte sieht man nicht selten auch bei ganz gesunden Individuen kleine, hellrosa fluorescierende Pünktchen. Der Talgdrüseninhalt ist porphyrinhaltig. Solche Fluorescenzerscheinungen sind oft auch im Zentrum von Acnepusteln zu beobachten. Hautschuppen bei der Psoriasis können nach CARRIÉ ebenfalls porphyrinhaltig sein.

In diesem Zusammenhang sind die Angaben H. HAUSERs über Fluorescenzerscheinungen am weiblichen Genitale von Interesse. Dieser Autor konnte bei Genitalblutungen an der Vulva eine hellrote Fluorescenz konstatieren, die durch Behandlung mit Methylalkohol in dieses Lösungsmittel überging. Die Hypothese, daß hier die fluorescierende Substanz Porphyrin sei, wurde durch ihre photosensibilisierende Wirkung auf Paramecien und Erythrocyten gestärkt (zit. nach HAUSMANN: Klin. Wschr. 1930).

DERRIEN und CRISTOL haben bei zwei Fällen von Porphyrie Zinkuroporphyrin im Urin nachweisen können. Dieses Zinksalz des Uroporphyrins war in kleinen Mengen auch in den anfallsfreien Perioden (1 mg täglich) im Urin festzustellen. Wir zitieren hier die Angaben dieser Autoren, weil das Vorkommen von Zinkporphyrin, das an und für sich als eine besondere Seltenheit betrachtet werden muß, biologisch von Bedeutung ist. Wir wissen, daß von den Schwermetallen neben dem Eisen im Organismus normalerweise noch Kupfer und Zink vorkommen (Kupferporphyrin als Turacin im Turacusvogel). Kupfer ist in verhältnismäßig großen Dosen in der Leber des Neugeborenen zu finden; diese Metallanreicherung soll nach BERSIN beim Glykogenabbau eine Rolle spielen. Dem Kupfer wird eine Beteiligung an der Adrenalinwirkung zugeschrieben. Das Zink scheint dagegen mit der Tätigkeit des Insulins in Zusammenhang zu stehen und ist im Pankreas in einer nicht zu unterschätzenden Menge (2,3 mg-%) zu finden. Ferner ist Zink in Zentralnervensystem, Prostata und Thymus konstatiert worden (BERSIN). Wir sehen somit, daß die Porphyrine mit Wahrscheinlichkeit in direkter Beziehung mit dem Stoffwechsel der Schwermetalle und daher mit der hormonalen Regulation (Adrenalin-Insulin) des Organismus stehen. Es wäre nicht ausgeschlossen, daß eine nähere Untersuchung auf Metallporphyrine uns ein häufigeres Vorkommen dieser Verbindungen in der Biologie und besonders in der Porphyrinpathologie aufdecken würde.

Bis jetzt wurde in der vorliegenden Darstellung hauptsächlich auf die qualitativen Verhältnisse des Porphyrinvorkommens Gewicht gelegt. Für die Biologie und besonders für die Klinik ist aber die quantitative Verwertung der Porphyrinbildung und der Porphyrinausscheidung von Wichtigkeit.

Der Porphyringehalt der Körpersäfte und der Organe ist im allgemeinen unter physiologischen, aber oft auch unter krankhaften Bedingungen so gering, daß wir gezwungen sind, genaue quantitative Kontrollen bei der Porphyrinausscheidung durchzuführen, um normale von abnormen Werten trennen zu können.

Es gibt selbstverständlich Fälle, bei denen auffallend starke Porphyrinvermehrung ohne komplizierte quantitative Untersuchung zu diagnostizieren ist, in der Mehrzahl der Fälle aber müssen wir zur klinischen Verwertung der Porphyrinausscheidung eine genaue Messung der vorliegenden Farbstoffmenge durchführen.

Die Literatur ist reich an verschiedenen Messungsmethoden für Porphyrine. Die Angaben von Normalwerten ist leider oft beträchtlichen Schwankungen unterworfen, so daß man je nach dem Autor oder je nach der Methode deutliche Mengenunterschiede feststellen kann. Diese Abweichungen sind entweder auf ungenügende Technik[1] oder auf mangelhafte Vorbereitung der zu untersuchenden Lösungen oder auf sonstige Untersuchungsfehler, besonders bei der Eichung der Meßapparate, zurückzuführen. Die verschiedenen Messungsmethoden werden ausführlich im Kap. X besprochen.

Hier seien nur kurz die normalen Porphyrinwerte in Urin, Stuhl, Galle und Blut angegeben.

Günther gibt für normale Verhältnisse eine abnorm hohe Porphyrinausscheidung im Urin an, da er zur Beurteilung normaler Porphyrinwerte annimmt, daß das Porphyrinspektrum in einer Schichtdicke von 5 cm noch sichtbar sein soll. Die Porphyrinkonzentration in diesem Falle beträgt 0,5 mg pro Liter. Prinzipiell kann man nicht die Ausscheidungsmenge des Porphyrins pro Einheit ausgeschiedenen Urins angeben, weil die täglichen Schwankungen der Urinmenge dafür zu groß sind. Es ist daher erforderlich, daß man die Menge des ausgeschiedenen Porphyrins in 24stündigen Portionen bestimmt.

Thiel gab im Wiesbadener Kongreß 1933 die Normalwerte der Porphyrinausscheidung zwischen 0 und 2,0 mg im Tagesurin an. Diese Werte, die mit einem Colorimeter gewonnen wurden, erwiesen sich als zu hoch. Ebenfalls zu hoch gegriffen sind diejenigen von Weiss mit 0,15 mg pro die bei normalem Individuum. Franke und Fikentscher dagegen teilen etwas zu niedrige Werte mit (Fluorescenzmethoden). Die Porphyrinausscheidung im Urin überschreitet nach diesen Autoren nicht 30 γ. Bei ständiger körperlicher Arbeit kann man eine Steigerung der normalen Ausscheidung auf 40—60 γ beobachten.

Schreus und Carrié fanden im Urin von normalen Individuen eine Porphyrinausscheidung von 0—60 γ. Die Werte von Tropp und Siegler schwanken zwischen 18 und 100 γ. Die Bestimmungen Lageders zeigen Schwankungen zwischen 0,1 und 0,06 mg täglich im Urin. Nach diesem Autor liegt wie auch nach Schreus und Carrié die oberste Grenze bei 0,08 mg der physiologischen Ausscheidung. Auch Brugsch gibt analoge Werte an.

Mit den neuen Bestimmungsmethoden (Vannotti und Neuhaus) konnten die Angaben der obigen Autoren bestätigt werden. Es muß wiederholt werden, daß die Porphyrinausscheidung in 24 Stunden bestimmten Schwankungen ausgesetzt ist. Man kann z. B. am Nachmittag und im allgemeinen einige Stunden nach den Hauptmahlzeiten bei der fraktionierten Porphyrinbestimmung eine stärkere Ausscheidung als am Morgen oder in den Ruhestunden feststellen.

---

[1] Es werden heute noch oft bei der quantitativen Porphyrinmessung ungeeignete Extraktionsmethoden angewendet, sogar das Essigätherverfahren kann unter Umständen ungenügend sein. Nach unserer Erfahrung liefern die chromatographische und die Troppsche Methode bei genauer Technik einwandfreie Resultate.

Im allgemeinen ist der Tagesurin reicher an Porphyrin als der Nachturin. Diese täglichen Schwankungen in der Ausscheidung sind nicht selten, oft sogar bei der Belastung mit hämoglobin- und chlorophyllreicher Ernährung sehr auffallend.

Nach unseren Untersuchungen scheint es, daß der Zustand und die Funktion der Nieren einen gewissen Einfluß auf die Ausscheidungsmenge der Porphyrine durch den Urin ausüben können. Die Porphyrinbestimmung bei schweren Nierenleiden, wie chronischer Nephritis und Nephrosklerosen mit Retentionserscheinungen und auch bei Nephrosen ergeben nicht selten eine auffallend geringe Menge Porphyrin im Urin.

Bei der Nierenstauung sind normale Porphyrinmengen, oft sogar starke Porphyrinvermehrungen vorhanden, da die Leber an der kardialen Stauung mitbeteiligt ist (Kap. IV und VII).

Man muß sich fragen, ob evtl. die Urineiweißkörper bei den Nierenleiden nicht eine Erschwerung der Porphyrinextraktion bewerkstelligen.

In der Tat stellt sich die Porphyrinextraktion bei den Albuminurien technisch sehr schwierig dar.

Die Adsorptionsfähigkeit der Eiweißkörper für das Porphyrin ist ziemlich groß, so daß man in solchen Fällen gezwungen ist, das Eiweiß zu fällen und aus dem getrockneten Pulver das Porphyrin nachträglich zu isolieren. Bei den gewöhnlichen Extraktionsmethoden ist also im allgemeinen ein nicht zu unterschätzender Porphyrinverlust zu registrieren.

Die genaue Extraktionsmethode bei der Albuminurie, die wir gewöhnlich anwenden, wird in Kap. X beschrieben. Bei dieser Untersuchung ist festzustellen, daß nur ein kleiner Teil des Porphyrins mit den Eiweißkörpern in die Fällung mitgerissen wird, und zwar sind es besonders die im Urin spärlich vertretenen Globuline, die an Porphyrin reich sind. Die Vehikelfunktion der Globuline läßt sich auch hier außerhalb der Blutbahn in schöner Weise demonstrieren.

Selbst mit den komplizierten Extraktionsmethoden, bei denen das Porphyrin fast vollständig extrahiert wird, sind bei Nierenleiden oft sehr niedrige Porphyrinwerte zu konstatieren. Man muß hier an die Möglichkeit einer Niereninsuffizienz gegenüber der Porphyrinausscheidung denken. Auch andere Urinfarbstoffe, wie Urochrom, Indican usw. werden bei einer Niereninsuffizienz im Organismus retiniert. Dafür könnten einige Beobachtungen von ANGELERI und VIGLIANI sowie die unsrigen über leichte Porphyrinerhöhung im Blutplasma bei chronischen Nierenleiden sprechen.

Eine solche Porphyrinretention renalen Ursprungs braucht aber nicht ohne weiteres vorzuliegen. Das Porphyrin kann unbehindert den Körper durch den Darmtractus verlassen. Nicht ohne weiteres auszuschließen ist die Frage einer verminderten Porphyrinbildung bei den Nierenleiden.

Es wäre an eine gewisse Verminderung der exogenen Porphyrinzufuhr durch die fleischarme Diät der Nierenpatienten zu denken. Der Körper besitzt aber infolge Porphyrinumwandlung aus dem Chlorophyll noch genügenden Porphyrinvorrat, um einen solchen Ausfall zu kompensieren (KÄMMERER, GÜRSCHING). Die Hypothese einer Verminderung der Porphyrinbildung im Organismus bei den chronischen Nierenleiden bedarf noch weiterer Untersuchungen und Beobachtungen, sie scheint aber bis jetzt nicht aufrecht erhalten werden zu können.

Wir finden in der Literatur eine wertvolle Angabe HIJMANS VAN DEN BERGH und GROTEPASS, die die Hypothese der Ausscheidungsinsuffizienz des Porphyrins bei der erkrankten Niere unterstützen könnte. Diese Autoren beobachteten bei einem Patienten mit Nierenleiden und chronischer Porphyrie eine starke Erhöhung des Porphyrins im Blutserum neben einer beinahe normalen Porphyrinausscheidung durch den Urin (Albuminurie und Hypertension). Zur Deutung dieses Falles nehmen die Autoren an, daß die geringe Porphyrinausscheidung sowie die für die Porphyrie so typische Umwandlung des Kopro- in Uroporphyrins in den Nieren durch deren pathologischen Zustand erklärlich sei.

Die akute Nephritis gehört nicht zu den Nierenkrankheiten, die mit einer Oligoporphyrinurie verbunden sind. Bei den von uns beobachteten Fällen war eher eine gewisse Porphyrinvermehrung zu konstatieren. Hier treten aber andere Momente hinzu, wie der komplexe Mechanismus des Fiebers, der akute Infekt und die Hämaturie, die evtl. die Quelle einer vermehrten Porphyrinbildung sein könnten.

Die normale Porphyrin-(Koproporphyrin-)ausscheidung im Urin beträgt in 24 Stunden 0,01—0,08 mg. Kleine Schwankungen sind von der Nahrungsart und der muskulären Tätigkeit des Organismus abhängig. Eine Porphyrinmenge von über 0,08 mg im 24-Stundenurin muß unbedingt als eine pathologische Porphyrinvermehrung aufgefaßt werden. Kräfteverbrauch, Konstitution, Ernährungsart sind ferner nach FRANKE und FIKENTSCHER Faktoren, die bei normalen Individuen die Menge des ausgeschiedenen Porphyrins innerhalb gewisser Grenzen steigern können.

Die Porphyrinmenge im Stuhl beträgt nach BRUGSCH *täglich etwa 0,15—0,4 mg.* Die Galle scheidet bei normalen Individuen täglich eine beträchtliche Menge von etwa 0,04—0,06 mg-% aus (HIJMANS VAN DEN BERGH, GROTEPASS, REVERS, ferner BRUGSCH). Wenn wir annehmen, daß die durchschnittliche Gallenausscheidung pro Tag 700—1100 ccm beträgt, so gelangen durch die Galle täglich etwa 0,28—0,66 mg Porphyrin in den Darm. BRUGSCH berechnet eine tägliche Porphyrinausscheidung durch die Galle von 300—600 γ und GÜNTHER gibt eine Porphyrinkonzentration von 2 mg auf 100 g Kottrockensubstanz an.

Nach HIJMANS VAN DEN BERGH und nach GROTEPASS beträgt der *Porphyringehalt in den Erythrocyten etwa 0,002—0,012 mg in 100 ccm Blut* bei einem Hämoglobingehalt von 100%; auch ANGELERI und VIGLIANI fanden in 3 normalen Fällen Werte zwischen 0,004 und 0,008 pro 100 ccm Blut, während LAGEDER nach Untersuchungen an normalen Individuen 0,001—0,012 mg Porphyrin, und zwar nur in 10 ccm Blut angibt.

Der Einfluß der Nahrung auf die Porphyrinausscheidung wurde von KÄMMERER und GÜRSCHING genau berechnet. Bei einer täglichen Ernährung mit Brot, Milch, 300 g Fleisch, 300 g Gemüse, Käse und Bier finden diese Autoren eine durchschnittliche Porphyrinzufuhr von etwa 0,015 mg Proto- und 0,014 mg Koproporphyrin (durchschnittlich 0,03 mg Porphyrin). Zu diesem vorgebildeten Porphyrin kommt die Porphyrinbildung durch Bakterien hinzu. Wir sehen also, daß diese Zahlen mit den Werten der Porphyrinausscheidung durch den Urin übereinstimmen.

Die Porphyrinausscheidung bei normalen Individuen unter einer fortwährend gleichartigen Kost ist auffallend konstant. Tägliche Schwankungen sind selbstverständlich möglich, wir sahen z. B. kleine Änderungen der Porphyrinmengen beim gleichen Individuum unter konstanter Diät, nachdem der Patient nach einigen Tagen Bettruhe das Bett für den ganzen Tag verlassen konnte. Die Körperbewegung kann auch die Ursache von kleinen quantitativen Unterschieden sein. Diese betragen im allgemeinen 10, höchstens 25% der Gesamtausscheidung. CARRIÉ gibt als Schwankungsgrenze 10% an, die sich aber im allgemeinen als zu niedrig erwiesen hat.

Zusammenfassung.

Die Porphyrine und ihre zahlreichen Verbindungen sind in der Natur sehr verbreitet; wir finden sie bei fast allen lebenden Zellen der tierischen und vegetabilischen Reihe. Das Atmungsferment WARBURGs, das Cytochrom, die Katalase, die Peroxydase, sind als unerläßliche lebenswichtige Bestandteile des lebenden Organismus auch porphyrinhaltig. Bei den Bakterien ist das Auftreten des Porphyrins nicht selten, pathogene Mikroorganismen wie die Tuberkel- und Diphtheriebacillen enthalten Porphyrin. Ferner findet man eine rege Porphyrinbildung durch die Bakterien der Darmflora, und zwar gibt es Bakterien, die normalerweise eine Porphyrinsynthese, und andere, die eine Umwandlung von häminhaltigen Substanzen in Porphyrin bewerkstelligen.

Der Porphyrinstoffwechsel der Hefe verdient besondere Erwähnung. Nach den Untersuchungen FISCHERs und seiner Schule muß man mit Deutlichkeit eine scharfe Trennung zwischen zwei Porphyrinsystemen, die nebeneinander in der Hefezelle bestehen können, ziehen. FISCHER hat also einen *Dualismus der Porphyrine (Porphyrin der I. und der III. Isomerenreihe)* entdeckt. Die Synthese des Koproporphyrins III ist allerdings eine Erscheinung, die wahrscheinlich unter ungünstigen Lebensbedingungen auftritt. Diese Trennung von zwei Systemen, die sowohl biologisch wie chemisch zwei ganz verschiedenen Mechanismen entsprechen, findet man nicht nur in der einfach gebauten Hefezelle, sondern vielmehr ist es eine Erscheinung, die mit größter Wahrscheinlichkeit verallgemeinert werden kann.

Im menschlichen Organismus unter normalen und vielmehr unter pathologischen Bedingungen ist dieser Dualismus der Porphyrine, wie wir in den folgenden Kapiteln sehen werden, deutlich ersichtlich und für die Beurteilung der Pathogenese der Porphyrinkrankheiten von grundsetzender Bedeutung.

Der Porphyringehalt der pflanzlichen und tierischen Gewebe und sogar der versteinerten Reste organischer Gewebe (Koprolyten, Kohle, Erdöle usw.) ist nicht nur von wissenschaftlichem, sondern auch von praktischem Interesse, indem mit der Nahrung eine nicht unbeträchtliche Menge von exogenen Porphyrinen in den menschlichen Organismus eingeführt wird.

Beim Menschen kommen die Porphyrine normalerweise als Ausscheidungsprodukte in kleinen Mengen im Urin, in der Galle und im Stuhl vor. Ferner sind im Blut (regelmäßig in den Erythrocyten, selten im Blutserum), im Fruchtwasser, im Meconium, in den Talgdrüsen der Haut (Nasolabialfalte), in der Mundschleimhaut, in den Zahnbelägen und im Speichel sehr kleine Mengen Porphyrin zu finden.

Nach FINK und HOERBURGER ist *im normalen Urin Koproporphyrin I enthalten*; es ist aber nicht ausgeschlossen, daß daneben noch andere Porphyrine ausgeschieden werden. Die normale Porphyrinausscheidung durch den Urin beträgt etwa 0,01—0,08 mg in 24 Stunden.

Im Stuhl findet man Kopro-, Proto- und Deuteroporphyrin; diese Porphyrine stammen zum Teil aus der Nahrung selbst, zum Teil aus der Galle, die sehr reich an Koproporphyrin ist, ferner aus der direkten Synthese der Darmbakterien und schließlich als Fäulnisprodukt (besonders Deuteroporphyrin) bei der Zersetzung der organischen Substanzen (Hämoglobin und Chlorophyll) der Nahrung unter der Tätigkeit der anaeroben Darmflora.

In den Blutkörperchen ist vorwiegend Protoporphyrin, im Serum Koproporphyrin, jedoch nur in Spuren, vorhanden. Schon normalerweise gibt es bei einigen Erythrocyten bei der direkten Untersuchung im Ultraviolettlicht eine rote Fluorescenz (Fluorescyten).

Die tägliche Ausscheidung von Porphyrin ist ziemlich konstant. Unterschiede sind von der Nahrungsart, von der körperlichen Tätigkeit des Organismus und von zahlreichen physiologischen Schwankungen in der Funktion des Organismus abhängig.

Die Porphyrinausscheidung ist aber hauptsächlich ein Zeichen pathologischer Vorgänge im menschlichen Körper. Diese abnormen Prozesse, sowie die biologische Wirkung der Porphyrine, die Beziehungen zwischen pathologischen Organfunktionen und alteriertem Pigmentstoffwechsel sowie die Charakterisierung der schweren Begleitsymptome einer abnorm hohen Porphyrinbildung kommen im folgenden zur Sprache.

Literatur zu Kapitel II.

ANGELERJ, C. ed E. VIGLIANI: La porfirin a dei globuli rossi. Giorn. reale Accad. Med. Torino **98** (1935).

BERSIN, TH.: Die Biochemie der Schwermetalle. Z. Naturwiss. **187** (1935).

BIERRY, H. et B. GOUZON: Über die fluoreszierenden Substanzen in der Schale des Hühnereies. C. r. Acad. Sci. Paris **194**, 653 (1932).

BIGWOOD, E. Y., Y. ANSAY et Y. THOMAS: Fluorescence rouge d'une préparation de cytochrom oxydé. C. r. Soc. Biol. Paris **112**, 1584 (1933).

BOAS, J.: Über das Vorkommen von Protoporphyrin im Harn. Klin. Wschr. **1933 I**, 589.

BORST u. KÖNIGSDÖRFER: Untersuchungen über Porphyrie. Leipzig: S. Hirzel 1929.

BRUGSCH, J. TH.: Untersuchungen des quantitativen Porphyrinstoffwechsels beim gesunden und kranken Menschen. I. u. II. Mitt. Z. exper. Med. **95**, 470, 482 (1935).

— Untersuchungen des quantitativen Porphyrinstoffwechsels beim gesunden und kranken Menschen, IV, V. Mitt. Z. exper. Med. **98**, 49, 57 (1936).

BÜRGI, E.: Ther. Mh., Jan./Febr. **1918**.

CARRIÉ, C.: Die Porphyrine. Leipzig: Georg Thieme 1936.

— u. A. VON MALLINCKRODT-HAUPT: Die Porphyrinbildung durch pathogene Hautpilze. Arch. f. Dermat. **20**, 170, 521 (1934).

COULTER, G. B. and F. M. STONE: J. gen. Physiol. **14**, 583 (1931). Zit. nach DHÉRÉ.

— — Das Vorkommen von Porphyrinen in Kulturen von Diphtheriebakterien. J. gen. Physiol. **14**, 583 (1932).

DERRIEN, E.: Porphyrines et vers parasites. C. r. Acad. Sci. Paris **184**. 480 (1927).

— et CH. BENOIT: Sur les porphyrines des calculs salivaires. Arch. Soc. Sci. méd. et biol. Montpellier **1929**, 510.

— et P. CRISTOL: Zincoporphyrinurie. C. r. Soc. Biol. Paris **103**, 126 (1930).

— et Y. TURCHINI: Sur les fluorescences rouges de certains tissus ou secreta animaux en lumière ultraviolette. C. r. Soc. Biol. Paris **92**, 1028 (1925).

— — Nouvelles observations de fluorescences rouges chez les animaux. C. r. Soc. Biol. Paris **92**, 1030 (1925).

DHÉRÉ, CH.: Sur quelques propriétés de la bonelline et sur la nature de ce pigment. C. r. Soc. biol. Paris **110**, 1254 (1932).

DHÉRÉ CH.: Sur la porphyrine tégumentaire du lumbricus terrestis. C. r. Acad. Sci. Paris **195**, 1436 (1932).
— Sur les spectres de fluorescence de l'hypericine et de la mycoporphyrine. C. r. Acad. Sci. Paris **197**, 948 (1933).
— Spectre de fluorescence de la coquille de l'oeuf de poule. C. r. Soc. Biol. Paris **112**, 1595 (1933).
— La fluorescence en biochimie. Press. univer. Paris **1937**.
— et Ch. BAUMLER: Sur la porphyrine tégumentaire de l'arion empiricorum. C. r. Soc. Biol. Paris **99**, 726 (1928).
— u. M. FONTAINE: Sur la fluorescence de la bonelline. C. r. Soc. Biol. Paris **105**, 843 (1930).
— S. GLÜCKSMANN et L. RAPETTI: Sur les applications de la spectroscopie et de la spectrographie de la fluorescence en microbiologie. C. r. Soc. Biol. Paris **114**, 1250 (1933).
— et G. HRADIL: Fluorescenzspektographische Untersuchungen an Ölschiefern. Schweiz. Min. Petr. Mitt. **14**, 279 (1934).
— et L. RAPETTI: Les fluorescences bactériennes étudiées au moyen de l'analyse spectrale. Bacilles de la tuberculose et de la diphthérie. Bull. Acad. Méd. Paris **114**, 96 (1935).
— et A. ROCHE: Sur la présence très fréquente de coproporphyrine dans les préparations d'acide nucléique extrait de la levure de bierre. C. r. Soc. Biol. Paris **114**, 449 (1933).
FIKENTSCHER, R.: Zool. Anz. **103**, 20 (1933). Zit. nach CARRIÉ.
— Über Porphyrinbefunde im Serum von Feten und Neugeborenen. Klin. Wschr. **1935 I**, 569.
— u. K. FRANKE: Klinische Porphyrinuntersuchungen, ihre quantitative und qualitative Methode. Klin. Wschr. **1933 I**, 285.
FINK, H.: Über die Koproporphyrie der Hefe. Biochem. Z. **211**, 65 (1929).
FISCHER, H.: Neuere Methoden der Isolierung und Nachweis von Porphyrinen. ABDERHALDENs Handbuch der biologischen Arbeitsmethoden, Abt. 1, Teil II, Lief. 211. 1927.
— u. M. DEŽELIC: Über die Einwirkung von Ozon auf Porphyrine. Hoppe-Seylers Z. **222**, 270 (1933).
— u. H. FINK: Über Koproporphyrinsynthese durch Hefe und ihre Beeinflussung. III. Mitt. Koproporphyrinester aus Reinkulturen von Saccharomyces anamensis. Hoppe-Seylers Z. **150**, 243 (1925).
— u. E. HAARER: Über Uroporphyrin aus Muschelschalen. Hoppe-Seylers Z. **204**, 101 (1932).
— u. HENDSCHEL: Gewinnung von Chlorophyllderivaten aus Elefanten- und Menschenexkrementen. Hoppe-Seylers Z. **216**, 57 (1933).
— u. R. HESS: Vorkommen von Phylloerythrin in Rindergallensteinen. Hoppe-Seylers Z. **187**, 133 (1929).
— u. HILGER: Zur Kenntnis der natürlichen Porphyrine. VIII. Mitt. Hoppe-Seylers Z. **138**, 289 (1924).
— u. H. HILMER: Über Koproporphyrinsynthese durch Hefe und ihre Beeinflussung. Hoppe-Seylers Z. **153**, 167 (1926).
— u. K. JORDAN: Zur Kenntnis der natürlichen Porphyrine. XXV. Mitt. Hoppe-Seylers Z **190**, 75 (1930).
— u. H. KÄMMERER, A. KÜHNER: Zur Kenntnis der natürlichen Porphyrine. XI. Mitt. Hoppe-Seylers Z. **139**, 107 (1924).
— u. F. KÖGL: Über Ooporphyrin. Hoppe-Seylers Z. **138**, 262 (1924).
— u. F. SCHWERDTEL: Zur Kenntnis der natürlichen Porphyrine. XX. Mitt. Hoppe-Seylers Z. **159**, 120 (1926).
— — Zur Kenntnis der natürlichen Porphyrine. XXII. Mitt. Hoppe-Seylers Z. **175**, 248 (1928).
FRANKE, K. u. R. FIKENTSCHER: Die Bedeutung der quantitativen Porphyrinbestimmung mit der Luminescenzmessung für die Prüfung der Leberfunktion und für die Ernährung. Münch. med. Wschr. **1935 I**, 171.
FURREG, E.: Biol. Zbl. **51**, 162 (1931). Zit. nach DHÉRÉ.
GARROD, A. E.: An hematoporphyrie as an urinary pigment. J. of Path. **1**, 187 (1893).
— The urinary pigment in their pathol. aspects. Lancet **1900 II**, 1323.
GIERSBERG: Biol. Zbl. **43**, 167 (1923). Zit. nach FISCHER u. KÖGL.
GOUZON, B.: Sur la présence de protoporphyrine dans le jaune de'oeuf des oiseaux. C. r. Soc. Biol. Paris **116**, 925 (1934).

GROTEPASS, W.: Diskussionsvotum am Wiesbadener Kongreß. Verh. dtsch. Ges. inn. Med. **1923**, 93.

GÜNTHER, H.: Die Bedeutung der Hämatoporphyrie in Physiologie und Pathologie. Erg. Path. **20 I**, 608 (1922).

— Hämatoporphyrie. Enzyklopädie der klinischen Medizin. Berlin: Julius Springer 1925. SCHITTENHELMS Handbuch der Krankheiten des Blutes und der blutbildenden Organe, Bd. 2, S. 622.

HAND, D. B.: Peroxydase. Erg. Enzymforsch. **2**, 272 (1933).

HAUROWITZ, F.: Der Abbau der Blutfarbstoffe im Verdauungstrakt des gesunden Menschen. Arch. Verdgskrkh. **50**, 33 (1931).

HAUSMANN, W.: Über einige Fragen der medizinischen Lehre vom Licht. Klin. Wschr. **1930 II**, 1801.

HIJMANS VAN DEN BERGH, A. A. u. W. GROTEPASS: Porphyrinanämie und Porphyrinurie. Klin. Wschr. **1933 I**, 586.

— — A propos de porphyrines dans l'oeuf d'oiseau incubé. C. r. Soc. Biol. Paris **121**, 1253 (1936).

— — u. F. R. REVERS: Beitrag über das Porphyrin in Blut und Galle. Klin. Wschr. **1932 II**, 1534.

HILL, R. and D. KEILIN: Das Porphyrin der C-Komponente des Cytochroms und seine Verwandtschaft mit anderen Porphyrinen. Proc. roy. Soc. Lond. B **107**, 286 (1930).

HOAGLAND, R.: Formation of hämatoporphyrine in oxmuscle during autolysis. J. agricult. Sci. **1916**.

KÄMMERER, H.: Über das durch Darmbakterien gebildete Porphyrin und die Bedeutung der Porphyrinprobe für die Beurteilung der Darmfäulnis. Dtsch. Arch. klin. Med. **145**, 257 (1924).

— u. Y. GÜRSCHING: Vergleichende Untersuchungen über den Porphyringehalt tischfertiger Nahrungsmittel als der möglichen Quellen der Körperporphyrine. Verh. dtsch. Ges. inn. Med. Wiesbaden **1929**.

KEILIN, D.: On Cytochrome, a respiratory pigment common to animals yeast and higher plants. Proc. roy. Soc. Lond. **98**, 312 (1925).

KÖNIGSDÖRFER, H.: Zur Kenntnis der Porphyrie. Strahlenther. **28**, 132 (1928).

KRUKENBERG, C. F. W.: Die Farbstoffe der Vogeleierschalen. Verh. physik.-med. Ges. Würzburg **1883**, 17.

LAGEDER, K.: Klinische Porphyrinuntersuchungen des quantitativen Porphyrinstoffwechsels beim gesunden und kranken Menschen. I. u. II. Mitt. Z. exper. Med. **95**, 470, 482 (1935).

— Untersuchungen über Prophyrinvermehrung in den Erythrocyten. Klin. Wschr. **1936 I**, 196.

LOOS, S.: Porphyrin in menschlichen Zähnen und im Zahnstein. Z. Stomat. **1931**, H. 11.

MAACKE, CH.: Die Histologie der Porphyriezähne. Diss. med. Hamburg 1930.

MACALLUM, A. B.: Sunti delle communicazioni del XIV congresso internazionale di fisiologia, p. 162. Roma 1932. Zit. nach DHÉRÉ.

MAYER, R. M.: Über den Porphyrin- und Blutfarbstoffwechsel der Hefezelle. V. Mitt. Hoppe-Seylers Z. **177**, 47 (1928).

— Über den fermentativen Charakter der Koproporphyrinsynthese in der Hefe. Die zellfreie Koproporphyrinvermehrung. VI. Mitt. Hoppe-Seylers Z. **179**, 99 (1928).

MURALT, A. v.: Die funktionellen Aufgaben der Eiweißkörper im Organismus. 117. Verslg schweiz. biol. Ges. 1936.

NEUBAUER, O.: Hämatoporphyrinurie und Sulfonalvergiftung. Arch. f. exper. Path. **43**, 456 (1900).

NEUGEBAUER, H.: Die Kapillarlumineszenzanalyse im pharmazeutischen Laboratorium. Leipzig: Schwabe 1933.

NISHIURA, S.: Über die Ausscheidung von Porphyrin durch den Urin nach Einnahme von extrahiertem und nicht extrahiertem Chlorophyll. Schweiz. med. Wschr. **1925 I**, 431.

PFLÜGER, H.: Untersuchungen über experimentell erzeugte Porphyrie der Zähne. Wschr. Zahnheilk. **1931**, H. 2.

ROTHEMUND, P. u. O. L. INMAN: Vorkommen von Zersetzungsprodukten des Chlorophylls. I. Mitt. J. amer. chem. Soc. **54**, 4702 (1932).

— R. R. McNARY and O. L. INMAN: Vorkommen von Zersetzungsprodukten des Chlorophylls. II. Mitt. J. amer. chem. Soc. **56**, 2400 (1934).

SAILLET: De l'urospectrine ou urohématoporphyrine normale. Rev. Méd. **16**, 54 (1896).

SCHNEIDER, E.: Über das Bakteriochlorophyll der Purpurbakterien. 1. Mitt. Beitr. Biol.
Pflanz. 18, 81 (1930). II. Mitt. Hoppe-Seylers Z. 226, 221 (1934).
SCHREUS, H. TH. u. C. CARRIÉ: Zur Physiologie und Pathophysiologie der Porphyrinaus-
scheidung. Klin. Wschr. 1923 I, 745.
SCHUMM, O.: Über Porphyrinbildung aus Fleisch. Hoppe-Seylers Z. 133, 308 (1924); 141,
153 (1924).
— Über Umwandlungsprodukte der Farbstoffe aus Fleisch und Blut. IV. u. V. Mitt. Hoppe-
Seylers Z. 147, 184, 221 (1925).
— Weitere Beiträge zur Kenntnis der natürlichen Porphyrine und ihre Porphyratine. Hoppe-
Seylers Z. 153, 225 (1926).
— Über das Porphyratin aus Hefe und Pflanzen. I., II., III. Mitt. Hoppe-Seylers Z. 154,
171; 156, 159; 159, 192 (1926).
— Über Umwandlungsprodukte der Farbstoffe aus Fleisch und Blut. Hoppe-Seylers Z.
159, 194 (1926).
— Zur Kenntnis der Saproporphyrine. Hoppe-Sylers Z. 169, 3, 52 (1926).
SORBY: Zit. nach DHÉRÉ.
STERN, K.: Über die bakteriolytische Aktivität von Häminkomplexen. Hoppe-Seylers Z.
215, 35 (1933).
STOKVIS, B. Y.: Zbl. med. Wiss. 1872, 785; 1873, 211. Nederl. Nat. en Geneesk. Congr.
1899, 378. Zit. nach GÜNTHER.
STONE, F. M. and C. B. COULTER: Porphyrinverbindungen aus Bakterien. J. gen. Physiol.
15, 629 (1932).
THIEL, W.: Quantitative Porphyrinmessungen bei verschiedenen Krankheiten, insbesondere
bei Leberfällen. Verh. dtsch. Ges. inn. Med. 1933, 81.
TREIBS, A.: Chlorophyll und Häminderivate in bituminösen Gesteinen, Erdölen, Kohlen,
Phosphoriten. IV. Mitt. Liebigs Ann. 517, 172 (1935).
— Porphyrine und Kohle. V. Mitt. Liebigs Ann. 520, 144 (1935).
TREITZ, R.: Untersuchungen über das Vorkommen von Porphyrin an erkrankten Zähnen.
Diss. med. Würzburg 1932.
TROPP, C. u. K. SIEGLER: Quantitative klinische Harnporphyrinuntersuchungen. I. Mitt.
Dtsch. Arch. klin. Med. 180, 402 (1937).
VANNOTTI, A. u. E. NEUHAUS: Quantitative Messungsmethoden der Porphyrine. Z. exper.
Med. 97, 398 (1935).
WANG-CHEM-WEI: Über Porphyrinbildungen durch Eiter. Diss. med. München 1927.
WEISS, M.: Diagnose und Prognose aus dem Harn. Leipzig 1936.
ZEILE, K.: Synthetische Beiträge zur Konstitution des Cytochroms. Hoppe-Seylers Z. 207,
35 (1932).
— Häminhaltige Fermente. Erg. Physiol. 35, 498 (1933).
ZIELINSKA: Anzeiger der Akademie der Wissenschaft Krakau, 1913. Zit. nach HAUSMANN.

Drittes Kapitel.

Die allgemeine Wirkung der Porphyrine in der Biologie.

Die Wirkung der Porphyrine auf den Organismus wird in zahlreichen Experimenten und sogar auch in Selbstversuchen von vielen Forschern schon seit
mehreren Jahren studiert. Im Zusammenhang mit den klinischen Erscheinungen
der Porphyrinkrankheiten ging man auch den biologischen Effekten dieser
Pigmente in der animalischen und vegetativen Reihe nach, die reichlichen
Literaturangaben genügen aber heute noch nicht, uns ein völlig klares Bild über
die Wirkung und die Bedeutung der Porphyrine in der menschlichen Biologie
und Pathologie zu geben.

Am weitesten ist man in der Erkenntnis der photosensibilisierenden Wirkung
der Porphyrine gekommen, systematische und zusammenfassende Studien

darüber verdanken wir hauptsächlich W. HAUSMANN. Bei seinen Untersuchungen über biologische und pathologische Lichteffekte hat dieser Autor seine Aufmerksamkeit besonders den Porphyrinen zugewendet.

Diese Frage sei hier zuerst erörtert.

Die photosensibilisierende Eigenschaft der Porphyrine.

Bei der Lichtbestrahlung der Zellen und der Enzyme entsteht nach N. TAPPEINER eine Spaltung, wobei Produkte frei werden, die bei weiterer Belichtung und in Gegenwart von Sauerstoff oxydiert und weggeschafft werden. Während aber bei langwelligen Strahlen dazu Sauerstoff notwendig ist, kommt bei Bestrahlung mit Ultraviolett die Beseitigung der oxydablen Spaltprodukte auch ohne Sauerstoff zustande. Die fluorescierenden Substanzen beschleunigen die Photooxydation.

Von Bedeutung ist die Tatsache, daß der photodynamische Effekt nur in denjenigen Strahlenabschnitten auftritt, die der spezifischen Absorption des betreffenden Farbstoffes entsprechen (GROTTHUSS-DRAPERsches Gesetz).

Auch für das Porphyrin hat dieses Gesetz Gültigkeit. Durch die experimentelle Sensibilisierung von Mäusen mit Porphyrinen beobachtete HAUSMANN das Maximum des photodynamischen Effektes im Bereich von 500 mμ, also in sichtbarem Gebiete. Genauere Untersuchungen haben die Übereinstimmung der Photosensibilisierung mit den Absorptionsspektren des Porphyrins ergeben. Die Sensibilisierung erfolgt ferner, wie ARZT und HAUSMANN und andere gezeigt haben, auch bei der Ultraviolettbestrahlung. Hier ist an die Summation der Photosensibilität im lang- und kurzwelligen Spektrumgebiet zu denken (Additionswirkung).

In weiteren Studien konnte HAUSMANN mit KUEN zeigen, daß synthetisch hergestellte Mesoporphyrine sehr stark photodynamisch auf Blutagar wirken, und zwar ist die Photosensibilisierung durch Mesoporphyrin viel intensiver bei Bestrahlung im sichtbaren Gebiete als im Ultraviolett.

Die Wirkung des Mesoporphyrins scheint stärker als diejenige der natürlichen Porphyrine zu sein. Die synthetisch hergestellten Isouro- und Koproporphyrine wirken nur sehr schwach photosensibilisierend, ihre maximale Wirkung entspricht dem Strahlenbezirk um 365 mμ.

Nach FABRE und SIMONNET soll die photosensibilisierende Eigenschaft des Hämatoporphyrins auf das gelbe Spektrumteil beschränkt sein (Wellenlänge 576—580 mμ), während Beobachtungen von LARSEN über starke Lichtsensibilisierung des Porphyrins auf Paramecien im Ultraviolettspektralgebiet, und zwar bei Wellenlänge 366—313 mμ (Versuche mit 1 : 10 000 Hämatoporphyrin) berichten. Die erwähnten Sensibilisationsbezirke entsprechen dem spektralen Absorptionsgebiete des Hämatoporphyrins (Abb. 15).

Die Wellenlänge des angewandten Lichtes spielt also beim Zustandekommen einer photosensiblen Porphyrinwirkung eine wichtige Rolle. Wie aus den Absorptionskurven der biologisch wichtigsten Porphyrine ersichtlich ist, erstreckt sich die lichtsensibilisierende Wirkung dieser Farbstoffe im sichtbaren Licht auf das Gebiet 490—580 mμ, im U.V. auf 365—313 mμ und um 250 mμ (ELLINGER).

Neben der Bestrahlung mit Ultraviolettlicht wurde auch der Effekt von viel kürzeren Strahlen auf das mit Porphyrin sensibilisierte Experimenttier ausprobiert. Die Röntgenstrahlen entfalten keine photodynamische Wirkung

(Hausmann, Carrié, ferner Kämmerer und Weisbecker). Andere Autoren dagegen glauben doch eine gewisse Röntgenstrahlenreaktion nach Hämatoporphyrinverabreichung im Tierversuche konstatieren zu können (Podkaminski).

Das Porphyrin scheint schließlich nach den Untersuchungen Carriés eine Sensibilisierung auf die Wirkung der Grenzstrahlen (1—8 ÅE) auszuüben. Der photodynamische Effekt äußert sich nach diesem Autor in einer Epilation, die bereits bei ganz geringen und normalerweise unschädlichen Dosen auftritt.

Wir sehen somit, daß das Vorkommen und die Intensität der Photosensibilisierung nach Verabreichung von Porphyrin weitgehend von der Wellenlänge der gebrauchten Strahlungsquelle abhängig ist. Diese Frage steht ferner in indirektem Zusammenhang mit dem photodynamischen Effekt gegenüber fluorescierenden Substanzen.

Es ist das Verdienst Tappeiners, die Beziehungen zwischen Lichtreaktion und Fluorescenz der Sensibilisatoren hervorgehoben zu haben. Zusammen mit Jodlbauer konnte dieser Autor zeigen, daß alle photodynamisch wirkenden Substanzen eine Fluorescenz aufweisen, und daß es bei künstlicher, durch Zusatz von Eiweißkörpern, bedingter Herabsetzung der Fluorescenzintensität der sensibilisierenden Substanzen zu einer deutlichen Abnahme der Lichtreaktion kommt.

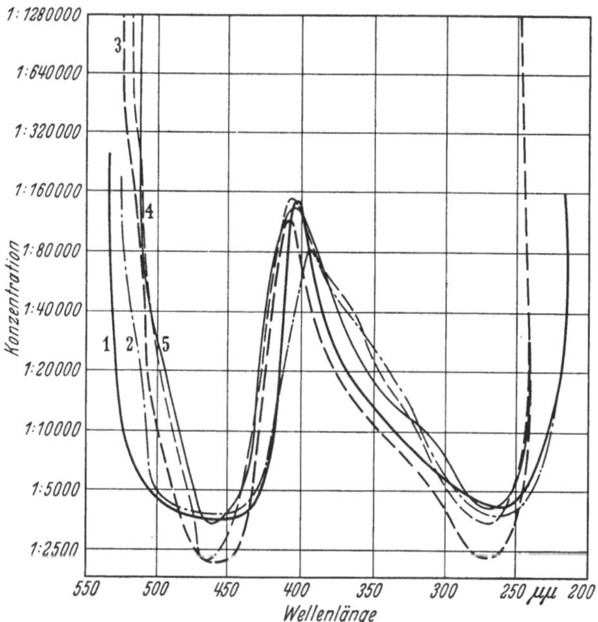

Abb. 15. Absorptionskurven verschiedener Porphyrine nach Hausmann und Krumpell. 1 Hämatoporphyrinchlorhydrat in HCl. 2 Dasselbe in alkalischer Lösung. 3 Uroporphyrinester in Chloroform. 4 Koproporphyrinester in Chloroform. 5 Hämatoporphyrintetramethylester in Chloroform.

Diese Beobachtung wurde auch von Hausmann bestätigt. Er wies nach, daß der in nativem Zustande nicht fluorescierende, stark porphyrinhaltige Urin keine Photosensibilisierung hervorruft, während das aus demselben Harn isolierte Porphyrin eine deutliche Wirkung entfalten kann. Fischer und Zerweck sind der Auffassung, daß das bei den Porphyrinkrankheiten im Urin auftretende braune Pigment die phototoxische Porphyrinwirkung neutralisiert. Hausmann beobachtete ferner, daß das in situ nicht fluorescierende Porphyrin des Regenwurminteguments (Eisenia foetida) keinen photodynamischen Effekt ausübt, bei der künstlichen Fluorescenzerzeugung in vitro ist jedoch eine solche Aktion zu beobachten.

Die Desensibilisierung des Porphyrins gegenüber Lichteinwirkungen wurde von verschiedenen Autoren konstatiert und beschrieben. Wir haben die Feststellungen Hausmanns schon erwähnt. Dem Blutserum, und zwar dem Albumin, kommt nach RASK, NORRIS und HOWELL eine Schutzwirkung gegenüber der Photosensibilisierung durch das Porphyrin zu. SHIBUYA stellte eine Abschwächung, sogar ein völliges Verschwinden der Porphyrinwirkung (Hämato-, Kopro-, Uroporphyrin) nach Zusatz von Serum fest. Auch Kohlehydrate (Rohrzucker) besitzen eine desensibilisierende Wirkung. In vitro hat BRUSK eine deutliche Hemmung des photodynamischen Effektes auf eine Suspension von roten Blutkörperchen beim Vorhandensein von Blutserum beobachtet. Nach HAUSMANN kann die Photosensibilisierung im allgemeinen auch durch Sauerstoff entziehende Substanzen oder in sauerstofffreiem Milieu gehemmt werden.

Ferner muß die spezifische Wirkung der einzelnen Porphyrine unter Berücksichtigung der Intensität des photosensibilisierenden Effektes in Betracht gezogen werden. Nicht alle Porphyrine wirken gleich stark phototoxisch.

Bei den Warmblütern konnten FISCHER und ZERWECK zeigen, daß die Photosensibilisierung gegenüber Ultraviolett mit der Zunahme der Zahl der Carboxylgruppen in dem Porphyrinmolekül an Intensität zunimmt. So kommt es bei Proto- und Deuteroporphyrin zu keiner wesentlichen Lichtsensibilisierung, während Kopro- und besonders Uroporphyrin eine ausgesprochene Wirkung entfalten. Ähnliche Reaktionen kann man bei den Versuchen CARRIÉs nach Bestrahlungen mit Grenzstrahlen feststellen. Das Mesoporphyrin wirkt nach FISCHER und MEYER-BETZ sowie nach KÄMMERER und WEISBECKER ebenfalls nicht sensibilisierend.

Auf kleinere und niedrigere Lebewesen ist die Wirkung der verschiedenen Porphyrine anders als bei den Warmblütern. In der Tat wirkt, wie FISCHER und KEMNITZ gezeigt haben, Mesoporphyrin in sehr geringen Konzentrationen und in sehr kurzer Zeit tötend auf Paramecien; geringere Wirkung kommt dem Hämatoporphyrin zu, während das Kopro- und Uroporphyrin und ihre Salze sowie die komplexen Kupfersalze des Mesoporphyrins unwirksam erscheinen. Wir sehen also hier eine umgekehrte Reihenfolge in der Porphyrintoxizität. Auch bei der Bestimmung des hämolytischen Effektes der Porphyrine auf die Erythrocyten nach Bestrahlung konnte GÜNTHER besonders bei zerstreutem Tageslicht eine ausgesprochene Hämolyse mit Hämatoporphyrin und Mesoporphyrin beobachten, wogegen Uro- und Koproporphyrin unwirksam erscheinen. Nach RICCITELLI kann man bei der Lichtsensibilisierung mit Kopro- und Protoporphyrin eine starke hämolytische Wirkung beobachten. Dieser Autor hat schließlich die Beeinflussung der Blutsenkungsgeschwindigkeit und der Fibrinogenbildung unter Porphyrinphotosensibilisierung in vitro studiert. Die Resultate scheinen nicht einheitlich zu sein. Vorwiegend wird eine Erhöhung der Blutsenkungsgeschwindigkeit, eine Verlängerung der Blutgerinnungszeit trotz Vermehrung des Fibrinogens festgestellt.

Die biologische Reaktion des sensibilisierten Organismus ist nicht nur von der Art der Porphyrine, von der Wellenlänge des Bestrahlungslichtes und von der Mitwirkung der sensibilisierenden Faktoren abhängig, sondern auch von der Konzentration der gebrauchten Porphyrinlösung und von der Bestrahlungsdauer.

HAUSMANN konnte zeigen, daß die akute Lichtreaktion bei der Belichtung weißer Mäuse nach parenteraler Verabreichung von Hämatoporphyrin sich in körperlicher Unruhe, Reizerscheinungen an der Haut, Augenentzündung, Mattigkeit, Apathie und Dyspnoe äußert. Einige Stunden später tritt der Exitus auf. Die subakute photodynamische Reaktion am gleichen Beobachtungsobjekt verläuft unter dem Bilde von mächtigen Hautödemen, die direkt zu einer Umgestaltung des Tieres führen. Der Tod tritt gewöhnlich nach 1—2 Tagen auf. Wenn die Mäuse mit fraktionierten Dosen Porphyrin und mit kurz dauernden Bestrahlungen behandelt werden, kommt es als Zeichen einer chronischen photobiologischen Reaktion zu kleinen, allmählich auftretenden Nekrosen an den Ohrmuscheln und Haarausfall um die Augen. Diese Mitteilungen HAUSMANNs wurden von anderen Autoren noch erweitert und bestätigt. GÜNTHER stellt nach Sensibilisierung mit 1 mg Uroporphyrin und nach 10 Minuten Bestrahlung mit U.V. bei der Maus Hautödem, Rötung der Schnauze, Parese der Hinterbeine, unregelmäßige Atmung, Durchfall und nach etwa 12 Stunden Exitus fest. Nach Hämatoporphyrininjektion und Bestrahlung wurden von EPPINGER und ARNSTEIN auch am Kaninchen Lähmungen gesehen, KAIDI beschreibt eine vorübergehende Hyperthermie bei der Ratte unmittelbar nach der Photosensibilisierung.

Nach den Untersuchungen FISCHERs sind die biologischen Effekte bei der Sensibilisierung mit Uroporphyrin stärker als mit Koproporphyrin. Auch LÖFFLER konnte im Tierversuche die phototoxische Wirkung des aus dem Urin eines akuten Porphyriefalles extrahierten Porphyrins feststellen. Nach Hämatoporphyrinverabreichung wird eine ähnliche Photosensibilisierung auch an Meerschweinchen beobachtet (FISCHER, BARTHOLOMÄUS und RÖSE). Dagegen war es diesen Autoren nicht möglich, bei Verabreichung von Mesoporphyrin eine Reaktion an Meerschweinchen festzustellen.

Deutliche phototoxische Erscheinungen an der Ratte sahen wir bei Verabreichung von Uroporphyrin, das aus dem Urin einer Porphyriepatientin gewonnen wurde. Ratten zeigten in unseren Versuchen auch, besonders nach Verabreichung von Hämatoporphyrin, eine Photosensibilität (Augenentzündung, Unruhe, kleine Hautnekrosen). Schwerere Schädigungen traten allerdings auch nach Behandlung mit großen Pigmentdosen nicht auf. Zu einem akuten Lichttode kam es in einem Falle nach Verabreichung von 1,5 mg Hämatoporphyrin. Die Sektion ergab kleine multiple Capillarblutungen in den Organen, und zwar besonders in der Leber und in den Nebennieren.

Von besonderer Bedeutung für die Abhängigkeit der Lichtsensibilisierung von der chemischen Zusammensetzung des Sensibilisators ist die Beobachtung von FISCHER, BARTHOLOMÄUS und RÖSE, die nach der Verabreichung von Porphyrinogen aus Hämatoporphyrin und Mesoporphyrin beim Meerschweinchen erst am 3. Tag nach der Injektion eine photodynamische Wirkung beobachten konnten, d. h. erst dann, wenn die Leukobase in das hochwirksame Porphyrin übergegangen war.

Am Kaninchen wurde die direkte Wirkung der parenteralen Porphyrinverabreichung selten studiert. Wir werden in der Folge über Versuche am Kaninchen im Zusammenhang mit der Lichtreaktion berichten. Die allgemeinen Symptome einer Bestrahlung des sensibilisierten Kaninchens sind leichterer Natur, wie z. B. auffallende Müdigkeit, leichte Apathie.

Eine Beteiligung der Haut wurde bei unseren Versuchen nach Verabreichung von 1,0—10,0 mg pro Kilogramm Körpergewicht Hämato-, Kopro- und Uroporphyrin nicht beobachtet. Es kommt vorwiegend zu einer Reaktion von seiten des Gefäßsystems mit Neigung zu Kollaps. An mit großen Dosen Sulfonal vorbehandelten Kaninchen erscheinen Hautblasen an den Ohren (PERUTZ). Solche

Veränderungen wurden auch von HAUSMANN und ARZT nach Verabreichung von sehr großen Dosen Hämatoporphyrin beschrieben (0,1 g pro Kilogramm).

Auch größere Tiere können mit Porphyrin sensibilisiert werden. Hier sind die Untersuchungen HAUSMANNs über den sog. „Hyperizismus" zu erwähnen. Es ist in der Literatur schon lange bekannt, daß bei den mit Hypericum crispum vergifteten Schafen, und dies vorwiegend bei weißen Schafen, schwere photobiologische Sensibilitätserscheinungen auftreten. HAUSMANN wies dazu nach, daß methylalkoholische Extrakte von Hypericumblüten stark photodynamisch wirken. H. FISCHER isolierte später aus den Extrakten einen mit dem Mykoporphyrin spektroskopisch übereinstimmenden Farbstoff.

Von Interesse sind auch die histologischen Untersuchungen von Organen weißer Mäuse, die mit Uroporphyrin chronisch sensibilisiert wurden. ADLER beschreibt Blutungsherde im Mark und in der Rinde der Nebenniere mit Zeichen regressiver Metamorphose des Parenchyms.

Dieser Befund ist von gewisser Bedeutung und ist in Zusammenhang mit unserer Beobachtung kleiner Blutungen in den Nebennieren beim akuten Lichttod einer mit Porphyrin sensibilisierten Ratte zu bringen. HAUSMANN und auch PFEIFFER möchten einen Vergleich zwischen dem Exitus nach der photosensiblen Porphyrineinwirkung und demjenigen nach Verbrennung ziehen.

Es sind genügend Zeichen vorhanden, die annehmen lassen, daß hier der akute Eiweißzerfall während der Bestrahlung am sensibilisierten Tiere die Hauptrolle beim letal verlaufenden Shock spielt.

Von besonderer Bedeutung ist für die Klinik die photosensibilisierende Wirkung der Porphyrine am Menschen. Der kühne Selbstversuch von MEYER-BETZ gibt uns darüber Auskunft. Dieser Autor ließ sich 0,2 g Hämatoporphyrin intravenös einspritzen (0,2 g Hämatoporphyrin in 10 ccm n/10-Natronlauge gelöst) und verfolgte nachher die Wirkung des Porphyrins während einer mehrtägigen Periode.

Die Injektion verursachte in der Lebergegend einen stundenlang anhaltenden Schmerz, sonst waren unter Lichtabschluß keine nennenswerten Symptome zu beobachten. Eine 10 Minuten lange Sonnenbestrahlung der unbedeckten Körperstellen einen Tag nach der Porphyrinverabreichung erzeugte dagegen eine sehr starke Lichtreaktion mit Rötung, Hautinfiltration und starkem Ödem. Die Erscheinungen waren streng auf die bestrahlten Gebiete beschränkt und verursachten eine auffallende Verunstaltung besonders des Gesichtes mit besonders starker Schwellung der Augenlider. Die lokale Entzündung nahm am folgenden Tage einen deutlich serös infiltrativen Charakter mit Borkenbildung an, dann allmähliches Abflauen unter Abschuppung und Pigmentierung.

Die Sensibilisierung gegenüber Licht dauerte nach den Angaben des Autors mehrere Wochen. Die Intensität der Reaktion nahm allmählich ab, so daß nach etwa 6 Wochen außer einer gewissen Neigung zu Hyperpigmentierung nach der Bestrahlung keine nennenswerte Reaktion an der Haut mehr zu beobachten war.

Eine intensivere Lokalbestrahlung mit U.V.-Licht veranlaßte 30 Minuten nach der Porphyrininjektion schwere Hautveränderungen (Ödem, Blasenbildung, Nekrose), die nach 3 Wochen zu einem tiefgreifenden torpid verlaufenden Ulcus führten.

Die Bestrahlung des lokal applizierten Porphyrins auf der Haut bringt nach GÜNTHER bei intracutaner Injektion von 0,2 mg Uroporphyrin am Kaninchen zu keiner Sensibilisierung zutage. Auch am Menschen ist nach unseren Untersuchungen bei der Bestrahlung von Porphyrinquaddeln keine wesentliche Reaktion an der Haut festzustellen. In Tierversuchen wurde ferner die Lokalisierung von intravenös injizierten Porphyrinen an der Histaminquaddel versucht, es kam nur zu einer sehr geringgradigen Anreicherung des Farbstoffes am histaminisierten Hautbezirk.

Die Klinik liefert uns nicht selten Beispiele von Lichtüberempfindlichkeit, die wahrscheinlich mit einem abnormen Porphyrinstoffwechsel in Zusammenhang stehen. Wir werden in den späteren Kapiteln genug Gelegenheit haben, auf die Hautreaktion bei der Porphyrie einzugehen; hier sei nur an die Möglichkeit der Porphyrinphotosensibilisierung bei der Hydroa aestivalis und vacciniformis hingewiesen.

Die Krankheitsherde der Hydroa manifestieren sich vorwiegend an den unbedeckten Hautstellen, d. h. an der Haut, die besonders stark dem Licht und der Sonneneinwirkung exponiert ist. Die lokalen Hautveränderungen bei der Hydroa können zu Nekrose führen und es sind Fälle bekannt, die mit schweren Gewebszerstörungen einhergehen und dabei große Ähnlichkeit mit Lepra und luischen bzw. tuberkulösen Hauterscheinungen aufweisen. Wir sehen solche starke Veränderungen auch bei der schweren Form der Porphyrinkrankheit.

Abgesehen von diesen und anderen in den späteren Kapiteln zu erörternden Beispielen einer starken Sensibilisierung und Schädigung des Organismus durch Porphyrin ist dieses im allgemeinen nur in großen Dosen (Experiment von MEYER-BETZ) dem menschlichen Körper schädlich. Genügend Experimente beweisen die gute Verträglichkeit des Porphyrins. H. FISCHER konnte in Selbstversuchen größere Mengen Porphyrin peroral einnehmen, ohne nachweisbare Störungen zu verspüren. Uroporphyrin wird nach diesem Autor nach peroraler Zufuhr aus dem Darm prompt ausgeschieden, ohne daß eine nennenswerte Resorption stattfindet. Das eingeführte Porphyrin kann im Urin nämlich nicht nachgewiesen werden, dagegen kommt es zu einer Porphyrinausscheidung durch die Niere bei peroraler Verabreichung von Koproporphyrin. Die parenterale Uroporphyrinzufuhr führt zu einer Uroporphyrinurie, während nach einer Koproporphyrininjektion dieses zum großen Teil durch die Galle bzw. durch den Darm ausgeschieden wird (H. FISCHER). Von besonderem Interesse ist ferner die Angabe von FISCHER und HILMER, die eine Vermehrung der Koproporphyrinausscheidung nach Porphyrineinnahme beschreiben.

Bei der therapeutischen Verabreichung von Hämatoporphyrin Nenki (Photodyn der Firma Nordmarkwerke Hamburg) ist es möglich, wie wir uns selbst überzeugen konnten, kleinere Mengen Porphyrin längere Zeit parenteral ohne Störungen zu verabreichen.

Auch CARRIÉ berichtet von völliger Reaktionslosigkeit des Organismus nach solchen protrahierten Photodynkuren. Interessant sind die Angaben HUTSCHENREUTERs über das Schicksal des peroral und parenteral verabreichten Porphyrins bei fleischlos ernährten Ratten. Das peroral aufgenommene Hämatoporphyrin (Photodyn) wird bald nur durch die Faeces wieder ausgeschieden, während eine Umwandlung des Hämatoporphyrins in andere Formen und besonders in natürliche Porphyrine nicht beobachtet werden konnte. Das parenteral injizierte Photodyn wird nach HUTSCHENREUTER ebenfalls sehr rasch, und zwar besonders durch die Nieren, ausgeschieden, so daß schon nach einem Tage die Hälfte der verabreichten Porphyrinmenge den Körper verlassen hat. Bei längerer Behandlung kommt es schon $1/_2$ Stunde nach der Injektion zu einer Hämatoporphyrinausscheidung durch den Harn, und zwar in Form einer Kupferverbindung. Dieses Porphyrin wird nach der Injektion im Blut, in der Lunge, in der Leber, den Nieren und in kleineren Mengen auch im Herz, in der Milz und in der Skeletmuskulatur wieder gefunden.

Wiederholt man aber diese Untersuchungen mit natürlichen Porphyrinen — Injektion von Uroporphyrin an Kaninchen (GÜNTHER), Injektion von Protoporphyrin am Kaninchen (CARRIÉ), Injektion von Koproporphyrin am Menschen (VANNOTTI) —, so sieht man, daß die ausgeschiedene Menge viel kleiner ist als die zugeführte. Bei unseren Versuchen (mit 2 mg Koproporphyrin) kam es schon am gleichen Tage der Injektion zu einer Vermehrung der Koproporphyrinausscheidung. Die vermehrte Ausscheidung dauert nur 2 Tage lang, gleichzeitig läßt sich eine geringe Vermehrung der Urobilinabsonderung durch den Urin feststellen. Die Hauptvermehrung des Porphyrins ist im Stuhl zu beobachten, die Summe des im Urin und Stuhl ausgeschiedenen Porphyrins bei Hämoglobin- und chlorophyllfreier Diät betrug etwa $1/_3$ des zugeführten Porphyrins. Es ist hier an die Möglichkeit eines Abbaues des Farbstoffes zu denken. Die geringe Vermehrung des Urobilins würde evtl. dafür sprechen, diese Erscheinung könnte aber auch als eine vorübergehende leichte Störung der Leberparenchymfunktion infolge der Koproporphyrinzufuhr aufgefaßt werden. Uroerythrin wurde dabei nicht beobachtet.

Von Bedeutung ist jedenfalls, daß die parenterale Verabreichung von natürlichen Porphyrinen im normalen Organismus (GÜNTHER, CARRIÉ, VANNOTTI) von einer geringen Ausscheidung dieses Farbstoffes begleitet ist, während die Untersuchungen HUTSCHENREUTERs zeigen, daß das Hämatoporphyrin prompt und in größeren Dosen aus dem Körper entfernt wird. Es ist hier an die Möglichkeit einer Fremdkörperwirkung durch die künstlichen Porphyrine zu denken, die anders als die natürlichen Porphyrine auf den Organismus wirken.

Von weiterem Interesse für die Porphyrinwirkung auf den lichtbiologischen Vorgang sind die Untersuchungen folgender Autoren: WOHLGEMUTH und SZÉRNY berichten über die Bildung von Methämoglobin aus den Erythrocyten bei vorgenommener Bestrahlung in Gegenwart von Hämatoporphyrin. Diese Umwandlung kommt sogar schon ohne Belichtung zustande und wird durch KCN-Zusatz gefördert. Das Hämatoporphyrin steigert ferner schon im Dunkeln die Atmung der Erythrocyten. Dieser Prozeß nimmt dann besonders an Intensität zu, wenn dazu noch eine Bestrahlung kommt. Die hämolysierten Zellen haben ebenfalls diese Wirkung, und das deutet darauf hin, daß dieser Mechanismus nicht an die Zellstruktur gebunden ist.

In einer weiteren Arbeit berichten die Autoren über die Abnahme der anaeroben Glykolyse der Gewebskulturen unter Ultraviolettlichtbestrahlung, wenn Hämatoporphyrin hinzugegeben wird. Das Porphyrin als Sensibilisator bewirkt also eine Hemmung der sonst mit dem U.V. aktivierter Glykolyse.

Die Untersuchungen GAFFRONs zeigen, daß in Gegenwart von Hämatoporphyrin das Pferdeserum während der Belichtung eine gesteigerte Sauerstoffaufnahme aufweist. Auch Meso- und Kopro- und besonders Uroporphyrin zeigen dieselbe photooxydative Eigenschaft, und zwar ist die Intensität dieser Reaktion stärker, je größer die Zahl der Carboxylgruppen in den Porphyrinmolekülen ist.

Die sensibilisierende Eigenschaft der Porphyrine scheint, wie schon die älteren Autoren zeigten, mit der Fluorescenz der Porphyrine in Zusammenhang zu sein. Während die fluorescierende Zinkporphyrinverbindung nach GAFFRON noch Wirksamkeit besitzt, kommt es bei den nicht fluorescierenden Eisen- und Kupfersalzen nicht mehr zu einer Photooxydation. Diese Beobachtungen haben eine besondere biologische Bedeutung. Der Autor hält den Tod sensibilisierter Tiere nach Bestrahlung als eine Folge der Photooxydation, indem Eiweiß innerhalb der Zellen oder im Blutplasma zerstört wird. Die Beziehungen zwischen Eiweißkörpern und photodynamischer Wirkung der Porphyrine sind in der Literatur schon manchmal erwähnt worden. Wir haben die desensibilisierende Aktion des Porphyrins bei der Hämolyse erwähnt, HILL und HOLDEN berichten über Denaturierung des Globins im Sonnenlicht bei Anwesenheit von kleineren Mengen Hämatoporphyrin. Auch das Fibrinogen wird nach HOWELL in Gegenwart von Hämatoporphyrin bei Belichtung verändert, es verliert seine Gerinnbarkeit gegenüber Thrombin und gegenüber Temperaturerhöhung. Andere Serumproteine scheinen diesen Vorgang eher zu hemmen, da das unreine Fibrinogen weniger beeinflußt wird. Am stärksten wirken grünes und U.V.-Licht ($\lambda = 487{-}570$, bzw. 300). Auch von Bedeutung sind die neueren Beobachtungen BOYDS, der die Hydrolyse des Fibrinogens und des Serumalbumins durch das Licht in Gegenwart von Hämatoporphyrin beschreibt. Nach diesem Autor soll die Hydrolyse dadurch entstehen, daß das Porphyrin sich mit dem Protein verbindet und durch die Anregung der Strahlenenergie sich dann mit Sauerstoff vereinigt. Dabei soll ein Teil dieser Energie auf das gebundene Protein hydrolysierend wirken. Die engen biologischen Beziehungen der Eiweiße mit der Porphyrinchemie sind auch in unseren Untersuchungen bei der Porphyrinbildung aus dem Myoglobin und der Bestrahlungseinwirkung offensichtlich. Die Umwandlung des Myoglobins hängt nicht nur vom Globinanteil des Muskelfarbstoffes, sondern auch von den Muskeleiweißen ab. Auch das Hämin kann zu einer ähnlichen Reaktion, jedoch nur in Gegenwart von Eiweißkörpern, führen.

Auch unter Ausschluß der Lichtwirkung können die Porphyrine in bestimmten Fällen toxisch wirken. So werden durch Mesohämin schon im Dunkeln Paramecien geschädigt (FISCHER) und grampositive Bakterien nach KÄMMERER mit der gleichen Substanz in ihrem Wachstum gehemmt. Dieser Befund ist vielleicht mit den Angaben GÜNTHERs über das spärliche Wachstum von grampositiven Bakterien im Stuhl bei kongenitaler Porphyrie in Zusammenhang zu bringen. Auch wird von BOAS berichtet, daß durch Baden der Caryopsen von Lolium perenne im Dunkeln in Porphyrin den Keimpflanzen die Fähigkeit zur phototropen Orientierung verlorengeht.

Die Porphyrine und das Kreislaufsystem.

Von besonderer klinischer Bedeutung erscheint das Studium der Beziehungen des Porphyrins zum Kreislaufsystem und zu der Magendarmmotilität zu sein. Wir werden später genug Gelegenheit haben, über die Kreislaufstörungen und die Veränderungen des Magendarmtractus bei den Porphyrinkrankheiten des Menschen zu berichten. Oben wurde schon von der Shockwirkung und von Kollapszuständen bei der Belichtung von mit Porphyrin sensibilisierten Tieren gesprochen. SMETANA hat die Natur dieses Shocks in zahlreichen Untersuchungen studiert. Wiederholte Injektionen großer Blutmengen von mit Hämatoporphyrin vorbehandelten Meerschweinchen führten bei weißen Mäusen zu keinem Shock. Ferner wurden zwei in Parabiose lebenden weißen Ratten Hämatoporphyrin injiziert und dann nur eine mit Licht bestrahlt. Die bestrahlte Ratte starb in kurzer Zeit, während die andere keine Störungen zeigte und nach der Abtrennung noch während längerer Zeit am Leben blieb. Diese beiden Versuche beweisen also, wie SMETANA betont, daß im Porphyrinshock keine Substanz gebildet wird, die durch die Blutwege in den Kreislauf gelangt. Der Hämatoporphyrin- shock wurde an Katzen genau studiert. Der Anfall wird durch plötzlichen Abfall des Blutdruckes, Abnahme der Körpertemperatur, Kohlensäurezunahme und Sauerstoffabnahme im Blute und Senkung des Kohlenstoffbindungsvermögens charakterisiert. Die Atmung zeigt zuerst eine Beschleunigung, dann wird sie tiefer und unregelmäßiger. Während des Shocks beobachtet man ferner eine Leukocytose, die sich dann vor dem Tode in eine Leukopenie umwandelt. Die Bestrahlung des zirkulierenden arteriellen Blutes durch eine in die Arterie ein- geschaltete Quarzkanüle bringt keine direkte Shockwirkung, lediglich eine rasch vorübergehende Blutdrucksenkung. Eine künstliche Färbung der Ratten mit Hämatoxylin schützt die Tiere vor der Porphyrinsensibilisierung.

Eine Verschiebung des Zucker-Reststickstoff-Kreatininspiegels (SMETANA) sowie der p_H-Werte im Blute (RASK-NORRIS-HOWELL) war während des Por- phyrinshocks nicht zu konstatieren.

Am Hunde wurden weitere Untersuchungen während des Shocks durch RASK, NORRIS und HOWELL unternommen. Die Porphyrininjektion ohne Be- strahlung führt am narkotisierten Tiere zu einem anfänglichen Blutdruckabfall, während bei der Lichtbestrahlung das Porphyrin eine mäßige Blutdrucksenkung und dann (nach etwa $^1/_2$ Stunde) eine starke Steigerung des Blutdruckes mit Tachykardie und Tachypneu verursacht. Nach diesen Feststellungen gingen die Autoren zur Analysierung der Shockvorgänge über, und zwar stellte sich die Frage, ob die pathologischen Vorgänge von einer durch die Nervenbahnen erzeugten Erregung von der Hautoberfläche aus hervorgehen oder unter dem Einfluß von Stoffen, die während der Belichtung in der Haut gebildet wurden, entstehen.

In einer Reihe von Versuchen am Schildkrötenherzen konnten die Autoren feststellen, daß die Belichtung des mit Porphyrin durchströmten Herzens zu einer Arrhythmie, zu Kontraktionsschwäche, Ventrikelstillstand und schließlich zur Vorhofskontraktion führt. Diese sensibilisierende Porphyrinwirkung ist eng mit dem lebenden Organ verbunden und kann nicht durch das Blut fortge- schwemmt werden. Die dabei gebildete toxische Substanz bleibt an Ort und Stelle ihrer Entstehung und wird nicht weiter geleitet. Es handelt sich nicht um an der Körperoberfläche gebildete Substanzen, sondern um nervöse Er- regungen, die entlang der Nervenbahnen weitergeführt werden. Das Blutserum, und zwar besonders das Albumin, nicht aber das Globulin, besitzt auch bei Sensibilisierungsversuchen am durchströmten Herzen eine deutliche Schutz- wirkung.

Es ist hier daher die plötzliche, durch nervöse Steuerung bedingte Reaktion der Vasomotoren bei der photodynamischen Porphyrinwirkung zu erwähnen.

Systematische Untersuchungen über die Entfaltung der vasomotorischen Tätigkeit des Porphyrins im Dunkeln und unter Lichtbestrahlung an ver- schiedenen Organen des Tieres haben zu folgendem Ergebnis geführt.

Als Versuchstier wurde das Kaninchen genommen. Die Wahl des Tieres bei der Porphyrinuntersuchung ist von besonderer Bedeutung, da beim Studium der physiologischen und pathologischen Wirkung dieses Farbstoffes ein scharfer Unterschied zwischen Pflanzen- und Fleischfresser zu machen ist. Mit den vorliegenden Untersuchungen kann man keinen direkten Rückschluß auf die Frage der Porphyrinwirkung am Menschen ziehen. Trotzdem wurde das Kaninchen als Versuchstier gewählt, da bei diesem Tiere schon früher eine ganze Reihe Experimente über Organdurchblutung bei Histaminapplikation, bei anaphylaktischem Shock, muskulärer Hypertrophie sowie über Capillarversorgung des Myokards in normalem und pathologischem Zustande durchgeführt wurden (VANNOTTI), die ihrerseits zur genaueren Beurteilung der funktionellen Momente innerhalb des komplexen Spiels der Porphyrinwirkung behilflich sein konnten.

Bei den Versuchen bedienten wir uns folgender Anordnung: Zuerst wurde am normalen Tiere mit und ohne Narkose während und nach der intravenösen Porphyrininjektion mit und ohne Lichtwirkung ein Elektrokardiogramm gemacht. An einigen Tieren wurde gleichzeitig auch die Blutdruckkurve registriert.

Ferner registrierte man am isolierten Organ, und zwar an den Nieren und an der Muskulatur die Vasomotorenreaktion bei der Organperfusion mit Porphyrinzusatz und bei Belichtung mit verschiedenen Wellenlängen und im Dunkeln.

Die Aktion des Herzens unter diesen Umständen wurde schon früher von AMSLER und PICK (1918) bei Untersuchung der biologischen Wirkung des Fluorescenzlichtes auf nach STRAUB suspendierten Froschherzen (Aesculenta) verfolgt, die mit Ringer und salzsaurem Hämatoporphyrin (0,0001—0,001 g pro Kubikzentimeter Nährlösung) perfundiert worden waren. Die Belichtung des Herzpräparates erfolgte bei der Anordnung der beiden Autoren durch diffuses oder konzentriertes Licht einer elektrischen Glühlampe oder einer Bogenlampe von 16—200 Kerzen.

AMSLER und PICK kamen zum Schlusse, daß die getrennte Einwirkung von Porphyrin und Licht zu keiner Schädigung des isolierten Froschherzens führt, die Kombination dieser beiden Faktoren aber schwere funktionelle Veränderungen hervorruft, die mehr von der Lichtintensität und weniger von der Porphyrinkonzentration abhängig sind. Bei Bestrahlung mit schwachem Lichte kommt es mehr zur diastolischen, mit intensivem Lichte zu einer systolischen Wirkung. Die Schädigung zeigt sich in besonderem Maße und zunächst allein im Reizleitungssystem, später aber treten Störungen der Ventrikelautomatie der Muskelerregbarkeit und der Kontraktilität und schließlich auch der Reizerzeugung ohne vagale Einflüsse auf. Ein mit Porphyrin sensibilisiertes Herz kann, ins Dunkel gebracht, sich wieder erholen, und von den Störungen befreit werden. Bei schwacher Lichtschädigung ist der Vorgang also reversibel.

Das nervöse System des Herzens wird daher durch die photosensibilisierende Wirkung des Porphyrins am meisten in Mitleidenschaft gezogen. Am isolierten Kaninchenherz konnte SUPNIEWSKI bei der Porphyrinphotosensibilisierung die Kontraktion der Coronargefäße beobachten.

Bei den vorliegenden Untersuchungen wurde besonders das Verhalten der Herzaktion im Rahmen der gesamten Photosensibilisierung des Tieres mit Porphyrin studiert. Unsere Versuche erfolgten daher am lebenden Tiere.

Zuerst war die Frage zu prüfen, ob überhaupt die intravenöse Porphyrin-injektion ohne Lichteinwirkung im Elektrokardiogramm eine Veränderung bewirke.

Dem mit Urethan oder Numal Roche narkotisierten oder dem nichtnarkoti-sierten Kaninchen injizierte man intravenös 0,5—0,2 mg Porphyrin. Es wurden Hämatoporphyrin (Photodyn), Kopro- und Uroporphyrin (diese letzteren aus dem Urin von Porphyriepatienten gewonnen), unter Zusatz von Natrium-bicarbonat oder verdünnter Natronlauge und physiologischer Kochsalzlösung bis zu der gewünschten Konzentration verabreicht.

Der Porphyrininjektion folgte eine leichte Tachykardie und Beschleunigung der Atmung, die auch bei narkotisierten Tieren zu beobachten war; dieser Zustand dauerte nur sehr kurz und verschwand nach 2—3 Minuten.

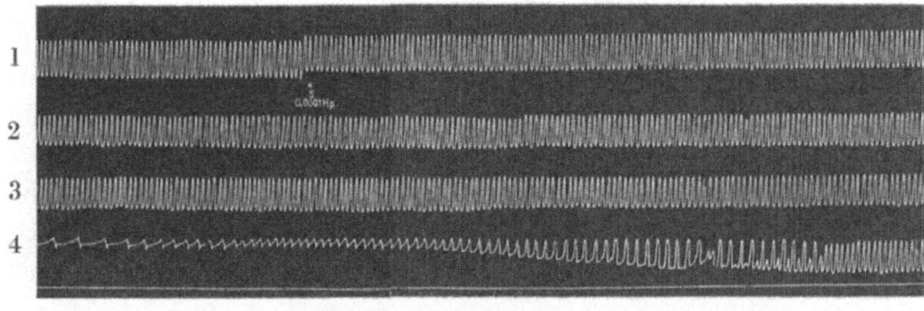

Abb. 16. Phototoxische Porphyrinwirkung auf das Froschherz. Bei 1 Bestrahlung des Präparates mit einer 200-Kerzen-Metallfadenlampe. Bei 2 nach Ausschaltung der Lichtquelle Zusatz von Porphyrin (×). Bei 4 (die Kurve verläuft von rechts nach links) kombinierte Licht- und Porphyrinwirkung. (Nach AMSLER und PICK.)

Nach etwa 10—15 Minuten trat dagegen eine gewisse Verlangsamung des Herzrhythmus und der Atmung auf, die längere Zeit anhalten kann. Verände-rungen im Q.R.S.-Komplex waren nicht zu sehen. Störungen des Überleitungs-systems fehlten vollständig. Die Überleitungszeit war ganz normal, eine Sinus-arrhythmie lag nicht vor. Bei Kopro- und Uroporphyrin wurde manchmal eine gewisse Verflachung der T-Zacke besonders in der zweiten Ableitung beobachtet; diese Veränderung trat nach etwa 10—15 Minuten mit der Bradykardie auf und stellte sich als eine reversible Erscheinung heraus.

Die Kontrollkurven nach 1—2 Stunden zeigten wieder einen normalen T-Verlauf. Ein Unterschied zwischen narkotisierten und nichtnarkotisierten Tieren war am EKG. nicht zu beobachten.

Für die Aufnahme der elektrokardiographischen Kurve bei den photo-sensibilisierten Tieren während der Belichtung wurde folgende Einrichtung angewendet:

Die Tiere epilierte man an ihrer ventralen Seite und brachte sie in einen warmen Raum, jede zu starke Luftschwankung wurde durch Schutzgehäuse vermieden. Unter Urethran- oder Numalnarkose führte man dann eine Kanüle in die Art. carotis comm. oder Art. femoralis ein und registrierte mit der TREN-DELENBURGschen Einrichtung die Blutdruckkurve.

Die Belichtung erfolgte mit dem filtrierten Licht einer Quecksilberdampf-lampe und einer Kohlenbogenlampe. Die Wärmestrahlen wurden mit einer Kupfersulfatlösung abfiltriert, damit konnte eine zu starke lokale Wärme-entwicklung im Belichtungsfeld vermieden werden. Die Versuche haben mit ziemlicher Regelmäßigkeit eine leichte vorübergehende Blutdrucksenkung und Verlangsamung der Herzfrequenz während und nach der U.V.-Bestrahlung am mit intravenösen Porphyringaben vorbehandelten Tiere ergeben; besonders deutlich war die Bradykardie und die Blutdrucksenkung bei Bestrahlung des eröffneten Abdomens. Im Elektrokardiogramm war ferner eine Verflachung der T-Zacke wahrzunehmen. Diese Veränderungen der Herzfunktion und des Blutdruckes konnten bei der getrennten Verabreichung von U.V.-Licht und Porphyrin nicht beobachtet werden. Eine Störung des Überleitungssystems war elektrokardiographisch nicht zu sehen. Die PQ-Strecke zeigte bei dem gleichen Versuche immer die gleiche Länge.

Die Untersuchungen der Durchströmungsverhältnisse der Nieren und der peripheren Zirkulation wurden folgendermaßen ausgeführt: Die sorgfältig auspräparierte Niere brachte man in mit Ringerlösung gefülltes Reservoir, das auf konstanter Körpertemperatur gehalten wurde. Die Durchspülung geschah von der Aorta abdominalis, evtl. von der Art. renalis aus, die abfließende Flüssigkeit wurde von der Vena renalis bzw. Vena cava inferior aufgefangen.

Zur Durchspülung wurde zum Teil defibriniertes Kaninchenblut, das nach Müller mit 2—3 Teilen 0,9% NaCl-Lösung verdünnt war, zum Teil die Lockesche Lösung unter Sauerstoffzufuhr angewandt. Die Geschwindigkeit der Organdurchströmung wurde durch die graphische Registrierung der Tropfenzahlen aus der Vena renalis gemessen. Mit ähnlichen Apparaten wurde auch die gleichzeitige Durchspülung der beiden Nieren beobachtet.

Die Nierendurchspülung zeigt während der Bestrahlung mit lang- und kurzwelligem Licht keine wesentliche Geschwindigkeitsschwankung, bei Porphyrinzusatz ohne Belichtung kommt es zu einer plözlichen, kurz dauernden, aber deutlich wahrnehmbaren Vasokonstriktion, die dann langsam zurückgeht. Die Deutung dieses Befundes ist schwer. Die Vasomotorik des Nierengefäßsystems ist auf jeden Reiz so empfindlich, daß diese Erscheinung evtl. auf eine minimale Temperaturveränderung der Durchspülungsflüssigkeit beim Zusatz der Porphyrinlösung zurückzuführen wäre. Jedenfalls ist diese initiale Vasokonstriktion bei Porphyrinzusatz eine regelmäßige Erscheinung bei der Mehrzahl der Versuche. Wenn keine Bestrahlung nach der Porphyrininjektion erfolgt, bleibt die Durchströmungsgeschwindigkeit dieselbe wie vor der Porphyrinverabreichung, belichtet man dagegen die Niere (im Durchströmungsapparat ist ein breites, mit Uviolglas versehenes Fenster) mit dem Kohlenbogenlicht oder besser mit dem U.V.-Licht einer Hg-Dampflampe, so kommt es nach einer sehr kurzen Latenzzeit (10—40 Sekunden) zu einer sicheren Vasodilatation, die allerdings nicht so ausgesprochen wie bei den zu beschreibenden Versuchen an der Muskulatur ist. Diese Vasodilatation hält längere Zeit an und kann auch weiter nach Abschluß der Belichtung verfolgt werden.

Zur Prüfung der peripheren Gefäßreaktion und besonders derselben der Skeletmuskulatur bedienten wir uns einer ähnlichen Anordnung. Die hinteren Extremitäten des Kaninchens wurden nach Abtrennung vom Körper in der Lumbalregion in einen Thermostat gebracht. Die Durchströmung geschah durch Flüssigkeitszufluß durch die Aorta abdominalis unmittelbar oberhalb der Bifurkation und der Abfluß erfolgte durch die Vena cava inferior.

Mit dieser Anordnung ließ sich eine störungsfreie Durchströmung der hinteren Extremitäten auch während längerer Dauer des Versuches erzielen. Die

Belichtung allein (es wurden Belichtungsversuche durch die Haut und Versuche nach der Entfernung des Felles gemacht, wobei im Thermostat für genügende Feuchtigkeit gesorgt wurde) führte zu keiner Durchströmungsänderung, die Verabreichung von 0,1—8,5 mg Porphyrin ohne Lichtkombination zeigte ebenfalls keine wesentliche Geschwindigkeitsschwankung im Flüssigkeitsabfluß.

Wird aber nach der Porphyrinverabreichung eine Belichtung vorgenommen, tritt (nach einer Latenz von 4—10 Sekunden) eine ausgesprochene, langsam zunehmende Vasodilatation auf, die ihr Maximum nach 5—10 Minuten erreicht hat. Wird die Belichtung abgebrochen, so kann man nach einer mehr oder weniger langen Latenzzeit eine gewisse Neigung zu Vasokonstriktion beobachten. Der Grad und der zeitliche Ablauf ist besonders von der Lichtintensität abhängig.

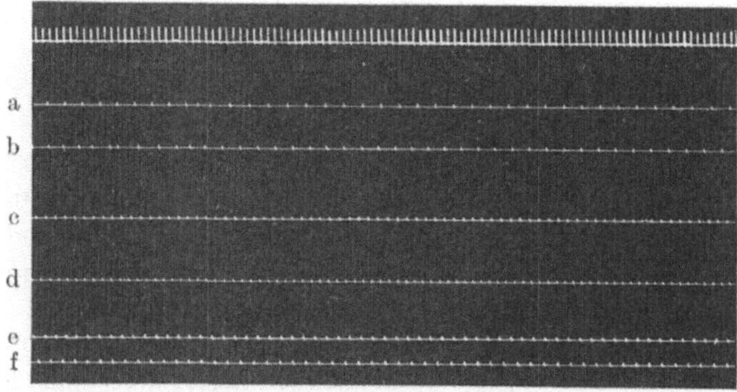

Abb. 17. Durchströmung der hinteren Extremitäten des Kaninchens. Bei a normal, bei b unter Porphyrinzusatz, bei c und d unter Porphyrindurchströmung + U.V.-Licht. Bei e und f ist die Lichtbestrahlung ausgeschaltet.

Ist die Belichtung sehr intensiv, so kommt es zu sehr schweren Vasodilatationszuständen, bei schwacher Bestrahlung ist die dilatierende Gefäßwirkung eher gering und besonders träg. Eine Vasodilatation wurde sowohl mit dem sichtbaren wie mit dem U.V.-Licht beobachtet, ein quantitativer Unterschied in der vasomotorischen Reaktion je nach der Wellenlänge des Bestrahlungslichtes war bei diesen Versuchen aber nicht ersichtlich, da die Intensität der abfiltrierten Belichtungsquellen nicht einheitlich war.

Die Reaktion bei Bestrahlung auf die bloßgelegte Muskeloberfläche war eine viel intensivere, als diejenige auf die mit Fell bedeckten Extremitäten.

Interessant ist die Tatsache, daß die Bestrahlungswirkung besonders stark war, wenn die Organdurchspülung mit der LOCKEschen Lösung erfolgte. Es kommt hier sehr wahrscheinlich die schützende Wirkung des Blutfarbstoffes und kleiner Mengen Serum in Frage, die mit dem defibrinierten Blut in der Durchströmungsflüssigkeit enthalten waren.

Die Porphyrine und der Darmtractus.

Die Porphyrinwirkung äußert sich nicht nur im Zusammenhang mit der oben besprochenen allgemeinen und lokalen Photoreaktion des Organismus, sondern auch unabhängig davon bei der Darmmotorik. Diese zweite wichtige Porphyrinerscheinung ist besonders dem Kliniker bekannt, da Störungen der Darmperistaltik eines der häufigsten Symptome der Porphyrinintoxikation darstellt.

Wie wir gesehen haben, ist das Porphyrin ein normal vorkommendes Pigment des Darmsystems und wird gewöhnlich durch die Galle und den Stuhl ausgeschieden. Eine Resorption des Porphyrins aus dem Darm ist anzunehmen. Eine abnorme Vermehrung dieses giftigen Farbstoffes führt, wie die Klinik gezeigt hat, zu schweren Magendarmstörungen, mit besonderer Beteiligung der Peristaltik. In dieser Beziehung ist auch die Vermutung LICHTWITZ' von Bedeutung, wonach eine Steigerung der durch Bakterien bedingten Porphyrinbildung im Darmtractus für diejenigen pathologischen Haut- und Schleimhauterscheinungen, die die verschiedenen Darmstörungen begleiten, mindestens innerhalb gewisser Grenzen, verantwortlich gemacht werden muß.

Auf die Störung der Darmmotilität während des Porphyrinshocks nach Bestrahlung des sensibilisierten Tieres wurde schon oben hingewiesen. GÜNTHER fand bei der Maus eine auffallende Dilatation des Magens und des oberen Teiles des Ileums, während es im unteren Fünftel desselben und im Colon zu einer Kontraktion kam. Die Darmstörungen bei der akuten Porphyrie können schließlich in einem Darmspasmus des unteren Dünndarmabschnittes Atonie des Magens und oberen Duodenums und in einer Erweiterung sowie Atonie des Colons zusammengefaßt werden.

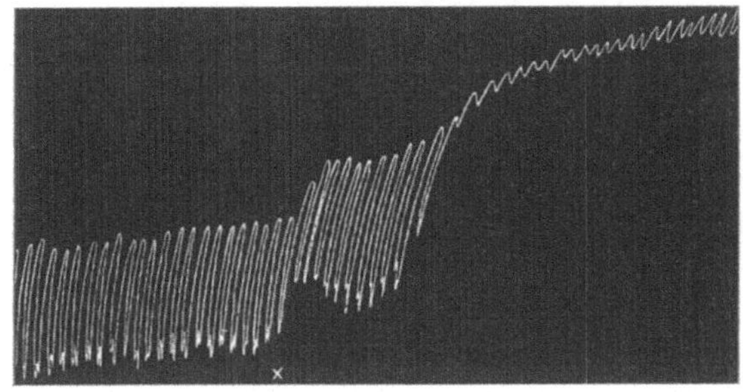

Abb. 18. Starke Tonuserhöhung des Darmes nach Porphyrinzufuhr. (Nach REITLINGER und KLEE.)

Als erste haben REITLINGER sowie REITLINGER und KLEE die engeren Beziehungen der Porphyrine zu der Darmmotorik experimentell untersucht. Sie sind in zahlreichen Untersuchungen nach der Methode von MAGNUS der biologischen Wirkung des Hämato-, Kopro-, Uro- und Mesoporphyrins auf den überlebenden Darm des Meerschweinchens, der Katze und des Kaninchens nachgegangen.

Es wurde die Peristaltik an Darmstücken bei Zusatz von Porphyrin in einer Verdünnung von 1 : 250 000 bis 1 : 50 000 mit und ohne Lichteinwirkung studiert. Dabei ergab sich, daß die Porphyrine schon ohne Belichtung tonussteigernd auf den Darm der untersuchten Tierarten wirkten. Die Intensität dieser Reaktion ist am stärksten bei Hämato- und Koproporphyrin, am schwächsten bei Uroporphyrin (also umgekehrt der phototoxischen Porphyrinwirkung auf die Paramecien).

Die Tonuserhöhung ist oft mit einer Anregung und einer Vermehrung der rhythmischen Darmkontraktion verbunden.

Von besonderem Interesse ist die Angabe, daß durch Atropin sich die Porphyrinwirkung auf den Darm nicht herabsetzen läßt, in anderen Worten, das Atropin ist an einem mit Porphyrin vorbehandelten Darme wirkungslos.

Eine Lichtsensibilisierung des Darmes durch das Porphyrin liegt nach REITLINGER und KLEE nicht vor, da mit der Belichtung die Tonussteigerung durch das Porphyrin unverändert weiterbesteht. Dieser Befund ist um so interessanter, da bekannt ist, daß bei der Photosensibilisierung des Darmes mit Eosin es nach

KOHN und PICK zu einer schweren Schädigung der Darmautomatie mit Erlöschen der Darmperistaltik kommt. Diesem Phänomen liegt ein Versagen der automatischen Zentren (AUERBACHscher Plexus) bei erhaltener Vaguserregbarkeit zugrunde. Die Porphyrinwirkung auf den Darm ist also nicht eine photodynamische, und die Lichteinwirkungen auf den mit Porphyrin behandelten Darm können nicht mit der Auslösung einer unspezifischen Fluorescenzreaktion in Zusammenhang gebracht werden. In Gegensatz dazu will SUPNIEWSKI deutliche Atonieerscheinungen am Darme unter kombinierter Porphyrin- und Lichtwirkung beobachtet haben.

Wir haben mit geänderter Methode am lebenden Tiere die Verhältnisse der Darmmotilität bei Porphyrinverabreichung näher studiert, speziell die Motorik des Dünn- und Dickdarmes des narkotisierten Kaninchens, zuerst unter intravenöser Verabreichung von Porphyrin und dann durch lokale Applikation in die Darmschlingen.

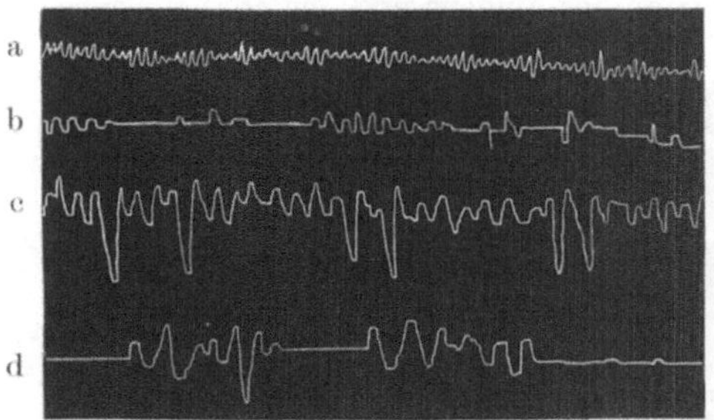

Abb. 19. Wirkung des intravenös verabreichten Porphyrins auf die Darmperistaltik. a Normale Dünndarmperistaltik. b Dünndarmbewegung nach Porphyrin. c Normale Dickdarmperistaltik. d Dickdarmperistaltik nach Porphyrin.

Es wurde dabei am Kaninchen die von STRAUB für die Darstellung der Darmperistaltik am lebenden Meerschweinchen angegebene Technik wiederholt.

Die Tiere wurden mit Urethan oder Numal narkotisiert, eine Dünndarm- bzw. Dickdarmschlinge abgebunden und in das distale Ende des gewählten Darmstückes eine Kanüle eingeführt. Durch die Glaskanüle wurde die Schlinge mit einem Wassermanometer verbunden und vermittelst eines Seitenastes der Druck des Systems reguliert. Die peristaltischen Wellen der mit physiologischer Kochsalzlösung gefüllten Darmschlinge registrierte man graphisch. Dabei wurde die Apparatur derart modifiziert, daß gleichzeitig die Peristaltik des Dünndarmes und des Dickdarmes aufgenommen werden konnte. Es war uns also möglich, trotz der verschiedenen Reaktion der einzelnen Darmabschnitte auf Porphyrin, die Motorik derselben unter den gleichen Bedingungen und im gleichen Moment zu registrieren.

Die Beurteilung der Kurve bietet einige Schwierigkeiten, da die Darmreaktion auf Porphyrin oft deutlichen individuellen Unterschieden je nach der Höhe der Lokalisation und der Länge des untersuchten Darmabschnittes unterliegt. Diese Schwankungen sind besonders deutlich im Bereich des Jejunums und des Ileums. Ferner muß bei den Versuchen mit intravenöser Porphyrinverabreichung mit der Möglichkeit einer raschen Farbstoffausscheidung durch die Galle und dabei mit einer sekundären Beeinflussung der Darmperistaltik durch lokale Porphyrinwirkung gerechnet werden.

Die aufgenommenen Peristaltikkurven können folgendermaßen gedeutet werden:

Die Dünndarmbewegung, die normalerweise eine ununterbrochene Serie von gleichmäßigen zu- und abnehmenden Wellen darstellt, zeigt einige Minuten nach der intravenösen Porphyrinverabreichung (0,1—1,0 mg) eine leichte Verlang-

samung ihrer Frequenz, die Wellen werden in ihrer Amplitude größer. Diese
Periode von erhöhter Peristaltik dauert nur kurze Zeit, allmählich macht sich
eine gewisse Unregelmäßigkeit in der Zahl und in der Form der einzelnen Wellen
bemerkbar, die bald in eine mehr oder weniger lange, wellenfreie Strecke übergehen. Neben der unregelmäßigen und stets abnehmenden Darmperistaltik
treten jetzt deutliche Zeichen von motorischer Ermüdung auf. Aus diesem
Erschlaffungszustand reagiert nach einigen Minuten Pause der Darm mit deutlich
unregelmäßigen und arrhythmischen Wellen, um bald wieder in einen bewegungs-
losen Zustand ohne nachweisbare Tonuserhöhung zurückzufallen.

In einigen Fällen, und zwar besonders dann, wenn die Kanüle im Jejunum
lag, ist dagegen eine auffallend starke Peristaltik, die aber bald Ermüdungs-
erscheinungen aufweist, zu konstatieren. Der Dickdarm zeigt bei der intra-

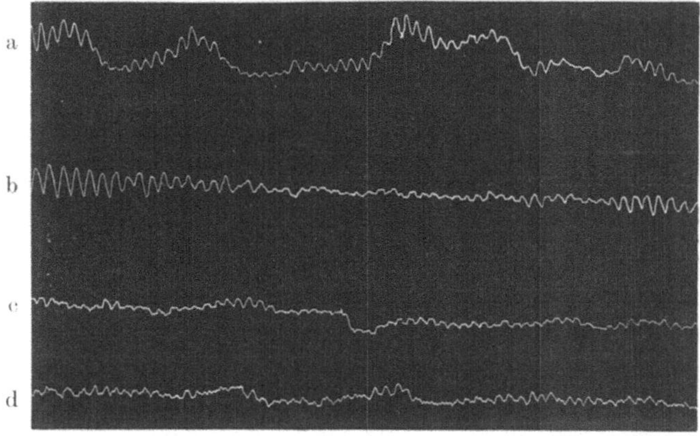

Abb. 20. Dünndarmperistaltik, vor (Kurve a) und nach lokaler Porphyrineinwirkung (Kurve b—d).

venösen Porphyrininjektion wenig auffallende Veränderungen der Peristaltik;
die Kurvenamplitude wird gering, die Erholungsperiode zwischen den einzelnen
Wellengruppen ist gewöhnlich als Zeichen einer gewissen Dickdarmatonie ver-
längert. Die Form der Zacken deutet ferner auf eine gewisse Trägheit bei der
Einstellung der peristaltischen Welle hin (Abb. 19).

Deutlicher sind die Veränderungen, die im Darmtractus auftreten, wenn
lokal in jede der zu untersuchenden Darmschlinge Porphyrin ins Darmlumen
eingebracht wird. Die die Darmschlingen füllende physiologische Kochsalzlösung besaß eine Porphyrinkonzentration von etwa 1 : 10 000 bis 1 : 50 000.

Am oberen Dünndarmabschnitte geht die normale Peristaltik allmählich in
flachere und unregelmäßigere Wellen über. Die Zacken der Kurve ändern ihre
Form, sie zeigen jetzt einen Doppelgipfel mit Andeutung zur Dikrotie, während
die Welle dabei breiter wird. Nach dieser Verlangsamung und Abnahme der
Peristaltik tritt allmählich (nach 20—30 Minuten) eine ausgesprochene Lähmung
der Darmbewegungen auf, die eingetretene Atonie der Darmwand äußert sich
nicht in einem Aufhören der Wellentätigkeit, sondern in einer auffallenden Verflachung der einzelnen Zacken (Abb. 20).

Wenn man in diesem Erschöpfungszustande der Darmmotorik Atropin intravenös verabreicht, tritt keine wesentliche Veränderung auf; verschiedene Beobachtungen scheinen eine gewisse Unwirksamkeit des Atropins gegenüber

dem mit Porphyrin vorbehandelten Dünndarm, wie sie von REITLINGER und KLEE beschrieben wurde, zu bestätigen. Prostigmin dagegen wirkt sehr stark und verursacht eine augenblicklich einsetzende starke Peristaltik. Die mit Prostigmin angeregte Darmmotorik kann durch Porphyrinzusatz nur zum Teil gedämpft werden, auch in diesem Falle erscheinen dann die doppelgipfligen Zacken, die für die Porphyrinatonie charakteristisch sind.

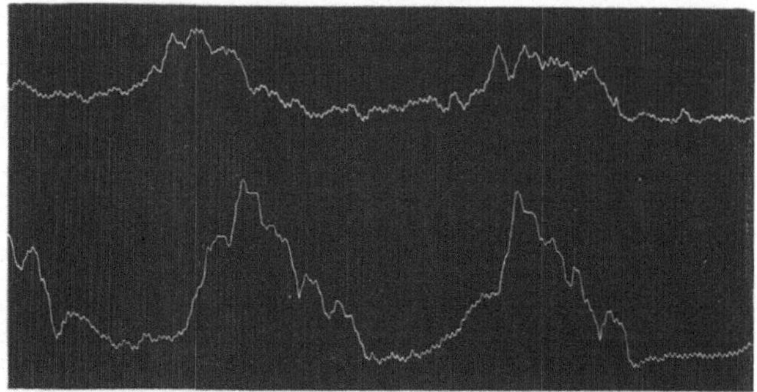

Abb. 21. Dickdarmperistaltik vor und nach lokaler Porphyrineinwirkung. (Der Farbstoff wurde in das Darmlumen verabreicht.)

Beim Dickdarm kommt es auf Verabreichung von Porphyrin in das Lumen zu einer rasch einsetzenden und lang dauernden starken Erhöhung der Peristaltik. Die Wellen steigen sehr steil an und sind durchschnittlich doppelt so hoch wie

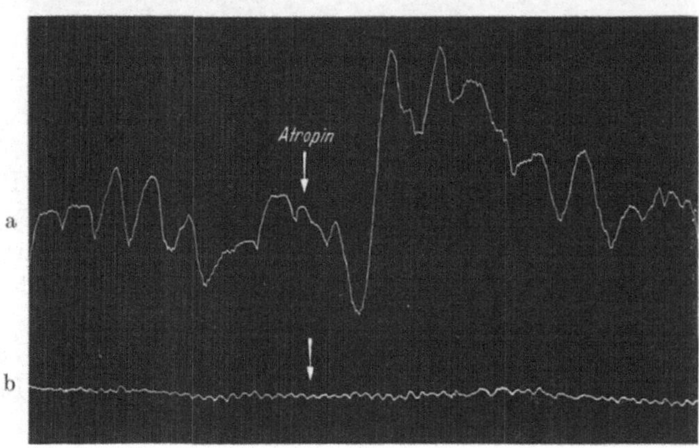

Abb. 22. Rasch vorübergehende Atropinwirkung am Dickdarm (Kurve a), und Fehlen einer Atropinreaktion am Dünndarm (Kurve b) bei zwei mit Porphyrin (lokal) vorbehandelten Darmschlingen.

diejenigen vor dem Porphyrinzusatz. Die Erholungsperioden zwischen zwei Wellengruppen werden wesentlich kürzer. Diese Wirkung hält sehr lange an, oft kann sogar ein lückenloses Aufeinanderfolgen von hohen Wellen ohne Erholungsphase noch stundenlang nach der Porphyrinverabreichung beobachtet werden (Abb. 21).

Das Atropin hat in diesem Stadium eine gewisse kurz dauernde Wirkung, die durchaus nicht mit derjenigen am Dünndarm verglichen werden kann (Abb. 22).

Die angewandten Porphyrine (Hämato-, Kopro-, Uroporphyrin) zeigen keinen grundsätzlichen Wirkungsunterschied, auch deutliche quantitative Differenzen scheinen nicht vorhanden zu sein. Kopro- und Uroporphyrin haben immerhin gegenüber dem Hämatoporphyrin einen etwas ausgesprocheneren Effekt. Die Konzentration der angewandten Farbstoffe besonders bei der lokalen Porphyrinapplikation in die Darmwand scheint von besonderer Bedeutung für den Ausfall der Peristaltikreaktion zu sein. Systematische Untersuchungen am lebenden Tiere in dieser Richtung könnten von Interesse sein.

Von den biologischen Reaktionen ist bekannt, daß sie streng von der Konzentration und von der Entwicklung des chemischen Prozesses abhängig sind, und mit Recht betont ZANGGER, daß gerade der Reaktionsverlauf sowohl das Normale wie das Pathologische der Lebensleistungen bedingt.

Das Verhalten der Regulationen des Darmtractus bei Porphyrineinwirkung wurde mit ähnlicher Versuchstechnik, wie REILTINGER und KLEE angegeben haben, wiederholt, gleichzeitig aber unter Berücksichtigung der Reaktion der verschiedenen Darmabschnitte. Kurze Stücke von Duodenum, Jejunum, Ileum und Dickdarm wurden nach MAGNUS suspendiert und ihre Bewegungen auf dem Kymographion graphisch registriert (Abb. 23).

Im Duodenum kommt es nach einer kurzen refraktären Phase zu einer langsamen Dehnung des Darmstückes, die Kurve zeigt also ein allmähliches Ansteigen, während die einzelnen Kontraktionen etwas frequenter und unregelmäßiger werden. Es ist hier eine mäßige Neigung zur Wanderschlaffung vorhanden, wobei nicht selten die für die Porphyrinwirkung charakteristischen Doppelgipfelkurven (Ermüdungserscheinung) auftreten.

Auch das Jejunum weist eine gewisse Verlangsamung seiner Motorik mit Neigung zur Atonie auf, die Kurve steigt in die Höhe und die Wellen werden unregelmäßig und von etwas längeren Intervallen unterbrochen.

Das Ileum zeigt ein anderes Bild. Nach einer mehr oder weniger langen refraktären Phase kommt es zuerst zu einem Mangel der Kontraktionswellen, dann aber zieht die Kurve langsam abwärts. Hier tritt eine merkliche Verkürzung der Längsfasern auf und gleichzeitig machen sich höhere Peristaltikwellen bemerkbar, die Pausen zwischen den Kontraktionen werden immer kürzer, der Wellenlauf ist unregelmäßig. Am Dickdarm beobachtet man eine deutliche Verlängerung der Darmabschnitte, wir sehen besonders eine Erschlaffung der Längsfasern. Die vorwärtstreibende Darmbewegung ist hier fast vollständig aufgehoben, es herrscht im allgemeinen eine ausgesprochene Atonie.

Ähnliche Verhältnisse beobachtet man bei der Registrierung der Darmbewegungen bei dem mit kleinen Dosen Blei vergifteten Kaninchen[1]. Bekanntlich kommt es bei der Bleivergiftung zu einer gewaltigen Bildung von Porphyrin, das hauptsächlich durch die Galle in den Darm gelangt. Wir sehen dann bei der fluorescenzmikroskopischen Untersuchung des Darmtractus eine tiefe Porphyrinimprägnation der Darmwand. Bei der Eröffnung des Bauches des Versuchstieres zeigt sich ein charakteristisches Bild: das Duodenum ist eher schlaff, das Jejunum besonders in seinen obersten Partien stark atonisch und erweitert, während das Ileum stark kontrahiert und peristaltikreich erscheint. In einem Falle konnte man hier einen etwa 3 cm langen Invaginationsileus beobachten. Der Appendix ist beim Kaninchen stark erweitert und mit Gas und Darminhalt gefüllt.

Beim Dickdarm gibt es keine vorwärtstreibende Peristaltik, die Wand ist oft sehr stark gedehnt und zwischen diesen atonischen Zonen ist häufig eine

---

[1] Über die direkte Bleiwirkung auf die Darmperistaltik siehe später (Kap. VII).

Reihe von tiefen Einschnürungen zu beobachten. Es handelt sich also um eine Kombination von Spasmen und Atonie, wobei der Darminhalt vor den Stenosen stagniert und die erschlafften Darmabschnitte infolge Luftansammlung stark gedehnt werden.

Die Abbildung 24 erläutert das Gesagte.

Die graphische Registrierung der Darmmotorik bei den mit Blei vergifteten Versuchstieren zeigt ähnliche Verhältnisse wie bei der künstlichen Verabreichung von Porphyrin am normalen Darm. Bei den Kurven der Bleiporphyrie sind

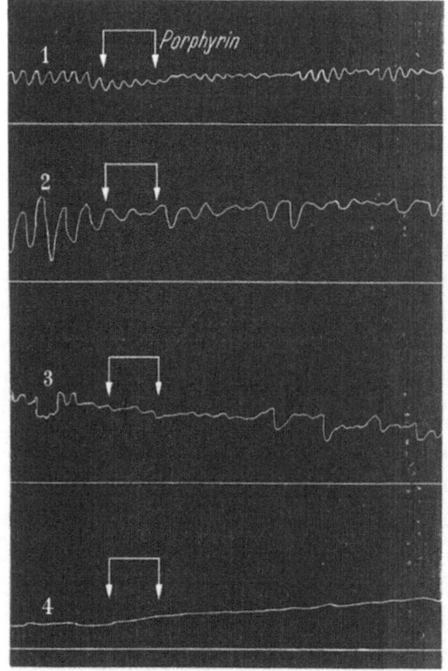

Abb. 23. Porphyrinwirkung auf den Darm (Darmpräparat nach MAGNUS). 1 Duodenum, 2 Jejunum, 3 Ileum, 4 Dickdarm.

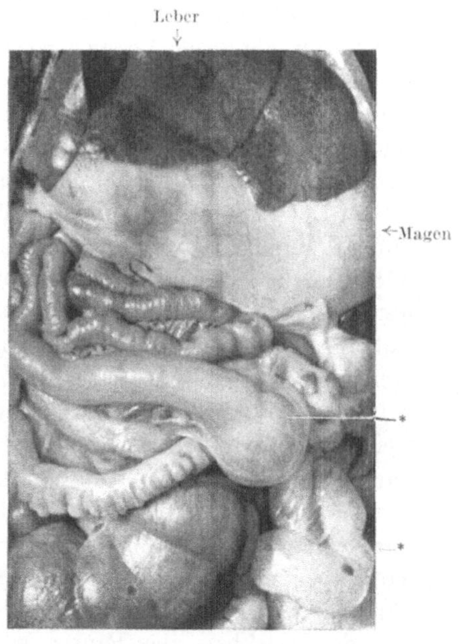

Abb. 24. Starke Darmatonie und Kontraktion bei einem Kaninchen nach Bleiintoxikation.
* Stark erweiterter und atonischer Dünndarm.

gewisse Abweichungen zu sehen, die auf die spezifische Wirkung des Bleis zurückzuführen sind (Kap. VII).

Die Atropinwirkung wird durch den vorhergehenden Zusatz von Porphyrin abgeschwächt. Die folgende Abbildung 25 zeigt die Reaktion der Darmbewegung auf Zufuhr von Atropin bei normalen Tieren. Es tritt eine starke, lang dauernde Lähmung der Peristaltik, und zwar sowohl des Dünn- wie des Dickdarmes auf. Abbildung 26 bringt dagegen die Reaktion des Darmes auf Atropin bei einer Bleivergiftung, wobei eine ausgesprochene Porphyrindurchtränkung des Darmtractus entstand.

Hier ist die Atropinwirkung sehr schwach und nur von kurzer Dauer.

Das Adrenalin übt dagegen seine erschlaffende Wirkung sowohl beim normalen wie auch beim Porphyrindarm aus (Abb. 27).

Das Policarpin und das Eserin werden durch das Vorhandensein von Porphyrin in ihrer Wirkung eher gehemmt. Das Acetylcholin wird durch das Porphyrin nicht beeinflußt.

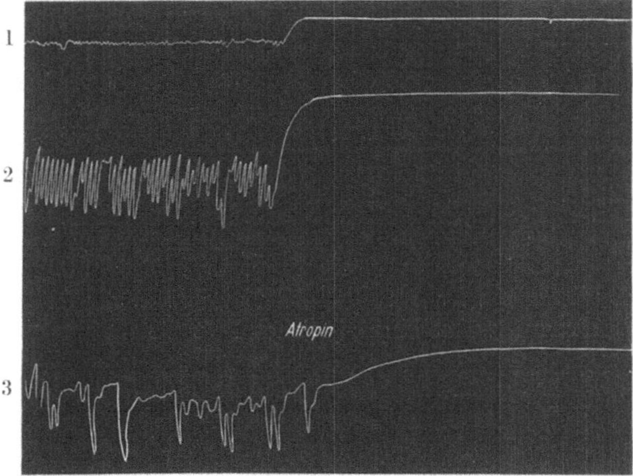

Abb. 25. Normale Atropinwirkung auf Duodenum (1), auf Ileum (2) und Dickdarm (3).

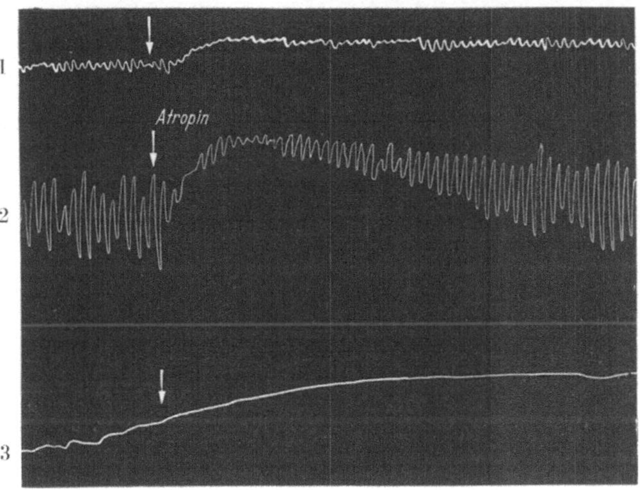

Abb. 26. Flüchtige Atropinwirkung bei dem mit Porphyrin vorbehandelten Darm. 1 Duodenum, 2 Ileum 3 Dickdarm.

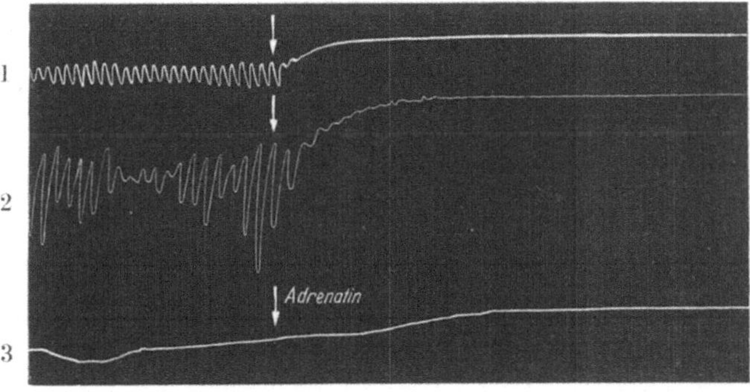

Abb. 27. Adrenalinwirkung auf den mit Porphyrin vorbehandelten Darm. 1 Duodenum, 2 Ileum, 3 Dickdarm.

Von Interesse ist ferner das Verhalten der Darmmotorik bei der Histaminverabreichung mit und ohne Porphyrinzusatz.

Die Abb. 28 zeigt die prompte Reaktion des Dünn- und Dickdarmes auf Histaminverabreichung. Das Duodenum (Kurve 1) weist dagegen keine wesentlich abnorme Peristaltikveränderung auf. Dieses refraktäre Verhalten ist wohl mit dem Vorhandensein von Histaminase im Duodenum zu erklären, die die Histaminwirkung neutralisiert. In der gleichen Abbildung sind die Kurven 1a, 2a und 3a (Duodenum, Ileum, Dickdarm) nach Histaminverabreichung bei vorhergehender Behandlung der Darmpräparate mit Porphyrin zu sehen. Hier zeigt sich wieder ein Fehlen der Reaktion auf Histamin (Histaminasewirkung) im Duodenum, während zur gleichen Zeit die übrigen mit Porphyrin

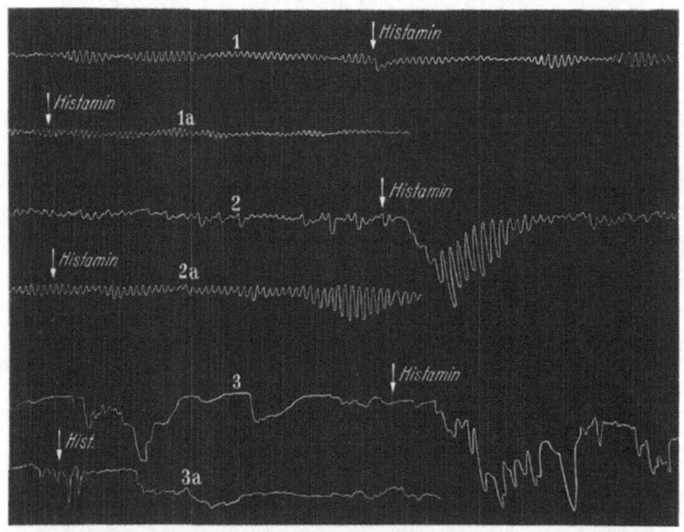

Abb. 28. Einfluß des Histamins auf den normalen und auf den mit Porphyrin vorbehandelten Darm.
1 Duodenum vor und nach Histamin, 1a Histaminzusatz nach Porphyrinvorbehandlung, 2 Histaminwirkung auf normales Jejunum, 2a Histaminzusatz nach Porphyrinvorbehandlung, 3 Histaminwirkung auf den normalen Dickdarm, 3a Histaminwirkung nach Porphyrinvorbehandlung.

vorbehandelten Darmabschnitte eine sehr schwache und unwesentliche Histaminreaktion aufweisen.

Bei der Betrachtung dieser Resultate kommt man zur Auffassung, daß das Porphyrin nicht nur einen eigenen spezifischen Einfluß auf die Darmmotorik ausübt, einen Einfluß, der sich je nach dem Darmabschnitt manifestiert, sondern, daß dieses Pigment auch eine Änderung der durch andere pharmakologische Mittel ausgelösten Darmreaktion bewirke. Mit anderen Worten: Das Porphyrin kann bei der lokalen Applikation in den Darmtractus die Wirkung des Atropins und in geringerem Grade auch diejenige des Pilocarpins und Eserins und ferner des Histamins in hemmendem Sinne beeinflussen.

Diese Erscheinungen sprechen sehr für eine gewisse Herabsetzung der Sensibilität der Vagusendigungen im Darmtractus durch das Porphyrin und für die direkte Wirkung dieses Pigmentes auf die Darmmuskulatur. Sowohl die vaguslähmenden wie die vaguserregenden Mittel können in Gegenwart von Porphyrin ihre normale Wirkung nicht immer entfalten. Das den Darmautomatismus des AUERBACHschen Plexus regelnde Cholin wird dagegen in seiner Tätigkeit nicht beeinflußt. Auch die Wirkung des Porphyrins auf die Histaminreaktion ist von Interesse, und zwar besonders wegen des Verhaltens der Atropinwirkung auf den Darm, das ähnlich demjenigen des Histamins auf den atroponisierten Darm (vgl. FELDBERG und SCHILF) ist.

Schwer erklärlich ist die verschiedene Wirkung des Porphyrins auf die einzelnen Darmabschnitte. Bei der Beschreibung der Versuche stoßen wir manchmal auf scheinbare Widersprüche, die eben auf verschiedene Bedingungen zurückzuführen sind. Die Reaktion des Darmtractus auf das Porphyrin hängt hauptsächlich von der Art der Porphyrinverabreichung ab, so z. B. zeigt sich die Darmreaktion auf intravenöse Porphyrininjektion viel schwächer und hauptsächlich viel träger als die Reaktion auf die lokale Farbstoffapplikation. Das Ansprechen der Peristaltik ist ferner vom Grade der Resorption durch die Darmwand abhängig. So sehen wir z. B. bei der Bleivergiftung, bei welcher die Menge des Farbstoffes im Dünndarm sehr hoch ist (während sie im Dickdarm viel geringer ist), je nachdem die Versuche am isolierten Darmstück oder am lebenden Tiere ausgeführt wurden, ein ganz verschiedenes Verhalten der Darmbewegung.

Der zeitliche Verlauf der Porphyrinreaktion auf den Darm spielt auch eine große Rolle. So kommt es nicht selten vor, daß es nach einer mehr oder weniger langen initialen Periode zu einer Umstellung der Darmmotorik kommt, die sogar direkt antagonistisch zu der vorhergehenden sein kann. Die Dauer dieser vorübergehenden Perioden ist streng individuell, es ist daher an die Möglichkeit einer weitgehenden Beeinflussung der Porphyrinwirkung durch akzidentelle Faktoren des Milieus zu denken, wie sekretorische Tätigkeit der Darmwand, Vorliegen von Katalysatoren im Darminhalt, die aktuelle Reaktion der Umgebung, die Resorptionsintensität der Darmwand usw.

Sowohl die Beobachtung der Darmbewegung am geöffneten Abdomen wie die Registrierung der Peristaltik, besonders derjenigen des Dickdarmes, zeigt nicht selten spastisch atonische Erscheinungen, die meistens auf eine unregelmäßige Reaktion der Längs- und Ringmuskeln des Darmtractus zurückzuführen sind.

Das Zusammentreffen von Spasmus und Atonie ist nicht nur in gleichen Darmbezirken zu beobachten, sondern oft auch im Gesamttractus, wobei Abschnitte mit vorwiegender Atonie und Abschnitte mit vorwiegender Hypermotilität und Spasmen miteinander abwechseln. Meistens findet man Atonie im oberen und Spasmus im unteren Dünndarm. Atonie und das Fehlen jeglicher Peristaltik mit ab und zu auftretenden Einschnürungen sind im Dickdarm häufig. Hier ist an das verschiedene Verhalten der beiden Muskelsysteme des Darmes und an die ungleichen Resorptionsverhältnisse des Porphyrins durch die verschiedenen Darmabschnitte zu erinnern. Die individuelle Disposition spielt auch eine auffallend große Rolle. Neben diesen zahlreichen Faktoren, die die Reaktion des Darmes auf Porphyrin modifizieren können, ist noch die evtl. Verarbeitung des aus dem Darmlumen resorbierten Porphyrins durch die Darmwand und die eigene sekretorische Tätigkeit der Darmmucosa zu erwähnen, die im Sinne einer Neutralisierung bzw. Sensibilisierung auf den Farbstoff wirken könnten. Wir sind hier im Gebiete der Hypothese, aber die auffallend verschiedenartigen und zeitlich abhängigen Reaktionen der Darmmotorik in bestimmten Darmgebieten könnten dieselbe plausibel machen.

In der letzten Zeit berichteten verschiedene Autoren über die mannigfache Tätigkeit der Darmschleimhaut, die nicht nur Verdauungs- und Resorptionsfähigkeit besitzt, sondern auch eine hauptsächlich fermentative Funktion entfaltet, wie der Aufbau der Glucose in Hexosephosphorsäure (LUNDSGAARD), die Phosphorylierung bei der Resorption von Neutralfetten (VERZÁR und LASZT), der Abbau von verschiedenen Giften und Toxinen im Sinne der BECHERschen Entgiftung und die Produktion einer Antihistaminsubstanz (BIGLER) usw.

Die Zahl und die Wirkung dieser Fermente ist heute zum großen Teil noch unbekannt, es wäre nicht ausgeschlossen, daß das Porphyrin direkten oder indirekten Anteil an diesen Vorgängen nimmt.

Unsere Versuche zeigen ferner, wie schon diejenigen REITLINGERs und KLEEs, daß bei der Porphyrinwirkung auf den Darm eine Photosensibilisierung nicht vorliegt, die Porphyrinwirkung am Darmtractus ist daher in ihrer Entstehung und in ihrem Mechanismus vollständig von derjenigen der Lichtsensibilisierung durch das Porphyrin zu trennen. Aus den oben angegebenen Kurven ist nicht ersichtlich, ob die beobachteten Porphyrineffekte nur vorübergehende oder dauernde Vorgänge darstellen. Die Beobachtung der mit Porphyrininjektionen behandelten Tiere während einiger Tage nach der Farbstoffverabreichung läßt mit einer gewissen Sicherheit darauf schließen, daß die Atonie im Bereich des Magen- und Dünndarmtractus eine ziemlich lang anhaltende Erscheinung darstellt, und zwar ist 1—5 Tage nach der Porphyrinverabreichung eine gewaltige Erweiterung des Abdomens, die der stagnierende Darminhalt in den dilatierten und geblähten atonischen Darmschlingen bedingt, noch zu konstatieren. Die Tiere sind dabei eher apathisch, sie haben aber den Appetit nicht völlig verloren; die starke Blähung des Abdomens kann sogar länger dauern, als das injizierte Porphyrin im Organismus verweilt. Der zugeführte Farbstoff wird in der Regel nach 2—3 Tagen völlig ausgeschieden, die Darmerscheinungen bleiben dagegen etwas länger bestehen, gehen jedoch ohne weitere Störungen zu verursachen, allmählich zurück. Die starke Atonie macht sich auch bei denjenigen Tieren bemerkbar, die während der Beobachtungsperiode im Dunkeln gehalten werden. Der Magen und der Dünndarm sind von dieser Atonie besonders stark und lang befallen.

Es soll hier selbstverständlich kein Vergleich zwischen den Befunden an Kaninchen und denjenigen bei porphyrinkranken Menschen gezogen werden; es ist aber immerhin interessant zu sehen, wie der Darmtractus ein empfindliches Angriffsorgan für die Porphyrine darstellt, und dies zwar außerhalb des bis jetzt betrachteten Bildes der Photosensibilisierung der Porphyrine.

Weitere Porphyrinwirkungen.

Dem ziemlich refraktären Verhalten des Kreislaufsystems bei der Porphyrinverabreichung (ohne Lichtwirkungszusatz) steht die starke Empfindlichkeit des Magendarmtractus gegenüber. Wenn wir dort von einer allgemeinen Reaktion, sei es in Form eines durch direkte nervöse Vermittlung bedingten Kollapses, sei es in Form eines durch Freiwerden bestimmter Stoffe, während der Photosensibilisierung ausgelösten Shocks sprechen müssen, so ist hier an eine elektive Wirkung und an eine gewisse Systemaffinität zu denken. Solchen Affinitäten begegnet man beim Studium der Porphyrinbiologie nicht selten. Vor allem ist beim Knochensystem ein derartiger Gewebstropismus für das Porphyrin vorhanden, es besteht dabei, wie wir später sehen werden, die Möglichkeit, daß vielleicht nicht das Knochengewebe selbst, sondern vielmehr die Calcium-Phosphoraffinität des Porphyrins die auffallende Ablagerung dieses Farbstoffes im Knochensystem bewerkstelligt. In dieser Hinsicht müssen hier die Angaben einiger Autoren wiedergegeben werden, die sich mit dem Problem der elektiven Porphyrinspeicherung im Knochen näher abgegeben haben.

Bei den Porphyrinkrankheiten wurden besonders große Mengen Porphyrin im Skeletsystem gefunden. Sowohl histologisch (BORST und KÖNIGSDÖRFER, VANNOTTI u. a.), wie durch chemische Extraktion (FISCHER und seine Mitarbeiter) wurde das Porphyrin im Knochensystem festgestellt, ferner gibt es Beschreibungen von älteren Autoren über eine dunkle braunrote Verfärbung der Knochen bei der Porphyrinkrankheit. FRÄNKEL konnte mit dem aus dem Urin eines Patienten gewonnenen Porphyrin eine elektive Verfärbung des Knochensystems des Meerschweinchens und Hundes erzielen; und zwar verfärbte sich der Knochen nur so lange, als wachsende Tiere mit Porphyrin behandelt wurden. Bei erwachsenen Organismen war keine Porphyrinspeicherung mehr festzustellen. In einer Reihe von anderen Versuchen konnte FRÄNKEL auch bei erwachsenen Tieren bei Knochenregeneration eine elektive Porphyrinfärbung bekommen. (Am frischen Callus bei frisch angelegten Knochenfrakturen.) Diese Untersuchungen wurden dann von von FIKENTSCHER, FINK und ELLINGER erweitert: Nach parenteraler Verabreichung von verdünnten Porphyrinlösungen an Meerschweinchen, Kaninchen und Hunden verfolgten die Autoren die Ablagerung dieser Farbstoffe in deren Knochensystem und Zähnen. Die Autoren konnten mit der fluoroskopischen Methode eine elektive Lokalisierung des Porphyrins im Bereich des stärksten Knochenwachstums in den Röhrenknochen und sogar im Knorpel, dort, wo Verkalkungsprozesse an der Knorpelgrundsubstanz aufgetreten waren, feststellen. Die stärkste Porphyrinimprägnation am Knochensystem wurde mit dem Uroporphyrin erzielt. Damit waren die besonderen Beziehungen des Farbstoffes zum Wachstum (bzw. Regeneration) des Knochens und zum Verkalkungsmechanismus bewiesen.

Auch an den Zähnen läßt sich, wie wir schon früher sahen, Porphyrin nachweisen, aber nicht nur bei der Caries, sondern auch am gesunden wachsenden Zahn (im Dentin), und erst dann, wenn man, wie PFLÜGER zeigte, diesen Farbstoff (Uroporphyrin) fraktioniert während längerer Zeit am Versuchstier verabreicht.

KÄMMERER hat die Frage aufgeworfen, ob die Porphyrinablagerung im Knochensystem und besonders an den Verknöcherungs- und Verkalkungszonen einen für diesen Farbstoff spezifischen Vorgang darstelle oder ob dieser Prozeß mit den physiologischen Verhältnissen an den oben genannten Stellen des Skeletsystems oder mit der chemischen Konstitution der Farbstoffe in Zusammenhang stehe. Als Bestätigung dieser letzteren Hypothese konnte DÖHNE, ein Schüler KÄMMERERs, nachdem er dem Meerschweinchen verschiedene fluorescierende und nichtfluorescierende Substanzen eingespritzt hatte, feststellen, daß nicht nur das Porphyrin, sondern auch eine Reihe von Farbstoffen (wie Rhodamin und Carmin), wenn auch nur in geringem Maße, eine solche elektive Färbung verursachen kann und daß die Ablagerung des Farbstoffes im Knochensystem evtl. von den Carboxylgruppen abhängt.

Wegen seiner Affinität zum Knochen, und zwar zum wachsenden Knochen, hat man die Porphyrinablagerung in den Wachstumsanomalien des Knochens verfolgt. So glaubte v. LERSUM bei der künstlichen Rachitis der Ratten durch wiederholte Injektion von Porphyrin diese Knochenkrankheit verhüten und sogar heilen zu können. Spätere Untersuchungen von EMMINGER und BÜCHLE konnten die Ergebnisse von LEERSUM nicht bestätigen. Die beiden Autoren erzielten nach wiederholten Injektionen von Isouroporphyrin (0,3—1,0 mg) keine wesentliche Heilung der Rattenrachitis, und kamen daher zum Schluß, daß die Porphyrinablagerung im Knochensystem in bezug auf Rachitis ein indifferenter Vorgang sei. Ob hier ein Unterschied in der Technik die Abweichung der Resultate verursachte, kann nicht entschieden werden. Immerhin möchten wir uns den Ansichten KÄMMERERs anschließen, der die passive Ablagerung der Porphyrine im wachsenden Knochen nie als einen einwandfreien Beweis für die katalytische Wirkung dieses Farbstoffes beim Wachstum und beim Kalkstoffwechsel des Knochens ansieht.

Auch bei der Ochronose der Schlachttiere, einer seltenen Krankheit, kann Uroporphyrin aus dem Knochensystem isoliert werden (FINK und HOERBURGER). Das dunkle Pigment der Organe bei dieser Krankheit wurde schon früher als ein Porphyrin identifiziert. So haben bei der Ochronose der Schweine TAPPEINER und dann SCHUMM, bei derjenigen des Rindes neben SCHUMM auch POULSEN an das Vorliegen eines Porphyrins gedacht. Bei der weiteren Verfolgung der Porphyrinfrage in bezug auf die Ochronose hat FINK experimentell feststellen können, daß das Skeletsystem sich leicht mit Isouroporphyrin, weniger gut mit Kopro-, Hämato- und überhaupt nicht mit Deuteroporphyrin färbt.

Hier sei nur kurz auf die elektive Porphyrinadsorption des Knochens hingedeutet. Wie wir bei einigen Fällen von Porphyrinkrankheiten sowie am mit Blei vergifteten Kaninchen beobachten konnten, kommt es bei der Knochencompacta nur zu einer Porphyrinfluorescenz im Bereiche der Knochenkanälchen. Am Endost fluorescieren die Knochenzellen sehr hellrot und die Trabekel der Spongiosa sind mit Porphyrin stark beladen. Diese typische Ablagerung beruht einerseits auf der Tätigkeit des Knochens und ist andererseits von der Blutversorgungsmöglichkeit dieses Gewebes abhängig.

Das Porphyrin hat nicht nur Beziehungen zu der Knochensubstanz, sondern auch zum Knochenmark. Wir werden später Gelegenheit haben, auf das Vorkommen von Porphyrin in den unreifen Zellen des erythropoetischen Systems zurückzukommen. Die Erythroblasten sind nach BORST und KÖNIGSDÖRFER porphyrinhaltig. Dieser Befund hat nicht nur entwicklungsgeschichtliche Bedeutung, es scheint vielmehr, daß das Porphyrin eng mit der Erythropoese im Knochenma k verbunden ist. Neuere Untersuchungen von FERRARI zeigen, daß durch Verabreichung von Porphyrin sowie von Hämoglobin und Hämatin beim Salzfrosch die Zahl der Erythrocyten und der Hämoglobingehalt beträchtlich erhöht werden, während Pyrrol und Pyrroleisen eine viel geringere Wirkung zu registrieren haben. Diese Untersuchungen vermögen, zusammen mit den Beobachtungen HÜHNERFELDs am Menschen, die früheren Angaben von BRUGSCH, daß das Porphyrin zusammen mit anderen Blutfarbstoffen und dem Bilirubin eine stimulierende Aktion auf die Erythrocyten ausübt, zu bestätigen.

Es wäre in dieser Hinsicht nicht ausgeschlossen, daß die von der Bürgi-schen Schule hervorgehobene günstige Aktion des Chlorophylls auf das blut-bildende System zum Teil auf eine indirekte Porphyrinwirkung zurückzuführen wäre, da aus den Untersuchungen Bürgis und aus den neueren Experimenten von Brugsch im Organismus eine auffallende Steigerung der Porphyrinaus-scheidung bei intensiver Chlorophyllzufuhr zu konstatieren ist.

Hühnerfeld hat nämlich bei der therapeutischen Verabreichung von Hämatoporphyrin (Photodyn) am Menschen eine deutliche Vermehrung der Erythrocyten und des Hämoglobins im Blutbilde beobachten können.

Dieser Autor sowie Kögel haben eine günstige Aktion des Hämatoporphyrins Nencki bei der Melancholie beobachtet. Kögel glaubt, daß die depressions-hebende Wirkung des Photodyns über den Weg der Hautsensibilisierung zustande komme.

Klinke hat bei der gleichen Therapie eine Hebung des Allgemeinbefindens beobachtet, indem die Haut einen rosigen Schimmer annahm und ein steigendes Wohlbefinden des Patienten zu konstatieren war. Dieser Zustand klingt aber bald nach Beendigung der Kur wieder ab.

Die oben zitierten Autoren schlagen bei den leichteren und auch bei den schweren Formen der Melancholie und den endogen depressiven Erkrankungen eine Porphyrinkur vor.

Es ist schwer sich vorzustellen, in welcher Richtung diese Reaktion bei den Melancholiepatienten vor sich geht; mit den von den Autoren vorgeschlagenen Dosen war am normalen Individuum keine Erhöhung des Grundumsatzes festzustellen. Sicher aber stehen die Porphyrine (s. folgendes Kapitel) in funk-tioneller Hinsicht den Organen des innersekretorischen Systems nahe. Es wäre also nicht ausgeschlossen, daß auf diesem Wege die günstige Aktion auf die pathologisch veränderte Stimmungslage zustande käme.

Die Porphyrine als Aktivatoren von biologischen Funktionen im Organismus sind zum Teil oben beschrieben worden, in der Folge sind in den einzelnen Abschnitten bei der Besprechung der Porphyrinkrankheiten noch andere und zahlreiche Korrelationen zwischen Pathologie und Porphyrinen anzutreffen. Es sei hier noch an die von v. Euler vertretene Auffassung, daß das Porphyrin, und zwar die Eisenporphyrinverbindung neben Phosphagen und Vitamin A und B ein wichtiger Aktivator des Kohlehydratstoffwechsels zu betrachten sei, hingewiesen.

Wir sehen also, wie die Porphyrine als solche durch direktes oder indirektes Eingreifen im Organismus zu biologisch wichtigen Prozessen Anlaß geben können, die nicht nur zu abnormen reversiblen oder sogar irreversiblen Zu-ständen führen, sondern die lebenswichtigen Vorgänge am Lebenden regulieren.

Zusammenfassung.

Die Porphyrine entfalten im lebenden Organismus mannigfache Reaktionen, die in ihren Einzelheiten nicht vollständig zu überblicken sind. Seit Jahren ist besonders die sensibilisierende Tätigkeit dieser Farbstoffe gegenüber Licht bekannt. Die photodynamische Wirkung der Porphyrine äußert sich einerseits in schwerer, sogar destruierender Schädigung der Haut und andererseits in kollapsartigen Zuständen, die in gewissen Fällen zum Exitus führen.

Diese Porphyrinerscheinungen können durch Produktion von Eiweißabbauprodukten lokaler Genese sein (Haut), nehmen aber unter Umständen auch allgemeinen Charakter mit generalisierter Vasomotorenreaktion (Dilatation) und Störung der Herzfunktion an. Hier ist an die Möglichkeit der Produktion toxischer Substanzen, ähnlich einem anaphylaktischen Shock, zu denken; eine direkte Fernauslösung dieser Reaktionen über das Nervensystem ist, wie die verschiedenen experimentellen Befunde belehren, ernstlich in Erwägung zu ziehen. Sehr wahrscheinlich handelt es sich um eine Kombination beider Mechanismen. Die Klinik kennt als schwere Folgen dieser photobiologischen Porphyrintätigkeit die Hautveränderungen bei den Porphyrinkrankheiten, sowie andere Lichtdermatosen, bei welchen eine starke Porphyrinausscheidung zu beobachten ist.

Die Reaktionsintensität ist im allgemeinen von der Lichtintensität und von der Lichtqualität abhängig. Sowohl kurzwellige wie in bestimmten Fällen auch langwellige Strahlen können photodynamisch wirken. Ferner ist die Porphyrinwirkung zum Teil von der Konzentration des sensibilisierenden Farbstoffes sowie von der Porphyrinart abhängig, und zwar scheint es, daß bei den meisten Versuchsobjekten die photodynamische Wirkung der Porphyrine durch die Vermehrung der Carboxylgruppenzahl im Porphyrinmolekül gesteigert wird.

Das Porphyrin kann aber auch unabhängig von Lichtzusatz auf den Warmblüterorganismus wirken. Hier ist es wiederum die klinische Beobachtung, die uns zeigt, daß beim gestörten Porphyrinstoffwechsel schwere Darmerscheinungen einsetzen können. Es besteht im allgemeinen zwischen den verschiedenen Abschnitten des Darmtractus in der Porphyrinwirkung ein gewisser Unterschied. Im Dünndarm macht sich eher eine peristaltikhemmende Porphyrinwirkung bemerkbar, die besonders in den oberen Partien nach längerer Zeit zu einer ausgesprochenen Atonie führen kann, während der untere Dünndarmabschnitt im allgemeinen seinen Tonus weiterbehält und oft mit Hyperperistaltik und sogar Spasmen reagieren kann. Der Dickdarm zeigt verschiedenartige Reaktionen, die teils von der Art der Darmbewegungsregistrierung und teils von der Art der Porphyrinverabreichung abhängen. Nicht selten zeigt das Colon ein kompliziertes Bild von Atonie und gleichzeitigen Spasmen, denen manchmal eine mehr oder weniger lange Periode von Hypermotorik vorausgeht. Die Wirkung des Atropins, in seltenen Fällen des Pilocarpins und Eserins und ferner des Histamins, kann durch Porphyrin abgeschwächt, ja sogar völlig aufgehoben werden. Es scheint, daß dieser Farbstoff die Empfindlichkeit der Vagusendigungen im Darm herabzusetzen vermag und auf die Darmmuskulatur direkt wirken kann. Zur Erklärung der verschiedenartigen Reaktion des Darmes auf Porphyrin muß unter anderem an das Vorliegen von Nebenfaktoren im Darmtractus (Resorptionsbereitschaft der Darmwand, Katalyten, eigene Darmsekretion, p_H des Milieus usw.) gedacht werden. Auch hier spielen Konzentration, Qualität und Verabreichungsart des Porphyrins für den Verlauf und die Intensität der Darmreaktion eine wichtige Rolle.

Die besondere Wirkung des Porphyrins auf den Darmtractus ist nicht nur für die Klinik, sondern auch für die Beurteilung der biologischen Bedeutung dieses Farbstoffes für den Organismus von größtem Interesse.

Die Wirkung des Porphyrins ist daher derjenigen der verschiedenen, heute noch zum großen Teil nicht näher bekannten Abwehrsubstanzen der Darmwand ähnlich. In diesem Sinne wäre die Abschwächung der peristaltischen Reaktion des Darmes auf bestimmte pharmakologische Reize in Gegenwart von Porphyrin zu verstehen.

Es ist daher kein Zufall, daß das Porphyrin gerade im Darmtractus schon in physiologischer Weise konstant auftritt, und daß in der Klinik so enge Beziehungen zwischen Darmstörungen und Vasomotorenfunktion bestehen.

Man kann unter Umständen bei dem Porphyrin von einem Gewebs- bzw. Systemtropismus sprechen. Die Affinität dieses Farbstoffes für bestimmte Organe und Systeme ist beim Knochen besonders deutlich zu sehen. Das Porphyrin wird am Skelet, und zwar dort, wo der Knochen Wachstums- und Verkalkungstendenz aufweist, elektiv gespeichert. Die Frage, ob dieser Vorgang eine für das Porphyrin spezifische Funktion darstellt, ist heute noch nicht entschieden, man möchte sogar in diesem Vorgang eine gegen die Knochenrachitis günstige Aktion des Porphyrins oder eine für die im Knochenmark stattfindende Erythropoese zweckmäßige Speicherung dieses eisenlosen Farbstoffes erblicken. Sicher ist die besondere Affinität des Porphyrins zum Calcium, evtl. auch zum Phosphor des Knochengewebes, und diese Tatsache entspricht, wie wir im nächsten Kapitel sehen werden, einer zweckmäßigen Regulation und ist sowohl in der Biologie als auch in der Klinik an Hand zahlreicher Beispiele ersichtlich.

Bei der Betrachtung der Beziehungen des Porphyrins zum Stoffwechsel, zu den endokrinen Drüsen, zur Leber, zum Blutsystem usw., die in den folgenden Kapiteln bei der Besprechung der Porphyrinkrankheiten eingehend behandelt werden, bietet sich Gelegenheit, auf weitere wichtige Vorgänge einzugehen, die mit der Porphyrinpathologie in Zusammenhang stehen.

Aus dem Erwähnten kommen wir also zum Schlusse, daß die Porphyrine biologisch wichtige Stoffe darstellen, die bei den höheren Lebewesen konstant vorhanden sind und im Organismus nicht als unnötige Begleitsubstanzen oder sogar als unzweckmäßige Stoffwechselschlacken, sondern als aktiv wirkende Pigmente eine mannigfache Rolle spielen können.

Es bleibt dabei die Frage offen, ob das Vorliegen von Porphyrin für den lebenden Körper von Nutzen sei.

Es ist anzunehmen, daß in physiologischen Konzentrationen die Porphyrine unbedingt hochwichtige Substanzen darstellen, die ihre Aktion besonders im Gebiet des vegetativen Nervensystems und der damit verbundenen neurohormonalen Organregulation in fördernder bzw. hemmender Richtung entfalten.

Anders verhalten sich die Porphyrine, wenn sie in abnorm hohen Mengen im Organismus auftreten. Das Vorkommen dieser Farbstoffe über die normalen physiologischen Konzentrationen hinaus führt zu schweren Schädigungen des Organismus, die sich wiederum hauptsächlich in einer gefährlichen Verschiebung des Vagus-Sympathicus-Gleichgewichtes und in einer tiefgreifenden Störung des Pigmentstoffwechsels äußern.

Literatur zu Kapitel III.

ADLER, L.: Über Lichtwirkungen auf überlebende, glattmuskelige Organe. Arch. f. exper. Path. 85, 152 (1920).

AMSLER, C. u. E. P. PICK: Pharmakologische Untersuchungen über die biologische Wirkung des Fluoreszenzlichtes am isolierten Froschherzen. Naunyn-Schmiedebergs Arch. 82, 86 (1918).

BECHER, E.: Zur Frage der intestinalen Autointoxikation. Klin. Wschr. 1931 I, 1009, 1057.

BOAS, I.: Eine neue Eosinwirkung auf Pflanzen. Ber. dtsch. bot. Ges. **51**, 274 (1933).
BORST, M. u. H. KÖNIGSDÖRFER: Untersuchungen über Porphyrin. Leipzig: S. Hirzel 1929.
BOYD, M.: Hematoporphyrin and artificial proteolytic enzyme. J. of biol. Chem. **103**, 249 (1933).
BRUGSCH, J. TH. u. JOSHIMOTO: Zur Frage der Gallenfarbstoffbildung aus Blut. Z. exper. Path. **8**, 645 (1911).
BUSK: Zit. nach GÜNTHER.
CARRIÉ, C.: Strahlenther. **46**, 697 (1933).
— Untersuchungen über Sensibilisierung gegen Grenzstrahlen. Strahlenther. **48**, 697 (1933).
DÖHNE, E. E. u. H. KÄMMERER: Untersuchungen am Knochensystem junger Tiere nach Injektion von verschiedenen fluoreszierenden und nichtfluoreszierenden Farbstoffen. Verh. dtsch. Ges. inn. Med. **1933**, 86.
EMMINGER, E.: Untersuchungen am Knochensystem jugendlicher Tiere nach Injektion natürlicher und künstlicher Porphyrine. Diss. med. München 1932.
— u. B. BÜCHLE: Untersuchungen der künstlich rachitisch gemachten Ratten nach Injektion von Porphyrin. Virchows Arch. **295**, 46 (1935).
EPPINGER u. ARNSTEIN: Zur Pathogenese der Polyneuritis. Z. klin. Med. **74**, 324 (1912).
EULER, H. v.: Aktivatoren des Kohlehydratstoffwechsels und des Wachstums. Scientia (Milano) **50**, 209 (1931).
FABRE, R. et H. SIMONNET: Étude de l'action photosensibilisatrice de la hématoporphyrine. C. r. Acad. Sci. Paris **183**, 241 (1926).
FELDBERG, W. u. E. SCHILF: Histamin. Berlin: Julius Springer 1930.
FERRARI, R.: Untersuchungen über die Hömoglobinbildung am Salzfrosch. I. Mitt. Arch. di Sci. biol. **17**, 25 (1932).
FIKENTSCHER, R., H. FINK u. E. EMMINGER: Untersuchungen an Knochen wachsender Säugetiere nach Injektion verschiedenartiger Porphyrine. Klin. Wschr. **1931 II**, 2036.
FINK, H.: Über einen Fall von tierischer Ochronose und Beiträge zur experimentellen Porphyrie. Hoppe-Seylers Z. **197**, 193 (1931).
— R. FIKENTSCHER u. E. EMMINGER: Untersuchungen am Knochensystem jugendlicher Tiere nach Injektion natürlicher und künstlicher Porphyrine. Virchows Arch. **1933**.
— u. W. HOERBURGER: Über die Ochronose der Schlachttiere. II. Mitt. Isolierung von krystallisiertem Porphyrin aus dem Knochen. Hoppe-Seylers Z. **202**, 8 (1931).
FISCHER, H.: Über das Urinporphyrin. Hoppe-Seylers Z. **96**, 148 (1915).
— Über Porphyrinurie und natürliche Porphyrine. Münch. med. Wschr. **1923 II**, 1143.
— E. BARTHOLOMÄUS u. H. RÖSE: Zur Kenntnis der Porphyrinbildung. II. Mitt. Hoppe-Seylers Z. **84**, 262 (1913).
— u. HILMER: Zur Kenntnis des Phylloerythrins. Hoppe-Seylers Z. **143**, 1 (1925).
— — F. LINDNER u. B. PÜTZER: Zur Kenntnis der natürlichen Porphyrine. XVIII. Mitt. Hoppe-Seylers Z. **150**, 44 (1925).
— u. v. KEMNITZ: Wirkungen einiger Porphyrine auf Paramecien. Hoppe-Seylers Z. **96**, 309 (1916).
— u. MEYER-BETZ: Zur Kenntnis der Porphyrinbildung. Hoppe-Seylers Z. **82**, 96 (1912).
— u. H. RÖSE: Einwirkung von Alkoholaten. Hoppe-Seylers Z. **87**, 38 (1913); **88**, 9 (1913).
— u. W. ZERWECK: Über den Harnfarbstoff. Hoppe-Seylers Z. **137**, 176 (1924).
FRÄNKEL, E.: Experimentelles über die Hämatoporphyrie. Virchows Arch **248**, 125 (1923).
GAFFRON, H.: Über Photooxydationen mittels fluoreszierender Farbstoffe. Biochem. Z. **179**, 157 (1926).
GÜNTHER, H.: Die Bedeutung der Hämatoporphyrine in Physiologie und Pathologie. Erg. Path. **20**, 608 (1922).
HAUSMANN, W.: Grundzüge der Lichtbiologie und Lichtpathologie. Sonderband zu Strahlentherapie. Wien-Berlin: Urban & Schwarzenberg 1923.
— Strahlenther. **28**, Sonderbd., 81 (1928).
— u. J. ARZT: Zur Kenntnis der Hydroa. Strahlenther. **11**, 444 (1920).
— u. F. M. KUEN: Über die sensibilisierende Wirkung synthetischer Porphyrine. Biochem. Z. **265**, 105 (1933).
HILL, R. and H. F. HOLDEN: Herstellung und einige Eigenschaften des Globins des Oxyhämoglobins. Biochemic. J. **20**, 1326 (1926).
HOWELL, W. H.: Note rélative à l'action photodynamique de l'hématoporphyrine sur le fibrinogène. Arch internat. Physiol. **18**, 269 (1921).

Hühnerfeld: Psychiatr.-neur. Wschr. **1933 I**.

— Die Indikationen der Hämatoporphyrinbehandlung. Dtsch. med. Wschr. **1935 I**, 949.

Hutschenreuter, R.: Über das Verhalten von Hämatoporphyrin im Tierkörper. Hoppe-Seylers Z. **222**, 161 (1933).

Kämmerer, H.: Das Verhalten der Bakterien gegen einige Blutfarbstoffderivate. Verh. dtsch. Ges. inn. Med. **1914**, 704.

— u. H. Weisbecker: Über die sensibilisierende Wirkung der Porphyrine, besonders des Fäulnisporphyrins gegenüber Licht- und Röntgenstrahlen. Arch. f. exper. Path. **111**, 263 (1925).

Kaidi, J.: Biochem. Z. **170**, 201 (1926).

Klinke, W.: Über neuere, medikamentöse Behandlungen endogener Depressionen und Melancholien. Münch. med. Wschr. **1932 II**, 1887.

Kögel, G.: Über die Strahlenempfindlichkeit des Porphyrins. Strahlenther. **54**, 182 (1935).

Kohn, R. u. E. P. Pick: Über Beeinflussung der automatischen Tätigkeit des überlebenden Kalt- und Warmblüterdarmes durch Fluoreszenzstrahlen. Naunyn-Schmiedebergs Arch. **86**, 1 (1920).

Lassen, H. C. H.: Über die Lichtsensibilisierung im U.V.-Licht. Hosp.tid. (dän.) **70**, 968 (1927).

Leersum, van: Nederl. Tijdschr. Geneesk. **1931**, Nr 19. Zit. nach Carrié.

Lichtwitz, L.: Die Porphyrinurien. Bergmann-Staehelins Handbuch der inneren Medizin, Bd. 4, S. 978. 1926.

Lundsgaard, E.: Biochem. Z. **264**, 209, 221 (1933). Zit. nach Rigler.

Meyer-Betz, F.: Untersuchungen über die biologische Wirkung des Hämatoporphyrins und andere Derivate der Blut- und Gallenfarbstoffe. Dtsch. Arch. klin. Med. **112**, 476 (1913).

Müller, F.: Allgemeine Methodik zur Untersuchung überlebender Organe. Abderhaldens Handbuch biologischer Arbeitsmethoden, Teil 1, H. 1, S. 177, Lief. 23.

Perutz, A.: Über hydroa aestivale. Arch. f. Dermat. **124**, 531 (1917).

Pfeiffer, H.: Z. exper. Med. **10**, 1 (1919). Zit. nach Günther.

Pflüger, H.: Zahnbefunde bei Vitalfärbung mit Uroporphyrin. Klin. Wschr. **1931 I**, 572.

Podkaminski: Strahlenther. **38**, 98 (1930). Zit. nach Carrié.

Poulsen, V.: Über Ochronose. Beitr. path. Anat. **48**, 346 (1910).

Rask, E. Norris and W. H. Howell: The photodynamic action of hematoporphyrin. Amer. J. Physiol. **84**, 363 (1924).

Reitlinger, K.: Zur biologischen Wirkung der Porphyrine. Diss. med. München 1928.

— u. P. Klee: Zur biologischen Wirkung der Porphyrine. Naunyn-Schmiedebergs Arch. **127**, 277 (1928).

Riccitelli, L.: Porfirine e porfirie. Bologna: L. Cappelli 1936.

Rigler, R.: Über die Darmschleimhaut als Ausgangsmaterial eines entgiftend und antiallergisch wirkenden Organpräparates (Torantil). Münch. med. Wschr. **1936 I**, 15.

Schumm, O.: Spektrochemische Analyse natürlicher organischer Farbstoffe. Jena: Gustav Fischer 1927.

Shibuya, H.: Über die sensibilisierende Wirkung der Porphyrine. Strahlenther. **17**, 412 (1924).

Smetana, H.: Studies upon the physiological action of hematoporphyrin. J. of exper. Med. **47**, 593 (1928).

Straub, W. u. P. Viand, sowie W. Straub u. H. Schild u. E. Leo: Studien zur Darmmotilität. I—IV. Mitt. Naunyn-Schmiedebergs Arch. **169**, 1—33 (1932).

Supniewski: J. of Physiol. **64**, 1 (1927).

Tappeiner: Fortschr. Med. **4**, 21. Zit. nach Carrié.

— u. Jodlbauer: Strahlenther. **2**, 84 (1913).

Vannotti, A.: Zwei seltene Fälle von Porphyrie. Z. exper. Med. **97**, 377 (1935).

Verzár, F. u. L. Laszt: Biochem Z. **35** (1934).

Wohlgemuth, Y. u. E. Szörény: Über die Wirkung des Lichts auf den Chemismus der Zelle. II. Mitt. Versuche an roten Blutkörperchen. Biochem. Z. **264**, 389 (1933).

— — Über die Wirkung des Lichts auf den Chemismus der Zelle unter dem Einfluß von Sensibilisatoren. Klin. Wschr. **1933 II**, 1533.

Zangger, H.: Aufgaben der kausalen Forschung in Medizin, Technik und Recht. Basel: Benno Schwabe 1936.

Viertes Kapitel.

Die funktionellen Beziehungen des Porphyrins zu den verschiedenen Körperorganen.

In dem vorangegangenen Kapitel war anläßlich der Beschreibung der biologischen Eigenschaften der Porphyrine oft Gelegenheit vorhanden, die funktionellen Beziehungen dieses Farbstoffes zu bestimmten Organsystemen zu erörtern. Je mehr man sich der Pathologie des Porphyrinstoffwechsels nähert, desto häufiger kommt man in Kontakt mit der speziellen Wirkung des Porphyrins im Rahmen der einzelnen Organfunktionen.

Dieses Problem ist heute noch nicht endgültig geklärt. Man besitzt jedoch genügende sowohl aus der klinischen wie auch aus der tierexperimentellen Reihe hervorgegangene Beobachtungen, die es ermöglichen, der Porphyrinwirkung in den verschiedenen Systemen und Organen nachzugehen. Das besondere Befallensein mancher Körperteile bei der Porphyrinkrankheit oder die auffallende Beteiligung diverser Organsysteme bei der Entstehung von Porphyrinstoffwechselstörungen haben die Aufmerksamkeit der Kliniker und Pathologen auf besondere Korrelationsfragen gelenkt.

Eine logische Trennung der verschiedenen Organe bei der Betrachtung des Porphyrinmetabolismus ist sicher nicht möglich, da es sich bei der Wirkung dieses Farbstoffes einerseits um einheitliche zusammenhängende und jedenfalls eng miteinander verbundene Reaktionen des Gesamtorganismus, andererseits oft um das Auftreten verschiedenartiger Geschehnisse in einem und demselben Organ handelt.

Trotzdem soll einfachheitshalber versucht werden, in der Bearbeitung des Stoffes eine gewisse Systematik einzuhalten und die einzelnen in Frage kommenden Probleme getrennt zu behandeln.

Die Körperorgane und Systeme werden daher in Gruppen eingeteilt, die im Rahmen des Porphyrinumsatzes folgendermaßen beansprucht werden können:

1. Aufnahme der exogenen Porphyrine (Magendarmtractus).

2. Ablagerung und Neutralisierung der Porphyrine im Organismus (Knochen, Haut, Leber).

3. Ausscheidung der Porphyrine aus dem Organismus (Nieren, Gallenwege, Darm).

4. Sekundäre Beziehungen der Porphyrine zum Nerven- und endokrinen System (Gehirn, Zwischenhirn, vegetatives Nervensystem, Hypophyse, Schilddrüse, Geschlechtsdrüsen).

Weiter stehen die Porphyrine in engem Zusammenhang mit dem allgemeinen Stoffwechsel der verschiedenen Körperpigmente und besonders mit dem Blutfarbstoff. Diese fünfte Gruppe der Beziehungen findet im nächsten Kapitel im Zusammenhang mit dem Problem der Entstehung endogener Porphyrine, ihrer Synthese und ihres Abbaus ausführliche Besprechung.

Aufnahme der exogenen Porphyrine.

Die Zufuhr von exogenen Porphyrinen in den menschlichen Organismus geschieht durch den Magendarmtractus. Und zwar können durch die Nahrung direkt Porphyrine oder auch nur ihre Bausteine aufgenommen werden. Schon im zweiten Kapitel wurde die Frage der Porphyrinentstehung im Darmkanal erwähnt und in extenso behandelt. Aus den dort angeführten Tatsachen geht folgendes hervor:

Sowohl Fleisch- wie Pflanzennahrung kann präformiertes Porphyrin und andere nahe verwandte Farbstoffe enthalten.

Durch Autolyse von Blut und Muskelfarbstoff ohne direkte Bakterientätigkeit kann aus diesem Pigment Porphyrin entstehen (HOAGLAND, SCHUMM, FISCHER, KÄMMERER u. a.).

Von besonderer Bedeutung ist aber die von KÄMMERER betonte Tatsache der bakteriellen Umsetzung von pyrrolhaltigen Komplexen wie das Hämoglobin, das Myoglobin und das Chlorophyll in Porphyrin. Es handelt sich bei diesem Prozeß um die synergetische Wirkung anaerober Bakterien des Darmtractus. Auch das Cytochrom muß hier als Grundsubstanz der exogenen Darmporphyrine erwähnt werden, und daneben sollen Spuren Porphyrin aus dem Stoffwechsel der Bakterien und anderer Mikroorganismen (Hefe) im Magen-Darmkanal entstehen.

Bei diesen ausgedehnten Prozessen im Verdauungstractus handelt es sich hauptsächlich um die Bildung von Koproporphyrin, dann auch von Proto- und Deuteroporphyrin als Fäulnisprodukte.

Das Chlorophyll wird zum großen Teil nicht zu diesen soeben erwähnten Porphyrinen umgewandelt, es bildet vielmehr direkte Chlorophyllabbauprodukte (Rhodo-, Phyllo- und Pyrroporphyrin), die in der menschlichen Pathologie keine wesentliche Rolle spielen. Vor kurzem hat J. TH. BRUGSCH das aus dem Chlorophyllabbau stammende Porphyrin als Sterkophorbid bezeichnet. Dieser Farbstoff, der die für das Chlorophyll und das Chlorophyllporphyrin typischen spektroskopischen Eigenschaften besitzt (grüne Verfärbung des Salzsäureauszuges und Rotfluorescenz nach HOPPE-SEYLER), wird bei normaler Kost im Stuhl in kleinen Mengen gefunden, während er im Urin nicht nachzuweisen ist. Bei chlorophyllreicher Diät dagegen erscheint er in großen Mengen im Stuhl und in Spuren auch im Urin. Durch solche Chlorophyllbelastungen kommt bei normalen Individuen keine Erhöhung des gewöhnlichen Koproporphyringehaltes des Urins zustande.

Das Auftreten von Sterkophorbid ist nach BRUGSCH bei den Störungen der Leberfunktion von besonderem Interesse. Bei einer schweren Form mit Ikterus kann man nämlich deutliche Ausscheidungsvermehrung dieses Chlorophyllabkömmlings konstatieren, was wir bei einigen Patienten mit Leberstörung und auch bei 2 Fällen von Porphyrie, unabhängig von starker Chlorophyllbelastungen, beobachten konnten. Dieses Phänomen spricht unter anderem für die Beteiligung der Leber an der Porphyrinstoffwechselstörung.

Die Ausscheidung des Chlorophyllporphyrins durch die Nieren weist darauf hin, daß dieser Farbstoff aus dem Darm resorbiert werden kann, aber von der Leber unter normalen Bedingungen scheinbar wieder durch die Galle ausgeschieden wird; nur stärkere Chlorophyllbelastung oder Störungen der Lebertätigkeit mit abnormem Übergang der Leberfarbstoffe in die Blutbahnen führen zum Vorkommen dieses Chlorophyllporphyrins im Urin.

Hier sei auf die wichtigen Beziehungen der Darmporphyrine zu den Ausscheidungsprodukten der Leber hingewiesen. Normalerweise wird beständig Porphyrin durch die Galle ausgeschieden und zwar ist die Menge des in 24 Stunden durch den Choledochus ausgeschiedenen Porphyrins deutlich höher als diejenige, die durch den Urin den Körper verläßt. Ein großer Teil des Porphyrins aus dem Darmtractus stammt also aus der Leber. Zwischen diesem Organ und dem Verdauungskanal besteht ein wichtiger Porphyrinkreislauf, indem ein Teil der Porphyrine aus dem Darm regelmäßig zurückresorbiert wird. Durch das Pfortadersystem gelangt das Porphyrin in die Leber und hier wird es zum Teil abgebaut oder umgewandelt, zum größeren Teil aber mit der Galle zusammen mit anderen Produkten der Lebertätigkeit wieder ausgeschieden. Die Porphyrine haben also die gleiche enterohepatische Zirkulation wie es schon vor mehreren Jahren WERTHEIMER für die Gallenfarbstoffe dargetan hat.

Die Rückresorption aus dem Darm läßt sich im Tierexperiment sehr gut verfolgen, indem das Gesamtblut der Vena portae und dasjenige aus der Leber stammende (gesammelt aus der V. cava nahe der Mündung der V. hepatica) nach Porphyrinzufuhr in den Darm untersucht wird. Das Pfortadersystem weist einen größeren Porphyringehalt als das venöse Blut der Cava auf; die Vermehrung des Porphyrins im venösen Blut der Vena portae beträgt 10—60% der Blutwerte der Vena hepatica und cava. Dieser starke Unterschied im Verhältnis der Vena portae zu Vena hepatica ist oft vom zeitlichen Ablauf der Porphyrinresorption aus dem Darm und von der Geschwindigkeit der Durchdringung des Farbstoffes durch die Darmwand abhängig, Faktoren, die nicht ohne weiteres im Tierversuche zu überblicken sind, und die sicher eine große Rolle spielen. So ist z. B. auch die Vermehrung der Porphyrinausscheidung durch den Urin bei reichlicher Fett- und Eiweißzufuhr (ohne Fleisch) nach FRANKE und FIKENTSCHER sowie nach unseren Belastungsversuchen nicht auf eine vermehrte Porphyrinbildung im Darm, sondern eher auf eine gewisse Leberbelastung durch die Nahrung zurückzuführen.

Die prompte Reaktion der Leber auf ein Mehrangebot von Porphyrin von seiten des Darmes ist auch beim Menschen bei Belastungsversuchen deutlich ersichtlich. Schon seit langem findet man in der Literatur Angaben über Vermehrung der Porphyrinausscheidung aus dem Körper bei peroraler und sogar parenteraler Zufuhr von Blut, Muskelfarbstoff und Chlorophyll. KÄMMERER und GÜRSCHING legen in ihren Studien über den Porphyringehalt der tischfertigen Nahrungsmittel die große Bedeutung der Porphyrinzufuhr durch den Darm für die Beurteilung der Porphyrinausscheidung beim normalen Individuum auseinander.

Ferner wurden von verschiedenen Autoren direkte Versuche mit Porphyrinbelastung gemacht und dabei konstatiert, daß bei den natürlichen Porphyrinen ein Teil dieser Farbstoffe durch Resorption im Organismus selbst aus dem Darm verschwindet, bei der Belastung mit körperfremden Porphyrinen (Hämatoporphyrin) findet dagegen gewöhnlich eine Porphyrinresorption aus dem Darme nicht statt. Vor mehreren Jahren hatten FISCHER und MEYER-BETZ diese elektive Resorptionsfähigkeit des menschlichen Darmes genau festgestellt. Das peroral zugeführte Hämatoporphyrin wurde in den Versuchen der beiden Autoren nicht durch die Niere, sondern durch den Stuhl ausgeschieden, und es ist anzunehmen, daß dieses für den Organismus als fremdes zu bezeichnende Porphyrin entweder vom Darm abgestoßen wird, ohne die Darmwand passieren zu können, oder daß das Porphyrin durch das Pfortadersystem in die Leber gelangt und von da direkt durch die Galle unversehrt ausgeschieden wird, ohne in das Gefäßsystem der Vena hepatica überzugehen. Für diese zweite Hypothese spricht

auch die Tatsache, daß nach intravenöser Hämatoporphyrininjektion im Tierversuche dieses Porphyrin in kürzester Zeit (einige Minuten) schon durch die
Galle und zwar nur durch die Galle vollständig ausgeschieden wird. Die Resorption des Hämatoporphyrins durch den Darm wurde von NEUBAUER am Hunde
demonstriert. Dieser Autor konnte nach peroraler Porphyrinverabreichung
nur einen Teil des zugeführten Hämatoporphyrins im Darm finden, und da dieser
Farbstoff im Urin nicht festzustellen war, muß man hier die Möglichkeit einer
Wanderung des Porphyrins via Pfortadersystem in die Leber mit später darauffolgender Ausscheidung durch die Galle annehmen. Die Menge der Porphyrinresorption aus dem Darme hängt vor allem von der Porphyrinart ab. Aus den
Arbeiten MESSERLIs und STECKs ist beachtenswert, daß das Hämoglobin schlecht
vom Darm resorbiert wird (etwa 25% des zugeführten Hämoglobins verlassen
den Darm unausgenützt); das Hämatin weist noch schlechtere Resorptionsverhältnisse auf, während das Chlorophyll eine etwas bessere Aufnahme durch
den Darm zu erfahren scheint. Da die Porphyrinresorption in ziemlich weitem
Umfange stattfindet (eine genaue Beurteilung dieses Prozesses ist wegen der
Wiederausscheidung durch die Galle sehr schwer), muß man sich fragen, ob die
Umwandlung des Blut-, Muskel- und Blattgrünfarbstoffes in Porphyrin nicht
ein zweckmäßiges Geschehnis darstellt, das die Resorption von Pyrrolkomplexen
im Organismus begünstigt.

Das Hämatoporphyrin wird in der Regel in der Leber nicht ab- oder umgebaut; wir konnten am Menschen zeigen, daß nach der Zufuhr von Hämatoporphyrin in das Duodenum (Injektion von Hämatoporphyrin durch die
Duodenalsonde), dieses Porphyrin einige Stunden später unversehrt wieder
in der Galle erscheint. Diese Porphyrinwanderung durch die Leber kann verschieden lange dauern. Sicher ist, daß die Ausscheidung des Hämatoporphyrins
durch die Galle längere Zeit hindurch anhalten kann. Wir fanden z. B. einen
Tag nach der intraduodenalen Porphyrinverabreichung in der Galle noch
Hämatoporphyrin, in einer Konzentration, die beinahe gleich derjenigen des
vorhergehenden Tages war. Es ist nicht ausgeschlossen, daß der Circulus vitiosus
zwischen Darm und Leber sich oft und während längerer Zeit wiederholt. Ein
Abbau oder Umbau findet wahrscheinlich im Körper nicht statt. Das Hämatoporphyrin wird als Fremdkörper betrachtet und unverändert ausgeschieden.
FISCHER hat für das Uroporphyrin dasselbe gezeigt, dieser Farbstoff ist nach
oraler Zufuhr unverändert im Stuhl wieder aufzufinden. Die Tatigkeit der
Darmautolyse, der Fäulnis und der Darmflora greift die Porphyrine nicht an,
so daß diese Farbstoffe im Gegensatz zu dem verwandten Blut, Fleisch und Blatt-
grünfarbstoff den Darmkanal unverändert verlassen.

Anders gestaltet sich die Reaktion des Organismus nach Verabreichung
von Koproporphyrin und im allgemeinen von jenen Porphyrinen, die normalerweise im Körper vorkommen. Die perorale Belastung mit Koproporphyrin
führt zu erheblicher Erhöhung des Koproporphyringehaltes im Stuhl, aber
auch gleichzeitig zu einer Erhöhung der Porphyrinurie. Die Koproporphyrinausscheidung geschieht nach unseren Belastungsversuchen am Menschen nach
intraduodenaler Koproporphyrinverabreichung prompter und in kürzerer Zeit
als bei der Hämatoporphyrinbelastung. Die Vermehrung der Koproporphyrin-
absonderung durch die Galle tritt gewöhnlich schon nach kurzer Zeit auf ($^1/_2$ bis
2 Stunden nach Porphyrinzufuhr), dafür ist sie aber von kurzer Dauer, schon

am folgenden Tage kann man keine abnorme Koproporphyrinvermehrung in der Galle mehr feststellen; dagegen tritt am Tage der Porphyrinbelastung schon nach einigen Stunden (3—6 Stunden) ein deutlicher Anstieg der Koproporphyrinausscheidung im Urin auf, ein Anstieg, der auch während der folgenden Tage noch anhalten kann.

Dieser verschiedene Verlauf in der Ausscheidung der beiden Porphyrine ist sehr wahrscheinlich auf die Tatsache zurückzuführen, daß sich die Leber den natürlichen Porphyrinen und speziell dem Koproporphyrin gegenüber anders verhält als gegenüber einem fremden Porphyrin. Die Leber baut das Koproporphyrin zum Teil ab; dazu geht dieses Porphyrin in die Blutbahn über und wird in nicht unbeträchtlichen Mengen rasch durch die Niere ausgeschieden.

BRUGSCH hat in neuerer Zeit systematische Belastungsproben am normalen und kranken Menschen zur Beurteilung des exogenen Porphyrinstoffwechsels ausgeführt, indem er den Patienten eine porphyrinhaltige Kost (250 g Leber) während 2 Tagen verabreichte und danach die Verschiebung des Porphyrinspiegels im Urin und Stuhl verfolgte. Im allgemeinen erfährt bei einer solchen Belastung die Porphyrinausscheidung im Urin eine Steigerung, die aber gewöhnlich die Werte von 0,07, evtl. 0,08 mg täglich nicht überschreitet.

Im Stuhl ist die Farbstoffausscheidung weniger charakteristisch, BRUGSCH konnte im Durchschnitt keine beträchtliche Schwankung beobachten, wobei als höchster Wert 1 mg täglich angegeben wird.

Von besonderem Interesse ist das Verhalten der Porphyrinausscheidung nach Leberbelastung bei Leberkranken. Die Resultate sind sehr verschieden und werden von BRUGSCH auch verschieden gedeutet. Speziell interessieren dürfte die Tatsache, daß bei totalem Verschluß der Gallenabflußbahnen die Ausscheidung im Stuhl sehr hoch ist, da jetzt eine enterale Porphyrinbildung durch Fäulnis einsetzt. Beim hepatogenen Ikterus beobachtet man gewöhnlich bei der Leberbelastungsprobe sowohl im Stuhl wie im Urin eine starke Steigerung der Porphyrinwerte. Hier ist nicht nur an die vermehrte Farbstoffbildung im Darm und an die Zunahme der Resorption aus dem Verdauungstractus zu denken, sondern auch ganz besonders an die Insuffizienz der normalen abbauenden Lebertätigkeit gegenüber Porphyrin. Und gerade auf diesem elektiven Mangel der Leberfunktion beruht zum Teil die auffallende Höhe der Porphyrinausscheidung bei Leberkranken.

Wir geben in der Folge eine Ausscheidungskurve zuerst bei einer Belastung mit 250 g Leber und dann mit 2 mg Koproporphyrin per os bei einem Patienten mit latenter Intoxikationsporphyrinurie wieder (Abb. 29).

Der Patient wurde während langer Zeit mit einer äußerst porphyrinarmen Kost ernährt, wobei die Porphyrinmengen täglich im Urin kontrolliert wurden. Die Stuhluntersuchung wurde dagegen nicht regelmäßig ausgeführt, da wir der Meinung sind, daß eine quantitative Bestimmung der Gesamtporphyrine des Stuhles wegen der zahlreichen Nebenfaktoren, die sich im Darm bei der Bildung und Ausscheidung des Porphyrins abspielen, nicht mit genügender Deutlichkeit dem reellen Anteil des zugeführten Porphyrins entsprechen würde.

Wir haben uns deshalb begnügt, bei derartigen Belastungsversuchen immer zu derselben Tageszeit durch kurzdauernde Duodenalsondierung nach Abklingen der Sondenreizwirkung 20 ccm Galle auszuhebern und in dieser Flüssigkeit dann den Porphyringehalt zu bestimmen. Damit haben wir hauptsächlich auf die Intensität der Porphyrinausscheidung aus der Leber Gewicht gelegt.

Die so gewonnene Kurve zeigt die starke Ausscheidungsreaktion nach der Porphyrinbelastung und die prompte Abnahme der Farbstoffausscheidung unmittelbar nachher.

Man kommt also hier, unterstützt durch die starke Erhöhung der Porphyrinsekretion durch die Galle, zur Annahme, daß die Leber bei der plötzlichen Belastung mit einer raschen Ausscheidung des Farbstoffes reagiert, ohne jedoch das Porphyrin durch Um- und Abbau beseitigen zu können. Auch die fast vollständige quantitative Ausscheidung des Koproprophyrins innerhalb kurzer Zeit spricht für diese Anschauung. Es wäre aber andererseits nicht ausgeschlossen, daß die Belastung des Verdauungstractus mit porphyrinhaltiger Nahrung für die erkrankte Leber eine gewisse Mehrarbeit darstellt; darauf antwortet dieses Organ mit einer pathologischen Erhöhung der Porphyrinausscheidung.

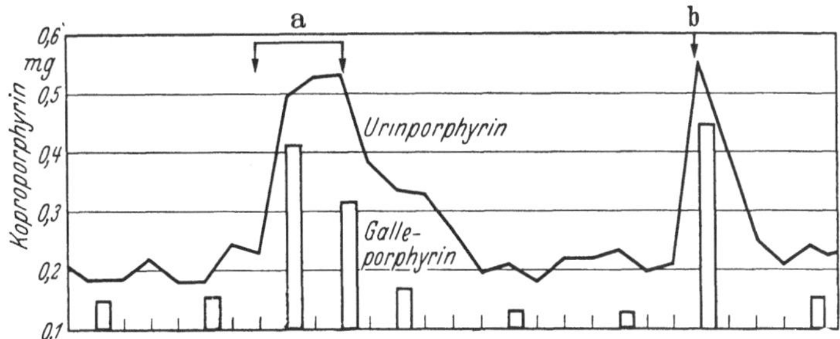

Abb. 29. Porphyrinausscheidungskurve eines Porphyrinkranken nach peroraler Leberbelastung (a) und nach Koproporphyrinzufuhr (b). Die Porphyrinwerte im Urin sind in Milligramm in 24-Stundenurin, die Werte in der Galle in mg-$^0/_{00}$ angegeben.

Die Durchführung solcher und ähnlicher Versuche ermöglicht einen Einblick in die Pigmentstoffwechselstörungen des Organismus. Starke Porphyrinausscheidungsvermehrung im Urin und Stuhl kann also auf eine vermehrte Bildung des Farbstoffes im Darmtractus, auf eine beschleunigte Resorption im Pfortadergebiet oder auf einen vermehrten Durchgang des Porphyrins durch das Leberfilter deuten. Eine Verminderung der Stuhlwerte gegenüber einer hohen Porphyrinurie ist auch ohne Belastung das Zeichen einer Verhinderung des Gallenabflusses, während eine höhere Porphyrinausscheidung im Stuhl bei Verschluß der Gallenabsonderung für eine lokale Porphyrinproduktion im Darm spricht.

Ein spezielles Problem bietet die perniziöse Anämie. Hier führt die Belastung nach BRUGSCH zu einer starken Zunahme der Porphyrinwerte im Stuhl, nicht aber im Urin, wo keine oder nur leicht ausgesprochene Farbstoffvermehrung zu beobachten ist.

Diese Stuhlporphyrinvermehrung wird von BRUGSCH mit Recht auf eine abnorme Zersetzung der zugeführten Farbstoffbausteine der Nahrung durch die geänderte Darmflora bei der perniziösen Anämie und auf einen starken Fäulnisgrad zurückgeführt.

Wenn einerseits ein Teil der Porphyrinausscheidung durch die Galle einwandfrei aus dem Darmporphyrin des Pfortadersystems stammt, so muß für den andern Teil angenommen werden, daß er von dem Porphyrinstoffwechsel des Organismus abhängig ist und daß gerade dieser endogene Anteil des Porphyrins, der von der Leber ausgeschieden wird, beim normalen Individuum eine sehr konstante, wenn auch nur ganz kleine Menge darstellt. Dies ließ sich sowohl bei Normalen als auch bei Kranken nach Bestimmung der Menge des durch die Leber und die Nieren ausgeschiedenen Porphyrins nach tage-, ja sogar nach wochenlanger Verabreichung einer strengen, beinahe hämoglobin- und chlorophyllfreien Diät feststellen. Eine vollständig porphyrinfreie Diät gibt es nach den Untersuchungen KÄMMERERs und GÜRSCHINGs nicht, den Porphyringehalt der Nahrung kann man jedoch auf ein Minimum reduzieren und durch eine Standarddiät auf beinahe konstanten Werten halten. Bei solchen Versuchen konnte man beobachten, daß die Werte der ausgeschiedenen Porphyrine auffallend gleichmäßig waren (Schwankungen nicht über 20%). Dabei sank die Farbstoffmenge, die fast ausschließlich aus endogen gebildeten Porphyrinen bestand, sehr auf niedrige Werte, $^{1}/_{2}$—$^{1}/_{4}$ der Ausgangswerte betragend. Bei pathologisch bedingter Porphyrinurie war der Unterschied zwischen Anfangs- und Endwerten des Versuchs nicht so ausgesprochen wie bei normalen Individuen. Nur selten war bei porphyrinarmer Diät eine fluoroskopisch nicht mehr meßbare Porphyrinausscheidung festzustellen.

Wir haben schon oben erwähnt, daß der Blut- und Muskelfarbstoff als Bestandteil der Nahrung eine wichtige Quelle für das Porphyrin des Darmes darstellt. Die Untersuchungen über Fleischautolyse, Fleisch- und Blutfäulnis wurden schon im 2. Kapitel eingehend besprochen. Die Leberbelastungsprobe von BRUGSCH beruht größtenteils auf der porphyrinbildenden Tätigkeit des Darmes aus dem Blutfarbstoff. Vereinzelt führten wir bei normalen Individuen nach vorhergehender prophyrinarmer Kost Belastungen mit peroraler Verabreichung von reinem Hämoglobin (0,5) bzw. von Hämatin (0,4 g) und Myoglobin (0,1) (nach der chromatographischen Methode hergestellt) durch. Sowohl die Versuche mit Bluthämoglobin wie diejenigen mit Muskelfarbstoff haben eine sichere Erhöhung der Porphyrinausscheidung besonders im Urin nach sich gezogen, allerdings war es nicht möglich, regelmäßige quantitative Beziehungen zwischen dem zugeführten Farbstoff und der ausgeschiedenen Porphyrinmenge festzustellen. Offenbar spielen bei der Bildung und Resorption des Porphyrins dispositionelle Momente eine gewisse Rolle (Qualität der Darmflora, Motilität des Darmtractus, Resorptionsverhältnisse im Darm, Reaktion des Milieus, Menge des ausgeschiedenen Bilirubins usw.).

Von weit größerem Interesse aber erscheinen diejenigen Untersuchungen, die die Porphyrinproduktion als Maß der Hämoglobinzersetzung bei inneren Blutungen in den Magendarmtractus berücksichtigen. In dieser Beziehung sind besonders die Arbeiten von SNAPPER, BOAS und von HAUROWITZ zu erwähnen. Schon vor längerer Zeit war von SNAPPER auf vermehrte Porphyrinausscheidung bei okkulten Darmblutungen hingewiesen worden. BOAS zeigte, daß bei den Hämorrhagien des Magendarmtractus Deuteroporphyrin im Stuhl leicht nachzuweisen sei und daß das Auftreten dieses Farbstoffes auf eine Blutung hindeute, auch wenn die Peroxydasereaktion negativ ausfällt. HAUROWITZ schließlich beschreibt das Vorkommen von Proto- und Deuteroporphyrin als Fäulnisprodukte bei Blutungen im Dünn- und Dickdarm.

Wir sehen also, daß gerade die Differenzierung der Porphyrinarten im Stuhle oft klinisch von besonderer Bedeutung sein kann. Die Angaben dieser Autoren können wir durchaus bestätigen, auch wir haben Deuteroporphyrin in auffallend großen Mengen bei kleinen und großen Blutungen des Darmes beobachten können. In einem Falle von rezidivierendem Ulcus nach Gastroenterostomie mit schweren Blutungen und Anämie konnten Werte zwischen 0,8 und 1,7 mg Deuteroporphyrin im Stuhl festgestellt werden. Der Wert stellt den höchsten dar, den wir je im Stuhl beobachten konnten. Im allgemeinen sind die Deuteroporphyrinwerte bei Blutungen im Darmtractus viel niedriger (0,2—0,8 mg in 24 Stunden).

Die Motilität des Darmtractus kann weitgehend von seinem Porphyringehalt abhängig sein. Wir haben schon im vorangehenden Kapitel die experimentellen Ergebnisse bei Beeinflussung der Darmperistaltik durch Porphyrinzusatz beschrieben. Hier soll nicht mehr auf Einzelheiten eingegangen werden; es scheint, daß die Motorik des Darmes ganz verschieden, je nach dem Darmabschnitt und je nach der Konzentration und Art des angewandten Porphyrins sein kann. Bei Versuchen mit bleivergifteten Kaninchen zeigt der Darm ein charakteristisches Verhalten mit Erweiterung des Duodenum und der oberen Teile des Jejunum, mäßige Kontraktion des Ileum und starker Atonie, sogar nicht selten spastisch-atonischen Erscheinungen des Dickdarms. Bei der näheren Betrachtung der Peristaltikkurven kann man häufig eine auffallende Alteration der Darmmotorik beobachten, die an die Möglichkeit einer stärkeren Erhöhung des Darmtonus (wie im übrigen von REITLINGER und KLEE regelmäßig beobachtet wurde) mit dyskinetischen und atonischen Erscheinungen denken lassen. Dabei ist nicht selten der normale Mechanismus der Peristaltik stark gehemmt.

Solche Erscheinungen, die übrigens sehr individuell sein können, werden auch am Menschen bei der akuten Porphyrie immer häufiger beobachtet. Schon GÜNTHER konnte im Röntgenbild eine starke Erweiterung des Duodenums und besonders des oberen Dünndarmes feststellen. Im allgemeinen zeigt das Röntgenkontrastmittel keine weitere Passage, weil das Ileum spastisch kontrahiert ist. Der Dickdarm erscheint röntgenologisch oft dilatiert und weist nicht selten starke Gasansammlung und Spiegelbildungen auf.

Die Kontraktion des Ileum braucht, wie gesagt, nicht sehr stark zu sein, oft beruht die Stauung im oberen Darmabschnitt eher auf einer mehr oder weniger ausgesprochenen Dysfunktion der Darmmotorik. Klinisch beobachtet man in solchen Fällen neben kolikartigen Schmerzen noch hartnäckige Obstipation, die sogar zur vollständigen Stuhlverhaltung fuhren kann.

In kleineren Mengen und bei einer dem physiologischen Porphyringehalt des Darminhaltes entsprechenden Konzentration scheint das Porphyrin keine derartige pathologische Reaktion von seiten des Darmtractus auszulösen, im Gegenteil, es kann die Peristaltik fördern, ja sogar beschleunigen. Wir sehen also auch hier, daß die Wirkung dieses Farbstoffes zum Teil von seiner Konzentration im Verdauungstractus abhängig ist.

Auf die Beziehungen des Porphyrins zu dem vegetativen Nervensystem, die hauptsächlich im Magendarmtractus zum Ausdruck kommen, wurde schon im III. Kapitel hingewiesen. Das Porphyrin ist für das Darmsystem ein aktiver Stoff und zeigt zu diesem enge funktionelle Beziehungen. Es stellt zum Teil ein Produkt der bakteriellen Tätigkeit im Darmtractus dar und ist als solches in seiner Menge hohen Schwankungen unterworfen. Die Zunahme der Porphyrinzufuhr in den Darm, verbunden mit dessen evtl. Resorptionsvermehrung von der Darmwand her, kann plötzlich zu einem beträchtlichen Farbstoffangebot für den Organismus führen. Unter solchen Bedingungen tritt das Porphyrin infolge einer primären Schädigung des Verdauungskanals als Aktivator von anderen, sekundären, zum großen Teil schädlichen Reaktionen im Organismus (Hauterscheinungen, Störungen des autonomen Nervensystems usw.) in den Vordergrund. Es ist z. B. hier an die häufigen und zahlreichen Hauterscheinungen (Hautefflorescenzen und Hautpigmentierungen) als Begleitsymptome von chronischen oder akuten Magendarmstörungen zu denken. Zu dieser von LICHTWITZ formulierten Hypothese, die in den Untersuchungen der letzten Jahre immer mehr Bestätigung und Anklang findet, ist die Beobachtung GÜNTHERs hinzuzufügen, wonach er bei der Porphyrie eine Verdrängung der grampositiven Stuhlflora fand. Hier ist auch an die schweren Störungen des Darmchemismus und des bakteriellen Mediums im Verdauungskanal bei der Perniciosa zu denken. (BRUGSCH). Daß die enterale Porphyrinbildung zum Teil von solchen Faktoren (Chemismus und Bakterienart) beeinflußt wird, ist auch durch unsere Beobachtungen anläßlich der Bestimmung der Porphyrinausscheidung bei schweren Magendarmleiden bestätigt worden.

So war bei schweren Colitiden, Enteritiden und bei anaciden Gastritiden nicht selten eine vermehrte Porphyrinproduktion im Darm zu konstatieren. Es ist zuerst an die Porphyrinbildung aus dem von Schleimhautgeschwüren und zahlreichen Schleimhauthämorrhagien in das Darmlumen freigewordenen Hämoglobin zu erinnern. Oft ist das Darmporphyrin, und zwar hauptsächlich das Fäulnisporphyrin, trotz des Fehlens der Benzidin- und Guajakreaktion im Stuhl deutlich vermehrt. Es ist zuzugeben, daß hie und da die Porphyrinvermehrung das Zeichen einer okkulten Darmblutung auch bei negativer Peroxydasereaktion (BOAS) sein kann, wir kennen aber Fälle, die nie eine solche positive Peroxydasereaktion gezeigt haben, aber eine partielle oder totale Magenanacidität aufwiesen und durch eine starke enterale Porphyrinbildung charakterisiert waren. Dies kommt besonders bei der zu Anämie führenden anaciden Gastritis (ohne Carcinom) vor, die weder bei der Ausheberung noch bei der Gastroskopie die Zeichen der hämorrhagischen Gastritis aufweist. Im Stuhl fällt der Blutfarbstoffnachweis stets negativ aus.

Wir glauben, daß gerade das Fehlen von freier Säure und damit oft das Fehlen wichtiger Verdauungsfermente (Pepsin und Labfermente), sowie die begleitende Störung des Chemismus im Duodenum eine Begünstigung von Fäulnisprozessen und eine Verschiebung der Darmflora herbeiführt, was dann zu einer stärkeren Porphyrinproduktion im Stuhl Anlaß gibt. Charakteristisch für diese Störungen ist ferner die Tatsache, daß in solchen Fällen nur die Stuhlporphyrine deutlich vermehrt sind und die Urinporphyrine häufig normal oder nur mäßig vermehrt sind (0,08—0,13 mg).

Bei einigen Fällen (12) von Hautkrankheiten, bei denen besonders phototoxische Hautreaktionen zu sehen waren (Dermatitis solaris und andere lichtsensible Hauterscheinungen), konnten wir eine leichte bis mäßige Erhöhung des Stuhlporphyrins bei vollständig normaler Porphyrinausscheidung im Urin konstatieren. Es soll hier betont werden, daß gerade die Bestimmung des Farbstoffes im Stuhl bei solchen Hautkrankheiten von großer Bedeutung ist. Leider war es uns nicht möglich, bei den untersuchten Fällen die Funktion des Magendarmtractus näher zu analysieren, nicht selten aber fanden wir in der Anamnese

Hinweise auf gewisse funktionelle Störungen des Verdauungskanals vor und sehr oft während des Bestehens der Hautreaktion. (Vorwiegend Verstopfung, aber auch Durchfälle und Darmkrämpfe.)

Zum Schlusse sei hier auf die Frage der Porphyrinausscheidung bei der Sprue näher eingegangen. Bei einer Patientin, die längere Zeit hindurch an einheimischer Sprue gelitten hatte, war im Urin beim Abklingen der Krankheitssymptome eine Porphyrinausscheidung von 0,02 und 0,06 mg Koproporphyrin festzustellen. Wir konnten also bei dieser, mit Störung der Darmresorption, Entkalkung der Knochen und Bildung einer hyperchromen Anämie einhergehenden Affektion keine Erhöhung der Porphyrinurie beobachten. Bei einem zweiten Fall aber war es schließlich möglich, Näheres über den intermediären Porphyrinstoffwechsel zu erfahren. Bei einer 42jährigen Frau, die schon seit längerer Zeit an Anämie, Durchfällen und Abmagerung litt, wurde das typische Bild der Sprue festgestellt. Für diese Krankheit sprachen die reichlichen Fettstühle mit Neigung zu Diarrhöen, die völlige Magenanacidität, die progrediente starke Abmagerung bei nicht erhöhtem Grundumsatz, der niedrige Blutdruck, die starke Adynamie. Im Blute war eine perniciosaähnliche Anämie festzuhalten, wobei aber im Serum keine Bilirubinvermehrung zu beobachten war. Im Urin Spuren von Urobilin und Urobilinogen, deutliches Indican, Urorosein und leicht erhöhte Porphyrinwerte (0,1—0,17 mg Koproporphyrin täglich). Eine Überraschung ergab dagegen die Untersuchung des Stuhles. Dieser war sehr hell, fetthaltig, enthielt relativ wenig Sterkobilin und Urobilin, dagegen war sein Porphyringehalt nach wiederholter Untersuchung auffallend hoch (Gesamtgehalt 2,0—4,2 mg täglich). Über einen dritten Fall von Sprue siehe später (Kap. VII).

Wir stehen hier also vor der Tatsache, daß das Porphyrin infolge der Darmstörung und des gestörten Chemismus des Magendarmsystems aus der zugeführten Nahrung in abnorm hoher Menge gebildet (Fäulnisporphyrin) und dann in ziemlich hoher Dosis durch die Galle ausgeschieden wird. Eine Resorption des Farbstoffes aus dem Darm kann indessen wegen der schwer gestörten allgemeinen Resorption nicht stattfinden. Die Fette können, wie VERZÁR zeigen konnte, bei der Sprue nicht oder in ungenügender Menge resorbiert werden. Das Porphyrin folgt zum Teil dem Schicksal des Fettes, und, wie wir bald sehen werden, auch demjenigen des Kalks im Darm. Aus dieser Resorptionshemmung des Farbstoffes ist die geringe oder normale Ausscheidung des Porphyrins im Urin gegenüber einer hohen Porphyrinausscheidung durch den Darm erklärlich, indem die Leber nur den aus der Art. hepatica zugeführten Porphyrinanteil abbauen kann.

Ähnliche Verhältnisse, jedoch nicht in so ausgesprochener Art (Auftreten von Spuren Porphyrin im Urin bei leicht erhöhter Porphyrinausscheidung durch den Stuhl) fanden wir auch in einem Falle von Pankreasinsuffizienz mit deutlicher Fettstuhlbildung. Wir sehen somit, daß die Resorption des Farbstoffes aus dem Darm vom Chemismus des gesamten Verdauungstractus und von der allgemeinen Resorptionsfähigkeit der Darmwand abhängig ist. Trotz des Fehlens einer vermehrten Porphyrinausscheidung im Urin kann man nicht mit Sicherheit auf einen normalen Porphyrinstoffwechsel schließen.

Interessant erscheint ferner die Beobachtung, daß bei der Magenanacidität neben dem Porphyrinbefund nicht selten, sogar meist mit einer ziemlichen Regelmäßigkeit, eine vermehrte Uroroseinausscheidung im Urin (GUKELBERGER) zu beobachten ist, eine Tatsache, die für den gestörten Abbau und für eine gestörte Resorption der Eiweißkörper spricht. Daher glauben wir, daß neben der Darmblutung noch der geschädigte Darmmechanismus für die enterogene Porphyrinproduktion eine Rolle spielt, ein Zustand, der für die sekundären Allgemeinerscheinungen im Organismus und im besonderen für diejenigen der Haut bei Magendarmaffektionen von sicherer Bedeutung ist.

Ablagerung und Neutralisierung der Porphyrine im Organismus.

Wir wenden uns nun zu der Besprechung der funktionellen Verhältnisse zwischen *Porphyrin und jenen Organen, die die Ablagerung und Neutralisierung der Porphyrine im Organismus* besorgen, zu. Es muß vorausgeschickt werden, daß die Ablagerung der Porphyrine in bestimmten Geweben nicht ein passiver Vorgang ist, sondern eine bestimmte Affinität des Porphyrins zum Stoffwechsel der betreffenden Organe darstellt.

Die Porphyrinspeicherung findet hauptsächlich in der Haut und im Knochensystem statt. Wir können histologisch bei normalen Individuen eine spezielle Anreicherung von Porphyrin im Hautgewebe beobachten, es kommt bei der cutanen Porphyrie (Porphyria congenita) wie BORST und KÖNIGSDÖRFER durch die Fluorescenzspektroskopie an histologischen Schnitten, FISCHER auch durch die chemische Farbstoffextraktion aus den Geweben zeigen konnten, zu einer deutlichen Ablagerung von Porphyrin und porphyrinhaltigen Pigmenten in der Haut. Die experimentellen Untersuchungen über die Photosensibilisierung der Versuchstiere bei der parenteralen Verabreichung von Porphyrin lehrt uns andererseits, daß dieser Farbstoff teilweise in kurzer Zeit in das Gewebe abgelagert werden kann.

An der Gesichtshaut des Menschen, besonders in der Gegend der Nasolabialfalte kann man nicht selten an der Öffnung der Talgdrüsen kleine, rot fluorescierende Pünktchen im Ultraviolettlicht beobachten. Diese Erscheinung tritt gewöhnlich im jugendlichen Alter auf, nimmt aber nach dem 50. Lebensjahr allmählich an Häufigkeit und Intensität ab, um dann im Alter vollständig zu verschwinden (BOMMER). Es liegt der Gedanke an Porphyrin nahe und dazu die Annahme, daß hier die Haut für das Porphyrin die Rolle eines exkretorischen Organs spiele. Von einer direkten Ausscheidung des Porphyrins durch die Haut kann allerdings bei diesem lokal beschränkten Befund nicht gesprochen werden; es ist wahrscheinlich, daß bei solchen kleinen Porphyrintropfen der Farbstoff aus der Tätigkeit von Mikroorganismen stammt. Das Hautporphyrin zeigt keine Ausbreitungstendenz in die Umgebung und wird nicht abtransportiert. Das gleiche kann für das Porphyrin der Mundschleimhaut gesagt werden, das bekanntlich durch Mikroorganismen gebildet wird (CARRIÉ) und sich aus der Schleimhautoberfläche nicht entfernen läßt.

Die histologischen Veränderungen der Haut bei der klinisch normal erscheinenden Haut des Porphyriekranken werden von SCHREUS und CARRIÉ wie von GOTTRON und ELLINGER folgendermaßen charakterisiert: auffallende Dünne der Hornschicht, Schwund der elastischen Fasern und als hervorstechendstes Merkmal eine Capillararmut (CARRIÉ).

Von einigen Autoren wird in der letzten Zeit auf die Möglichkeit einer sensibilisierenden Wirkung des Porphyrins bei der Entstehung von Hautcarcinomen hingewiesen. So konnte KOSANOVIC bei 14 Fällen von malignen Geschwülsten der Gesichtshaut regelmäßig Porphyrin im Urin nachweisen, während KÖRBLER 1931 sowohl bei mehreren Hautcarcinomen als auch bei anderen malignen Tumoren eine hellrote porphyrinähnliche Fluorescenz beobachtete. Ähnliche Feststellungen wurden beim Rattensarkom von POLICARD 1924 gemacht. Von gewissem Interesse sind schließlich die Angaben BÜNGELERs, der bei ausgedehnten Versuchen über die Entstehung von Hautcarcinomen nach Sonnenbestrahlung das Auftreten bösartiger Hauttumoren bei der Ratte nach 4—7 Monaten wiederholter Bestrahlung unter Sensibilisierung mit Porphyrin bzw. Eosin beobachten konnte, während nichtsensibilisierte kontrollierte Tiere keine „Sonnengeschwülste" an der Haut zeigten.

An einem unserer Porphyriefälle (s. später) konnte bei einigen, an der Gesichtshaut aufgetretenen Acnepusteln (es bestand dabei keine ausgesprochene Lichtüberempfindlichkeit) eine deutliche, fleckförmig angeordnete, aber durchaus nicht auf die einzelnen Hautporen beschränkte rote Fluorescenz beobachtet werden. Wir haben den Eindruck, daß es sich dabei um eine durch Absorption der Hautschuppen verbundene oberflächliche Fluorescenz des Porphyrins handelt.

In der Natur ist, wie schon in Kapitel II dargetan wurde, die Ablagerung von Porphyrin in der Epidermis sowie im Integument von wirbellosen Tieren stark verbreitet (Federn von Turacusvögeln und Tauben, Stacheln von Igeln, Eierschalen besonders von im Freien brütenden Vögeln, Hühnereischale, Muscheln usw.). Diese spezielle Lokalisation im Integument verschiedener Tierarten ist zum Teil auf den Reichtum von Calciumsalzen zurückzuführen. Es wurde schon oben über die spezielle Affinität des Porphyrins zum Calcium und in diesem Zusammenhang auch zum Skeletsystem gesprochen.

Der Knochen stellt für den Organismus eine ausgedehnte Ablagestation für das Porphyrin und besonders für das Uroporphyrin dar. So kann FRÄNKEL bei der Injektion von Porphyrin im Tierversuch eine elektive Färbung des Knochensystems beobachten, und zwar findet er diese Ablagerung fast ausschließlich im wachsenden Knochen vor oder dort, wo das Knochengewebe Regenerationstendenz zeigt (Callus nach Knochenfraktur).

Der normale Knochen ist nach solchen Versuchen *porphyrinfrei*, besitzt aber wiederum dort eine Farbstoffspeicherung, wo sich frische Verkalkungsherde befinden. Das Uroporphyrin scheint nach den Untersuchungen von BORST und KÖNIGSDÖRFER wie von FISCHER und seinen Mitarbeitern und nach neueren Untersuchungen von FIKENTSCHER, FINK und EMMINGER eine besonders starke Affinität zum Knochen zu haben.

Beim Menschen wurde das Uroporphyrin nach den eingehenden Untersuchungen von BORST und KÖNIGSDÖRFER und FISCHER bei der kongenitalen Porphyrie in großen Mengen am Skelet gefunden. Der Knochen zeigt bei dieser Porphyrieform eine braunrote Verfärbung, bei der Bestrahlung mit Ultraviolettlicht tritt eine sehr intensive hellrote Fluorescenz auf. Bei der kongenitalen Porphyrie kann die Ablagerung des Farbstoffes so ausgesprochen sein, daß sie sich fast über die gesamte Knochenstruktur ausdehnt. Ein Fall von akuter Porphyrinkrankheit zeigte uns in der fluorescenzmikroskopischen Untersuchung des Knochens folgendes: Die Knochencompacta weist schon an ihrer Oberfläche zahlreiche rotfluorescierende Fleckchen auf, die den durchsetzenden Knochenkanälchen entsprechen. Die Knochensubstanz fluoresciert normalerweise blau; die Knochenkanälchen in der Compacta waren aber in unserem Fall durch eine scharf von der umgebenden Knochensubstanz abgegrenzte helle carminrote Fluorescenz charakterisiert. An den Rippen waren die Osteoblasten auf der dem Knochenmark zugekehrten Seite besonders deutlich durch ihre starke eigene rote Fluorescenz zu sehen, die Zellkerne zeigten infolge einer ausgesprochenen Fluorescenzintensität eine scharfe Demarkierung, während um diese Gebilde herum sich hellrote fluorescierende Pünktchen gruppierten.

Eine intensive Porphyrinfluorescenz war außerdem an den Balken der Spongiosa, speziell an ihrer Außenfläche, sichtbar. Periostal kam es dagegen zu keiner Porphyrinablagerung.

Wie schon die Untersuchungen FIKENTSCHERs und seiner Mitarbeiter zeigten, ist das Uroporphyrin nicht das einzige Porphyrin, das vom Skeletsystem absorbiert wird, vielmehr kann auch das Koproporphyrin bei den Porphyrinkrankheiten im Knochen gespeichert werden. Am Skelet des mit Blei vergifteten Kaninchens waren bei schwerer Porphyrinurie deutliche Fluorescenzbefunde am Knochen zu konstatieren. Es war hier nicht nur das Knochenmark, das eine ausgesprochene intensive Fluorescenz zeigte, sondern auch das Knochengerüst selbst. (Über die Fluorescenz der einzelnen Knochenmarkszellen siehe folgendes Kapitel.) Die Spongiosabalken wiesen eine sehr schwache, hellrote Fluorescenz auf, die besonders an den Außenflächen intensiv war, die Knochencompacta selbst besitzt keine Fluorescenz. Nur an den Rippen waren in der Compacta vereinzelte, unscharf begrenzte Fluorescenzflecken zu sehen. Besonders an den Knochenepiphysen der jungen wachsenden Kaninchen (3 Monate alte Tiere) erfolgte die Porphyrinablagerung in beträchtlichem Maße und zeigte in den knorpelnahen Zonen unregelmäßige Grenzen. In der Compacta waren die Knochenkanälchen in geringem Maße mit Porphyrin begrenzt, während das Periost unregelmäßige, in der Nähe der größeren Gefäße liegende Fleckchen von roter Fluorescenz aufwies.

Wir sehen also, daß im Tierversuch das endogen gebildete Koproporphyrin III die Fähigkeit besitzt, sich im Knochensystem abzulagern.

Ein anderes Beispiel von Porphyrinspeicherung am Skelet liefert uns die tierische Ochronose (Osteohämochromatose). Bei der menschlichen Ochronose handelt es sich um eine ausgedehnte dunkelbraune bis schwarze Verfärbung in Form einer Pigmentablagerung in Knorpel, Sehnen, Gelenkkapseln, Gefäßadventitia, Gefäßintima, Endokard und Niere. Dieses Pigment entstammt der Homogentisinsäure und wird in einer kleinen Anzahl von Alkaptonuriefällen beobachtet. Die tierische Ochronose stelle meistens eine der menschlichen (kongenitalen) Porphyrie nahestehende Erkrankung der Schlachttiere dar. Intra vitam verursacht diese Krankheit keine Symptome, Photosensibilisierung liegt nicht vor. Einzig in einem Falle konnte SCHENK blutigen Harn beobachten. POULSEN berichtet über Vorhandensein von Hämosiderin im Knochenmark und Hämatoporphyrin im Knochen. Auch TAPPEINER und dann SCHUMM beschreiben das Vorkommen von Porphyrin bei der Ochronose der Tiere.

FINK und HOERBURGER haben in neuerer Zeit bei einem Fall von tierischer Ochronose aus dem Knochen ein Porphyrin, und zwar das Uroporphyrin, isolieren können. Damit ergibt sich, daß die Ursache der braunen Knochenverfärbung bei der Ochronose zum Teil auch in dem Vorhandensein von Uroporphyrin liegt.

Wenn man die Knochen der an Ochronose leidenden Tiere mit dem Ultraviolettlicht beobachtet, ist manchmal eine ungleichmäßige Porphyrinablagerung zu konstatieren. Die Ablagerung des Porphyrins muß also mit verschiedener Intensität vor sich gehen (Günther) und die Porphyrinverankerung im Knochen schubweise auftreten. Den Farbstoff findet man auch in der Leber und in der Niere. Solche Anfälle von Porphyrinproduktion lassen uns daher neben der Knochenablagerung noch an eine Ausscheidung des Porphyrins durch die Leber und Nieren denken.

Die schubweise Porphyrinablagerung kann, wie im früheren Kapitel berichtet wurde, bei Porphyriekranken auch an den Zähnen beobachtet werden.

Auf die Frage, weshalb das Porphyrin und von den verschiedenen Porphyrinen besonders das Uroporphyrin sich in den Knochen ablagert, muß an die spezielle Bedeutung des Calciums erinnert werden. Die Beobachtungen Fischers und Kögls über das Vorkommen von Ooporphyrin in den Eierschalen, Fischers und Jordans über das Konchoporphyrin in den Muscheln, die Ablagerung von Porphyrin in den verkalkten Cysticercuslarven und in der Verkalkungszone des Knorpels deuten mit genügender Sicherheit auf die wichtige Rolle des Calciums bei der Verankerung des Porphyrins hin. Schon früher wurde von Günther die Porphyrinablagerung im Knochen beobachtet; er stellte dabei die Hypothese auf, daß das Porphyrin durch Absorption von Calciumphosphat an den Knochen gebunden wird. Zwischen Porphyrin und Calcium bzw. Phosphaten besteht also ein enger Zusammenhang.

Es ist bekannt, daß Calcium und Phosphor in maßgebender Weise am Aufbau des Knochensystems beteiligt sind; mit dem Wachstum der Knochen geht ein vermehrter Kalk- und Phosphorbedarf einher. Bevor wir uns mit der Rolle des Calciums und der Phosphate im Stoffwechsel der Porphyrine näher beschäftigen, müssen einige Merkmale über den Umsatz dieser wichtigen Salze im Organismus vorausgeschickt werden.

Die Bindung von Kalk und Phosphaten im Knochen wurde bei der Betrachtung der Verkalkung von verschiedenen Autoren eingehend erörtert. Die Hypothese Freudenbergs und Györgys, daß bei dem Verkalkungsmechanismus zuerst eine Calciumeiweißbindung zustande kommt, die dann das Phosphat noch aufnimmt (Bildung von Calciumphosphatprotein), wird von Klinke in der Weise abgeändert, daß es sich nicht um eine chemische Bindung von Kalksalzen an Eiweißkörper, sondern um eine reine Adsorption handelt, wobei sich für die Ablagerung im Skeletsystem ein Adsorptionsgleichgewicht zwischen Serumkolloiden und Knorpelkolloiden einstellt (Ulrich). Ein solcher Prozeß ist an anderen Eiweißarten des Organismus nicht zu konstatieren. Damit wird auch die Frage der normalerweise nicht stattfindenden Verkalkung anderer Körpergewebe außer dem Skeletsystem geklärt.

Wenn wir aber gerade von diesem Standpunkte aus die Beziehungen des Porphyrinstoffwechsels zu demjenigen des Calciums vergleichen, sehen wir, daß die Bindung dieses Farbstoffes an Calcium nur dort erfolgt, wo das Calcium sich aktiv an die Gewebe bindet und dies ist hauptsächlich im wachsenden Knochengewebe der Fall. Bei Untersuchungen von verschiedenem histologischem Material konnte nur selten in den Verkalkungsherden der einzelnen Organe fluoroskopisch Porphyrin festgestellt werden. In einem Falle von Porphyrie, der monatelang eine stark vermehrte Ausscheidung von Uro- und Koproporphyrin im Urin gezeigt hatte, war weder an den verkalkten Hilusdrüsen noch in den Kalkherden der Lungen, noch an der Aorta eine Porphyrinfluorescenz zu beobachten. Auch im Tierversuch war das Suchen nach roter Fluorescenz an verkalkten Organteilen vergeblich. Dagegen war es möglich, in einem Falle von aktiver progredienter Tuberkulose, bei dem es zu einem schweren Porphyrinanfall kam, in einem käsigen, in Verkalkung begriffenen Lungenherd Porphyrin nachzuweisen. In den älteren total verkalkten Gebilden der übrigen Lunge konnte allerdings kein Porphyrin festgestellt werden. Diese Beobachtung scheint uns besonders interessant.

Nach den Untersuchungen FRÄNKELs ist bekannt, daß die Porphyrinverankerung im Knochensystem vorwiegend oder nur bei wachsenden Tieren zu beobachten ist, und zwar dort, wo der Verkalkungsprozeß sich am stärksten äußert. Das gleiche kann für die wachsenden Zähne und außerdem für den frischen Knochencallus gesagt werden. Es muß also angenommen werden, daß die Fixation des Porphyrins am Kalk erst erfolgen kann, wenn die Erhöhung des Porphyrinspiegels im Organismus zeitlich mit einer aktiven Kalkablagerung (Knochen, Verkalkungsherde in den Organen) zusammenfällt, da diese Ablagerung nur im Verlaufe des oben angegebenen Mechanismus des Adsorptionskomplexes (Calciumphosphatprotein) vor sich gehen kann. Man muß sich nun fragen, ob das Porphyrin sich primär an den Kalk, an das Phosphat oder an die Eiweißkörper angliedert. Seit längerer Zeit weiß man, d. h. nach den Angaben GARRODs über die Extraktion der Porphyrine aus dem Urin, daß die Phosphate, wenn sie aus dem Urin gefällt werden, die Fähigkeit besitzen, einen großen Teil des im Urin gelösten Porphyrins mit sich zu reißen. Die Einführung der Porphyrine könnte also im zweiten Teil des Verkalkungsprozesses erfolgen, wenn das Phosphat vom Calciumeiweißkomplex aufgenommen wird. Wir wissen andererseits, daß in den Eierschalen und Schalen wirbelloser Tiere sowie im Integument verschiedener Tierarten das Porphyrin vertreten ist, ohne daß ein besonderer Anteil von Phosphaten vorliegt. In der Eierschale ist das Ooporphyrin in ziemlich großen Mengen vorhanden, obgleich das phosphorsaure Calcium nur in geringer Konzentration auftritt. In überwiegender Menge (etwa 90%) findet man dagegen kohlensaures Calcium. So sind auch für das Konchoporphyrin der Muschelschalen ähnliche Überlegungen zu machen. Ferner findet man hier nicht selten neben Calcium und Magnesium noch Silicium. Es ist daher anzunehmen, daß das Porphyrin sich auch mit Kalk adsorptiv verbindet. Schließlich sind noch die Proteine als Vehikel der Porphyrine zu erwähnen.

Diese besondere gegenseitige physikochemische Affinität des Calciums und des Porphyrins läßt sich in den folgenden Versuchen weitgehend überblicken. Das Porphyrin besitzt dank seines großen Moleküls eine geringe Diffusionsgeschwindigkeit durch Membranen. Die Permeabilitätsgeschwindigkeit des Porphyrins erfährt aber eine deutliche Beschleunigung, wenn die Dialyse anstatt gegen destilliertes Wasser gegen ein leicht diffundierendes Salz (hauptsächlich NaCl-Lösung) erfolgt.

Wir sehen also eine Beschleunigung der Dialyse bei diesem Farbstoff, ähnlich wie MESTREZAT und GARREAU für die Diffusion verschiedener Salze unter Cl-Zusatz beschrieben haben.

Unsere Versuche wurden an Gelatine, Collodium, Membran, Pergamentpapier und mit Hilfe der Diffusionshülsen Nr. 579 von SCHLEICHER und SCHÜLL ausgeführt. Spezielle Berücksichtigung fand die Frage der Porphyrindialyse in Gegenwart von Ca-Ionen. Es zeigte sich, daß das Calcium eine besondere

Stellung gegenüber der Membranpermeabilität für das Porphyrin einnimmt. Im Gegensatz zu Na, K und Li erzeugt das Vorhandensein von Calcium eine deutliche Verlangsamung der Porphyrindialyse.

In einer weiteren Versuchsreihe wurde die Porphyrin- und Calciumbeweglichkeit in der Membran gleichzeitig verfolgt, und zwar so, daß bestimmte equimolekulare Mengen Porphyrin, in HCl gelöst, equimolekularen Mengen von Na- und Ca-Chlorid gegenübergestellt wurden. Wir führten gleichzeitig Parallelversuche mit HCl und $CaCl_2$ aus und konnten somit in zeitlichen Intervallen die quantitative Wanderung sowohl des Porphyrins im Na- und Ca-Milieu als auch des Calciums im Porphyrin-HCl und im HCl-Milieu verfolgen. Es zeigte sich, daß die Verlangsamung der Porphyrindialyse auch einer Verlangsamung derjenigen des Calciums entspricht; unsere Ergebnisse ließen sich wiederholt bestätigen, lediglich Unterschiede der Porphyrinarten (Kopro-, Uro-, Hämatoporphyrin) des p_H des Milieus und der Anionenart können leichte Schwankungen der Ergebnisse zeitigen.

Die physikochemische Affinität Calcium-Porphyrin läßt sich in diesen Versuchen deutlich feststellen, auch die Verlangsamung der Permeabilität der Gruppe Porphyrin-Calcium spricht für eine Zunahme des Molekularvolumens dieses Systems, so daß man an die Möglichkeit einer durch Calcium bedingten Zusammengliederung von Porphyrinmolekülen zu denken hat.

Wir konnten eine Adsorption der Porphyrine an Eiweiß bei einem Falle von schwerer Nierennekrose und ausgedehnter Leberschädigung nach Hg-Intoxikation, bei dem neben einer massiven Albuminurie eine ausgesprochene Porphyrinurie festzustellen war. Im Urin war Koproporphyrin vermehrt und Uroporphyrin in kleinen Mengen.

Wenn man bei dieser Albuminurie zuerst den Urin mit der Eisessig-Äthermethode für die Porphyrinextraktion vorbereitet, entsteht sofort durch Koagulation der vorhandenen Eiweißkörper eine starke Trübung des Gemisches. Untersucht man nachher den Extrakt, so findet man gewöhnlich auffallend niedrige, voneinander oft sehr abweichende Porphyrinwerte. Die Extraktion mit dieser Methode ist daher für die quantitative Verwertung untauglich. Ein Teil des Porphyrins bleibt im geronnenen Eiweiß zurück und wird nur sehr mühsam extrahiert. Die Menge des am Eiweißanteil zurückgebliebenen Farbstoffes beträgt nicht selten 30—60% des Gesamtporphyrins. Wir haben zur genauen Bestimmung der Eiweißkörper im Urin durch Behandlung desselben mit Aceton bei 0^0 das Eiweiß zur Fällung gebracht und es in pulverisierter Form gewonnen. Dabei sollen irreparable Veränderungen der Proteine vermieden werden; es läßt sich auch das Eiweiß, obschon nicht in der gleichen Menge, wieder in Lösung bringen und mit der HoweschEN Methode in seine Hauptbestandteile fraktionieren.

Albumin, evtl. Pseudoglobulin und Euglobulin sind mit diesem Verfahren aus dem eiweißhaltigen Urin zu trennen und quantitativ meßbar. Im Urin wird vorwiegend das Albumin gefunden, aber nicht selten, und zwar besonders bei Nephrosen und im oben zitierten Falle auch kleine Mengen von Globulin. Bei jeder der so gewonnenen pulverisierten Fraktion des Urineiweißes wurde mehrmals das Porphyrin extrahiert und quantitativ bestimmt. Diese Untersuchung ergab, daß im Gegenteil zu der Eisessigäthermethode die Menge des dabei verloren gegangenen Porphyrins auffallend gering war. Die größeren Werte bei der Extraktionsmethode beruhen auf Retention von Porphyrin im Eiweißniederschlag. (Die Eiweißmenge im Urin betrug 3—8$^0/_{00}$, also eine für die Bestimmung des an das Eiweiß gebundenen Porphyrins relativ niedrige Konzentration), das übrige Porphyrin bleibt in der Flüssigkeit in Lösung. Bei der Differenzierung des Niederschlages konnten wir feststellen, daß der prozentual größte Teil des Eiweißporphyrins an die Globuline gebunden war.

Wir sehen somit, daß eine lockere Adsorption von Porphyrin an Eiweiß und besonders an das Globulin vorliegen kann. Die Beteiligung des Porphyrins am Calcium-Phosphat-Eiweißkomplex bei der Verkalkung beruht also sehr wahrscheinlich auf der Affinität dieses Farbstoffes zu den drei erwähnten, für den aktiven Verkalkungsprozeß unentbehrlichen Anteilen. Eine Absorption des Porphyrins im Knochen findet dagegen nicht statt oder höchst selten, und dann nur bei außergewöhnlich hohem Spiegel des zirkulierenden Porphyrins. Dies wird durch die zahlreichen Untersuchungsresultate in der Literatur bei Injektion von verschiedenen Porphyrinen im Tierversuch bewiesen, indem sich bei dem erwachsenen Tier keine merkliche Ablagerung des Farbstoffes in der Knochensubstanz zeigt. Auch unsere fluorescenzspektroskopischen Untersuchungen am Knochensystem bei einem Fall von Porphyrie zeigen, daß die Fixation des Porphyrins im Knochengewebe nicht regelmäßig und mit gleicher Intensität auf der ganzen Fläche auftritt. Nur diejenigen Teile des Gewebes, in denen der Verkalkungsprozeß am aktivsten vor sich geht, weisen eine deutliche Verankerung des Pigmentes auf. Besonders interessant ist die Feststellung einer sehr intensiven Fluorescenz und Ablagerung von Porphyrinkörnchen in den Osteoblasten, da nach den Untersuchungen FREUDENBERGs und GYÖRGYs gerade bei der Verkalkung eine aktive Sekretion von Knochensalzen (Kalk und Phosphate) durch die Osteoblasten in die Grundsubstanz stattfinden soll. Der Mechanismus der Porphyrinablagerung im Knochen erfährt damit auch in morphologischer Hinsicht eine Erklärung. Ähnliche Verhältnisse sind auch im Tierversuch bei der Bleivergiftung zu sehen. Hier zeigt sich, daß die Porphyrinspeicherung im Knochen mit einer primären Verankerung des Pigmentes in den Osteoblasten beginnt. In diesen Zellen geschieht dann hauptsächlich die Angliederung des Farbstoffes an die Knochenbestandteile.

Wir wissen, daß die Komplexbindung von Kalk, Phosphaten und Proteinen im Organismus bei der Verkalkung einen reversiblen Vorgang darstellt und daß die drei Bestandteile sich restlos voneinander trennen lassen. So ist es unbedingt als möglich zu erachten, daß das im Knochensystem verankerte Porphyrin ebenfalls wie der Kalk und das Phosphat aus dem Skelet unter Umständen mobilisiert werden kann.

Die Beziehungen der Knochensalze zum Porphyrin sind also nicht nur bei der Verkalkung sehr eng, sondern auch in der Entkalkung. In gleicher Weise kann man auch im Blute eine gewisse Abhängigkeit des Porphyrinumsatzes vom Calcium- bzw. Phosphatstoffwechsel beobachten. So findet man in der Literatur kurze Angaben über Porphyrin- und Calciumumsatz. HÜHNERFELD konnte nach enteraler Hämatoporphyrinverabreichung (Photodyn) im Tierversuch eine Senkung des Calciumspiegels im Blute beobachten. Man kann sich daher vorstellen, daß es hier zu einer Calciumanreicherung im Knochengewebe kommt, um damit die plötzliche Zufuhr von Hämatoporphyrin neutralisieren zu können, oder andererseits, daß durch die prompte Ausscheidung des Farbstoffes durch die Galle das Calcium mitgeführt wird. Die erste Hypothese wäre also als zweckmäßige Abwehrreaktion des Körpers gegen eine starke Erhöhung des toxisch wirkenden Farbstoffes zu betrachten. Und so muß auch unbedingt an diese Reaktion bei den Porphyrinkrankheiten, insbesondere der cutanen Porphyrie gedacht werden, wo das Knochensystem von großen Pigmentmengen direkt durchtränkt wird.

Die Beziehungen des Porphyrins zum Calcium kommen nicht nur im Knochen, sondern auch im Darmkanal zum Ausdruck. Es wurde schon über die auffallende Störung der Porphyrinresorption bei der Sprue und der Pankreasinsuffizienz berichtet, in diesen Fällen besteht infolge Entstehung beträchtlicher Massen von Kalkseifen im Darm eine schlechte Calciumresorption im Verdauungstractus. Wir sind der Auffassung, daß gerade diese Resorptionsbehinderung des Calciums für die verminderte Aufnahme des Porphyrins durch die Darmwand von Bedeutung ist. Die Verankerung des Porphyrins in den Kalkseifenmassen tritt bei der Farbstoffbestimmung des Spruestuhls zutage. Man muß sich in Anbetracht der starken Elektivität des Porphyrins zum Kalk vorstellen, daß man es beim Darmporphyrin mit einem ausgesprochen festen Komplex Calcium-Porphyrin zu tun hat. Damit wäre zum Teil die schlechte Porphyrinresorption des Darmes bei der Sprue zu erklären. Das Porphyrin folgt also in der Ausscheidung teilweise dem Schicksal des Calciums. Man kommt daher unwillkürlich zur Frage, ob das durch die Galle ausgeschiedene Porphyrin an den Calciumanteil des Lebersekretes gebunden ist. Man weiß, daß die Galle mäßig große Mengen Calcium enthält. Die Galle (Gallensäuren) steigert die Löslichkeitsverhältnisse des Kalkes; es wäre daher interessant zu wissen, ob der Löslichkeitsgrad der Calciumsalze im Darm nicht auch vom Porphyrin abhängig ist. Einige unten angeführte Beobachtungen könnten diese Annahme unterstützen. In diesem Mechanismus wäre eine zweckmäßige Reaktion zu erblicken, indem es bei der Erhöhung der Calciumlöslichkeit durch das Porphyrin zu einer Erhöhung des Calciumspiegels im Organismus käme, ein Zustand, der für die Neutralisierung des resorbierten Porphyrins im Knochensystem besonders zweckmäßig wäre. So haben KAPSINOW und JAKSON gezeigt, daß Fütterung von Schweinegalle die Rattenrachitis verhüten und sogar heilen kann. Diese antirachitisch wirkende Funktion der Galle wird von KLINKE folgendermaßen gedeutet: Die Galle begünstigt Löslichkeit und Resorption der Kalkstoffe im Darm und tritt dem Calciummangel entgegen. Ähnliche, antirachitische Wirkung wird auch dem Porphyrin zugeschrieben. VAN LEERSUM beschrieb Verhütung und Heilung der Rattenrachitis durch Porphyrininjektionen. Der Autor wie auch CARRIÉ führt diese Wirkung auf eine vitaminähnliche Fähigkeit des Porphyrins zurück. Wir möchten hier zur Klärung dieser, von anderen Autoren allerdings angezweifelten Wirkung des Porphyrins, die Möglichkeit der besseren Kalkresorption aus dem Darm bei Zusatz von Porphyrin erwähnen. Andererseits muß bei Porphyrinverabreichung, hauptsächlich bei der Rachitis, eine vermehrte Bilirubinausscheidung aus der Leber angenommen werden, die dann sekundär die Darmresorption des Calciums im Organismus begünstigen würde.

Ausscheidung der Porphyrine aus dem Organismus.

Wir haben zuletzt die Resorption des Porphyrins und des Calciums im Darm berücksichtigt, es soll nun die Frage der Ausscheidung des Calciums bzw. der Phosphate einerseits und des Porphyrins andererseits erörtert werden.

Ist die angenommene Affinität der beiden Substanzen auch bei dem komplizierten Vorgang der Ausscheidung aus dem Organismus zu beobachten?

Wir haben versucht, mit verschiedenen Belastungsversuchen am Menschen bei fortlaufender Registrierung der Porphyrinausscheidung dieser Frage näher zu kommen, indem wir zwei Fälle von starker Porphyrinurie (der eine mit einer latenten chronisch verlaufenden Porphyrie, der andere mit einer Porphyrinurie nach Bleivergiftung) zu Hilfe nahmen.

Zur genaueren Besprechung der Frage seien hier einige allgemeine, wichtige Punkte der Kalk-Phosphatausscheidung hervorgehoben. Seit den schönen Untersuchungen HETENYs ist bekannt, daß die Zufuhr von Kalk der Kalkausscheidung nicht parallel verläuft, es kommt bei erhöhter Calciumzufuhr zu einer Calciumretention, die sich vorwiegend durch Speicherung dieses Salzes im Knochensystem dartut. Die Ausscheidung von Kalk und Phosphor ist aber von der Acidität bzw. Alkalinität der Nahrung abhängig, sogar der Ausscheidungsweg ist diesen Faktoren unterstellt. Unter normalen Bedingungen wird das Calcium vorwiegend durch den Darm ausgeschieden, die Phosphate verlassen den Organismus durch den Darm und durch die Nieren. Bei Alkalizufuhr durch die Nahrung oder bei reichlicher Calciumphosphatzugabe nimmt die Ausscheidung von Kalk und Phosphaten im Stuhl zu, während sich die Ausscheidung durch den Urin verringert. Bei Säurezufuhr wird der umgekehrte Prozeß beobachtet (GYÖRGY).

Wir wissen heute (GYÖRGY), daß eine Azidose, sei sie durch die Nahrung oder durch endogene Faktoren bedingt, von intermediären Neutralisationsvorgängen im Organismus begleitet ist, unter denen die Ausschwemmung von Kalk aus dem Knochensystem und die Ausscheidung von sauren Phosphaten im Urin eine wichtige Rolle spielt. Säurezufuhr durch die Nahrung bringt eine Verschlimmerung der Kalk- und Phosphatbilanz mit sich, wogegen Alkalizufuhr bzw. endogene Alkalose, zu einer Begünstigung der Retention dieser beiden Salzgruppen im Organismus führt. In anderen Worten: Die Nahrungsansäuerung führt zu einer Verarmung der wichtigsten Salzbestandteile der Knochen, eine Alkalisierung dagegen bedingt eine Einsparung der Kalk- und Phosphatbestandteile des Skeletsystems.

Wie verhält sich nun unter ähnlichen Bedingungen das Porphyrin? Entsteht bei Alkalizufuhr eine Verankerung dieses Farbstoffes im Knochensystem oder kommt es bei der Azidose der Nahrung zu einer stärkeren Ausschwemmung des Pigmentes unter Mobilisierung der Calcium- und Phosphorsalze aus dem Skelet?

Bis jetzt hat sich die Literatur wenig mit diesen nach unserer Ansicht besonders für die Therapie wichtigen Problemen beschäftigt. Vor kurzem haben SCHREUS und POULLAIN am Kaninchen die Frage der Porphyrinausscheidung bei alkalischer und saurer Diät studiert. Sie konnten zeigen, daß bei der sauren Kost (Hafer) die Porphyrinausscheidung am normalen Tiere höher ist als bei der alkalischen Kost (Grünfutter). Die Porphyrinausscheidung bei der experimentellen Bleiintoxikation verhält sich bei der genannten Diät dermaßen, daß es bei saurer Kost zu einer sprunghaften Steigerung der Porphyrinausscheidung kam, indessen die Grünfuttertiere nur eine Steigerung der Porphyrinelimination aufwiesen. Diese Erscheinungen werden von SCHREUS und POULLAIN folgendermaßen erklärt: Durch die Änderung des Blut-p_H und der Alkalireserve infolge

der verschiedenen Ernährung ist eine Verminderung bzw. Vermehrung des
Erythrocytenabbaues, ferner eine bessere oder schlechtere Resorption, Speicherung und Ausscheidung des Bleies im Organismus anzunehmen. Auch die Möglichkeit einer Verbindung des Hämatins bzw. Porphyrins mit dem Blei wird
in Erwägung gezogen. Auf diese verschiedenen Hypothesen werden wir bei der
Besprechung unseres Versuches zurückkommen. Auf die Schwankungen des
Porphyringehaltes des Urins und Kots bei den verschiedenen Nahrungsarten
haben wir schon früher hingewiesen. Wir wissen ferner, daß die Pflanzennahrung
reich an Porphyrinen bzw. Chlorophyllporphyrinen sein kann, und haben uns
deshalb vorgenommen, die Untersuchungen über die Porphyrinausscheidung
in Abhängigkeit vom Säure-Basenhaushalt des Organismus bei einer immer
gleichbleibenden Diät zu unternehmen, wobei der Porphyringehalt der Kost
unter Zusatz von Säuren bzw. Alkalien konstant gehalten wurde.

Die Ernährung wurde so gewählt, daß die Porphyrinzufuhr durch die Nahrungsmitteln beschränkt und ziemlich gleichmäßig war bei konstanter, der
Norm entsprechender Zufuhr von Kalk und Phosphor. Gerade dieser Punkt

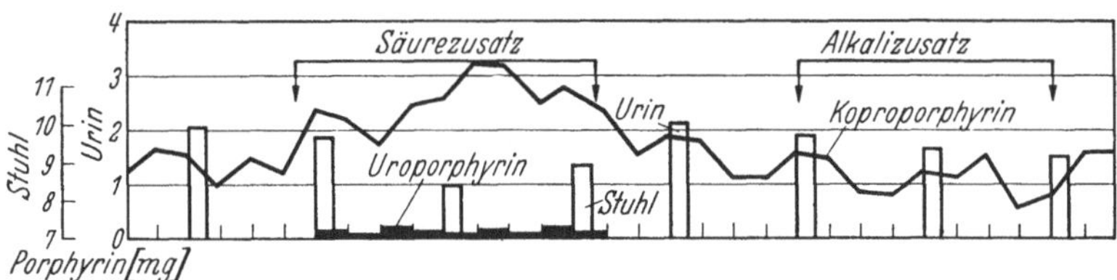

Abb. 30. Kopro- und Uroporphyrinausscheidung im Urin und Stuhl bei peroraler Säure- und Alkalizufuhr.
(Porphyriepatient.)

wurde besonders beachtet, damit durch eine abnorme, perorale Verabreichung
dieser Salze die normale Bilanz von Calcium und Phosphaten nicht gestört
würde.

Die Ansäuerung geschah in einer ersten Versuchsreihe durch tägliche Verabreichung von Phosphorsäure, dann aber durch perorale Citronensäurezufuhr
(Potio Riveri) oder von Salzsäure. Die Alkalisierung erreichten wir durch
wiederholte Gaben kleiner Mengen Natrium bzw. Kaliumcitrat und Natriumcarbonat. Fortwährend wurde dann die Reaktion des Urins und häufig auch
des Stuhls kontrolliert.

Diese Ausscheidungsversuche wurden sowohl am gesunden wie am kranken
Menschen durchgeführt. Die Porphyrinausscheidung des gesunden Individuums
zeigte in unseren Versuchen zu geringgradige Schwankungen, um auf die einzelnen Resultate näher eingehen zu können. Im allgemeinen kann eine gewisse
Steigerung der Gesamtporphyrinausscheidung bei der Ansäuerung verzeichnet
werden. Viel eindeutiger sind dagegen die Belastungsversuche bei den porphyrinkranken Menschen ausgefallen.

Zur Beobachtung standen uns, wie schon erwähnt, zwei Patienten zur Verfügung, wovon der eine an Bleiintoxikation mit deutlicher Porphyrinurie litt,
der andere an einer chronischen Porphyrie. Dieser Patient zeigte auch in den
anfallsfreien Zwischenzeiten auffallend hohe Porphyrinausscheidungen durch
den Darm und die Nieren.

Die oben angegebene Kurve gibt den Ausscheidungsverlauf des Urinporphyrins bei täglicher Messung, und des Kotporphyrins bei dreitägiger Bestimmung

wieder. Die Versuche wurden während mehrerer Tage ausgeführt. Der Porphyrinspiegel im Blut wurde außerdem häufig kontrolliert und die Calciumausscheidung in Urin und Stuhl ebenfalls verfolgt.

Im allgemeinen läßt sich sagen, daß neben den täglichen Ausscheidungsschwankungen das Porphyrin bei der sauren Kost den Körper in etwas größeren Mengen verläßt als bei der alkalischen. Ferner konnten bei der Ansäuerung des Urins Spuren Uroporphyrin beobachtet werden. Diese Feststellungen lassen sich nur bei einer approximativen Berechnung der Gesamtausscheidung des Farbstoffes (Urin und Kot) machen. Wenn wir aber die Kurven der Urin- und Stuhlprophyrinausscheidung betrachten, finden wir, daß sie unter den gleichen Bedingungen nicht parallel verlaufen. Bei der Alkalizufuhr läßt sich eine ziemlich regelmäßige Verteilung des Porphyrins sowohl im Urin wie im Stuhl konstatieren. Bei der Säureverabreichung bekommen wir deutliche Abweichungen, je nachdem wir Phosphorsäure, Citronensäure oder Salzsäure gebrauchten. Wurde die Ansäuerung mit Phosphorsäure vorgenommen, so beobachteten wir eine leichte Abnahme der Porphyrinausscheidung durch die Niere und eine sichere Vermehrung der Porphyrinwerte im Stuhl, bei den Citronen- oder Salzsäureversuchen dagegen ist eine deutliche Vermehrung der Urinporphyrinausscheidung bei normalen oder leicht verminderten Porphyrinwerten im Stuhl vorhanden. (Wir bezeichnen bei diesen Versuchen Werte als normal, wenn sie sich denjenigen der Vorversuchsperiode nähern.) Ferner ist von besonderer Bedeutung die Beobachtung, daß die Urinfarbe bei der Säureperiode auffallend dunkel war. Diese Veränderung beruht zum Teil auf einer leichten Konzentrierung der vorhandenen Urinfarbstoffe, zum großen Teil aber auf der plötzlichen Ausscheidung von braunem Farbstoff, der oft bei den akuten Anfällen der Porphyrie als Begleitserscheinung neben der starken Prophyrinurie zu beobachten ist. Über das Auftreten dieses Pigmentes werden wir im nächsten Kapitel näher berichten, hier möchten wir nur betonen, daß dasselbe besonders bei der intensiven Porphyrinvermehrung im Urin auftritt und als Begleitfarbstoff des Porphyrins aufzufassen ist.

Wenn wir das Verhalten der Porphyrinausscheidung bei diesen Versuchen näher betrachten, so sehen wir, daß manche Analogie mit dem Kalk- und Porphyrinstoffwechsel besteht. Die Ansäuerung des Organismus durch die Nahrung hat im allgemeinen eine gewisse Erhöhung der Porphyrinausscheidung aus dem Organismus bewirkt. Diese Tatsache ist wohl zum Teil damit zu erklären, daß gerade bei der Ansäuerung im allgemeinen eine zweckmäßige deutliche Mobilisierung von Calcium und Phosphat aus den Knochen und damit indirekt auch eine solche des Porphyrins auftritt. Gerade die Ablagerung dieses Pigmentes bei den Porphyrinkrankheiten muß als zweckmäßige neutralisierende Reaktion aufgefaßt werden. Mit der Verankerung des Porphyrins im inaktiven Knochengewebe versucht der Organismus den zu hoch und daher schädlich gewordenen Porphyrinspiegel in den Körperorganen herabzusetzen. Diese Reaktion ist aber reversibel und der Farbstoff kann durch Mobilmachung der Knochensalze wieder in den Kreislauf gebracht werden. Von besonderem Interesse ist aber die Tatsache, daß bei unseren Porphyrikern die Ansäuerung der Nahrung zu gewissen Störungen des Darmtractus und der Haut geführt hat. Schon am 3. Tag nach der Ansäuerung haben zwei Fälle deutliche Zeichen einer erhöhten Photosensibilisierung der Haut gezeigt. An den unbedeckten Körperstellen, besonders im

Gesicht und an den Ohren, traten erythematöse Erscheinungen mit Bläschenbildung und reaktiver Desquamation auf, dazu klagte der eine Patient über starke Obstipation, Bauchschmerzen, besonders im Hypogastrium und Spannungsgefühl in der Magengegend.

Eine genaue Untersuchung des Urins ergab das Auftreten von Uroporphyrin in kleinen Mengen, eine Erscheinung, die schon seit Monaten nicht mehr zu beobachten gewesen war und die bei Alkalisierung der Diät sofort verschwand. Wir sind der Ansicht, daß hier durch die Ansäuerung eine Carboxylierung des Koproporphyrins in den Nieren in Gang gesetzt wird, und wir müssen uns fragen, ob die Porphyrinvermehrung durch Säurezusatz nicht nur auf eine Mobilisierung, sondern auch auf eine Vermehrung der Porphyrinbildung im Organismus zurückzuführen ist, eine Hypothese, die in therapeutischer Hinsicht von Bedeutung wäre und auch den starken Anstieg von Porphyrin im Harne der mit Blei vergifteten Tiere in den Versuchen von SCHREUS und POULLAIN erklären würde. Auch von Interesse ist das Auftreten der starken Verdunklung des Urins während der Säurewirkung. Es handelt sich hier um eine allgemeine Vermehrung der Urinfarbstoffe, aber besonders des braunen Pigmentes des Porphyrins. Es ist anzunehmen, daß dieser Farbstoff, der in den anfallsfreien Perioden im Urin nicht beobachtet wird, in einem dem Porphyrin und besonders dem Uroporphyrin ähnlichen Adsorptionsverhältnis mit dem Knochensystem steht.

Wie oben erwähnt, beobachtet man je nach der Anwendung von Phosphoroder Salzsäure für die Ansäuerung eine gewisse Verschiebung der Porphyrinausscheidung. Es kommt bei dem Phosphorsäurezusatz gegenüber den Citronensäure- oder Salzsäureversuchen zu einer relativen Verminderung der Porphyrinausscheidung durch die Nieren. Diese Tatsache ist wohl dadurch zu erklären, daß sich durch die perorale Zufuhr von Phosphorsäure im Darm neutrales Calciumphosphat bildet, das bekanntlich schwer löslich ist und daher schlecht durch die Darmwand resorbiert wird. Ein Teil des im Calcium verankerten Porphyrins wird daher im Darm zurückgehalten und kann nicht durch die Nieren ausgeschieden werden.

Wir sehen auch hier eine gewisse Relation zwischen Calciumausscheidung und Porphyrinverteilung in Urin und Stuhl.

Wie steht es nun mit der Porphyrinausscheidung bei der Alkalisierung? Die leicht vermehrte Wasserausscheidung bei unseren Versuchen ist auf eine erhöhte Wasserzufuhr sowie auf die Aufnahme größerer Mengen Ionen bei der Erzeugung der Nahrungsalkalose zurückzuführen. Der Antagonismus zwischen Kalium und Natrium bei der Wasserbewegung im Organismus ist bekannt, und bei unseren Untersuchungen beruht die vermehrte Wasserabgabe zum Teil auf der Zufuhr von Kalium, das nach der Formulierung von SCHULZ diuretisch wirkt. Neben der Steigerung der Wasserausscheidung beobachtet man während der Alkaliverabreichung eine Abnahme der Porphyrinausscheidung im Urin, die manchmal leicht unter die normalen Ausscheidungswerte sinken kann. Im Stuhl kommt es jedoch zu einer leicht erhöhten Ausscheidung. Der ausgeschiedene Urin ist auffallend hell, enthält keinen braunen Farbstoff und kein Uroporphyrin. Diese relativ geringe Elimination des Porphyrins aus dem Organismus beruht zum Teil darauf, daß die Uroporphyrinbildung im alkalischen Milieu zugunsten der Koproporphyrinproduktion zurückgegangen ist. Ferner ist bei der Alkalose denkbar, daß trotz der Retention und Ablagerung der Knochensalze im Skelet evtl. eine andere Ausschwemmungsmöglichkeit des Porphyrins aus dem Körper vorliege. Scheinbar folgt hier die Porphyrinelimination im Urin nicht mehr dem Mechanismus des Calcium-Phosphatumsatzes. Die gute Ausscheidung des Pigmentes durch den Darm spricht wieder für den Parallelismus zwischen Porphyrinen und Phosphat- und Kalkausscheidung aus dem Organismus. Unwahrscheinlich erscheint hier die Hypothese einer stärkeren Mobilisierung von Porphyrin aus der Leber durch die verstärkte Diurese, dagegen muß hier an die ungünstige Kaliumwirkung auf den Porphyrinumsatz bei der Alkalisierung gedacht werden, um so mehr da wir in anderen später zu beschreibenden Versuchen (Kap. IX) sehen konnten, daß eine hochdosierte Na.bicarbonatanwendung zu einer prompten Porphyrinabnahme führte. Die besprochenen Ergebnisse werfen aber ein neues Licht auf die zwischen Kalk- und Porphyrinstoffwechsel bestehenden engen Beziehungen, die sehr wahrscheinlich nicht nur chemischer, sondern physikalischer adsorptiver Natur sind. *Auf dieser Affinität beruht nicht nur die Neutralisierung des Farbstoffes von seiten des Organismus durch seine Ablagerung im Knochensystem und anderen Depots, sondern unter bestimmten Verhältnissen auch die Mobilisierung des Farbstoffes aus den Depots mit darauffolgender Ausscheidung aus dem Organismus.*

Wenn wir das Problem des Porphyrinstoffwechsels von diesem Gesichtspunkt aus betrachten, können wir verschiedene Erscheinungen, die in der Klinik zu beobachten sind, erklären. Damit kann die abnorme Verteilung des Porphyrins im Urin und im Stuhl bei der Sprue und bei den Pankreasaffektionen, vielleicht auch das Verhalten des Porphyrins bei der Azidose und Alkalose und in dieser Hinsicht hauptsächlich bei Fieber verstehen. Die Porphyrinurie im Fieberzustande ist heute bekannt, man hat diese vorübergehende Erscheinung oft mit einer Schädigung der Leberfunktion und in den letzten Jahren besonders nach Schreus und Carrié mit einer verstärkten Hämolyse während des Fiebers in Zusammenhang bringen wollen. Neben diesen Faktoren, die im nächsten Kapitel näher beschrieben werden, muß heute auch die Wirkung der Azidose und die damit verbundene Mobilisierung von Knochensalzen zur Klärung der Fieberporphyrinurie berücksichtigt werden.

Diese Verhältnisse sind komplizierter Natur und es sind dabei viele Faktoren im Spiele, es ist daher erforderlich, daß die Versuche unter Berücksichtigung aller exogenen und endogenen Einflüsse durchgeführt werden. So ist auf die Versuche von Schreus und Poullain zurückkommend einzuwenden, daß hier die Zufuhr von exogenen Porphyrinen bei den Grünfutter- und Hafertieren, ferner die Zusammensetzung der Nahrung in bezug auf Salze nicht berücksichtigt wurde; auch die Annahme einer besonderen Hämolyse als Ursache der Porphyrinproduktion bei saurer Diät ist wenig überzeugend.

Schließlich wird von Suzuki Kohij betont, daß die Kaninchen eine alkalotische Verschiebung des Säurebasenhaushaltes viel besser ertragen als eine Azidose, so daß die Tiere bei der Ansäuerung bzw. Alkalisierung nicht unter den gleichen Versuchsbedingungen stehen. Trotz diesen Einwänden sind die oben erwähnten Untersuchungen von Interesse und zeigen ebenfalls wie die Porphyrinausscheidung im normalen und pathologischen Organismus vom Säurebasengleichgewicht abhängig ist.

Bis jetzt wurde die Tatsache der Zusammenarbeit von Kalk und Porphyrin betont; diese Erörterungen zeigen andererseits die engen Beziehungen dieses

Pigmentes zum kolloidchemischen System im Organismus. Der reversible Mechanismus der Ablagerung und Mobilisierung des Farbstoffes im Rahmen des Verkalkungsprozesses zeigt die Möglichkeit gewisser Affinitäten und Gleichgewichtsverschiebungen zwischen den Kolloiden des Plasmas und denjenigen des Substrats. In dieser Beziehung wäre vielleicht an die Speicherung des braunen Pigmentes als Eiweißabkömmling im Knochengewebe zu denken, und wir müssen uns hier fragen, ob die besondere Elektivität des Uroporphyrins für das Skeletsystem nicht auf dem Vorhandensein dieses Nebenpigmentes beruhen könnte.

In das Gebiet des oben besprochenen Problems: Porphyrie und Knochensalze gehört noch die umgekehrte Frage: *Calciumspiegel des Blutes und Porphyrinstoffwechsel.*

Wie verhält sich nun das Blutcalcium bei der Porphyrinvermehrung im Organismus, bzw. bei der erhöhten Porphyrinausscheidung?

HÜHNERFELD hat, wie wir schon erwähnt haben, bei der wiederholten Hämatoporphyrinverabreichung im Tierversuch eine Senkung des Calciumblutspiegels beobachten können. Diese Beobachtung erfährt gewissermaßen eine Bestätigung durch die Arbeit von MARIQUE und MELOT. Diese Autoren haben im Tierversuch (Ratte) unmittelbar nach der intramuskulären Injektion von Hämatoporphyrin keine wesentliche Calciumschwankung im Blut gesehen, während das anorganische Phosphor für kurze Zeit eine deutliche Abnahme im Blut erfährt. Bei der chronischen Porphyrinverabreichung (Ratte) kann man eine leichte Abnahme des Blutcalciums, bei einem normalen Phosphorspiegel beobachten. Am Menschen konnten wir bei Hämatoporphyrinverabreichung keine deutliche Schwankung des Calciumgehaltes im Blut nachweisen, allerdings dauerte die Verabreichung des Farbstoffes relativ kurze Zeit. Es ist bekannt, daß die Schwankungsbreite des Calciumspiegels normalerweise sehr gering ist und daß die Verschiebung des Calciumgehaltes sich erst nach längerer Zeit einstellen kann. Von Bedeutung ist aber die Tatsache, daß die Abnahme des Calciums im Blute oft von den Resorptionsverhältnissen Darm und dann vom Säure-Basenhaushalt im Organismus abhängig ist. Bei den früher erwähnten Versuchen mit Azidose und Alkalase sieht man mit großer Regelmäßigkeit eine gewisse Kalkretention bei der peroralen Alkalizufuhr und umgekehrt eine Calciummobilisierung bei der sauren Diät. Diese Calciumbewegungen lassen sich auch bei der Betrachtung der Calciumwerte im Blute genau verfolgen. Allerdings sehen wir, daß bei längeren Ansäuerungsperioden es gelegentlich auch zu einer Steigerung des Calciumspiegels kommt. Diesen Befund möchten wir mit einer zweiten Beobachtung in Zusammenhang bringen. Wir werden im folgenden Kapitel sehen, wie bei einer endogenen Mehrzufuhr von Pyrrolkörperkomplexen die Produktion des Porphyrins im Körper gesteigert werden kann. Bei dieser Vermehrung des endogen gebildeten Pigmentes sehen wir eine gewisse Zunahme des Calciums im Blute. Wir müssen hier die Frage der Kalkresorption aus dem Darm nicht außer acht lassen, und in diesem Zusammenhang auf die begünstigende Wirkung der Galle, auf die Löslichkeitsverhältnisse der Calciumsalze im Darme zurückkommen. Die vermehrte Ausschwemmung von Galle bei der Porphyrinüberproduktion kann zu einer gewissen Steigerung der Kalkresorption aus dem Darm führen.

Wenn wir also die Verhältnisse des Blutcalciums beim Porphyrinstoffwechsel betrachten, können wir einmal eine Erhöhung, einmal eine Senkung der zirkulierenden Kalkwerte sehen; diese Schwankungen sind einerseits von der Mobilisierung des Calciums bzw. seiner Ablagerung im Skelet und andererseits von seiner Resorption im Darm abhängig. Dies läßt sich bei der Verfolgung des Calciumspiegels bei dem Porphyrinanfall deutlich ersehen. In allen diesen Vorgängen kommen mit mehr oder weniger Deutlichkeit die engen Beziehungen zwischen Calcium- und Porphyrinstoffwechsel, die sich besonders in der Verankerung des Porphyrins im Knochensystem und in der Begünstigung der Kalkresorption aus dem Darm äußern, wieder zum Vorschein. Beide Vorgänge sind als zweckmäßig zu betrachten. Bei der Porphyrinablagerung im Knochen handelt es sich zum Teil um eine entgiftende Funktion, wobei das schädlich wirkende Pigment in einem indifferenten Gewebe deponiert wird. Dabei kann tatsächlich das Porphyrin bei der Verknöcherung auch eine gewisse katalytische Funktion entfalten (einige Autoren sprechen sogar von einer Vitaminfunktion des Porphyrins beim wachsenden Organismus). Bei der Resorptionsbegünstigung des Calciums aus dem Verdauungstractus handelt es sich um einen Vorgang, bei dem das Vorliegen von Porphyrin im Darm von Bedeutung sein kann (s. oben). Indem vermutlich das Porphyrin die Resorption des Calciums aus dem Darme begünstigt, bewirkt es indirekt auch eine Calciumanreicherung des Organismus, die dann bei der pathologischen Vermehrung dieses Pigmentes in jeder Beziehung von Nutzen ist.

Wissenswert ist aber, wann der eine und wann der andere dieser Prozesse auftritt und ob vielleicht sowohl Ablagerung als auch Resorption gleichzeitig auftreten können. Unsere Versuche zeigen, daß bei der Ablagerung und Mobilisierung des Porphyrins sich eine gewisse Parallelität zu der Calciumbewegung einstellt, besonders dann, wenn im Organismus schon eine endogen bedingte Erhöhung des Farbstoffspiegels vorliegt. Bei der plötzlichen Vermehrung des in der Leber gebildeten Porphyrins tritt allmählich die Begünstigung der Kalkresorption aus dem Darm auf, die von einer Erhöhung des Calciumspiegels im Blut begleitet werden kann. Anders verhält sich das Calcium bei der künstlichen Verabreichung von Porphyrin, besonders von fremdem Porphyrin. Das zirkulierende Calcium wird offenbar sofort für die prompte Ablagerung des Farbstoffes im Knochen und vielmehr für eine rasche Ausscheidung durch die Galle verwendet.

Auch die Hypothese der vitaminähnlichen Funktion des Porphyrins verdient erwähnt zu werden. Die Untersuchung von LEERSUM wurde schon zitiert, der die Rattenrhachitis mit einer Porphyrinbehandlung heilen konnte. Man hat (VAN LEERSUM und CARRIÉ u. a.) einen Vergleich zwischen Porphyrin und Vitamin D gezogen, indem man arteriosklerotische Veränderungen an den kleinen Gefäßen besonders der Nieren, die bei der Porphyrinurie gelegentlich beobachtet wurden (EICHLER), den ähnlichen Verhältnissen bei einer Vitamin-D-Überdosierung gegenübergestellt.

Wir sind der Auffassung, daß die sklerotischen Gefäßprozesse bei der Porphyrie nur gelegentlich beobachtet werden. Sie sind durchaus nicht eine typische Erscheinung der Porphyrinkrankheit und fehlen auch bei den experinentellen Porphyrinurien nach chronischer Bleiintoxikation am Versuchstiere.

Bevor die Besprechung der Beziehungen zwischen Calcium und Porphyrin abgeschlossen wird, sei hier auf zwei andere wichtige Probleme, nämlich auf *das Verhalten des Porphyrinstoffwechsels zum Magnesiumstoffwechsel* und die

Wirkung der Calciumverabreichung bei der Behandlung der Porphyrie kurz eingegangen.

Calcium und Magnesium verhalten sich in ihrem Stoffwechsel antagonistisch. Die Zuführung von Calcium bewirkt eine Erhöhung der Magnesiumausscheidung und umgekehrt die Zuführung von Magnesium eine Erhöhung der Calciumausscheidung. Neuestens haben einige Autoren bei der Bleiporphyrie versucht, der Ausscheidung des Farbstoffes unter Magnesiumbehandlung nachzugehen. MAUGERI und MUTOLO zeigten, daß die Porphyrinurie bei bleivergifteten Tieren nach Magnesiumverabreichung gesteigert wird. Auch CAPELLI hat die Wirkung von Magnesium sulfuricum (intravenös) am Menschen bei der künstlichen Bleiintoxikation (nach intravenöser Einspritzung einer kolloidalen Bleilösung) verfolgt und kommt dabei zum Resultat, daß das Magnesium die Bleiporphyrinurie nach einer Latenzzeit von 24 Stunden beträchtlich steigert. Über diesen Vorgang werden von CAPELLI drei Hypothesen aufgestellt. Das Magnesium als Lösungsagens des Calciumphosphorkomplexes des Knochens mobilisiert das Porphyrin,

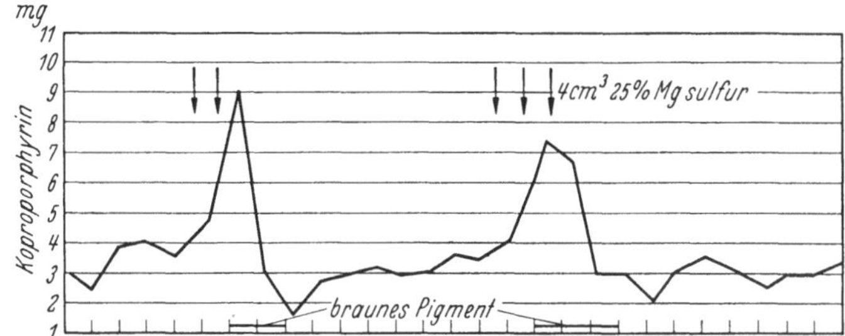

Abb. 31. Steigerung der täglichen Porphyrinausscheidung nach intravenöser Mg. sulfuricum-Injektion bei einem Porphyriepatienten.

andererseits verhindert es die Verbindung des Bleis mit dem Calcium und Phosphor des Knochens. Durch die Mobilisierung des Calciums aus dem Knochen wird auch das Blei beweglich gemacht, d. h. das Magnesium erhöht durch Lockerung des Bleis im Knochen den Bleispiegel im Blute. Schließlich fällt die azidotische Wirkung des Magnesiums im Blut und die damit verbundene sekundäre Porphyrinbefreiung aus dem Skelet in Betracht.

Wir haben solche Versuche mit Magnesiumbelastung am Menschen bei der Blei- und Quecksilberintoxikation und bei einem Fall von Porphyrie ausgeführt und durch intravenöse Verabreichung von 25%iger Magnesiumsulfuricumlösung obige Kurve, die die Ausscheidung des Porphyrins unter Magnesiumbelastung zeigt, erhalten (Abb. 31).

Bei der Bleiintoxikation konnten wir die Befunde CAPELLIs bestätigen, daneben aber auch bei der essentiellen Porphyrie eine deutliche Steigerung der Porphyrinausscheidung beobachten, die von einer starken Vermehrung des braunen Pigmentes begleitet war. Aus diesen Beobachtungen können wir mit genügender Sicherheit schließen, daß hier die Vermehrung der Porphyrinausscheidung im Urin nach Magnesiumverabreichung auf die Mobilisierung des Farbstoffes aus dem Knochensystem zurückzuführen ist. Die Magnesiumwirkung besteht in einer Befreiung des Calciums und des Porphyrins aus dem Knochen, also ähnlich der Wirkung bei der Ansäuerung. Diese Annahme ist erstens durch den Auftritt von braunem Farbstoff und zweitens durch die Porphyrinvermehrung bei der essentiellen Porphyrie bestätigt. Es kann somit nicht von einer

Mobilisierung von Blei gesprochen werden. Das Blei spielt in unserem Porphyriefall keine Rolle, eine Mehrproduktion von Porphyrin bei der plötzlichen Erhöhung des Bleispiegels im Blut nach Befreiung des Bleis aus dem Calcium-Phosphorbleikomplex im Knochen ist also nicht anzunehmen. Die azidotische Magnesiumwirkung kann höchstens die Calciummobilisierung bei der Magnesiumzufuhr begünstigen. Nach der Erwähnung des Verhaltens des Porphyrins bei der Calciummobilisierung unter Verschiebung des Säurebasengleichgewichtes und unter Magnesiumverabreichung, sowie der Schwankungen des Calciumspiegels bei vermehrter Porphyrinproduktion oder unter Porphyrinzufuhr bleibt zum Schlusse noch die Frage der Porphyrinausscheidung unter Calciumzufuhr noch offen.

Erhöhte Kalkzufuhr bedingt vermehrte Kalkretention (SCHLOSS) und dies neben einer geringen Calciumzunahme im Blut. Das Calcium wird in großen Mengen im Skelet deponiert. Die therapeutische Erfahrung der letzten Jahre über die Anwendung von Calciumsalzen zur Verminderung der Porphyrinurie und zur Bekämpfung der schweren Intoxikationserscheinungen der Porphyrie lehren, daß gerade durch diese Erhöhung der Calciumablagerung auch eine gleichzeitige Ablagerung von Porphyrin im Knochen stattfindet. So haben zahlreiche Autoren (MASSA, VIGLIANI, FRANKE und LITZNER, EMMINGER und BATTISTINI, VANNOTTI u. a.) die günstige Wirkung der Calciumverabreichung (Ca.-chlorid, Ca.gluconat) nicht nur auf die Porphyrinausscheidung, sondern auch auf die Vergiftungssymptome des Porphyrins bei den Porphyrien beschrieben. Genaue Berücksichtigung findet die Frage bei der Behandlung der Porphyrinkrankheiten. Neben dieser Adsorptionswirkung wird bei der Bleiporphyrie von SCHRETZENMAYER die zweckmäßige Verankerung des zirkulierenden Bleis durch Calciumvermittlung im Knochensystem betont.

In bezug auf die spätere Besprechung der funktionellen Beziehungen zwischen Porphyrin und Schilddrüse sei hier nur kurz erwähnt, daß die Schilddrüse eine gewisse Einwirkung auf die Calciumablagerung im Skeletsystem entfaltet und daß die Schilddrüsenhyperfunktion eine Mobilisierung des Calciums und der Phosphate aus dem Knochen bewirken kann. Es wäre daher nicht ausgeschlossen, daß gewisse Störungen von seiten der Schilddrüse, die manchmal bei der Porphyrie zu beobachten sind, in Zusammenhang mit der Funktion dieser Drüse beim Calcium-Porphyrinumsatz stehen würden.

Außer dem Knochen kommt noch die Haut als Ablagerungsorgan für das Porphyrin in Betracht. Wenn aber die Verankerung des Farbstoffes im Knochen als ein zweckmäßiger Vorgang betrachtet werden kann, führt die Hautfixation des Porphyrins dagegen zu schweren lokalen und allgemeinen Störungen, die schon oben bei der Besprechung der photosensiblen Wirkung des Porphyrins eingehend besprochen wurden. Die schweren Hautveränderungen bei der Hydroa vacciniformis, Dermatitis solaris und Pellagrakrankheit können nicht unmittelbar als Porphyrinwirkung aufgefaßt werden. Bei der Hydroa vacciniformis hat man nicht selten vermehrte Porphyrinurie beobachtet; trotzdem wird von GÜNTHER, später auch von CARRIÉ und von KÄMMERER betont, daß zwischen Hydroa und cutaner Form der Porphyrie scharfe Grenzen zu ziehen sind. Die Unterschiede dieser beiden Krankheiten sind besonders in der Haut zu suchen. Die Haut reagiert bei der Hydroa vacciniformis nicht so heftig wie bei der kongenitalen Porphyrie, die nicht selten schwere Veränderungen mit Verstümmelungen aufweist (CARRIÉ). Auch das Verhalten der Haut bei Photosensibilisierung ist wahrscheinlich bei beiden Krankheiten verschieden. Es scheint, daß die Hautüberempfindlichkeit bei der Porphyrie sich fast ausschließlich bei Ultraviolettlicht äußert, während bei der Hydroa noch andere Lichtwellen für die Hautreaktion verantwortlich gemacht werden können (CARRIÉ). Interessieren dürfte ferner die Tatsache, daß beide Krankheiten gewissermaßen hereditär sind und daß bei der kongenitalen Porphyrie in frühester Jugend die ersten klinischen Erscheinungen des Leidens in Form einer Hydroa vacciniforme auftreten (CARRIÉ). Auf die Morphologie der Hauterscheinungen kann man nach Aussagen von kompetenten Dermatologen (SCHREUS, CARRIÉ) nicht mehr strikte achten, da Fälle beschrieben worden sind, die starke Abweichungen von der klassischen Form zeigen. Das histologische Bild der Epidermis bei der cutanen Porphyrie ist dagegen nach den Beschreibungen von MIBELLI, JESIONEK, GOTTRON und ELLINGER und dann von CARRIÉ ziemlich konstant. Ferner kann man bei der cutanen kongenitalen Porphyrie bei der Fluorescenzmikroskopie der Haut eine so starke Ablagerung von Porphyrin feststellen, daß es sogar zu einer krystallinischen Ablagerung des Farbstoffes kommt (BORST und KÖNIGSDÖRFER). Gerade die mikroskopisch faßbaren Veränderungen an der Haut bringen vielleicht die Erklärung für die von verschiedenen Autoren beobachtete Erscheinung von traumatischer Blasenbildung bei der kongenitalen Porphyrie (MARCOCCI, SCHREUS und CARRIÉ, GOTTRON und ELLINGER, URBACH und BLÖCH u. a.). Bei diesen auf rein mechanischen Reiz entstandenen Hauterscheinungen ist auch an die Wirkung der in der Epidermis freiwerdenden H-Substanz von LEWIS zu denken, die ihrerseits durch die Capillarreaktion zu einer abnorm hohen Gefäßdurchlässigkeit führt und ähnlich wie bei anderen kreisenden Farbstoffen (Bilirubin und künstlich eingeführte Farbstoffe) eine lokale Anreicherung des Porphyrins verursacht. Eine ähnliche lokale Porphyrinanreicherung haben wir bei den Hautblasen eines Falles von cutaner Porphyrie beobachten können.

Nicht alle Porphyrinpatienten zeigen Hautüberempfindlichkeitserscheinungen. Ist hier eine verschiedenartige Verankerung des Farbstoffes in den Geweben oder eine ungleichmäßige Konzentration die Ursache? Bei drei von uns beobachteten Fällen waren die Hauterscheinungen von der Porphyrinkonzentration im Organismus abhängig. Sobald sich eine plötzliche starke Erhöhung der Porphyrinbildung bemerkbar machte, traten auch die Hauterscheinungen hervor. Chronische Fälle scheinen unter Umständen empfindlicher zu sein als die akuten. Es fehlt nicht selten bei den plötzlich auftretenden Porphyrinkrisen jegliche Porphyrinreaktion von seiten der Haut, während bei chronisch verlaufenden Fällen oft bei plötzlicher Erhöhung der Farbstoffausscheidung schwere Reaktionserscheinungen auftreten. Hier spielt wohl die entgiftende Wirkung bestimmter Organe eine Rolle. Es ist anzunehmen, daß bei dem akut auftretenden Anfall das Calcium eine Neutralisation des Pigmentes mit darauffolgender Ablagerung im Knochensystem bewirkt. Bei den chronischen Fällen mit gesättigten Depots kommt die Calciumwirkung nicht mehr zum Vorschein und die Haut übernimmt die vikariierende Ablagerungsfunktion mit den beschriebenen ungünstigen Folgen der Photosensibilisierung. Es ist aber nicht ausgeschlossen, daß das Calcium auch in der Haut seine Adsorptionstätigkeit entfalten kann. In der Tierwelt sind, wie wir schon im II. Kapitel erwähnt haben, genügende Beispiele vorhanden, die für die Verankerung des Porphyrins in epidermalen Geweben durch die Mitwirkung von Kalk sprechen. Instruktiv ist auch in dieser Beziehung die Beobachtung STREMPELS einer ausgesprochenen Calcinosis bei einem Falle von Porphyrinkrankheit. Die leichte Ablagerungsfähigkeit des Porphyrins in der Haut ist mit der Fluorescenzmethode bei einigen Porphyrinpatienten nachgewiesen worden. Bei den Hautblasen einer Porphyrinkranken konnte CARRIÉ die typische Pigmentfluorescenz beobachten. In einem von uns beschriebenen Fall war die rote Fluorescenz in der entzündeten Umgebung einiger Aknepusteln deutlich sichtbar. Damit ist die Ablagerungsfähigkeit des Farbstoffes bei der erhöhten Gefäßdurchlässigkeit in Exsudationsgebieten der Haut klargestellt. Es besteht ferner noch die Frage, ob die Porphyrinablagerung in der Haut nicht eine andere Absonderungsart des Farbstoffes aus dem Organismus darstelle. In diesem Falle würden die rotfluorescierenden Zentren an den Mündungsstellen der Schweißdrüsen nicht auf einer lokalen Porphyrinbildung, sondern auf einer aktiven Sekretion des Farbstoffes durch den Schweiß und durch die Talgdrüsen beruhen. Die Haut würde damit in die Reihe der Exkretionsorgane des Porphyrins neben Nieren, Gallensystem und Darm rücken. Allerdings muß betont werden, daß sowohl unter normalen wie unter pathologischen Bedingungen die Absonderungen des Porphyrins durch die Haut so minimal wäre, daß von einer exkretorischen Funktion der Haut in engerem Sinne nicht gesprochen werden kann.

Die Pellagra verdient hier noch kurz betrachtet zu werden. Die Beziehung zwischen Hautreaktion und Störung des allgemeinen Pigmentstoffwechsels und der Magendarmfunktion ist bei dieser Krankheit auffallend. Die Bedeutung des Porphyrins ist bei der Pellagra noch sehr umstritten, allerdings sind die Angaben MASSAS von Interesse. Dieser Autor beobachtete bei Pellagrafällen eine Vermehrung der Porphyrinauscheidung im Urin. Auch RONCORONI konnte bei experimentellen Untersuchungen am Meerschweinchen mit Maisernährung nachweisen, daß neben den für Pellagra typischen Symptomen eine deutliche Steigerung der Porphyrinausscheidung hervortrat. Die Vermehrung der Porphyrinproduktion bei der Pellagra wäre sehr wahrscheinlich mit der Störung der Magendarmfunktion in ähnlicher Weise wie eine vermehrte Porphyrinausscheidung durch den Darm bei verschiedenen Darmkrankheiten in Zusammenhang zu bringen, sie bildet aber durchaus keine konstante Erscheinung. Es wäre von Interesse, bei solchen und ähnlichen Erkrankungen nicht nur die Urinausscheidung, sondern auch dieselbe durch den Darm zu verfolgen. Bei einem Fall von pellagraähnlicher Lichtdermatose konnten wir im Urin einen sehr niedrigen Porphyrinspiegel, im Stuhl dagegen einen den oberen Grenzen der Norm entsprechenden Porphyringehalt feststellen (hauptsächlich Kopro- und Deuteroporphyrin), Die Menge des ausgeschiedenen Porphyrins ließ aber die Hautsymptome nicht rechtfertigen.

In die Gruppe der Organe, die eine Neutralisierung des Porphyrins im Organismus verursachen können, gehört noch die *Leber*. Die Funktion derselben im Rahmen des gesamten Porphyrinstoffwechsels wird im folgenden Kapitel eingehend besprochen, hier sei nur erwähnt, daß die Leber als entgiftendes Organ auch eine Rolle bei der Pophyrinintoxikation spielen kann, nicht als Depotorgan wie Knochen und Hautgewerbe für den vermehrten Farbstoff, sondern sie fördert vielmehr den Porphyrinabbau und Umbau in nicht giftige Substanzen.

Die Tatsache, daß bei Leberschädigung und bei sonstigen funktionellen Leberstörungen eine vermehrte Ausscheidung des Porpyhrins zu beobachten ist, kann nicht allein, wie PERUTZ annehmen möchte, für die entgiftende Funktion der Leber sprechen, da andererseits gerade bei der Schädigung des Leberparenchyms nicht selten eine Störung in der Leberpigmentbildung mit darauffolgender Produktionsvermehrung des Porphyrins in anderen Körperorganen entsteht.

Eine Zerstörung von Porphyrin in der Leber ist von verschiedenen Autoren, ähnlich wie die Hämoglobinzerstörung durch die gesunde Leber, experimentell nachgewiesen worden. Die zahlreichen quantitativen Bestimmungen von Porphyrin im Urin und Stuhl nach peroraler, subcutaner oder intravenöser Verabreichung von Porphyrin haben verschiedene Resultate ergaben. Erstens hängt das Resultat eines solchen Belastungsversuchs von der Art der Porphyrinapplikation und zweitens von der Art des zugeführten Porphyrins ab. So wird z. B. das Hämatoporphyrin nach peroraler oder subcutaner Zufuhr in großen Mengen rasch wieder ausgeschieden und dies hauptsächlich durch die Galle. Dieses für den Körper fremde Porphyrin verhält sich im ganzen Pigmentumsatz anders als die natürlichen Porphyrine. Von Interesse scheinen hier die Untersuchungen BRUGSCH' zu sein, der am Hunde nach subcutaner Porphyrininjektion in der Fistelgalle nur 10% des zugeführten Farbstoffes feststellen konnte, während das Hämin fast quantitativ durch die Galle wieder ausgeschieden wird. Dabei fand BRUGSCH nach der Porphyrinbelastung eine Erhöhung der Bilirubinmenge in der Galle, die er auf eine Hämolyse zurückführt. Der Porphyrinabbau der Leber wurde ferner in vitro von SUNER nachgewiesen. Nach diesem Autor vermag Leberbrei in 24—36 Stunden beim Stehen in 37° Wärme eine Porphyrinlösung vollständig abzubauen, während am lebenden Hunde bei Leberschädigung (Phosphorvergiftung) die Zufuhr von Porphyrin sofort von einer ausgesprochenen Porphyrinurie begleitet ist. Ähnliche Untersuchungen wurden auch von PERUTZ mit Leberbrei von Kaninchen ausgeführt. Die normale Leber brachte das zugeführte Porphyrin nach 24 Stunden vollständig zum Verschwinden, dagegen konnte die mit Sulfonal geschädigte Leber diesen Abbau nicht mehr bewerkstelligen. Interessant ist dabei die Behauptung, daß bei der normalen Leber der Porphyrinabbau zu einer Bilirubinvermehrung führt. In einer Reihe von Experimenten kam auch GÜNTHER zum Schlusse, daß der Leberbrei einen Abbau des Porphyrins ermöglicht (Versuche mit blutfreiem Meerschweinchenleberbrei), ein Glycerinextrakt der Leber aber diese Fähigkeit nicht besitzt. Die Umwandlung des Porphyrins geschieht nur bei Körpertemperatur, ein Abbau des Farbstoffes in der Leber des Frosches und des Arion empiricorum findet nicht statt. Diese Eigenschaft des Lebergewebes scheint in anderen Organgeweben nicht vorhanden zu sein. So konnte GÜNTHER bei der Wiederholung seines Versuchs mit Milz, Nieren und Herzmuskelbrei keine Porphyrinumwandlung erhalten. In neuerer Zeit wurden diese Versuche von SCHREUS und CARRIÉ wieder aufgenommen. Es war ihnen bei ähnlichen Versuchsbedingungen möglich, die Angaben der früheren Autoren zu bestätigen und zu zeigen, daß das Koproporphyrin durch Leberbrei vollständig abgebaut wird, während das Uroporphyrin unverändert, sogar in vermehrten Mengen nach der Bebrütung mit Leberbrei erscheint. Die Autoren denken an die Möglichkeit einer in der Leber stattfindenden Carboxylierung des Koproporphyrins in Uroporphyrin neben einem

Abbau des Koproporphyrins durch eine nicht hitzebeständige, in die Leberextrakte nicht übergehende Substanz.

Über die Umwandlung von einer Porphyrinart in eine andere siehe später. Es ist aber von Interesse zu erfahren, ob das abgebaute Porphyrin als solches direkt durch die Galle ausgeschieden wird, oder ob in der Leber eine weitere Verarbeitung der Pigmentreste erfolgt, die zur Entstehung eines neuen wichtigen Körpers Anlaß gibt. Die oben zitierten Arbeiten sagen uns über das Schicksal des abgebauten Porphyrins nichts aus. Nur einige Angaben von BRUGSCH und von SUNER sprechen von einer Vermehrung des Gallenfarbstoffes. Es wäre nicht ausgeschlossen, daß die Neutralisierung des Porphyrins in der Leber von einer Vermehrung der Gallenproduktion gefolgt wäre. Zu dieser Frage wollen wir hier unsere Untersuchungen bei der Bleivergiftung am Kaninchen erwähnen.

Regelmäßig konnte man bei den Versuchen neben einer gewaltigen Vermehrung des Porphyrins in der Galle noch eine starke Zunahme der Gallensekretion feststellen. Der Dünndarminhalt war besonders bilirubinreich, es war bei der quantitativen Farbstoffbestimmung im Duodenalsaft eine 2—3fache Vermehrung des Duodenalinhaltes gegenüber der Norm festzustellen. Ferner war die Gallenblase (die Untersuchungen wurden im Nüchternzustand ausgeführt) mit einer stark konzentrierten Galle prall gefüllt, die Bilirubinbestimmung ergab hier eine 2—5fache Erhöhung des Gallenfarbstoffes gegenüber normalen Tieren. Wir müssen also annehmen, daß bei der Bleivergiftung eine regelmäßige Mehrproduktion von Bilirubin stattfindet. Ob diese infolge Abbautätigkeit des in vermehrten Mengen zugeführten Porphyrins in der Leberzelle (eine Porphyrinsynthese übermäßigen Grades in der Leber scheint, wie wir sehen werden, bei der Bleiintoxikation nicht vorzuliegen) oder durch eine von Blei oder Porphyrin ausgelöste Reizung zur Bilirubinproduktion des Leberparenchyms verursacht wurde, läßt sich aus diesen Untersuchungen nicht entscheiden, die erste Hypothese bleibt indessen nicht unwahrscheinlich.

Die Gallenwege, der Darm, die Nieren und die Haut wurden schon als Organe für die Porphyrinausscheidung angegeben.

Die Leber nimmt bei der Absonderung der Porphyrine eine sehr wichtige Stellung ein. Die Lebertätigkeit zerfällt nach FORSGREN in zwei funktionelle Phasen, in eine assimilatorische und eine dissimilatorische. Die durch die Glykogenablagerung in den Leberläppchen charakterisierte assimilatorische Tätigkeit der Leber interessiert uns hier weniger als die dissimilatorische Phase, die durch das Auftreten von Gallenbestandteilen beherrscht ist und sich besonders in der Peripherie der Leberlobuli abspielt.

Die periphere Zone der Läppchen, die für die Exkretion der Porphyrine besonders in Frage kommt, ist für uns wichtig. Fluoroskopisch konnten in der Leber von Tieren mit normalem und gestörtem Porphyrinumsatz gar keine Spuren einer Porphyrinfluorescenz beobachtet werden. Wenn wir dagegen bei einer schweren Bleivergiftung des Kaninchens oder bei Tieren, denen wir sehr große Dosen Hämato- oder Koproporphyrin verabreicht hatten, die Leber fluoroskopisch untersuchen, finden wir mit einiger Regelmäßigkeit interessante histologische Veränderungen. Das Leberparenchym zeigt gelblichgrüne Fluorescenz, das Bindegewebe der GLISSONschen Scheiben ist hellblau gefärbt. Das Lumen der Gallengänge und besonders der Hauptgallengänge in den GLISSONschen Scheiben ist von einer hellrot fluorescierenden Schicht bekleidet, die ein deutliches Porphyrinspektrum ergibt. Auch das Endothel der Venen zeigt bei extrem starker Porphyrinbildung eine, allerdings schwache und oft inkonstante rote Porphyrinfluorescenz, wobei es sich zeigen läßt, daß nur oder vorwiegend nur Pfortaderäste eine deutliche Endothelimbibition mit Porphyrin aufweisen.

Die Leberzellen selbst sind bei diesen Beobachtungen nicht mit Porphyrin durchtränkt (wir werden bei verschiedenen Porphyrieformen sehen, daß unter Umständen auch das Leberparenchym eine rote Porphyrinfluorescenz aufweisen kann). Bei starken Vergrößerungen erweisen sich vereinzelte Endothelien der Gallencapillaren als porphyrinhaltig.

Aus diesen Feststellungen geht hervor, daß bei einem starken Angebot von Porphyrin die Leber die Fähigkeit besitzt, das vom Pfortadersystem zufließende Porphyrin teilweise aufzunehmen und in großen Mengen durch die Gallencapillaren in die Gallenwege abzugeben. Diese Funktion ist besonders in der Peripherie der Leberläppchen lokalisiert und stellt den normalen Weg der Porphyrinausscheidung aus der Leber dar. Unter normalen Verhältnissen läßt sich bei der geringen Farbstoffkonzentration in der Leber fluoroskopisch kein Porphyrin nachweisen. Zwischen dem geschilderten Befund und der Norm existieren also nur quantitative Unterschiede.

Wir müssen annehmen, daß das von der Darmwand resorbierte und durch das Pfortadersystem in die Leber gebrachte Porphyrin zum Teil von der Leber selbst aufgefangen und in den Leberzellen abgebaut oder umgebaut, zum Teil direkt in die Gallencapillaren übergegossen und dann durch die Gallenwege in den Darm ausgeschieden wird. Bei dem Ab- und Umbau des Farbstoffes entsteht aber eine Vermehrung der Bilirubinproduktion, wahrscheinlich durch indirekte Umwandlung von Porphyrin in Bilirubin einerseits (worüber schon referiert worden ist) und andererseits durch eine indirekte Stimulierung der Cholerese der Leberzellen von seiten des Porphyrins.

Anlaß zu dieser Hypothese gibt uns neben der Beobachtung der mit Blei vergifteten Tiere noch folgende Feststellung am Menschen: Bei der Durchführung der Ausscheidungsversuche unter saurer und alkalischer Diät haben wir wiederholt durch Duodenalsondierung die Porphyrinsekretion aus dem Choledochus untersucht, wobei uns auffiel, daß bei der Säurezufuhr die abgeflossene Galle oft dicker und bilirubinhaltiger war als bei der Alkalizufuhr. Ein Vergleich der Porphyrin- und Bilirubinwerte aus der gewonnenen Galle ergab, daß in einer bestimmten Menge Galle die Werte des Porphyrins und des Bilirubins während der Alkalose merklich kleiner waren als während der Säureperiode. Besonders war die Gallenblasengalle bei der Azidose sehr verdickt und stark bilirubinhaltig. Bei den quantitativen Messungen fiel auf, daß während der Säureperiode im Vergleich zu der Alkaliperiode die Bilirubinabsonderung unter den gleichen Verhältnissen stärker war als die entsprechende Porphyrinausscheidung in der Galle. Wir möchten hier die Vermutung aussprechen, daß die Porphyrine unter Umständen choleretisch wirken können.

Bei der Schädigung der Leberzellen ist auch die Ausscheidungsfunktion der Leber in bezug auf Porphyrin gestört; wir werden im folgenden Kapitel sehen, wie oft ein Parallelismus zwischen Porphyrin und anderen Farbstoffen des Urins, insbesondere dem Urobilin und dem Urobilinogen besteht. Bei Choledochusverschluß fehlt das Gallenporphyrin im Stuhl, es kommt also zu einer deutlichen Abnahme des Porphyrins im Stuhl, es können darin nur Fäulnisporphyrine vorhanden sein. Dieser Befund ist besonders beim carcinomatösen Verschluß der Gallenwege, wo die Benzidinreaktion im Stuhl oft positiv ist, häufig vermehrt zu beobachten.

Das Porphyrin, das nicht von der Leber aufgefangen wird und weiter in den Kreislauf übergeht, so wie auch das Porphyrin, das im Organismus entsteht (über die Entstehung des Porphyrins im Körper s. nächstes Kapitel), wird dann zum Teil in bestimmten Geweben abgelagert, der Rest gelangt in die Nieren und wird dort ausgeschieden. Für den Porphyrinstoffwechsel ist sicher von Bedeutung ob das Pigment durch die Arteria hepatica oder durch die Vena portae

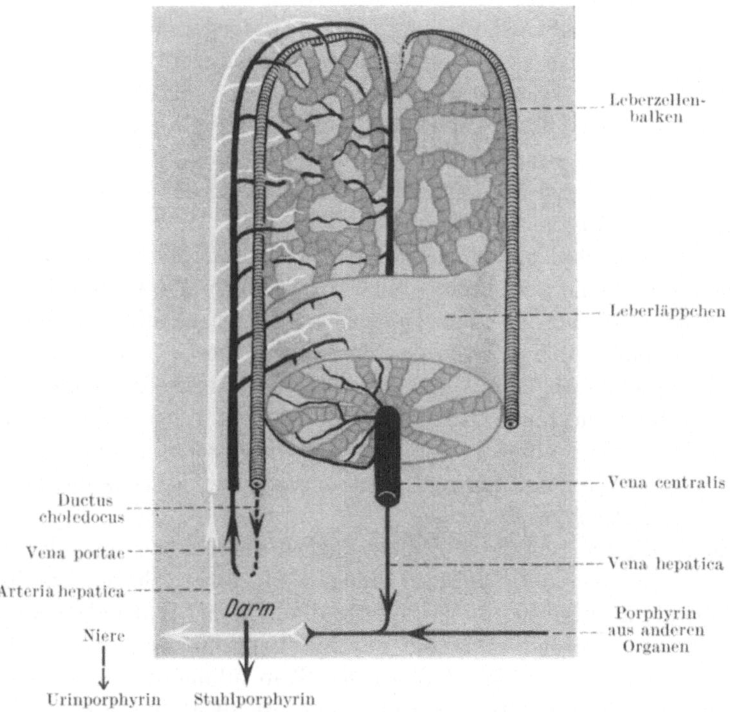

Abb. 32. Schematische Darstellung des Porphyrinkreislaufes in der Leber. Die weißen Linien stellen die arterielle, die schwarzen Linien die venöse und die punktierte Linie die Gallezirkulation dar.

in die Leber gelangt. Abb. 32 gibt schematisch den Porphyrinkreislauf in der Leber wieder.

Über den Mechanismus der Porphyrinausscheidung durch die Niere können wir heute nur Vermutungen aussprechen, die aus den mikrofluoroskopischen Beobachtungen abgeleitet werden können. Schon makroskopisch kann bei der Bleiporphyrie an den Nieren die Lokalisation der Porphyrinausscheidung überblickt werden. Wir sehen bei der Betrachtung einer Nierendurchschnittfläche eine intensive hellrote Fluorescenz besonders an den Außenzonen des Markes. Das ganze Mark fluoresciert dann mehr oder weniger hellrot. Entsprechend diesem makroskopischen Befund kann die Porphyrinfluorescenz hauptsächlich an der Pars recta der Hauptstücke und an den HENLEschen Schleifen (dicker Teil) beobachtet werden. Die Tubuli contorti zeigen nur hie und da vereinzelte schmutzig rote fluorescierende Fleckchen, in schweren Porphyriefällen konnte man eine reichliche Ansammlung von braunrötlich fluorescierenden Körnchen konstatieren. BORST und KÖNIGSDÖRFER beschrieben sogar Porphyrinkrystalle im Nierenparenchym. Daneben ist nicht selten ein braunes nicht porphyrinhaltiges Pigment zu sehen, das mit Wahrscheinlichkeit als das braune Pigment des Porphyrie-Urins zu identifizieren ist. Die Sammelröhren sind ebenfalls mit Porphyrin imprägniert. Hier findet man aber eine diffuse schwache rote Fluorescenz, die auf die Diffusion des Farbstoffes zurückzuführen ist. Oft kann man in histologischen Schnitten einige oder mehrere porphyrinhaltige Zylinder beobachten. Wir sehen also, daß *die Porphyrine hauptsächlich im unteren Abschnitt des Hauptstückes und in den* HENLE*schen Schleifen ausgeschieden werden.* Die Tubuli contorti und die Glomeruli sind an diesem Prozesse beinahe unbeteiligt. (Nur in einem Fall konnten wir in den Glomeruli vereinzelte rotfluorescierende Körnchen feststellen.) Das Sammelstück wird vom ausgeschiedenen Farbstoff imprägniert. Interessant ist ferner die Verteilung des Porphyrins in den Epithelzellen der Harnkanälchen. Es handelt sich dabei nicht um eine diffuse Durchtränkung der Zelle wie bei den Sammelkanälchen, sondern mehr um eine gewisse Körnchenbildung in der Zelle selbst, wobei die Kerne vorwiegend porphyrinfrei sind.

Die Funktion des Nierenparenchyms spielt bei der Porphyrinausscheidung eine wichtige Rolle. Wir haben schon auf die Beobachtungen HIJMANS VAN DER BERGHs und GROTEPASS' hingewiesen, die bei einer chronischen Porphyrie normale Porphyrinmengen im Urin vorfanden; dagegen fand sich im Blutserum eine mächtige Porphyrinsteigerung. Die genaue Untersuchung des Falles zeigte eine Blutdruckerhöhung mit Herzhypertrophie und Albuminurie als Zeichen einer Niereninsuffizienz. Es muß hier also angenommen werden, daß durch eine primäre Nierenschädigung die Ausscheidung des Farbstoffes nicht stattfinden konnte und neben der Retention von N-haltigen Substanzen auch die Zurückhaltung des Porphyrins aufgetreten war. Ungeklärt bleibt dabei die Tatsache, daß die Ausscheidung durch die Galle die Insuffizienz der Nierensekretion nicht zu kompensieren vermochte.

Wir haben auch bei einer Reihe von Patienten mit Nierenschädigungen die Ausscheidung des Porphyrins durch den Urin verfolgt, so z. B. bei der akuten Nephritis, bei chronischer Nephritis, bei ausgesprochener Nephrosklerose und Nephrosen. Wir konnten außer bei den akuten Entzündungserscheinungen der Nieren, wobei nicht selten eine leichte, auf Zersetzung des Hämoglobins im Urogenitalsystem und im Urin beruhende Porphyrinvermehrung beobachtet wurde (4mal bei 7 Fällen), bei den übrigen Nierenleiden mit Regelmäßigkeit eine ausgesprochene Verminderung der Porphyrinurie feststellen. Auch kurzdauernde Belastungsversuche mit porphyrinreicher Kost bei chronischen Nierenpatienten haben nur zu einer gegenüber der Norm geringgradigen Erhöhung der Porphyrinausscheidung geführt. Zur besseren Verständlichkeit des Gesagten möchten wir hier einige Beispiele erwähnen:

Normalfall mit Porphyrinbelastung (s. oben).

1. Normalkost	Ausscheidung von 0,045 mg im 24 Stundenurin
2. Normalkost	,, ,, 0,038 ,, ,, 24 ,,
3. Porphyrinbelastung . . .	,, ,, 0,064 ,, ,, 24 ,,
4. Porphyrinbelastung . . .	,, ,, 0,069 ,, ,, 24 ,,
5. Normalkost	,, ,, 0,027 ,, ,, 24 ,,

Nephrose, 28jähriger Patient. Starke Ödeme, Eiweiß im Urin 8—12⁰/₀₀. Starke Cylindr-
urie, Cholesterin 380 mg-% im Blut. Bluteiweiß 6,2%.

    1. Normalkost . . . . Ausscheidung von 0,014 mg im 24 Stundenurin
    2. Normalkost . . . .   ,,   ,, 0,021 ,, ,, 24   ,,
    3. Porphyrinbelastung . . .   ,,   ,, 0,025 ,, ,, 24   ,,
    4. Porphyrinbelastung . . .   ,,   ,, 0,028 ,, ,, 24   ,,
    5. Normalkost . . . .   ,,   ,, Spuren, quantitativ nicht meßbar
    6. Normalkost . . . .   ,.   ,, 0,017 mg im 24 Stundenurin

Schrumpfniere, 42jähriger Patient. Starke Hypertonie, 220 mm Hg mit Herzhypertrophie.
Harnstoff im Blut 61 mg-%. Leichte Steigerung von Indican und Xanthoprotein im Urin.

    1. Normalkost . . . . . Porphyrin qualitativ und quantitativ kaum nachweisbar
    2. Normalkost . . . . . Porphyrin qualitativ und quantitativ kaum nachweisbar
    3. Porphyrinbelastung . . . Ausscheidung von 0,016 mg im 24 Stundenurin
    4. Porphyrinbelastung . . .   ,,   ,, 0,019 ,, ,, 24   ,,
    5. Normalkost . . . .   ,,   ,, 0,011 ,, ,, 24   ,,

Bei der Albuminurie ist die Extraktion des Porphyrins aus dem Urin infolge
Koagulation des vorhandenen Eiweißes bei der Eisessigätherextraktion erschwert.
Neben der Möglichkeit einer gewissen Verankerung des Urinporphyrins bei der
Albuminurie als evtl. Ursache der deutlichen Verminderung des Farbstoffes
bei den Nierenleiden, muß noch an die Möglichkeit einer Retention des Farb-
stoffes durch exkretorische Insuffizienz des Nierenparenchyms gedacht werden.
Gerade diese Insuffizienz erklärt die starke Porphyrinämie beim Falle HIJMANS
VAN DER BERGHs und GROTEPASS'. Wenn man den Mechanismus der Porphyrin-
aussscheidung durch das Nierenparenchym verfolgt, so scheint eine evtl.
Retention dieses Farbstoffes bei schweren Nierenschädigungen verständlich,
genau wie es zu einer Retention der normalen Urinfarbstoffe bei der hochgradigen Schrumpfniere kommt. Nicht nur beim normalen Porphyrinstoffwechsel,
sondern auch bei den pathologischen Porphyrinurien bestehen Beziehungen
zwischen Nierenfunktion und Porphyrinausscheidung, die sich hauptsächlich im
Verhältnis Albuminurie zu Porphyrinspiegel des Urins dartun. Folgende Beobachtung hat uns zur Erwägung dieser Frage Anlaß gegeben.

Bei einem Patient, der eine schwere chronisch verlaufende Porphyrinurie
infolge lang dauernden Kontaktes mit Quecksilber und Chrysarobin aufwies,
wurde eine ernsthafte Schädigung der Nieren festgestellt. Er hatte bei der Aufnahme schwere diffuse Ödeme am ganzen Körper auf, starke Albuminurie
(5—10 mg-⁰/₀₀), Hypalbuminose und normalen Blutdruck. Im Sediment waren
reichlich Zylinder, vereinzelte Lipoide, mehrere nekrotische und verfettete Nierenepithelien zu sehen. Wir faßten das Krankheitsbild als ausgedehnte toxische
Nekrose des tubulären Apparates der Nieren auf, die Annahme einer Nephrose
mußten wir im Verlaufe der Erkrankung fallen lassen.

Die Belastungsprobe mit Säure- und Alkalizufuhr brachte bei diesem Patienten mit Regelmäßigkeit beim Alkalischwerden des Urins nicht nur eine Abnahme
des Porphyrins, sondern damit parallel auch eine Abnahme der Albuminurie.
Umgekehrt trat bei der Säurerung mit der Zunahme der Porphyrinurie auch eine
beträchtliche Steigerung der Albuminurie auf. Die Abbildung 33 gibt den Verlauf der Porphyrinausscheidung und der Albuminurie während der Belastung
mit Alkali und Säure wieder.

Man muß sich fragen, ob die oben erwähnte Erscheinung nicht nur als Zufalls-
befund, sondern eher als einen wichtigen Beweis der funktionellen Beziehungen
der Porphyrine zum Eiweiß gewertet werden kann. Wir wissen, daß Nephritiden

und im allgemeinen auch chronische Nephropathien nicht selten mit einer Azidose
einhergehen, die bei der Urämie eine beträchtliche Zunahme erfährt. Eine
Erhöhung der Albuminurie bei azidotischer Ernährung ist ebenfalls bekannt.
Bei der pathologischen Erhöhung der Membrandurchlässigkeit in der Niere soll
auch die saure oder alkalische Reaktion des Mediums einen großen Einfluß ausüben (LIESEGANG). Gegenüber der Hypothese der Permeabilitätssteigerung
der Nierenmembran bei der Säurewirkung im Verlaufe einer entzündlichen
Nierenaffektion vertritt M. H. FISCHER in einer sehr umstrittenen Hypothese
die Anschauung, daß hier die Säure nicht die Erhöhung der Durchlässigkeit,
sondern die Spendung von Organeiweiß an den Urin bewirke.

Die Albuminurie steht also mit der Reaktion des Milieus in Beziehung und wir
fragen uns, ob bei unserem Patienten die Albuminurie als jahrelang dauernde
Erscheinung nicht zum Teil vom Auftreten des Porphyrins und seiner sauren
Reaktion im Urin unterstützt wurde und ob diese Albuminurie nicht ein günstiges
Vehikel für die Porphyrinausscheidung im Urin darstellt.

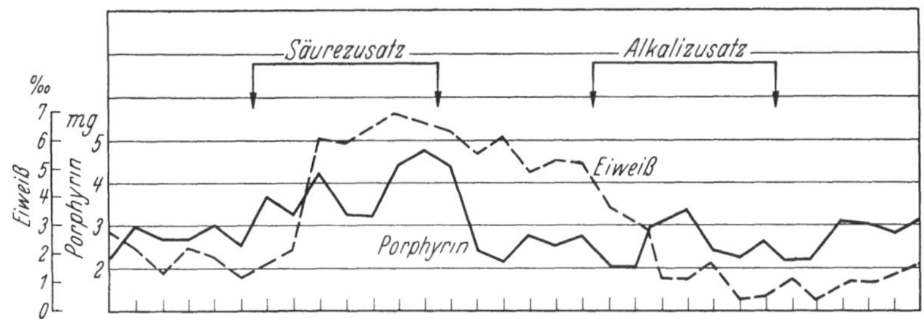

Abb. 33. Verlauf der Albuminurie und der Porphyrinurie unter Säure- und Alkalizufuhr bei einem
Porphyrinkranken.

Die Vehikelfunktion der Eiweiße ist für die Porphyrine von besonderer Bedeutung. Die Eiweiße können unter Umständen dank ihrer adsorptiven Bindung mit den Porphyrinen eine Schutzwirkung gegen die toxische Porphyrintätigkeit entfalten, und zwar nicht nur im zirkulierenden Blute, sondern auch
in den Nieren und daher im Urin bei der Albuminurie.

Im Anschluß an die zuletzt beschriebenen Untersuchungsergebnisse ist
noch die schon von den ersten Autoren beobachtete und seither regelmäßig bestätigte Tatsache zu erwähnen, daß die Urinreaktion bei der pathologischen
Porphyrinurie stets sauer ist. Es muß unbedingt bei der Porphyrinkrankheit
die Entstehung einer leichten Azidose angenommen werden, die sich bei ganz
schweren Fällen sogar in einer gewissen Verminderung der Alkalireserve im Blut
äußert. Die Tatsache, daß die Porphyrinurie sich leichter und in verstärktem
Maße bei den Pflanzenfressern als bei den Fleischfressern einstellt, kann unter
anderem für diese Annahme herangezogen werden. Es ist bekannt, daß die
Pflanzenfresser auf eine Verschiebung des Säurebasengleichgewichtes nach der
sauren Seite hin besonders empfindlich sind. Die Ansäuerung des Organismus
bei der Porphyrinstoffwechselstörung würde also die Bildung dieses Farbstoffes
begünstigen.

In diesem Zusammenhang wollen wir noch an die Abweichung der Porphyrinausscheidung aus dem Urin und Stuhl bei den schweren Darmresorptionsstörungen besonders bei Sprue, Gastroenteritis, Colitis und Pankreasaffektionen
erinnern. (Es wurde schon darüber ausführlich berichtet.) Hier sei noch erwähnt,

daß bei der Störung der Darmresorption gewöhnlich der Farbstoffanteil des Urins nicht eine derjenigen des Stuhles entsprechende Erhöhung erfährt.

Der Ausscheidungskreislauf des Porphyrins im Organismus gestaltet sich aus dem Gesagten folgendermaßen:

Das endogen gebildete Porphyrin wird zur Leber geführt und dort zum Teil durch Abbau oder Umbau neutralisiert, zum Teil durch die Galle wieder in den Darm ausgeschieden. Das mit der Galle in den Darm abgeflossene Porphyrin vereinigt sich mit dem durch die Nahrung zugeführten und aus der Nahrung durch Bakterientätigkeit entstandenen Porphyrin und wird zum Teil wieder aus dem Darm resorbiert, zum Teil direkt durch den Stuhl ausgeschieden. Der aus dem Darmtractus resorbierte Farbstoff gelangt in die Leber, dort wird er verarbeitet oder wieder in die Gallencapillaren abgegeben. Ein Teil des Porphyrins gelangt von der Leberzelle in den allgemeinen Kreislauf und verläßt dann den Körper durch die Nieren.

Sekundäre Beziehung der Porphyrine zum Nerven- und endokrinen System.

Nach der Besprechung der funktionellen Beziehungen des Porphyrins zu den Aufnahme-, Ablagerungs- und Ausscheidungsorganen, sei nun auf die Verhältnisse eingegangen, die sekundär zwischen Porphyrinstoffwechsel und den verschiedenen Organsystemen bestehen.

Das *Nervensystem* zeigt bei der klinischen Beobachtung der Porphyrinkrankheiten häufig Beziehungen zur Porphyrinvermehrung im Organismus. Es gibt neuritische Komplikationen bei der Porphyrie, die mit einer schweren Beteiligung sowohl der sensiblen als auch der motorischen Nerven einhergehen. Sehr häufig werden progrediente symmetrische ascendierende Lähmungen beobachtet, die in schweren Porphyriefällen zum Exitus führen können. Alle diese Störungen werden in einem besonderen Kapitel näher beschrieben werden. Wir konnten in einem solchen schweren Falle von Porphyrieneuritis entzündliche Infiltrate an den peripheren Nerven und Nervenplexen beobachten. Histologische Schädigungen der Nerven werden auch im Tierexperiment von EPPINGER und ARNSTEIN an einem mit Porphyrin sensibilisierten Kaninchen nach langdauernder Belichtung gefunden.

Wir kennen aber bei den Porphyrinkrankheiten nicht nur anatomische Veränderungen des Nervensystems, sondern auch Zustände, die auf enge funktionelle Relationen zwischen Porphyrie und Nervensystem schließen lassen. Die im III. Kapitel ausführlich besprochenen Untersuchungen von RASK NORRIS und HOWELL haben gezeigt, daß bei der Porphyrinphotosensibilisierung Reizzustände gewisser Gebiete des Zentralnervensystems entstehen und daß die Erregung den Nervenbahnen entlang aus der Peripherie weitergeleitet wird. Auch die früher zitierten Arbeiten von AMSLER und PICK mit Untersuchungen am isolierten Froschherzen unter Porphyrinsensibilisierung weisen auf die Beteiligung des Nervensystems bei der Porphyrinsensibilisierung des Myokardes hin.

Alle diese Untersuchungen erstrecken sich hauptsächlich auf die Lichtsensibilisierung im Organismus. Auch ohne die phototoxische Komponente können die Porphyrine ihre Wirkung auf das Nervensystem, sei es direkt oder indirekt unter Beteiligung der endokrinen Drüsen ausüben.

REITLINGER und KLEE haben die Beeinflussung der Darmmotilität und Abschwächung der Atropinwirkung am Darme durch Porphyrin gezeigt. Unsere, im letzten Kapitel geschilderten Untersuchungen erweiterten mit anderen Methoden die Erfahrungen der genannten Autoren und betonten, daß die Porphyrinwirkung am Darme von einer Reihe von Faktoren, hauptsächlich chemischer und nervöser Art abhängig sind. Dieses Pigment ist unter Umständen in der Lage, die Empfindlichkeit der vegetativen Darmregulation zu verändern, wobei die Art der Porphyrinapplikation und die Konzentration des Farbstoffes eine wichtige Rolle spielen. Zum Schlusse möchten wir an Hand von klinischen Beobachtungen die Vermutung aussprechen, daß bei der Porphyrie oft ein Überwiegen der sympathischen Funktionen zu beobachten ist, die sich mit Tachykardie und Blutdruckerhöhung, hyperthyreotischen Symptomen usw. kundgibt. Ein weiterer Beweis für den Sympathikotropismus der Porphyrine wird uns bei der Beobachtung der Pigmentausscheidung bei Säure-Alkalibelastung geliefert.

RHODE und ELLINGER konnten experimentell zeigen, daß die Ausschaltung der N. splanchnici der Nieren zu einer Alkalisierung des Urins führt. Wir verstehen somit, daß die renale Ausscheidungsfähigkeit der Wasserstoffionen unter dem Einfluß des autonomen Nervensystems steht. Daran muß bei der stark sauren Urinreaktion der Porphyrie gedacht werden. Diese Erscheinung sowie die Neigung zu Oligurie, ja sogar zur Anurie (bei den schweren Porphyrieanfällen) ist auch als Übergewichtszustand des Sympathicus und als sekundäre Folge der starken Porphyrinurie aufzufassen. Die Verminderung der Urinsekretion ist nicht nur unter Säurezusatz, sondern auch bei der Vermehrung der endogenen Porphyrinbildung zu sehen. Im ersteren Fall könnte man geneigt sein, diese Hemmung der Wasserausscheidung in Zusammenhang mit der Ionenausscheidung zu bringen, im zweiten Fall aber, in dem unter konstanten Bedingungen von seiten der Wasser- und Salzzufuhr gearbeitet wird, spricht die Oligurie mehr für die indirekte sympathikotrope Wirkung des Porphyrins auf die Nierensekretion. Die Beziehungen des Porphyrins zum Sympathicus lassen sich schließlich auch in der besonderen Affinität des Porphyrins zu den Calciumionen feststellen. Wir kennen nämlich eine Beeinflussung des Kalkstoffwechsels durch den Sympathicus und eine Gleichstellung der Sympathicusreizung gegenüber dem Kalkeffekt.

Das Mitspielen des vegetativen Nervensystems beim Porphyrinstoffwechsel ist wiederum eng mit der hormonalen Regulation des Organismus verbunden. Wir können hier nicht von physiologischen Korrelationen sprechen, die beobachteten Beziehungen sind nur bei einer pathologischen Porphyrinvermehrung zu konstatieren. Es frägt sich nun, ob dieser Farbstoff schon normalerweise einen Einfluß auf die hormonale Tätigkeit ausübt. Fest steht die Tatsache, daß bei den Porphyrinkrankheiten oft auffallende und immer wiederkehrende Symptome zu beobachten sind, die auf eine abnorme Beeinflussung einer oder mehrerer endokriner Drüsen zurückgeführt werden können.

In den letzten Jahren hat sich der Hypophysenvorderlappen als ein exquisiter Hormonregulator des Organismus erwiesen, und zwar indem er hauptsächlich indirekt die Funktion der wichtigsten endokrinen Systeme beeinflussen kann. Die Hormonsekretion der Thyreoidea, Nebennieren und Genitaldrüsen ist von dem entsprechenden thyreotropen, adenotropen und gonadotropen Hormon des Hypophysenvorderlappens gesteuert, das seinerseits unter der übergeordneten inhibitorischen Tätigkeit des Diencephalons steht. Über Diencephalon hemmen die Hormone der Schilddrüse, der Nebennieren und der Genitalorgane die Funktion der Hypophyse. Wir stehen also hier vor einem geschlossenen Zyklus von Regulationen, LICHTWITZ spricht von einem hypophysär-diencephalen Komplex. Erkrankungen des Diencephalons führen zu einer Störung seiner hemmenden Funktion auf die Hypophyse und damit zu einer Steigerung der Hormonproduktion in den untergeordneten endokrinen Drüsen. So sind z. B. bei Schädigungen des Diencephalons Symptome von Hyperthyreose oder Nebennierenhyperfunktion bekannt (LICHTWITZ, RISAK, SCHITTENHELM, VANNOTTI u. a.).

Es sind genügende Gründe vorhanden, um bei den Porphyrinkrankheiten eine Störung der Regulation des oben genannten neurohormonalen Systems anzunehmen. Bei einem mit Blei vergifteten Patienten war eine ausgesprochene Hyperthyreose zu beobachten. Die Zeichen der BASEDOWschen Erkrankung standen in auffallender Übereinstimmung mit der Intensität der Porphyrinausscheidung und mit dem Grad der Leberstörung. Es besteht jedoch auch die Möglichkeit der Bleiwirkung auf das Mesencephalon, die strikte Abhängigkeit der Schilddrüsensymptome, von der Porphyrinproduktion spricht aber gleichzeitig sehr für die abnorme Einwirkung des Porphyrins auf das Diencephalon. Auch die Frage der Leberschädigung beim Basedow ist eng mit der neurohormonalen Regulation des hypophysär-encephalen Systems verknüpft. Es bestehen inkretorische Verhältnisse zwischen Leber und Schilddrüse, Hypophyse und Leber. Das Zwischenhirn reguliert in diversen Richtungen über die Hypophyse die hepatogene Funktion. Kohlehydrate und Glykogenstoffwechsel haben mit dem adrenalen System und mit dem Pankreas einen engen Zusammenhang, sie werden sogar direkt vom Zwischenhirn beeinflußt. SIEDHOFF hat mit Deutlichkeit an Hand von klinischen Fällen auf die Störung der Leberfunktion bei Mittelhirnerkrankungen hingewiesen. Bei der Bilirubinbelastungsprobe läßt sich nach diesem Autor bei Mesencephalonkrankheiten (Morbus Wilson, Parkinsonismus, Parkinson, Muskelstarre) oft eine Funktionsstörung der Leber feststellen, die als sekundäre Begleiterscheinung der Hirnveränderungen aufzufassen ist.

Wir werden im nächsten Kapitel sehen, wie gerade die Leber im Zentrum der Pigmentstoffwechselregulierung steht. Sie spielt beim Porphyrinumsatz nicht nur als Umbildungs-, Abbau- und Ausscheidungsstätte des Porphyrins eine Rolle, sondern unter pathologischen Bedingungen auch als Syntheseort dieses Farbstoffes. Eine Porphyrinerhöhung kann also über das neuro-hormonale System die Leberfunktion beeinflussen und umgekehrt kann die hepatogene Porphyrinbildung die normale Tätigkeit des gesamten endokrinen Systems und der damit verbundenen nervösen Zentren stören.

Somit ist die funktionelle Abhängigkeit der Leber vom Porphyrinspiegel und von der Schilddrüsentätigkeit bei unseren Bleipatienten sowie die häufige Beteiligung des endokrinen Systems an den Porphyrinstoffwechselstörungen verständlich. In diesem Zusammenhang sind die Angaben MAASEs, der über Veränderungen in der Prähypophyse, in den Epithelkörperchen und Erweichung des Ovariums bei einem Falle von Porphyrinkrankheit berichtet, von Interesse. Störungen von seiten des Genitalsystems und der sekundären Geschlechtsmerkmale sind ferner oft Begleitsymptome der Porphyrien. So beschreibt z. B.

HARBITZ bei einer Patientin das Auftreten einer Schwellung der Brüste und eine deutliche Hyperalgesie der Warze während des Porphyrieanfalles. Von GRÜNE-WALD wurde bei einer Virgo eine plötzliche Hyperästhesie und Pigmentierung der Brüste, gefolgt von Milchsekretion, beobachtet. In dieses Gebiet gehört auch die plötzliche Auslösung des Porphyrinanfalles durch das Einsetzen der Menses und die schon angeführte Erscheinung von seiten der Schilddrüse bei der Porphyrinintoxikation. Man muß sich hier fragen, ob das plötzliche Auftreten von Porphyrinanfällen zu Beginn der Menstruation nicht mit der prämenstruellen Azidose HOFFs in Zusammenhang zu bringen ist. Dieser azidotische Zustand kann, wie wir schon früher erwähnt haben, die Entwicklung des Porphyrie-syndroms und die Porphyrinausscheidung mit Bestimmtheit fördern. Ferner erscheint uns die Frage der Calciumausscheidung bei der Zu- und Abnahme der Porphyrinsekretion im Zusammenhang mit der Schilddrüsenfunktion wichtig. Wir wissen, daß eine Hyperfunktion der Schilddrüse zu einer Mobilisierung des Calciums aus dem Knochen und zu einer Vermehrung der Calciumsekretion führt. Die mit der Porphyrinvermehrung im Organismus zusammenhängende Hyperthyreose könnte unter Umständen eine gewisse Mobilisierung des Por-phyrins aus dem Knochen zusammen mit dem Calcium hervorrufen. Auch die günstige Beeinflussung der Porphyrinkrankheiten durch die Leberbehandlung und sogar mit Leberextrakten rückt bei der Betrachtung der neurohormonalen Beeinflussung der Porphyrine in ein neues Licht. Es wird nämlich von LICHTWITZ und anderen Autoren auf die Bedeutung des hypophysären diencephalen Kom-plexes bei der Regulierung der Erythropoese hingewiesen. LICHTWITZ beschreibt eine ganze Reihe von Fällen, bei welchen auf Grund von krankhaften Prozessen im Diencephalon und in der Hypophyse eine Polyglobulie auftrat. Es handelt sich dabei vorwiegend um vegetative Störungen. Bei einem 52jährigen Mann beobachtete LICHTWITZ folgendes Bild: „Vor 6 Jahren plötzliches Auf-treten von heftigen Kopfschmerzen, Somnolenz, Teilnahmslosigkeit, Appetit-verlust, Obstipation und starke Schmerzen im Oberbauch. Stürmische Gewichtsabnahme, Durst und Polyurie." Ferner zeigte der Patient eine HUNTERsche Glossitis bei Achylia gastrica, starke Albuminurie und Porphyrin-urie (Koproporphyrin), Polyglobulie (9,5 Millionen Erythrocyten), arteriellen Hochdruck.

Wir sehen hier also ein Zusammentreffen von SIMMONDSscher Kachexie mit Polyglobulie und Porphyrinurie. Eine vermehrte Porphyrinausscheidung haben wir bei einem Fall von Polycythaemia vera gesehen. Auf den ätiologischen Zu-sammenhang werden wir bei der späteren Besprechung zurückkommen. Die Beobachtung von LICHTWITZ kann hier nicht diskutiert werden; bei dieser wich-tigen Feststellung muß vermutet werden, daß entweder die Störung des Por-phyrinstoffwechsels die anderen Symptome hypophysärer Natur ausgelöst hat oder daß die primäre Schädigung der Hypophyse zu einer solchen Pigment-stoffwechselanomalie bei gestörter Blutmauserung geführt hat. Für die erste Hypothese würde das plötzliche Ausbrechen des Leidens mit den für den akuten Porphyrinanfall charakteristischen Symptomen (Kopfschmerzen, Obstipation, Somnolenz und starke Schmerzen im Oberbauch) sprechen. Auch die Poly-globulie wäre beim Porphyriesyndrom unterzubringen; eine deutliche Vermehrung der Erythrocyten ist bei der akuten Porphyrie oft zu beobachten. Die weiteren Erscheinungen, die im oben zitierten Falle allmählich auftraten (Haar- und

Zahnausfall, Hodenatrophie, Kachexie) könnten dann als sekundäre Folgen der Porphyrinwirkung auf die Hypophyse gedeutet werden.

Die zweite Möglichkeit einer Porphyrinurie als Folge der Hypophysenstörung oder als Folge der sekundären Polyglobulie läßt sich auch noch anführen, es fehlen allerdings diesbezügliche Beobachtungen und experimentelle Beweise. Bei den von uns untersuchten Fällen von Polyglobulie war eine Porphyrinvermehrung (außer bei der Polycythaemia vera) nicht wahrzunehmen, es erhebt sich aber die Frage, ob die erwähnte Erhöhung der Erythrocytenzahl bei gewissen Fällen von Porphyrinkrankheit nicht auf einer durch das Porphyrin bedingten Störung des Diencephalon-Hypophysesystems zurückzuführen sei.

Zusammenfassung.

Bei der Besprechung der funktionellen Beziehungen der Porphyrine zu den verschiedenen Körperorganen befaßte man sich eingehend mit den Verhältnissen der Porphyrinaufnahme im Organismus durch die Organe des Magendarmtractus, dann mit der Ablagerung und Neutralisierung des Farbstoffes, hauptsächlich im Knochensystem, in der Haut und in der Leber, ferner mit der Ausscheidung des Porphyrins durch Darm und Niere und die Beziehungen des Pigmentes zum Nerven- und endokrinen System.

Ein Teil der durch die Nahrung zugeführten oder im Darm aus Nahrungsstoffen synthetisierten Porphyrine wird durch die Darmwand resorbiert und über das Pfortadersystem in die Leber gebracht. Normalerweise reagiert der Organismus auf vermehrte Zufuhr von Porphyrin durch den Verdauungstractus sehr prompt mit einer erhöhten Farbstoffausscheidung. Da die Ausscheidung des Porphyrins normalerweise bei gleicher Diät ziemlich konstant ist, kann man durch perorale Belastungsproben den Verlauf des Porphyrinumsatzes unter pathologischen Bedingungen verfolgen. Die Porphyrinresorption aus dem Darmtractus kann unter Resorptionsstörungen stark leiden; dies ist besonders bei Pankreasstörungen, Gastroenteritiden und bei der Sprue der Fall. Das Porphyrin des Darmtractus kann einen sehr wichtigen Einfluß auf die ganze Darmmotorik ausüben, eine Vermehrung dieses Farbstoffes im Darm, sei es durch abnorm hohe Produktion desselben im Körper, sei es durch ungenügende Resorption aus der Darmwand, führt zu ausgesprochenen Symptomen, die vorwiegend in Atonie des Magens und des oberen Dünndarmteils und des Dickdarms sowie in Spasmen des Ileums bestehen. Die cutane Photosensibilisierungsaktion des Porphyrins muß für das Zustandekommen der häufigen Hauterscheinungen bei den Darmleiden mindestens zum Teil verantwortlich gemacht werden. Die durch Darmfäulnis bedingte Porphyrinbildung hängt besonders von der Magensekretion, bzw. vom Säuregrad des Magensaftes und von der Darmflora ab, wie das die Porphyrinvermehrung bei der Anacidität zeigt.

Die Speicherung des Porphyrins geschieht hauptsächlich im Knochensystem und evtl. in der Haut. Das Skelet weist oft starke Porphyrinfluorescenz auf, besonders können die Osteoblasten reich an Porphyrin sein. Die Ablagerung geschieht aber nicht gleichmäßig im ganzen Knochensystem, sondern vorwiegend dort, wo eine Verknöcherung im Gange ist. Es ist heute bekannt, daß dabei eine Anlagerung von Calciumphosphorsalzen an Eiweiß stattfindet, man nimmt dabei an, daß das Porphyrin sich an diesem Vorgang aktiv beteiligt und dadurch am Knochen verankert wird. Dieser adsorptive Prozeß kann durch Mobilisierung von Calcium und Phosphor aus dem Knochen und durch Freiwerden des damit verbundenen Porphyrins reversibel werden. Das Porphyrin zeigt auch nach seiner Loslösung aus dem Knochen eine besondere Affinität zum Calcium, so daß der Farbstoff rasch nach einer durch die Ansäuerung des Organismus bedingten Mobilmachung des Kalkes teilweise dem Schicksal der Calciumausscheidung folgt. Bei der vermehrten Gallenausscheidung während der Porphyrinvermehrung im Organismus ist noch an die Möglichkeit einer durch das Porphyrin sekundär bedingten Steigerung der Löslichkeitsverhältnisse des Kalkes im Darme und an eine damit verbundene Erhöhung der Calciumresorption aus dem Darmtractus zu denken.

Bei seiner Speicherung und Mobilisierung im Knochensystem folgt das Porphyrin dem Schicksal des Calciums, die Ablagerung und der Abtransport dieses Pigmentes im und aus dem Skelet ist daher vom Säurebasenhaushalt des Organismus abhängig. Bei der Ansäuerung entsteht eine deutliche Loslösung des Farbstoffes und nahe verwandter Pigmente aus dem Knochen, dies kann zu erhöhter Porphyrinwirkung auf den Körper Anlaß geben (Haut, Magendarm). Neben der erhöhten Porphyrinurie bei der Azidose kann man in pathologischen Fällen auch eine Carboxylierung des Koproporphyrins in Uroporphyrin in den Nieren beobachten. Bei der Alkalose wird das Porphyrin in verminderter Masse ausgeschieden, die Porphyrinausscheidung bewegt sich dabei in ähnlicher Weise wie diejenige des Calciums, d. h. sie tritt gegenüber der Azidose in Darm und Niere in entgegengesetzter Richtung auf. Diese Versuche zeigen mit Klarheit, wie der Porphyrinumsatz von einer Reihe von Nebenfaktoren reguliert werden kann. Nicht nur die Reaktion des Urins, sondern auch die Qualität der zugeführten Ionen kann die Porphyrinausscheidung beeinflussen. Interessant ist ferner die Tatsache, daß der Calciumspiegel im Blute die Schwankungen der Porphyrinproduktion mitmacht, es besteht bei der Porphyrinverabreichung eine Neigung zu Verankerung des Farbstoffes vermittelst Calcium im Knochen. Bei der Ausscheidungsvermehrung der endogen gebildeten Porphyrine kommt es zu einer Erhöhung der Calciumresorption aus dem Darm. In diesen beiden Vorgängen finden wir noch einmal die enge Zusammenarbeit zwischen Kalk- und Porphyrinstoffwechsel, sie entspricht einer zweckmäßigen Regulation, indem die durch Porphyrin begünstigte Calciumresorption aus dem Darm zu einer für die Ablagerung in Knochen und anderen Geweben zweckmäßigen Calciumanreicherung im Körper führt.

Das gegenüber dem Calcium antagonistisch wirkende Magnesium führt durch Befreiung des Ca-Porphyrinkomplexes aus dem Knochen zu einer Mobilisierung des Porphyrins aus seinen Depots.

Von therapeutischem Interesse ist die Wirkung der Calciumzufuhr, die zu einer vermehrten Kalkretention im Organismus mit darauffolgender Ablagerung im Knochen führt. Durch diesen Vorgang kann das Porphyrin in erhöhtem Maße im Knochendepot gespeichert werden und dieser Prozeß rechtfertigt die günstige therapeutische Calciumwirkung bei den Porphyrinkrankheiten.

Als Ablagerungsorgan für die Porphyrine kommt schließlich noch die Haut in Frage. Diese ist wegen ihrer allzu geringen Tätigkeit als Exkretionsorgan für diesen Farbstoff von mehr theoretischer Bedeutung.

Die Ausscheidung des Porphyrins geschieht hauptsächlich durch die Leber und die Niere. Die Leber übt bei der Porphyrinintoxikation eine desensibilisierende Wirkung aus, indem sie das Pigment teilweise umwandelt und abbaut. Sehr wahrscheinlich kann die Leber aus Porphyrin Bilirubin bilden, hierfür spricht eine Zunahme der Gallenmenge und ihrer Bilirubinkonzentration bei einer Erhöhung des endogen gebildeten Porphyrins. In einer anderen Version könnte diese Erscheinung als choleritische Wirkung des Porphyrins aufgefaßt werden. Das über das Pfortadersystem aus dem Darm stammende Porphyrin wird zum Teil von den Leberzellen (Stern- und Leberzellen) aufgenommen und direkt oder erst nach dessen Umwandlung in die Gallencapillaren abgegeben; ein kleiner Teil gelangt in den allgemeinen Kreislauf und wird durch die Niere ausgeschieden. In den Nieren geschieht die Porphyrinabsonderung hauptsächlich durch die Tätigkeit der Tubuli, und zwar durch die Pars recta der Tubuli contorti und durch die HENLESchen Schleifen. Die Sammelkanäle zeigen eine diffuse Imbibition von ausgeschiedenem Farbstoff. Bei einer Schädigung des Nierenparenchyms kann die Porphyrinausscheidung gehemmt werden. Es folgt darauf eine Retention desselben im Blut und es kommt zu einer vikariierenden Erhöhung der Darmausscheidung. Bei der Albuminurie beobachtet man eine Adsorption des Farbstoffes an das Urineiweiß, während andererseits die Werte der Albuminurie mit denjenigen der Porphyrinurie parallel gehen können, d. h. die Porphyrinurie mit ihrem azidotischen Nierenstoffwechsel ist imstande, bei schon vorhandener Parenchymschädigung eine Erhöhung der Membranpermeabilität des Nierenfilters für das Serumeiweiß zu bewerkstelligen.

Die Porphyrine zeigen in ihrer mannigfachen Reaktion auf den Organismus einen engen Zusammenhang mit dem Nerven- und endokrinen System. Bei den schweren Porphyrinintoxikationen kommt es zu ausgedehnten Schädigungen der peripheren motorischen und sensiblen Nerven sowie der Hirnnerven. Von Bedeutung ist ferner in funktioneller Hinsicht der Einfluß des Pigmentes auf das vegetative Nervensystem. Verschiedene klinische Zeichen sprechen für einen gewissen Sympathikotropismus der Porphyrine sowie für enge funktionelle Beziehungen des Porphyrins zum endokrinen System. Klinische Beobachtungen haben gezeigt, daß das Porphyrin das Mes- und Diencephalon funktionell beeinflussen und damit indirekt auf die Hypophysentätigkeit wirken kann. Die Folgen dieser abnormen Wirkung auf den hypophysär-diencephalen Komplex äußern sich in hyperthyreotischen Symptomen, in Leberstörungen, Störungen der Sexualdrüsen (besonders Ovarien), Polyglobulie usw.

Wir sehen also ein komplexes Bild von korrelativen Störungen, die auf die gegenseitige Beeinflussung verschiedener Organsysteme zurückzuführen sind und oft, wenn auch nicht immer, im Verlaufe der Porphyrinintoxikation auftreten können. Die Wirkung dieses Farbstoffes in normalen Konzentrationen ist uns dagegen weniger bekannt, es ist aber anzunehmen, daß schon normalerweise das Porphyrin ein hochwertiger, funktionell wichtiger Faktor im Gesamtstoffwechsel des Organismus darstellt. Diese Bedeutung des Pigmentes kommt besonders bei der Erythropoese und bei den Beziehungen des Porphyrins zu den anderen Pigmenten des Körpers zum Vorschein. Im nächsten Kapitel kommen wir ausführlich auf dieses Problem zurück.

Literatur zu Kapitel IV.

BOAS, J.: Über das Vorkommen von Protoporphyrin im Harne. Klin. Wschr. **1933 I**, 589.
— Beiträge zur Koprohämatologie. II. Mitt. Klin. Wschr. **1932 I**, 1051.
BOMMER: Zit. nach BÜNGELER.
BORST, M. u. H. KÖNIGSDÖRFER: Untersuchungen über Porphyrie. Leipzig: S. Hirzel 1929.
BRUGSCH, J.: Einfluß von Hämatoporphyrin, Hämin und Urobilin auf die Gallenfarbstoff-
bildung. Z. exper. Path. 8, 645 (1911).
BRUGSCH, J. TH.: Untersuchungen des quantitativen Porphyrinstoffwechsels beim gesunden
und kranken Menschen. I., II., IV. u. V. Mitt. Z. exper. Med. **95**, 471, 482 (1935);
98, 49, 57 (1936).
BÜNGELER, W.: Über die Entstehung von Hautcarcinomen und Hautsarkomen nach Sonnen-
bestrahlung und Photosensibilisierung. Klin. Wschr. **1937 I**, 1012.
CAPELLI, F.: Azione del piombo e del magnesio sulla porfirinuria nell'uomo. Med. del Lavoro
27, 97 (1936).
CARRIÉ, C.: Experimentelle Untersuchungen zum Hydroa vacciniforme und zur Porphyrin-
urie. Arch. f. Dermat. **163**, 523 (1931).
— Die Porphyrine. Leipzig: Georg Thieme 1936.
EICHLER, P.: Zur Kenntnis der akuten genuinen Hämatoporphyrie. Z. Neur. **141**, 363
(1932).
EPPINGER u. ARNSTEIN: Zur Pathogenese der Polyneuritis. Z. klin. Med. **74**, 324 (1912).
FIKENTSCHER, R., H. FINK u. E. EMMINGER: Untersuchungen an Knochen wachsender Säuge-
tiere nach Injektion verschiedenartiger Porphyrine. Klin. Wschr. **1931 II**, 2036.
FINK, H. u. W. HOERBURGER: Über die Ochronose der Schlachttiere. II. Mitt. Hoppe-
Seylers Z. **202**, 8 (1931).
— — Beiträge zur Fluoreszenz der Porphyrine. Hoppe-Seylers Z. **218**, 181 (1933).
FISCHER, H.: Über das Kotporphyrin. Hoppe-Seylers Z. **96**, 148 (1915).
— u. H. HILMER, LINDNER u. PÜTZER: Zur Kenntnis der natürlichen Porphyrine. Hoppe-
Seylers Z. **150**, 44 (1925),
— u. F. MEYER-BETZ: Zur Kenntnis der Porphyrinbildung. Hoppe-Seylers Z. **82**, 96 (1912).
FISCHER, M. H.: Wasserbindung und Nephritis. Dresden 1928.
FORSGREN: Skand. Arch. Physiol. (Berl. u. Lpz.) **55**, 144 (1929). Zit. nach ADLER, BETHE-
BERGMANNs Handbuch, Bd. 4, S. 784.
FRÄNKEL, E.: Experimentelles über die Hämatoporphyrie. Virchows Arch. **248**, 125 (1923).
FRANKE, K. u. R. FIKENTSCHER: Die Bedeutung der quantitativen Porphyrinbestimmung
mit der Lumineszenzmessung für die Prüfung der Leberfunktion und für Ernährungs-
fragen. Münch. med. Wschr. **1935 I**, 171.
FREUDENBERG, E. u. P. GYÖRGY: Der Verkalkungsvorgang bei der Entwicklung des Knochens.
Erg. inn. Med. **24**, 17 (1923).
GARROD: On the occurence and detection of haematoporphyrin in the urine. J. of Physiol.
13, 598 (1892).
GERHARDT, D. u. W. SCHLESINGER: Arch. f. exper. Path. **42**, 83 (1899).
GOTTRON, H. u. E. ELLINGER: Beitrag zur Klinik der Porphyrie. Arch. f. Dermat. **164**,
11 (1931).
GRÜNEWALD, E. A.: Studien zur Pathogenese der LANDRYschen Paralyse. Jber. Psychol.
29, 403 (1923).
GÜNTHER, H.: Die Bedeutung der Hämatoporphyrine in Physiologie und Pathologie. Erg.
Path. **20 I**, 608 (1922).
— Hämatoporphyrie. SCHITTENHELMs Krankheiten des Blutes und der blutbildenden
Organe, Bd. 2. Enzyklopädie der klinischen Medizin. Berlin: Julius Springer 1935.
GYÖRGY, P.: Umsatz der Erdalkalien (Ca, Mg) und des Phosphats. BETHE-BERGMANNs
Handbuch der normalen und pathologischen Physiologie, Bd. 16/II. 1931.
HARBITZ, F.: Hematoporphyrinuria as an indipendent disease and as a symptom of lever
disease and intoxication. Arch. int. Med. **33**, 632 (1924).
HAUROWITZ, F.: Der Abbau der Blutfarbstoffe im Verdauungstrakt des gesunden Menschen.
Arch. Verdgskrkh. **50**, 33 (1931).
HETENY: Z. exper. Med. **43**, 123, 131 (1923).
HIJMANS VAN DER BERGH, A. A. u. W. GROTEPASS: Porphyrinämie ohne Porphyrinurie.
Klin. Wschr. **1933 I**, 586.

HOERBURGER, W.: Zur Kenntnis der Porphyrinfluoreszenz und deren Anwendung bei physiologischen Untersuchungen. Diss. med. Erlangen 1933.

HOFF, F.: Menstruation und Gehirnkrankheiten. Klin. Wschr. **1936** I, 571.

HÜHNERFELD: Psychiatr.-neur. Wschr. **1933** I. Zit. nach CARRIÉ.

JESIONEK: Biologie der gesunden und kranken Haut. Leipzig: F. C. W. Vogel 1916.

KÄMMERER, H.: Biologie und Klinik der Porphyrine. Verh. dtsch. Ges. inn. Med. **1933**.

— u. J. GÜRSCHING: Vergleichende Untersuchungen über den Porphyringehalt tischfertiger Nahrungsmittel als die möglichen Quellen der Körperporphyrine. Verh. dtsch. Ges. inn. Med. **1929**.

KAPSINOW, R. and D. JAKSON: The prevention and cure of rickets by means of bile. Proc. Soc. exper. Biol. a. Med. **21**, 427 (1924).

KASANOVIC: Zit. nach BÜNGELER.

KLINKE, K.: Neuere Ergebnisse der Calciumforschung. Erg. Physiol. **29**, 235 (1928).

— Der Mineralstoffwechsel. Wien 1931.

KÖRBLER, J.: Untersuchungen von Krebsgewebe im fluorescenzerregenden Licht. Strahlenther. **41**, 510 (1931).

— Rote Fluorescenz in Krebsgeschwüren. Strahlenther. **43**, 317 (1932).

LICHTWITZ, L.: Die Porphyrinurien. BERGMANN-STAEHELINs Handbuch der inneren Medizin, Bd. 4, S. 978. 1926.

— Pathologie der Funktionen und Regulationen. Leiden: Sijthoff's Uitgenersmij 1936.

LIESEGANG, R. E.: Niere. LICHTWITZ-LIESEGANG-SPIRO: Medizinische Kolloidlehre. Dresden: Theodor Steinkopff 1935.

MARCOZZI: Epidermolisi bullosa distrofica con ematoporfirinuria e alterazione endocrino simpatica. Arch ital. Dermat. **4** (1928).

MARIQUE, P. et G. MELOT: Action de l'hématoporphirine sur le calcium et le phosphor du sang. C. r. Soc. Biol. Paris **123**, 280 (1936).

MASSA, M.: Sensibilizzazione alla luce e porfirine. Riforma med. **1932**, 1669.

MAUGERI, S. u. MUTOLO: Med. del Lavoro. **1935**, No 6. Zit. nach CAPELLI.

MESSERLI: Biochem. Z. **54**, 470 (1913).

MESTREZAT, W. et Y. GARREAU: Vitesse de diffusion des ions à travers un septum. Ann. de Physiol. **1**, 212 (1925).

MIBELLI: Mh. Dermat. **24**, 87 (1897). Zit. nach CARRIÉ.

OEHME: Das Wasser-Salz-Gleichgewicht des Körpers in Abhängigkeit vom Säurebasenhaushalt und vom Ionenantagonismus. Verh. dtsch. Ges. inn. Med. **1924**, 48.

PERUTZ, A.: Über die antagonistische Wirkung photodynamischer Sensibilisatoren auf ultraviolettes Licht. Wien. klin. Wschr. **1912** I, 78.

POLICARD, A.: Étude sur les aspects offerts par des tumeurs expérimentales examinées à la lumière de Wood. C. r. Soc. Biol. Paris **91**, 1423 (1924).

RASK, NORRIS and HOWELL: The photodinamic action of haematoporphyrin. Amer. J. Physiol. **84**, 363 (1928).

REITLINGER, K. u. PH. KLEE: Zur biologischen Wirkung der Porpyrine. Arch. f. exper. Path. **127**, 277 (1928).

RISAK, E.: Wien. klin. Wschr. **1934** J, 161.

ROBITSCHECK, W.: Hämatoporphyrin in der menschlichen Galle. Z. klin. Med. **94**, 331 (1922).

ROHDE, E. u. PH. ELLINGER: Über die Funktion der Nierennerven. Z. Physiol. **27**, 1 (1913).

RONCORONI, C.: Porfirinuria da alimentazione unilaterale. Pathologica (Genova) **27**, 737 (1935).

SCHITTENHELM, A.: Über zentrogene Formen des Morbus Basedowi und verwandter Krankheitsbilder. Klin. Wschr. **1935** I, 401.

SCHLOSS, E.: Die Pathogenese und Ätiologie der Rachitis sowie die Grundlagen ihrer Therapie. Erg. inn. Med. **15**, 55 (1917).

SCHRETZENMAYR: Dtsch. med. Wschr. **1933** II, 1601.

SCHREUS, TH. u. C. CARRIÉ: Beobachtungen bei einem Fall von kongenitaler Porphyrie. Dermat. Z. **62**, 347 (1931).

SCHREUS, TH. H. u. C. CARRIÉ: Über die Einwirkung von Leber auf Kopro- und Uroporphyrin. Strahlenther. **40**, 340 (1931).

— u. H. POULLAIN: Abhängigkeit der Porphyrinausscheidung im Harn des bleivergifteten Kaninchens vom Säurebasenhaushalt. Arch. f. exper. Path. **177**, 543 (1935).

SCHULZ, H.: Anorganische Arzneistoffe. Leipzig: Georg Thieme 1920.

SIEDHOFF, W.: Über Störungen der Leberfunktion bei Erkrankungen des Mittelhirns. Z. klin. Med. **118**, 383 (1931).

SNAPPER, J.: Über die Notwendigkeit, die spektroskopische Methode für den Nachweis von Blut in den Faeces zu benützen. Arch. Verdgskrkh. **25**, 230 (1923).

STECK, H.: Biochem. Z. **49**, 195 (1913).

STREMPEL, H.: Hydroa vacciniformis mit Calcinosis der Gesichtshaut. Dermat. Z. **66**, 389 (1932).

SUÑER, A. P.: Fonction fixatrice du foie sur les produits de dédoublement de l'hémoglobine. J. Physiol. et Path. gén. **5**, 1052 (1903).

SUZUKI KOHJI: An experimental study on alkalosis. Jap. med. work. **6**, 108 (1926).

THEORELL, H.: Kristallinisches Myoglobin. I. Mitt. Biochem. Z. **252**, 1 (1932).

ULRICH: Zit. nach BUCHER in LICHTWITZ-LIESEGANG-SPIRO: Medizinische Kolloidlehre, S. 340. Dresden: Theodor Steinkopff 1935.

URBACH u. BLOCH: Zit. nach CARRIÉ. Wien klin. Wschr. **1934 I**.

VANNOTTI, A.: Zwei seltene Fälle von Porphyrie. Z. exper. Med. **97**, 377 (1935).

— Basedow als Gewerbekrankheit. Dtsch. Arch. klin. Med. **178**, 610 (1936).

VERZÁR, F.: Die Pathologie der Darmresorption. Schweiz. med. Wschr. **1935 I**, 1093.

WERTHEIMER: Arch. f. Physiol. **4**, 577 (1893).

Fünftes Kapitel.

Die Porphyrine im Rahmen des gesamten Pigmentstoffwechsels.

Die Porphyrine als physiologisches und pathologisches Produkt des tierischen Organismus spielen im Pigmentumsatz eine wichtige Rolle. Man begegnet ihnen als Zwischen- und Endprodukte beim pathologischen Abbau des Hämoglobins, es wird diesen Pigmenten die Eigenschaft eines minderwertigen Hämoglobinersatzes sowie diejenige eines Bindegliedes zwischen Blutfarbstoff und Bilirubin zugeschrieben. Muskelfarbstoff und Cytochrom, alle anderen Hämochromogene, der Farbstoff der grünen Blätter und einige andere Pigmente stehen nach den ausgedehnten Untersuchungen der heutigen Literatur in engem Verhältnis zum Porphyrin.

Die Beziehungen des Porphyrins zu anderen Farbstoffen des Körpers sind nicht *nur* chemischer Natur, sondern sie sind hauptsächlich von den komplizierten Vorgängen des Auf- und Abbaues der Pigmente im Rahmen des Gesamtstoffwechsels abhängig. Ihre ausführliche Besprechung unter Zuhilfenahme der modernen Hypothesen und Theorien soll im vorliegenden Kapitel erfolgen.

Nahe den funktionellen Fragen, die bei diesem Thema auftauchen, stehen die für die Pathologie und Klinik so wichtigen Probleme der Porphyrinentstehung und des Porphyrinabbaues bei krankhaften Zuständen. Um unserer Darstellung die nötige Klarheit zu geben, werden die Pigmente in verschiedene Gruppen eingeteilt und bei jeder Gruppe die verschiedenen dazugehörigen Krankheitsbilder im Rahmen der Porphyrinbesprechung erörtert. So soll zuerst das Porphyrin im gesamten Hämoglobinumsatz, dann der Zusammenhang des Porphyrins mit dem Muskelfarbstoff, dem Gallenfarbstoff, dem Melanin und den Pigmenten des Urins betrachtet werden.

Porphyrin und Hämoglobin- bzw. Eisenstoffwechsel.

Das *Hämoglobin* stellt die Verbindung eines eisenhaltigen Chromogens mit einem basischen Eiweißkörper, dem Globin, dar. Beide Komponenten des Hämoglobins interessieren uns, da wir wissen, daß nicht nur das Chromogen enge Beziehungen zu der Porphyrinreihe besitzt, sondern auch das Globin bei der Porphyrinkrankheit als solches oder in Form seiner Abkömmlinge bei der Bildung eines im Urin neben dem Porphyrin auftretenden, biologisch wichtigen Pigmentes von Bedeutung sein kann. FISCHER und ZERWECK haben durch Hydrolyse die Aminoform des bei den Porphyrinkrankheiten häufig vorhandenen braunen Harnfarbstoffes gewonnen und daraus die Schlüsse gezogen, daß dieses Pigment einen Eiweißabkömmling darstellt und als solcher bei der Zersetzung des Hämoglobinmoleküls aus dem Globin entsteht. Es wird weiter vermutet, daß dieser aus dem Globin abstammende Farbstoff biologisch von Bedeutung sei, da ihm die Fähigkeit eines wichtigen Schutzstoffes gegen die phototoxischen Eigenschaften des Porphyrins zukommt. Später werden wir sehen, wie das Globin auch bei der Untersuchung des Muskelfarbstoffes berücksichtigt werden muß.

Auch das Chromogen muß hier besondere Berücksichtigung finden. Bei der Besprechung der chemischen Konstitution des Porphyrins wurde im ersten Kapitel dargetan, wie dieser Farbstoff durch die Abspaltung des Eisens aus dem Häminmolekül entstehen kann. Sowohl das Chromogen als auch das frei gewordene Eisen spielen bei der Porphyrinentstehung aus dem gesamten Hämoglobinumsatz eine wichtige Rolle.

Im Laufe unserer Untersuchungen über die Porphyrine haben wir uns überzeugt, daß beim genauen Studium der Beziehungen zwischen Porphyrin- und Pigmentstoffwechsel auch das zirkulierende Eisen berücksichtigt werden muß. Das Porphyrin als ein eisenloses Hämoglobin stellt für die Oxydationsfunktionen im Organismus ein unbedeutendes Pigment dar, und man frägt sich, ob der Organismus durch Mobilisierung von aktivem Eisen der minderwertigen Funktion des Porphyrins entgegenkommt und ob die Menge dieses aktiven Eisens bei den Schwankungen der endogenen Porphyrinfunktion entsprechende Änderungen aufweist.

Unter diesem Gesichtspunkte möchten wir das aufgeworfene Problem der Beziehungen zwischen Porphyrin und Blutfarbstoff so unterteilen, daß einerseits das eisenlose Hämingerüst und andererseits das freigewordene Eisen den Mittelpunkt unserer Darstellung bilden.

Wenn man den *Eisenstoffwechsel* näher betrachtet, konstatiert man, daß nicht das gesamte Eisen des Organismus dem Hämoglobin angehört. Ein kleiner Teil wird in den Organen gehalten und dient dem cellulären Gasstoffwechsel als Atmungsferment. Ferner findet eine kleine Fraktion des Eisens als Reserve in gewissen Organen eine Ablagerung und wird daher als *Reserveeisen* hauptsächlich in Form von Hämosiderin der Zirkulation entzogen.

Das Zelleisen ist hauptsächlich in den Zellkernen verankert und dient als zweiwertiges Eisen der Sauerstoffübertragung vom Blut zum Zellsubstrat. Wie WARBURG zeigen konnte, findet die celluläre Oxydation nur unter Mitwirkung der katalytischen Eisenwirkung statt. Das oxydative System Sauerstoff-Oxydase-Cytochromsubstrat stellt, wie wir schon gesehen haben, ein hochwertiges Eisen-Porphyrinsystem zur Übertragung des Sauerstoffes vom Blute bis zur Zelle dar.

Die Frage der Herkunft des aktiven zweiwertigen Eisens wurde von STARKEN-STEIN und WEDEN experimentell weitgehend untersucht. Diese Autoren kamen zu der Ansicht, daß der Organismus die Fähigkeit besitzt, aus der Nahrung im Magen und Darm Eisen als Ferrosalze zu resorbieren und lange Zeit im Kreislauf zu halten, damit die lebenden Gewebe davon Gebrauch machen können. Im Körper wird dann das aktive Eisen zu Ferriverbindungen oxydiert. Von allen Organen macht nur die Milz eine Ausnahme, indem sie nur inaktives Ferrieisen aufnehmen kann.

Es ist also anzunehmen, daß im zirkulierenden Blut Eisen vorliegt, das nicht dem Hämoglobineisen angehört. In der Tat wurde die frühere Annahme eines eisenlosen Serums beim Menschen von BARKAN widerlegt. Dieser Autor konnte nachweisen, daß im Blute und im Blutserum ein in ionisierter Form durch Ultrafiltration leicht trennbares hämoglobinfremdes Eisen vorkommt, dessen Menge nicht vom Hämoglobingehalt des Blutes abhängig ist und bei dessen Abspaltung sich kein Porphyrin bildet. Der größte Teil dieses Eisens entfällt auf die Blutkörperchen, seine Menge entspricht nach BARKAN dem Nichthämoglobineisen der anderen Gewebezellen. Unter dieser Eisenfraktion muß man sich Eisen des WARBURGschen Atmungspigmentes und ferner das auf dem Wege vom Resorptions- bzw. Bildungsorgan zu den eisenbedürftigen Organzellen befindliches Eisen vorstellen. Das BARKANsche, leicht abspaltbare Eisen kann mit dem Transporteisen FONTÉS und THIVOLLEs sowie mit dem locker gebundenen Eisen von WARBURG und KREBS und mit dem organischen Eisen von STARKENSTEIN und WEDEN verglichen werden. Wir wollen uns hier eingehend mit der Tätigkeit dieses Eisens beim Porphyrinstoffwechsel beschäftigen.

Im Gegensatz zum aktiven Ferroeisen wird nach STARKENSTEIN und WEDEN das inaktive Ferrieisen einerseits direkt durch die Milz primär aufgenommen, gespeichert und später wieder ausgeschieden und andererseits zu inaktivem Ferroeisen reduziert und dann in der Leber deponiert und als solches als Baustein für den Aufbau des Hämoglobins verwendet.

Wir sehen somit, daß im Blute neben dem Hämoglobineisen normalerweise noch andere Eisenfraktionen kreisen, die entweder als aktives zweiwertiges Eisen den Organen zugeführt oder als inaktive, aus dem Ferrieisen reduzierte Ferroform in der Leber für die künftige Bildung von Farbstoff (Blut) abgelagert oder schließlich als dreiwertiges Eisen direkt in der Milz deponiert werden.

Durch die Nahrung und den täglichen Hämoglobinabbau bilden sich in Milz, Leber und Knochenmark Eisendepots, die dann für die weitere Hämoglobinbildung evtl. von Bedeutung sind. Dieser Vorrat läßt sich in Form von Hämosiderin nachweisen.

Das Eisen, das in ionisierter Form im Blut bzw. im Serum quantitativ nachweisbar ist, gehört wahrscheinlich zum Teil dem aktiven Organeisen an, das lange Zeit im Organismus in den Blutbahnen kreist. Das aus dem Hämoglobin abgebaute Eisen wird entweder als Ferrisalz in der Milz oder als Ferrosalz in der Leber rasch deponiert; sein Gehalt im zirkulierenden Blute ist von der Knochenmarkstätigkeit und vom Erythrocytenzerfall einerseits, von der allgemeinen Eisenresorption und Ausscheidung im Magendarmtractus anderseits abhängig. Man sieht also nicht nur bei einer plötzlichen, starken Hämolyse eine Eisenvermehrung, sondern auch bei einer Insuffizienz des Speicherungsmechanismus des Eisens oder z. B. bei einer ausgedehnten Mobilisierung der Eisendepots bei der Knochenmarksregeneration (VANNOTTI, HEILMEYER).

Wie BARKAN betont, ist die Menge dieses leicht abspaltbaren Eisens nicht vom Hämoglobingehalt des Blutes abhängig. Bei der langsamen Anämisierung oder leicht fortschreitenden Hämolyse (Versuch mit Phenylhydrazin) kann dieses Eisen unter Umständen beinahe konstant bleiben, es entsteht also in diesem System keine deutliche Störung des Gleichgewichtes. Auch die langsame Regeneration der Anämie führt zu keiner deutlichen Erhöhung des Transporteisens, während die Verfütterung hoher Eisendosen im Tierversuch nur auf besonders niedrige Eisenwerte von Einfluß sein kann (BARKAN).

Es muß daher eine gewisse Stabilisierung dieses Eisenspiegels im Blut vorliegen. Mit großer Wahrscheinlichkeit befindet sich ein Regulationsmechanismus in den Depot- und Bedarfsorganen des Eisenstoffwechsels, der eine konstante Aufrechterhaltung des Spiegels des leicht abspaltbaren Eisens im Blut bewirkt. Die weiteren Untersuchungen BARKANs brachten eine Trennung zwischen dem in den Erythrocyten sich befindenden leicht abspaltbaren Eisen und dem im Blutserum bzw. Blutplasma zirkulierenden anorganischen Eisen. Die Bestimmung des Bluteisens ist oft von beträchtlichen methodischen Fehlerquellen (Hämolyse) begleitet, diejenige des Serumeisens (nach den neuesten Verfahren von BARKAN und von HEILMEYER-PLÖTNER) ist dagegen sehr zuverlässig, so daß das Serumeisen für die Klinik heute immer mehr an praktischer Bedeutung gewinnt. BANSI und ROHRLICH konnten zeigen, daß das abspaltbare Eisen entsprechend den physiologischen Schwankungen des Sauerstoffpartialdruckes im Blut einen ständigen Wechsel seines Oxydationspotentials aufweist. Alle diese Untersuchungen führen immer mehr zum Vergleich der Eisenfraktion mit dem WARBURGschen Eisen, eine Identifizierung mit dem Atmungsferment kann aber schon wegen des großen Mengenunterschiedes der beiden Eisengruppen nicht stattfinden.

Ferner sind in der Literatur Beobachtungen bekannt, die für die Abhängigkeit des leicht abspaltbaren Eisens vom Gesamteisenstoffwechsel sprechen.

Bei der Ultraviolett- und Röntgenbestrahlung des Körpers finden GUTHMANN und BLASSING eine ständige Steigerung des leicht abspaltbaren Eisens im Blut. Bei der einmaligen Bestrahlung verlaufen die Kurven des Eisens und der Erythrocytenzahl absolut entgegengesetzt, so daß gewisse Beziehungen zwischen dem Gehalt dieser Eisenfraktion im Blut und Serum und Knochenmarksregeneration bzw. Erythrocytenabbau berechtigt erscheinen.

GUTHMANN hat außerdem eingehende Untersuchungen über das Verhalten des leicht abspaltbaren Eisens während des Menstruationszyklus und der Gravidität der Frau vorgenommen und dabei gefunden, daß das Blut zur Zeit der Menstruation den geringsten, im Intermenstruum den größten Eisengehalt aufweist. Während der Gravidität ist durchschnittlich eine Erhöhung des Eisengehältes zu beobachten, besonders in der zweiten Hälfte, worauf während und nach der Geburt eine deutliche Abnahme festzustellen ist. Auch bei diesen Beispielen läßt sich die Regulation des Eisenspiegels im Blut zeigen. Nur pathologische Zustände im Organismus können deutliche Veränderungen dieses Spiegels hervorrufen, und in diesem Falle kommt im allgemeinen entweder eine Schädigung der Resorption bzw. Ausscheidung, oder eine Hypo- bzw. Hyperfunktion des Reticulums oder schließlich eine abnorme Erythropoese in Betracht.

Wie verhält sich nun dieser wichtige Faktor des Blutes bei den Porphyrin-stoffwechselstörungen? Können wir einen funktionellen Zusammenhang zwischen Umsatz des leicht abspaltbaren Eisens im Blut bzw. Serum und Porphyrin-bildung im Organismus finden?

Alle diese Fragen interessieren uns bei der Betrachtung des Porphyrin-problems im Rahmen der gestörten Erythropoese. Man weiß heute, daß das Speicherungsvermögen des Knochenmarks gering ist, daß aber normaler-weise Hämosiderin in den Reticulumzellen dieses Organes gefunden wird (M. B. Schmidt). Die Leber und die Milz zeigen dagegen eine viel größere Speicherungsintensität, was für die weitere Bearbeitung des Stoffes über die Hämoglobinvorstufen von Bedeutung ist. Dem Knochenmark allein kommt aber die Eigenschaft zu, das Hämoglobin zu bilden, d. h. das Eisen zur Hämo-globinsynthese zu verwerten. Wir müssen uns nun fragen, ob bei der Porphyrin-bildung im Organismus die Zufuhr des Eisens in das Hämoglobinmolekül gestört, oder ob die Eisenzufuhr von den Depotstätten zu den Synthesezellen krankhaft gehemmt ist. Nach Eppinger tritt nur bei der Schädigung der Leberzellen eine starke Eisenablagerung im hepatischen Gewebe auf; unter diesen Umständen hat die Leberzelle scheinbar die Fähigkeit verloren, die normalen Stoffwechsel-schlacken (das Eisen und das Bilirubin) abzustoßen. Man kann sich hier also überlegen, ob die abnorme Porphyrinbildung unter Umständen der Immobili-sierung des Eisens in den Zellen des geschädigten Leberparenchyms zugeschrieben werden muß.

In einer Reihe von Experimenten haben wir versucht, unter Verfolgung des Blutbildes, der Bilirubin- und Porphyrinbildung und unter Bestimmung des leicht abspaltbaren Eisens von Barkan im Blut und im Serum, diesen Fragen näherzu-treten. Zu diesen Untersuchungen hat die Beobachtung einer ausgesprochenen Eisenablagerung in den Geweben von Porphyrinkranken Anlaß gegeben. Wir fanden bei einigen Fällen von Porphyrie bei der histologischen Untersuchung der Leber (besonders in der Peripherie der Leberläppchen) und der Milz mit Regel-mäßigkeit eine deutlich vermehrte Eisenablagerung. Eine solche wurde auch in gesteigerter Menge von anderen Autoren bei den Porphyrinkrankheiten be-obachtet und beschrieben (Borst und Königsdörfer, Müller). Aus dieser Tatsache könnte man schließen, daß das Porphyrin in diesen Fällen aus dem Hämoglobin unter Abspaltung und Freiwerden des Eisens entstehen würde. Wir werden in der Folge sehen, daß in den meisten Fällen von Porphyrin-krankheiten dieser Mechanismus nicht vorliegt, die systematische Verfolgung des im Blut in ionisierter Form kreisenden Eisens bei den Porphyrinkrank-heiten liefert einen wichtigen, für die Beurteilung des Blutfarbstoffumsatzes bei den Porphyrinkrankheiten quantitativ verwertbaren Faktor.

Barkan stellte fest, daß der Gehalt des Blutes an leicht abspaltbarem Eisen ziemlich konstant ist und daß die Werte dieser Eisenfraktion trotz langsamer Anämisierung oder peroraler Eisenzufuhr ziemlich konstant bleiben, mit anderen Worten: daß beim normalen Organismus ein recht stabiles Gleichgewicht zwischen Freiwerden und Abtransport des Eisens in isonierter Form besteht. Auch im Serum ist nach den neuesten Untersuchungen von Heilmeyer und Plötner der Eisenspiegel beim gesunden Menschen relativ konstant. Bei der Phenyl-hydrazinanämie des Kaninchens fand Barkan trotz beträchtlicher Abnahme des Hämoglobins im Blute lange Zeit konstante Werte des leicht abspaltbaren Eisens.

Schwankungen der Eisenfraktion wurden, wie wir schon erwähnten, von GUTHMANN, und zwar besonders während des Menstruationszyklus und der Gravidität sowie bei der Körperbestrahlung mit Ultraviolettlicht beobachtet. Besonders bei Bestrahlungsversuchen sieht man, daß der Zerfall der Erythrocyten zu einer Erhöhung des Eisens im Blut, die Erythrocytenregeneration aber zu einem Absinken desselben führt. Unsere Untersuchungen über quantitative Eisenbestimmungen sowohl im defibrinierten Blut als auch im Blutserum, die mit einer Modifizierung der BARKANschen Methode ausgeführt wurden [1], ergaben auch Schwankungen der Eisenmengen, jedoch nur dann, wenn eine starke Abnahme oder eine starke Zunahme der Erythrocyten und der Hämoglobinwerte vorlag. Wir bestimmten den Eisengehalt mit dem Stufenphotometer von ZEISS; (der Apparat wurde mit einer Standardlösung geeicht und damit eine besonders empfindliche Ablesung der Eisenwerte erzielt). Die physiologischen Schwankungen der Eisenwerte bei unseren Versuchen sind im Blut und Serum sehr gering.

Anämien führen in späteren Stadien, wenn eine beträchtliche Hämoglobinabnahme vorliegt, zu einer deutlichen Verminderung des Eisens (sowohl im Blut als auch im Serum); plötzlich auftretende und bedrohlich erscheinende Anämien nach Hämolyse (Phenylhydrazin) bringen dagegen eine Vermehrung des Eisens mit sich. Dieser Hämolyseeffekt ist dann zu beobachten, wenn das Phenylhydrazin in sehr großen Dosen verabreicht wird und ist oft ein prämortales Zeichen.

Der Einfluß von Anämien auf den Eisengehalt des Serums im Tierversuch wurde schon früher von FONTÈS und THIVOLLE untersucht, die nach einem Aderlaß am Pferde eine deutliche Abnahme des Eisens fanden. Einen ähnlichen Effekt sahen auch WARBURG und KREBS bei den Aderlaßanämien an Vögeln. Am Kaninchen wurde sowohl von THOENES und ASCHAFFENBURG wie auch von BARKAN eine deutliche Senkung des Serumeisens nach der Blutentnahme gefunden, obwohl diese Abnahme nach BARKAN nicht direkt von der Hämoglobinsenkung und von der Verminderung der Erythrocyten abhängig ist.

Unsere Resultate stehen also mit den Angaben der Literatur in Übereinstimmung. Interessant ist die Angabe BARKANs, der von auffallend hohen Eisenwerten bei der chronischen Blutungsanämie des Pferdes berichtet.

Bei anderen Anämieformen des Menschen findet man im Gegensatz zu den oben erwähnten Anämien auch Eisenerhöhung im Serum, so z. B. bei der Perniciosa und beim hämolytischen Ikterus (MAIN und ROSBACH, FOWELL, ferner DOMINICI, HEILMEYER und PLÖTNER). Niedrige Werte fanden wir bei zwei Fällen von Anaemia perniciosa, die keine ausgesprochenen Zeichen einer tätigen Knochenmarksregeneration zeigten, und die eine normale Porphyrinurie aufwiesen, Fälle also, von torpid verlaufender Perniciosa verhalten sich in bezug auf Eisen wie sekundäre Anämien. Dagegen fanden wir bei schweren, rasch fortschreitenden Perniciosafällen eine starke Eisenerhöhung im Blute, die nach einer wirksamen Leberbehandlung nach der Reticulocytenkrise bald auf normale und sogar auf unternormale Werte zurücksank.

---

[1] Wir sind uns bewußt, daß die exakte Bestimmung des leicht abspaltbaren Eisens im Blut mit technischen Schwierigkeiten verbunden ist, wir haben dieselbe nur dann durchgeführt, wenn wir Blut- und Sternalbluteisen gleichzeitig vergleichen wollten.

Der hämolytische Ikterus zeigt in den stationären Perioden ebenfalls niedrige Eisenwerte, in den Hämolyseanfällen dagegen eine deutliche, aber kurz dauernde Erhöhung des leicht abspaltbaren Eisens im Blute; ähnliche Verhältnisse herrschen bei der paroxysmalen Hämoglobinurie.

Wie lassen sich nun die Ergebnisse dieser Bestimmungen miteinander vergleichen? LAUDA und HAAM betonen mit Recht, daß der Nachweis von Eisen im zirkulierenden Blute der Annahme einer Hämoglobinsynthese im Knochenmark entspricht und das Fehlen von Hämoglobin und Hämoglobinvorstufen im Plasma die Hypothese der elektiven Assimiliaton des Eisens nur im Knochenmark unterstütze. Bei der Betrachtung des pathologischen Stoffwechsels des Nichthämoglobin-

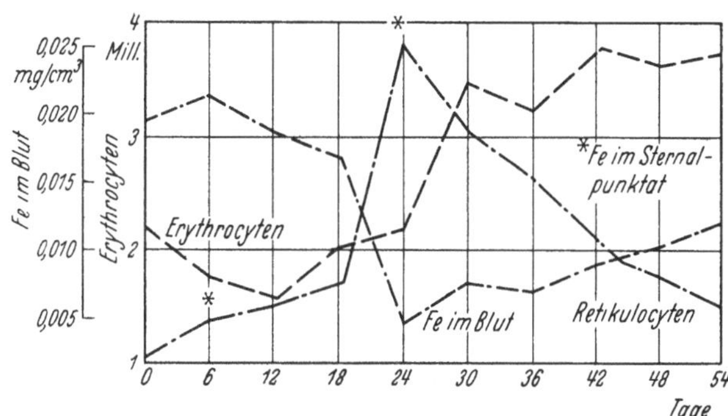

Abb. 34. Bluteisenkurve und Eisenwerte im Sternalpunktat bei einer perniziösen Anämie. Bei der Reticulocytenkrise sinkt das Eisen im Blut und nimmt dagegen im Knochenmark gewaltig zu.

Eisens müssen wir mit Berücksichtigung der erwähnten klinischen und experimentellen Ergebnisse annehmen, daß bei den leichten Anämien sekundären Charakters keine wesentliche Störung des Gleichgewichtes zwischen Freiwerden und Verbrauch des Eisens vorliegen kann. Bei einem größeren Blutverlust aber beobachtet man entsprechend eine deutliche Abnahme des zirkulierenden Eisens. Tritt jedoch eine starke Regeneration im Knochenmark auf, so wird das Eisen in größeren Mengen aus den Organdepots zur weiteren Vermehrung

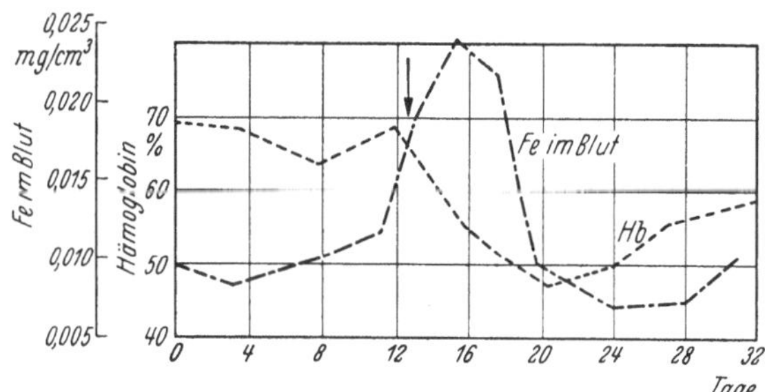

Abb. 35. Verlauf der Eisenkurve im Blut bei einem Fall von paroxysmaler Hämoglobinurie. Bei ↓ Anfall (künstlich ausgelöst).

der Hämoglobinproduktion im Knochenmark mobilisiert, und wir können evtl. in diesen Phasen eine deutliche Zunahme des Nichthämoglobineisens beobachten. Es muß aber hier eine dauernde, von einer vorübergehenden Regeneration des Blutes unterschieden werden.

Bei der flüchtigen Erythrocytenbildung entsteht zuerst ein Mehrverbrauch des normalerweise zirkulierenden Serumeisens und dementsprechend sinkt sein Wert im Serum, bei der dauernden Regeneration dagegen findet man eine gewisse Steigerung des Eisens als Ausdruck der Mobilmachung der Eisendepots. Von diesen Vorgängen getrennt muß der Mechanismus der Bluthämolyse berücksichtigt werden. Bei der langsam vor sich gehenden geringgradigen Hämolyse sieht man, den Beobachtungen BARKANs und unseren Versuchen entsprechend, keine wesentliche Verschiebung des Eisenspiegels. Tritt dagegen die Hämolyse stürmisch oder sonst in starkem Grade auf (Versuche mit Phenylhydrazin, hämolytischer Ikterus nach Dominici, paroxysmale Hämoglobinurie, perniziöse Anämie), so kann man eine deutliche Vermehrung der Eisenwerte im Blut beobachten. Eine solche Vermehrung ist, wie Thoenes und Aschaffenburg mit Recht geltend machen, auch in den Phenylhydrazinversuchen Barkans festzustellen, da die Eisenwerte trotz fortschreitender Anämie unverändert bleiben (relative Vermehrung). Bei schwerer Hämolyse kann man im Tierversuche nicht selten terminal sowohl eine relative wie auch eine absolute, kurz dauernde Eisenzunahme sehen. Thoenes und Aschaffenburg sind der Auffassung, daß der wesentliche Teil des säurelöslichen Eisens aus dem bei der Blutmauserung zustande kommenden Hämoglobinzerstörung stamme, in anderen Worten: daß die Höhe des Serumeisenspiegels im allgemeinen der Intensität des Blutfarbstoffabbaues entspreche. Deutliche Schwankungen der Eisenwerte sind aber nur dann zu beobachten, wenn die hämolytischen Vorgänge eine gewisse Intensität und Ausdehnung erreicht haben.

Die Bedeutung der Abbaufunktion des Reticulumendothels kommt weiter bei folgenden Versuchen deutlich zum Vorschein. Wenn wir nach vorhergehender starker Blockierung des Reticulums eine Hämolyse (Phenylhydrazin) erzeugen, tritt die Steigerung des Eisens im Serum überhaupt nicht oder nur sehr spät auf. Diese Erscheinung zusammen mit einer starken Hämoglobinämie und einer gewaltigen Hämaturie spricht für einen mangelhaften Weiterabbau des freiwerdenden Blutfarbstoffes durch die Ausschaltung des Reticulums.

Abgesehen von der Hämolyse kann uns das Verhalten des Nichthämoglobineisens in der Beurteilung der Knochenmarksfunktion in bezug auf Hämoglobinaufbau gute Dienste leisten. Bei unseren Untersuchungen haben wir dann nicht nur die Eisenbestimmung im peripheren Blute, sondern auch im Knochenmarksblute vermittelst der Sternalpunktion ausgeführt. Schon normalerweise läßt sich zeigen, daß gegenüber dem zirkulierenden Blut das Knochenmarksblut eine gewisse Eisenvermehrung (sogar doppelt so hohe Werte wie im Blute) konstant aufweist. Aus dem Wert des Nichthämoglobineisens im Venenblut und im Sternalpunktat können wir also einerseits den Grad der regenerativen Knochenmarkstätigkeit, andererseits die Intensität des Hämoglobinabbaues lesen.

Die Eisenfraktion Barkans kann auch für die Beurteilung der in der Porphyrinbildung interessierenden Zustände bei der Hämoglobinsynthese von Bedeutung sein. Diese Beziehungen lassen sich bei der Bleianämie gut verfolgen, die bekanntlich mit einer abnormen Porphyrinproduktion einhergeht. Martini charakterisiert die Bleianämie mit einer Vermehrung der porphyrinbildenden Erythroblasten im Knochenmark und mit gleichzeitigem Mangel an normalen jungen Erythrocyten im strömenden Blute; es handelt sich also nach diesem Autor um eine Störung der Blutregeneration als Folge der Bleiintoxikation. Das bei der Bleiintoxikation ausgeschiedene Porphyrin ist nach den Untersuchungen von Grotepass, Fischer und Duesberg, von Mertens und neulich auch von Vigliani und Waldenström ein Koproporphyrin III, d. h. ein Porphyrin, das dem Bluthämin nahe verwandt ist. Diese Tatsache ist von besonderer Bedeutung, sie beweist, daß das bei der Bleiintoxikation gebildete Porphyrin in direktem Zusammenhang mit dem Aufbau des Hämoglobins im Knochenmark steht.

Und in der Tat läßt sich durch Fluorescenzmikroskopie zeigen, daß im Knochenmark die Zellen des erythropoetischen Systems besonders stark porphyrinhaltig sind. Bei schweren Bleivergiftungen findet man eine starke Porphyrinimbibition des ganzen Markes mit Fluorescenz, nicht nur der roten Blutzellen, sondern auch der myeloischen Zellen des Reticuloendothels und der Osteoblasten. Die Leber ist nicht an der Porphyrinbildung beteiligt. Sie kann, wie wir gesehen haben, aber auch eine gewisse Porphyrinfluorescenz aufweisen, die jedoch nur in den Ausscheidungsabschnitten ihres Parenchyms lokalisiert ist.

Martini nimmt an, daß die Bleianämie zustande kommt, indem die Muttersubstanz des Hämoglobins, d. h. das Porphyrin, vorzeitig aus dem Körper ausgeschieden wird.

Unsere histologischen Untersuchungen lassen uns zu einem anderen Schluß kommen, das Porphyrin läßt sich hauptsächlich, sogar fast ausschließlich, im Knochenmark finden, die Ausscheidungsorgane zeigen nur leichte Zeichen einer sekundären Beteiligung des Porphyrinumsatzes, wobei die Leber die Rolle des Ausscheidungs- und Neutralisationsorgans spielt. Es handelt sich also nicht um eine Beeinträchtigung der Erythropoese durch vorzeitige Entziehung von Hämoglobinbausteinen aus dem Knochenmark, sondern um eine pathologische Überproduktion von Porphyrin in den erythropoetischen Zellen. Die Störung der Knochenmarksregeneration betrifft nicht so sehr die Bildung des Porphingerüstes, als vielmehr die Einführung des Eisens in das Häminmolekül. Dieser Mangel muß sich also auch im Eisenstoffwechsel bemerkbar machen.

Wir haben zur Klärung der Frage folgende Versuche angestellt: Bei Fällen von Bleiintoxikation, sowohl am Menschen wie am Versuchstier, wurden die Werte des leicht abspaltbaren Eisens im Blut vor, während und nach der Verabreichung von Phenylhydrazin bestimmt. Mit dem Phenylhydrazin wurde absichtlich eine Hämolyse und dabei indirekt eine Reizung der Knochenmarkstätigkeit ausgeübt.

Die folgenden Kurven (Abb. 36, 37, 38) geben den Verlauf des Eisenspiegels im Blut während der Phenylhydrazinverabreichung bei einem Bleikranken, bei einem Porphyrinpatienten und einer künstlichen Bleivergiftung im Tierversuche wieder.

Wie die Kurven zeigen, kann man nach Verabreichung von kleinen Dosen Phenylhydrazin beim Patienten mit Bleivergiftung und auch bei dem mit Blei vorbehandelten Kaninchen neben der Anämie eine deutliche, oft gewaltige, ziemlich lang anhaltende Steigerung des leicht abspaltbaren Eisens konstatieren (Abb. 36 und 38a). Im Urin läßt sich neben der Vermehrung des Urobilins als Zeichen der Hämolyse eine verspätete Erhöhung der Porphyrinausscheidung und eine starke Vermehrung des Uroerythrins nachweisen, ein Farbstoff, der gewöhnlich bei einem abnormen Abbau des Hämoglobins und bei der Leberschädigung im Urin auftritt.

Wir müssen also annehmen, daß hier nicht die Hämolyse als Ursache dieser Eisenvermehrung in Frage kommt, da es sonst auch bei der Phenylhydrazineinwirkung auf das normale Individuum zu einer solchen, deutlichen Eisenvermehrung (relativ und absolut) hätte kommen müssen. Vielmehr ist daran zu denken, daß der Mechanismus des Eisentransportes bei der Bleiintoxikation gestört ist. Diese Störung muß im Bedarfsort des zirkulierenden Eisens gesucht werden, und wir nehmen an, daß das hämoglobinbildende Organ, das Knochenmark, daran beteiligt ist.

Die Zellen, die die Eisenaufnahme aus dem Transportsystem bewerkstelligen, scheinen die Fähigkeit einer weiteren Eisenabgabe verloren zu haben. Das

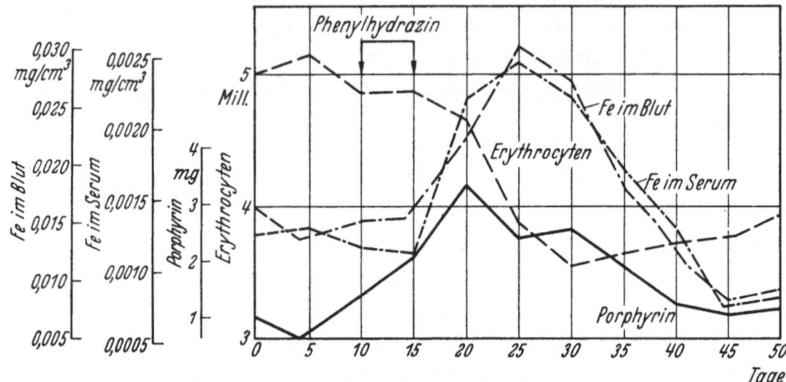

Abb. 36. Verlauf der Erythrocyten-, Eisen- und Porphyrinkurve vor und nach Phenylhydrazinbelastung (0,1 g, 1—2× täglich) in einem Falle von Bleiintoxikation.

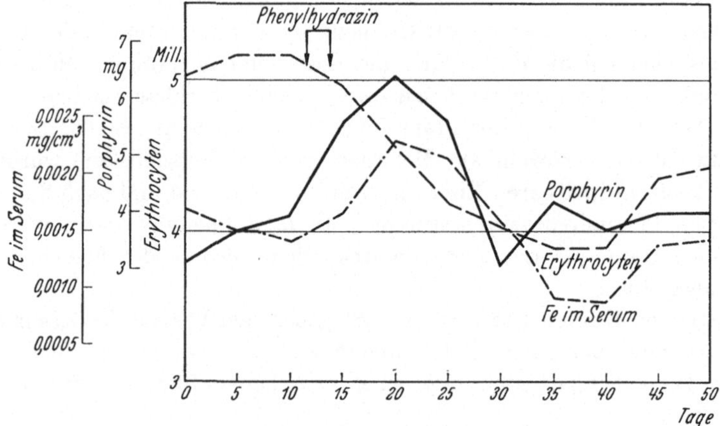

Abb. 37. Verlauf der Erythrocyten-, Eisen- und Porphyrinkurve vor und nach Phenylhydrazinbelastung (0,1 g täglich) in einem Falle von Porphyrie.

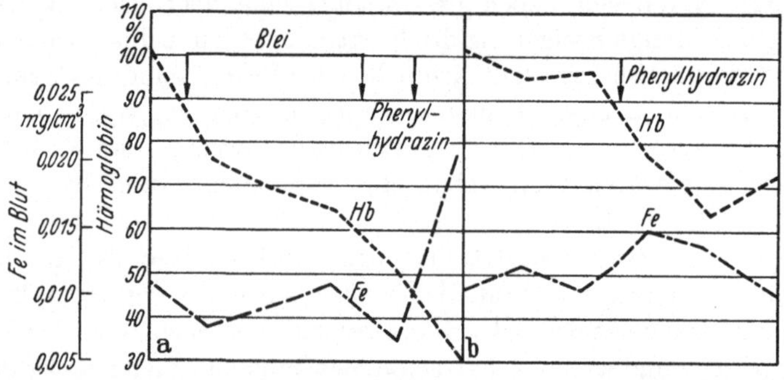

Abb. 38a und b. Verlauf der Eisen- und Hämoglobinkurve nach Phenylhydrazinhämolyse im Tierversuche (Kaninchen) bei vorhergehender Bleiintoxikation [a] und bei dem Kontrolltier (ohne Blei) [b].

Eisen kann daher nicht zum Hämochromogenaufbau übergeleitet und verwendet werden, im Knochenmark bleibt die Hämoglobinsynthese auf einer niedrigen Stufe stehen, es kommt in den Erythroblasten zu einer vermehrten Bildung des eisenlosen Porphyrins.

Lassen wir es jetzt durch Phenylhydrazin zu einer Steigerung des Eisenanteiles kommen und zu einer großen Eisennachfrage von seiten des zur Regeneration gereizten erythropoetischen Systems, so tritt neben der plötzlichen Anhäufung des nicht gebrauchten Eisens noch eine vikariierende Eisenmobilisierung aus den noch funktionstüchtigen Eisendepots des Körpers hinzu. Unter diesen Verhältnissen kommt es jetzt zu einem deutlichen Anstieg des Spiegels des leicht abspaltbaren Eisens im Blut. Bei dem zweiten Fall von Porphyrie ohne Bleiintoxikation (Abb. 37) sehen wir dagegen einen normalen Verlauf der Serumeisenkurve, die später entsprechend der nach Hämolyse einsetzenden Anämie eine vorübergehende Senkung erfährt. Wir werden später sehen, daß der Mechanismus der Porphyrinproduktion in diesem zweiten Porphyrinfalle vollständig anders ist als bei der Bleiintoxikation.

Diese Eisenvermehrung ist gerade bei der Bleiintoxikation von größter Bedeutung. Sie führt nicht selten zu einer abnormen Eisenablagerung in den Organen. Mit der Zunahme der Anämie wird die respiratorische Tätigkeit der Erythrocyten besonders stark beansprucht, nun tritt aber durch die Vermehrung des Transporteisens eine zweckmäßige Unterstützung der Zellatmung auf, indem das leicht abspaltbare Eisen, wie BANSI und ROHRLICH gezeigt haben, am Atemzyklus des Blutes teilnimmt, wobei auch das WARBURGsche Eisen mitenthalten ist. Es kommt dadurch zu einer günstigen Unterstützung der respiratorischen Funktion der in der Anämie stark belasteten Erythrocyten und zu einer vikarierenden Eisentätigkeit gegenüber den mit einem eisenlosen und daher minderwertigen Farbstoff, dem Porphyrin, belasteten roten Blutkörperchen.

Es geht daraus hervor, daß die bei der Bleivergiftung als Störung der Knochenmarksregeneration charakterisierte Anämie, durch die Hemmung der Eisenverwertung in den Zellen der Hämoglobinsynthese in den hämopoetischen Organen, und daher auch durch die damit verknüpfte abnorme Bildung von einem eisenlosen Blutfarbstoff, d. h. von Porphyrin, bedingt ist.

Diese Hemmung der Eisenverwertung bei der Bleiintoxikation kommt hauptsächlich dann zur Geltung, wenn es durch Phenylhydrazinhämolyse zu einer starken Eisenmobilisierung und zu einer Reizung der Knochenmarksregeneration kommt und läßt sich unserer Meinung nach, durch eine, für die Sauerstoffübertragung im kreisenden Blut zweckmäßige Vermehrung des leicht abspaltbaren Eisens nachweisen. Die Störung des Hämoglobinaufbaues als Ursache der Bleianämie wird indirekt durch die Untersuchungen SCHOLDERERs an mit Blei vergifteten Versuchstieren beleuchtet. Dieser Autor konnte den Ikterus nach Choledochusunterbindung beim Hund mit einer starken Bleivergiftung unterdrücken, weil dadurch nach unserem Dafürhalten die abnorme Bilirubinproduktion durch den Porphyrinumsatz ersetzt wurde. Hiermit ist auch die Feststellung eines niedrigen Bilirubinspiegels bei der Bleianämie durch HIJMANS VAN DER BERGH verständlich. SCHOLDERER hat später zusammen mit LORENTE seine früheren Untersuchungen erweitert, indem er bei der Blei- bzw. Sulfonalvergiftung die Entstehung eines Ikterus (Choledochusunterbindung oder Toluylendiaminikterus) und gleichzeitig den Bilirubin- bzw. Porphyrinstoffwechsel verfolgte. Die Versuche haben diesmal keine einheitlichen Resultate geliefert, es scheint jedoch, daß die Porphyrinbildung unter den obengenannten Versuchsbedingungen diejenigen des Bilirubins verdrängen kann.

Die vorliegenden Untersuchungen bringen uns dem Problem der Hämoglobinbildung nahe. Der rote Farbstoff verdankt sein Entstehen einzig und allein dem Knochenmark; diese Annahme wird auch von morphologischer Seite bestätigt. Das Hämoglobin ist das spezifische Produkt der Erythroblasten (LANDA und HAAM), es wird in diesen Zellen synthetisiert. Der Entstehungsort des Blutfarbstoffes im Erythroblast wird von SCHILLING in der perinucleären Zone der Zelle, von VILLA und FERRARI im Kern selbst, angegeben. Die Anschauung SCHILLINGs stützt sich auf die Beobachtung einer sich langsam in die Umgebung ausbreitenden acidophilen Zone um den Zellkern, wogegen die Lehre der nucleären Entstehung des Blutfarbstoffes in der Fluorescenzuntersuchung der Knochenmarkszellen eine Bestätigung findet. BORST und KÖNIGSDÖRFER haben als erste darauf aufmerksam gemacht, daß die Erythroblasten schon bei normalen Individuen porphyrinhaltig sein können. Porphyrin in den Mutterzellen der Erythrocyten ist besonders im Embryo zu finden, nach den Untersuchungen BORSTs und KÖNIGSDÖRFERs handelt es sich um Proto- und Koproporphyrin III, aber daneben auch, und zwar hauptsächlich, um Kopro- und Uroporphyrin I. Um die Erscheinung dieser zwei letzten Porphyrine zu erklären, nehmen die Autoren an, daß es sich wahrscheinlich um eine Verdrängung des Hämoglobins von seiten des in anderen Körperorganen entstandenen Porphyrins handelt, da wir heute nach den Untersuchungen FISCHERs wissen, daß es sich bei der Synthese des Hämoglobins letzten Endes nur um das Porphyrin der III. Isomerenreihe handeln kann.

Wir haben histologisch mit Hilfe des Fluorescenzmikroskops die Struktur der porphyrinhaltigen Erythroblasten genau studiert. Es handelt sich hier um eine besonders intensive Fluorescenz in den Zellkernen, die sich aber auch in den acidophilen perinucleären Zonen verfolgen läßt. Wir sehen Zellen, die das Porphyrin streng nucleär besitzen und andere, die schon ein diffuses Übergreifen desselben in die Umgebung zeigen. Wird in pathologischen Fällen (z. B. Bleivergiftung) die Porphyrinproduktion im Knochenmark besonders vermehrt, so ist eine diffuse rote Fluorescenz sowohl der Erythroblasten als auch der reifen Erythrocyten und sogar der myeloischen Zellen zu beobachten. Diese Zellen nehmen durch Absorption den Farbstoff besonders an ihrer Oberfläche auf. Die porphyrinproduzierenden Zellen differenzieren sich von diesen durch eine besondere hell fluorescierende zentral gelegene Fläche, wie wenn der Farbstoff im Kern selbst entstünde. In der Kernsubstanz der Zellen ist das Porphyrin in sehr kleinen Mengen enthalten, was sich aus den Untersuchungen an den Hefezellen sowie aus der Tatsache, daß die aus der Hefe gewonnene Nucleinsäure porphyrinhaltig ist, ergibt.

Die schönen Untersuchungen CASPERSSONs haben bei der Mehrzahl der Zellkerne in verschiedenen Geweben das Vorhandensein von Nucleinsäure ergeben. Diese Säure nimmt bei der Zellfunktion aktiv teil. Da eine ausgesprochene elektive Adsorptionsfähigkeit des Porphyrins für die Nucleinsäure bekannt ist, so ist leicht sich vorzustellen, daß dieser Farbstoff in den übrigen Zellkernen im Organismus verankert sein kann. Bei den Erythroblasten gewinnt man den Eindruck, daß in den späteren Stadien oder bei einer zu starken Produktion von Porphyrin dieses in die Umgebung diffundiert.

Im embryonalen Zustande nimmt die Porphyrinproduktion im Knochenmark besonders zu, es ist bekannt, daß wir es in den ersten Monaten des embryonalen Lebens mit einer Megaloblastenbildung als normale Erythrocytenbildung zu tun haben. Man muß sich fragen, ob die Megaloreihe nicht in direktem Zusammenhang mit der embryonalen Porphyrinproduktion steht. Diese Frage ist nicht nur bei der Betrachtung der Entwicklungsverhältnisse des erythropoetischen Systems von Interesse, sondern auch für die Klinik und für die Pathologie von Wichtigkeit. BORST und KÖNIGSDÖRFER haben diese Verhältnisse mit denjenigen der perniziösen Anämie verglichen. Auch dort läßt sich das Porphyrin oft in großen Mengen finden, und zwar wie wir bei zwei Fällen nachweisen konnten, sowohl Protoporphyrin wie Koproporphyrin, und dies nicht nur im Urin (die Porphyrinausscheidung durch die Niere war gering), sondern hauptsächlich auch im Stuhl, Duodenalsaft und Blut. Der Unterschied zwischen Porphyringehalt des Urins und Stuhl ist höchst wahrscheinlich auf die bei der Perniciosa so häufige Störung der Magendarmfunktion zurückzuführen. Bekanntlich spielt die Darmfunktion für die Resorption des Porphyrins eine wichtige Rolle (s. Kap. IV). Von Bedeutung war hier die deutliche Vermehrung des Porphyrins im zirkulierenden Blute, es wurde dort sowohl Koproporphyrin in vermehrten Mengen (Serum) wie auch hauptsächlich Protoporphyrin gefunden. Die Sternalpunktion ergab in beiden Fällen eine auffallend hohe Konzentration von Protoporphyrin, während das Koproporphyrin in einem Falle sehr hoch, im anderen sehr niedrig war. Die Erscheinung des Porphyrins im Organismus war aber vorübergehender Natur. Bei der Reticulocytenkrise und der folgenden Erhöhung der Erythrocyten und des Hämoglobins, sowie beim Zurückgehen des Färbeindex und der morphologischen Zeichen der Perniciosa sank die Porphyrinausscheidung beinahe auf normale Werte. Das leicht abspaltbare Eisen ist im akuten Stadium der Perniciosa im Blute und Serum oft stark vermehrt und nimmt dann besonders nach dem Einsetzen der starken Knochenmarksregeneration allmählich ab.

Es stellt sich die Frage der Lokalisation der Porphyrinbildung bei der Perniciosa und deren Beziehungen zu den Schwankungen des leicht abspaltbaren Bluteisens. Nach den Arbeiten von BORST und KÖNIGSDÖRFER und von FISCHER muß man annehmen, daß bei der Perniciosa neben Protoporphyrin ein Porphyrin der I. Isomerenreihe gebildet wird, das im Organismus durch Synthese entsteht Diese Synthese ist von gleicher Natur wie diejenige im Embryo. Es handelt sich also um einen biologischen Atavismus, wobei der Organismus bei der Perniciosa sich in einen embryonalen Zustand versetzt und neben der Megaloreihe auch das Porphyrin bildet. BORST und KÖNIGSDÖRFER sind der Auffassung, daß das Porphyrin I nicht direkt bei der Erythropoese entsteht, vielmehr kann das Porphyrin I wie bei den übrigen Porphyrinkrankheiten in anderen Organen gebildet werden, es verdrängt aber durch leichte Adsorption bei den roten Blutkörperchen das Hamoglobin, weshalb das Hämoglobin die Erythrocyten verläßt und als Hämatin im Blutplasma gefunden wird. Bei der Perniciosa sowie beim Embryo stehen wir also vor dem FISCHERschen Dualismus der Blutfarbstoffe, wobei der Organismus neben einem aus der Isomerenreihe III stammenden Hämin IX noch eine Porphyrinreihe I bilden kann. Diese zweite Reihe, die normalerweise nur in Form von Porphyrinspuren zum Vorschein kommt, ist nicht als nutzlose Erscheinung oder reinen Atavismus anzusehen, sondern als biologisch wichtigen Faktor, der besonders im wachsenden Organismus oxydokatalytische Funktionen ausüben kann. Er steht mit dem Knochenwachstum und mit dem Calciumstoffwechsel im Organismus sowie mit einer Reihe von Funktionen im tätigen Körper in engem Zusammenhang.

Im Knochenmark wird, wie schon erwähnt, bei der Bleianämie das Porphyrin III gebildet. Diese Porphyrin-III-Bildung entspricht einer Hemmung der normalen Hämoglobinbildung, indem das Eisen verhindert ist, in die Farbstoffmoleküle einzudringen. Es ist nun fraglich, ob diese Hemmung einer Bleischädigung des gesamten Knochenmarks oder nur einer spezifischen Störung der Mutterzellen der Erythrocyten entspricht. Zur Klärung dieses Problems haben wir versucht, das Verhalten der Porphyrinproduktion im Knochenmark bei einer ausgedehnten Schädigung (Blockierung) des Reticulumendothels zu studieren, wobei das retikuläre System des Markes in Mitleidenschaft gezogen wurde.

Das Reticuloendothel spielt bei der Hämoglobinbildung im Knochenmark eine überaus wichtige Rolle. Das gesamte Reticuloendothel besorgt zum großen Teil den Abbau der roten Blutkörperchen. Diese Erythrophagie findet normalerweise besonders in der Milz statt. In pathologischen Zuständen kann, wie Du Bois betont, das Reticuloendothelsystem die Reste einer extracellulären Zersetzung der Blutelemente phagocytieren. Eine solche abnorme Erythrocytenzersetzung findet man bei der Perniciosa in großer Ausdehnung im ganzen Reticulumendothel und speziell im Knochenmark und in der Leber (Eppinger).

Nicht nur das aus dem Hämoglobin befreite Eisen ist für die Beurteilung des Pigmentumsatzes wichtig, sondern auch der Chromogenanteil, der seinerseits für die Bildung des Hämoglobins unersetzlich ist. Gerade im Reticuloendothel entsteht die Trennung zwischen Eisen und Pigment unter Benützung eines Teiles des Chromogens zur Bildung des Bilirubinpigmentes. Der Beweis für diese wichtige reticuloendotheliale Funktion wird von Natali geliefert, der nach Blockierung des Reticulums (Kollargol) bei der intravitalen Hämolyse das Versagen des Reticuloendothels gegenüber der Umwandlung von Hämoglobin in Hämosiderin zeigen konnte. Zwischen den hauptsächlichen Ablagerungsstätten von Eisen und Pigmenten (Milz und Leber) und dem hämoglobinbildenden Knochenmark existieren nach Du Bois direkte Beziehungen, die wir heute noch nicht überblicken können. Von Interesse sind hier die Beobachtungen Sommerfelds, der bei der Tuscheinjektion am Versuchstiere 500 Tage nach der Injektion eine viel stärkere Speicherung der Tuschepartikelchen im Knochenmark fand als unmittelbar nach der Injektion.

Nach den Versuchen des Verfassers scheint es mit der Zeit zu einer Verschiebung der Tuscheteilchen von der Leber zum Knochenmark hin gekommen zu sein. Kadruka hat ähnliche Resultate mit der Blockierung des Reticulumendothels mit Thorotrast erhalten, wobei die Verschiebung dieses intravenös verabreichten Kontrastmittels in das Knochenmark röntgenologisch verfolgt worden ist.

Diese Verschiebung geschieht auf Kosten der Milz- und Leberdepots und zeigt uns den normalen Weg, den die gespeicherten Hämoglobinabkömmlinge bis zum Knochenmark für die neue Hämoglobinsynthese zurücklegen.

Zum weiteren Studium dieser Frage wurden folgende Untersuchungen angestellt. Wir haben beim Kaninchen mit intravenösen Injektionen von Thorotrast und Trypanblau (je 4 ccm intravenös während 6 Tagen) in späteren Versuchen auch mit Kollargol das Reticuloendothel blockiert und darauf das Verhalten des leicht abspaltbaren Eisens im Blut und Serum verfolgt. Gleichzeitig wurden während längerer Zeit die Porphyrinausscheidung im Urin, die Werte des Hämoglobins, der Erythrocyten kontrolliert. Unabhängig von unseren Untersuchungen fanden THOENES und ASCHAFFENBURG bei der vorübergehenden Ausschaltung des Reticulums durch Thorotrast unmittelbar nach der Injektion eine beträchtliche Herabsetzung des Serumeisengehaltes, wogegen BARKAN bei seiner Untersuchung 24 Stunden nach der Injektion keine wesentliche Abweichung von der Norm beobachtete. Der Unterschied in diesen Angaben beruht nach BARKAN auf der Tatsache, daß nach 24 Stunden das Gleichgewicht in der Eisenbilanz schon wieder erreicht worden ist. In unseren Versuchen wurde die Wirkung einer ausgedehnten Blockierung des Systems während längerer Zeit verfolgt. Das leicht abspaltbare Eisen hat nach der Ausschaltung des Reticulums eine deutliche Neigung zum Absinken, obgleich die Verminderung der Eisenwerte nur langsam vor sich geht. Unmittelbar nach der Blockade kommt es oft zu einer leichten Steigerung der Erythrocyten, die aber allmählich wieder abnimmt und von einer Hämoglobinabnahme begleitet sein kann. Diese Beobachtungen stimmen mit denjenigen der Literatur überein, die bei der Blockierung des Reticuloendothels von einer vorübergehenden Erscheinung von Normoblasten im peripheren Blut (Reizung des Knochenmarks) sprechen. Bei wiederholter Blockierung tritt aber bald darauf eine rasch fortschreitende Anämie auf, die sogar letal sein kann.

Diese Anämie ist von chlorotischem Typus und ist nach LEITER und RIABOW von einer ausgesprochenen Eisenabnahme in den einzelnen Erythrocyten begleitet.

Der bei der Blockierung zustande kommende niedrige Spiegel des leicht abspaltbaren Eisens und der Eisenmangel in den Erythrocyten sowie die Ergebnisse der histologischen Eisenbestimmungen bei unseren Versuchstieren, lassen uns die Vermutung aussprechen, daß mit großer Wahrscheinlichkeit die Zellen des Reticulumendothels unter der Blockierung in ihrer abbauenden Tätigkeit bei der Hämoglobinzerstörung zum Teil gehemmt werden. Das normale Zugrundegehen der Erythrocyten und die folgende Spaltung des Blutfarbstoffes in eisenloses Pigment und in Eisen erfährt anfänglich eine Verlangsamung unter gleichzeitiger beträchtlicher Abnahme des zirkulierenden Eisens BARKANs, die Abnahme ist vom Grad der Blockierung abhängig. Dies macht die initiale Steigerung der Erythrocytenzahl zu Anfang der Blockierung verständlich. Sobald aber die normalen Eisendepots im Organismus erschöpft sind, ohne daß eine entsprechende kompensatorische Zufuhr aus den Zerstörungsstätten der Erythrocyten eingesetzt hat, muß sich logischerweise eine Anämie einstellen, die desto rascher fortschreitet, je kleiner die Eisendepots im Körper sind, und je größer die Schädigung der Eisenabgabe sich gestaltet. Der Spiegel des BARKAN-Eisens im Blut wird immer geringer, die betroffenen Zellen des Reticulums können wahrscheinlich noch einen gewissen Blutabbau besorgen, es ist ihnen aber (wie EPPINGER für die krankhaft veränderten Leberparenchymzellen annimmt) nicht mehr möglich, die gespeicherten Pigmente im gegebenen Moment in den Kreislauf zu setzen. Wenn die Injektion von Kollargol oder Thorotrast längere Zeit hindurch (einige Monate) wiederholt wird, kann man nicht selten nach einer initialen Abnahme einen langsamen, aber oft beträchtlichen

Anstieg des Serumeisens beobachten. Histologisch läßt sich bei solchen Fällen eine mächtige Hypertrophie des Reticuloendothels nachweisen. Unter der wiederholten Reizung reagiert also dieses Gewebe mit einer Hyperfunktion, die sich durch eine Erhöhung des Eisenspiegels im Blut und Serum äußert.

Nach diesen ersten Versuchen verfolgten wir das Verhalten des Porphyrinstoffwechsels bei der künstlichen Insuffizienz des Reticuloendothels (Blockierung) und bei dem gleichzeitigen Einsetzen der Bleiintoxikation. Nach einer gründlichen Blockierung des reticuloendothelialen Systems wurde beim Kaninchen eine Bleiintoxikation hervorgerufen. Bei dieser kommt es gewöhnlich innerhalb kurzer Zeit zu einer Anämie, die Werte des leicht abspaltbaren Eisens im Blut nehmen entsprechend der Anämie leicht ab. Wurde eine Blockierung des reticuloendothelialen Systems durch Injektion von Thorotrast und kolloidalen Farbstoffen sowie von Kollargol und eine Bleivergiftung durch perorale Verabreichung von Bleisalzen zu gleicher Zeit vorgenommen, so setzte in kurzer Zeit eine Anämie ein, wobei das Auftreten der basophilen Tüpfelungen etwas später und spärlicher als sonst auftrat. Das leicht abspaltbare Eisen zeigte aber dabei keine Abnahme, seine Werte lagen eher höher als bei der Bleiintoxikation. Die quantitativen und qualitativen Eisenuntersuchungen in den Organen wiesen im Gegensatz zur einfachen Bleiintoxikation einen auffallend niedrigen Eisengehalt des Reticuloendothels auf. (In der Milz sind jedoch in einigen Fällen noch normale Eisenwerte zu finden.)

Wurden die Tiere erst nach ausgedehnter Blockierung des Reticulums mit Blei behandelt, so konnte man in wiederholten Fällen die für die Bleiintoxikation typische Porphyrinurie nicht beobachten. Sowohl im Urin wie im Darm der so behandelten Tiere war eine Porphyrinvermehrung nicht mehr zu finden. Bei der fluoroskopischen Untersuchung der Organe beobachtete man sowohl im Knochenmark wie in der Leber und im Darm keine Porphyrinfluorescenz, im Blut und in der Galle waren die Porphyrinwerte ebenfalls normal. Wir kommen daher zum Schluß, daß *die vorhergehende Blockierung des Reticuloendothels die durch Blei ausgelöste Porphyrinbildung im Knochenmark vollständig hemmt.*

Diese Tatsache läßt sich zuerst so erklären, daß durch die Reticulumblockade das Blei nicht mehr zu den Knochenmarkszellen herantreten kann, damit wäre aber die besonders starke Anämie und die Erythrocytentüpfelung nicht gut verständlich. Schon früher haben wir gesehen, daß die Störung der Hämoglobinsynthese im Sinne einer Verhinderung der Eisenangliederung an die Farbstoffmoleküle die Ursache der Anämie und der abnormen Porphyrinproduktion bei der Bleiintoxikation darstellt. Das System des Eisentransportes ist aber dabei nicht wesentlich gestört, das Eisen lagert sich nun, dem geringeren Verbrauch des Knochenmarkes sich anpassend, in größeren Mengen in den Zellen des Reticuloendothels der Organe ab. Wird jetzt die Tätigkeit dieses Systems durch die Blockierung gewissermaßen ausgeschaltet, so entsteht eine Verminderung der Blutmauserung, indem der Erythrocytenabbau gehemmt wird. Das Freiwerden von Eisen und Hämochromogen sowie der Transporteisenumsatz sind geringer geworden, der Spiegel des abspaltbaren Eisens sinkt im Blute. Als Zeichen dieser Insuffizienz gilt der normale oder sogar verminderte Eisengehalt in den Depotsorganen wie auch die geringe Schwankung des Eisenspiegels im Blut nach der Phenylhydrazinhämolyse mit Blockierung des Reticuloendothels. Bei der gleichzeitigen Ausschaltung des Reticuloendothels und Intoxikation mit Blei entsteht also eine Summation von zwei schädigenden Mechanismen, wobei das Blei die Eisenabgabe an die Mutterzellen des Hämoglobins im Knochenmark verhindert und die Blockade des Reticulums die Erythrophagie und die damit verbundene Bereitstellung des Eisens und des Chromogenanteils hemmt. Unter diesen Umständen fehlen dem Knochenmark nicht nur das für die Hämoglobin-synthese nötige Eisen, sondern auch die für den Bau des Pyrrolkomplexes des Blutfarbstoffes nötigen Bestandteile. Somit ist die Tätigkeit des Knochen-markes fast vollständig ausgeschaltet, die Anämie tritt bei diesen Versuchstieren (Blockierung mit Blei zusammen) im Gegensatz zu denjenigen, die nur mit entsprechend gleichen Bleimengen oder nur mit einer Blockierung des Reticulo-endothels behandelt wurden, rascher und in viel stärkerem Grade auf. In einigen Fällen nimmt die Anämie einen stürmischen Verlauf und hat den Exitus in wenigen Tagen zur Folge. Für die Annahme einer, durch fehlerhafte Hämo-globinsynthese bedingten Entstehung des Porphyrins im Knochenmark spricht auch die Tatsache, daß trotz der Hämolyse bei der Bleiintoxikation keine Bili-rubinvermehrung im Blute (nach HIJMANS VAN DER BERGH) zu beobachten ist.

Das Blei schädigt die normale Hämoglobinbildung im Knochenmark, die partielle Ausschaltung des Reticulums verhindert zum Teil das Herankommen dieses Metalls an die Knochenmarkszellen, hemmt aber gleichzeitig die normale Eisenversorgung des erythropoetischen Gewebes. Durch das Blei wird eine abnorme Porphyrinbildung in den Erythroblasten verursacht, die vorher-gehende Blockierung kann diesen Vorgang bremsen.

Für die völlige Klärung der funktionellen Beziehungen zwischen Erythro-blast und Reticulum mußte noch die Frage gelöst werden, ob das gesamte Reticuloendothelsystem oder nur dasjenige des Knochenmarkes bei den be-schriebenen Vorgängen beteiligt ist. Dies ließ sich bald entscheiden, indem man nach Splenektomie und einmaliger starken Kollargolzufuhr einen großen Teil des retikulären Systems ausschaltete. Die Porphyrinurie wurde dabei in keiner Weise beeinflußt. Eine Verminderung der Porphyrinbildung wurde auch bei der Reticulumblockade nach vorhergehender Bleiintoxikation nicht erzielt. Bei diesen Versuchen konnte man mit Deutlichkeit sehen, daß sich das Knochen-marksreticulum nur langsam ausschalten läßt, und daß das blockierte Mark (histologisch bestätigt) reicher an Porphyrin und an Eisen war als diejenigen Markabschnitte, die noch frei von Kollargol oder Thorotrast waren. Wir müssen also annehmen, daß durch die Hemmung des Eisenzuflusses zu den Knochen-markszellen eine Steigerung der Porphyrinproduktion bei der Bleiintoxikation stattfindet; nimmt aber die Ausschaltung des Reticulums außerhalb des Kno-chensystems besonders stark zu, kommt es, analog den vorher erwähnten Ver-suchen, allmählich zu einer Porphyrinabnahme und zu einer schweren irre-parablen Anämie.

Die Funktion des Reticulums ist also für die normale Blutmauserung von außerordentlicher Bedeutung und gleichzeitig mit der Funktion des Eisen-umsatzes und indirekt mit der Bildung des Blutporphyrins eng verbunden. Die Beziehungen zwischen den Eisendepots und dem Knochenmark als Bildungsorgan des Hämoglobins werden damit bestätigt, wir möchten aber hier bei der Synthese des Blutfarbstoffes in den Erythroblasten nicht nur an die Bedeutung des Eisens, sondern auch an diejenige des Pyrrolkomplexes, also des Porphyrins, erinnern. Es wird allgemein angenommen, daß die Erythrocyten im Reticuloendothel zerstört werden und der freiwerdende Farbstoffanteil direkt in Bilirubin umgewandelt wird. Nach VERZÁR wirkt das damit gebildete Bilirubin als physiologischer Reiz für das Knochenmark zur Neubildung der Erythrocyten. Aus welchem Anteil der eisenlosen Hämoglobinabkömmlinge die Farbstoffmoleküle im Knochenmark wieder synthetisiert werden, ist unbekannt, aber gerade das Vorliegen des Reticulums im Knochenmark läßt, in ähnlicher Weise wie die Bildung des Gallenfarbstoffes aus dem Blut durch das Reticulum in der Leber, eine gewisse Beteiligung des Bilirubins auf den Hämoglobinaufbau naheliegend erscheinen. Wenn einerseits angenommen wird, daß das Bilirubin durch das Knochenmarksreticulum gebildet werden kann (CORR), muß andererseits angenommen werden, daß das Bilirubin im Knochenmark wieder in Hämoglobin resynthetisiert wird. Besondere Beachtung verdient hier die Hypothese KÄMMERERs, der eine Porphyrinbildung bei der Resynthese des Bilirubins zu Hämatin im Knochenmark annehmen möchte. Dieser Vorgang wird besonders wahrscheinlich, wenn man an die von FISCHER und LINDNER nachgewiesene Überführung des Bilirubins in Mesoporphyrin denkt. Das Mesoporphyrin stellt also das Bindeglied zwischen dem System des Gallenfarbstoffes und demjenigen des Blutfarbstoffes dar. Diese indirekte Porphyrinproduktion würde sich im hämopoetischen Gewebe abspielen und der Beweis einer direkten selbständigen Hämoglobinbildung im Knochenmark liefern. Wir möchten daher an dieser Stelle die Vermutung aussprechen, daß *der Bildung des Blutfarbstoffes eine enge Zusammenarbeit zwischen Erythroblasten und Reticulumendothel zugrunde liegt.* Die Erythroblasten würden danach unter Eiseneinführung im Porphyrinkomplex die Synthese des Hämoglobinmoleküls besorgen, während das Reticulum als Aufnahme- und evtl. Speicherungsstation des zirkulierenden Eisens und des Bilirubins bzw. der Pyrrolkomplexe zur Hämoglobinsynthese zu dienen hätte. Es ist begreiflich, daß die Funktionsstörung in der Zusammenarbeit der zwei Systeme sowie die Insuffizienz des einen oder des anderen zu einer Schädigung des Hämoglobinaufbaues führen muß, wobei es unter Umständen zur Bildung eines eisenlosen Farbstoffes, des Porphyrins III, kommt. Die Frage des Eisenmangels als Ursache einer abnormen Porphyrinproduktion hat schon frühere Autoren beschäftigt, besonders nachdem FISCHER und HILMER zeigen konnten, daß die Produktion von Porphyrin bei der Hefe unter Eisenzufuhr zugunsten des Hämins zurückgeht. Schon BORST und KÖNIGSDÖRFER versuchten durch Eisenmangel in der Nahrung bei den Versuchstieren eine Porphyrinvermehrung zu erzeugen. Diese Untersuchungen wurden auch von SCHREUS, jedoch ebenfalls mit negativem Resultat, wiederholt durchgeführt. Nach den Untersuchungen von THOENES und ASCHAFFENBURG erscheint klar, daß die exogene Eisenzufuhr für den Umsatz des Nichthämoglobineisens (speziell für das Serumeisen) keine wesentliche Bedeutung hat, der Körper ist ferner imstande, durch eine Reihe von Regulationsvorgängen (Mobilisierung der Eisendepots, Einschränkung der Ausscheidung usw.) einer zu geringen Eisenzufuhr aktiv entgegenzutreten. Erst ein Mangel im System des locker gebundenen Eisens, und zwar hauptsächlich ein Mangel im Erfolgsorgan dieses Eisens kann somit unter Umständen zu einer Porphyrinproduktionsvermehrung Anlaß geben.

In dieses Gebiet gehört noch ein anderes Krankheitsbild, das nicht selten, wenn auch nicht regelmäßig, mit einer vermehrten Porphyrinproduktion einhergeht: nämlich die Hämochromatose. Nach Eppinger handelt es sich bei dieser Krankheit um eine Störung der Reticulumzellen (Kupfferschen Sternzellen), die ihre Fähigkeit, das gespeicherte Eisen in den Kreislauf wieder abzugeben, verloren haben. Es kommt, da das Eisen zur Hämoglobinbildung nicht mehr verwendet werden kann, zu einer auffallend hohen Ablagerung von Eisen in den Organen und gleichzeitig zu einer Anämie (Naegeli). Eppinger hat zwei typische Fälle von Hämochromatose mit schwerer Porphyrinurie beschrieben. Günther hat nur in einem Fall eine Porphyrinvermehrung im Urin beobachten können, bei drei weiteren Fällen vermißte er diese Erscheinung. In einem Fall beobachteten auch wir eine pathologische Porphyrinurie, die damit verbundene Leberfunktionsstörung kann im allgemeinen nicht die starke Porphyrinvermehrung erklären. Der Mechanismus der Eisenretention in den Organen, verbunden mit der in den späteren Stadien auftretenden Anämie ist wohl als Ursache der Insuffizienz der Eisenzufuhr im Knochenmark und der damit einhergehenden Porphyrinproduktion aufzufassen.

Andere Verhältnisse herrschen dagegen bei der perniziösen Anämie. Hier haben wir es nicht mit einer Störung der normalen Knochenmarksregeneration, sondern mit einer tiefgreifenden Veränderung der Erythropoese zu tun, wobei, wie wir schon oben angedeutet haben, die Erythropoese in eine frühembryonale Entwicklungsperiode versetzt wird und neben der Bildung von abnormen Formelementen, den Megaloblasten, noch eine Porphyrinvermehrung auftritt. Mit Genauigkeit wissen wir heute nicht, ob bei der Perniciosa und beim Embryo ein Porphyrin der I. oder III. Isomerenreihe gebildet wird (Kämmerer). Die Vermehrung von Protoporphyrin, also von Porphyrin III bei der Perniciosa nach Borst und Königsdörfer kann auch durch die vermehrte Blutmauserung erklärt werden. Uns interessiert vor allem die Frage der Bildung von Porphyrin I im Knochenmark, es fehlt uns jedoch der Beweis für eine solche Synthese; ein Gegenbeweis ist aber ebenfalls nicht vorhanden. Wenn man aber nach Fischer annimmt, daß die sogenannte kongenitale Form der Porphyrie (bei der ein Porphyrin I gebildet wird) die Farbstoffverhältnisse des frühembryonalen Lebens wiedergibt, so muß beim Embryo und daher auch wahrscheinlich bei der Perniciosa neben einer Porphyrin-III-Reihe noch eine Porphyrin-I-Reihe vorhanden sein. In diesem Fall würde der Organismus beim Zurückgreifen auf embryonale Merkmale auf einer phylo- und ontogenetisch wichtigen Entwicklungsstufe stehen. Es würde hier der Dualismus der Farbstoffe, den wir schon früher bei der Besprechung des Porphyrinvorkommens in der Hefe erwähnt hatten, wieder auftauchen. Neben dem normalen Hämin müssen wir also in der Natur das Bestehen eines Porphyrins I annehmen, wobei es aber niemals zu einer Hämin-I-Bildung kommt. Bei der Perniciosa wurde in der Tat in einem Fall vor jeglicher Behandlung von Watson ein Koproporphyrin I aus dem Stuhl isoliert.

Bei der Porphyrinproduktion der Perniciosa müssen wir aber auch die Bildung des Porphyrins III berücksichtigen. Dieses Porphyrin ist sicher festgestellt worden, erstmals von Borst und Königsdörfer in Form von Protoporphyrin. Seither konnte nicht nur im Blut der Perniciosakranken, sondern auch im Sternalpunktat (Vannotti) das Protoporphyrin in vermehrten Mengen nachgewiesen werden. Zur Klärung dieser Erscheinung stehen uns zwei Möglichkeiten zur Verfügung. Entweder beruht die Porphyrin-III-Bildung auf einer Störung der Knochenmarksregeneration, wobei das Eisen nicht mehr zur

Synthese des Blutfarbstoffes herangezogen werden kann (ähnlich wie bei der Bleianämie), oder der vermehrte Erythrocytenzerfall führt bei der Perniciosa zu einem abnormen Abbau des Blutfarbstoffes, unter Bildung von Protoporphyrin.

Würde bei der Perniciosa eine Hemmung der Eisenzufuhr im Knochenmarke vorliegen oder wäre die Eiseneingliederung bei der Hämoglobinmolekülbildung gestört, so wäre es nicht möglich in den Erythrocyten der Perniciosa einen hohen Eisengehalt und eine Vermehrung der Hämoglobinkonzentration festzustellen. Die starke Vermehrung des leicht abspaltbaren Eisens von BARKAN und des Serumeisens sowie die Vermehrung der Bilirubinproduktion bei der Perniciosa gegenüber der Bleianämie, sprechen für eine verstärkte Blutzerstörung bei dieser Anämie. Diese Annahme wird durch die oft vermehrte Eisenablagerung in den Organen, hauptsächlich in der Leber, bestätigt. Gleichzeitig findet man in der Leber häufig Verfettung in Form einer zentralen degenerativen Fettinfiltration, während die Eisenablagerung vorzugsweise in der Peripherie der Läppchen vor sich geht (EPPINGER). Diese Angaben sind bei der Hypothese, daß die Schädigung des Leberparenchyms zu einem abnormen Blutabbaumechanismus führt, von Bedeutung.

Wie wir sehen werden, hat eine vermehrte Hämolyse nicht unbedingt eine Porphyrinbildung zur Folge, wir kennen pathologische Zustände (hämolytischer Ikterus, Phenylhydrazinämie usw.), die nicht von einer abnormen Porphyrinausscheidung begleitet sein müssen; hier stehen wir aber vor einer vermehrten Erythrocytolyse mit einer funktionellen, oft sogar anatomischen Schädigung der Leberzellen. Gerade die Eiseneinlagerung in die Leberzellen selbst, spricht nach EPPINGER und nach SCHILLING für eine Läsion des Leberparenchyms, da nach diesen Autoren die Leberzellen nur dann Eisen speichern können, wenn sie geschädigt sind. Wir sehen also, daß bei der Perniciosa zwei Mechanismen der Porphyrinbildung vorliegen, der eine als Zeichen der gestörten Knochenmarksregeneration durch eine Porphyrin-I-Bildung, der andere als Ausdruck eines vermehrten Blutfarbstoffabbaues, wobei die physiologische Protoporphyrinbildung vermehrt wird. Diese Vermehrung ist sehr wahrscheinlich mit der Schädigung des Leberparenchyms verknüpft, dabei fällt die porphyrinzerstörende Tätigkeit dieses Organs zum Teil weg.

Hier wurde von physiologischer Porphyrinbildung im Blut gesprochen. Der Farbstoff wird, wie HIJMANS VAN DER BERGH und seine Schüler zeigen konnten, in den Erythrocyten des normalen menschlichen Blutes gefunden, er stammt aus einem abwegigen Zerfall des Blutfarbstoffes. Es handelt sich um kleine Protoporphyrinmengen, die dann in der Leber abgebaut oder umgewandelt werden, während die Hauptmenge von Hämoglobin bekanntlich direkt ohne Zwischenstufe in Bilirubin übergeführt wird.

Man muß sich aber fragen, ob in pathologischen Zuständen nicht eine Vermehrung dieser Blutporphyrinfraktion beobachtet werden kann. In der Tat kann man bei vermehrtem Blutzerfall in einigen Fällen, aber durchaus nicht immer, eine Erhöhung des Porphyrinblutspiegels beobachten, so z. B. bei den Fieberanfällen der Malaria (HIJMANS VAN DER BERGH, GROTEPASS, REVERS, ferner CARRIÉ, VANNOTTI u. a.), bei Ikterusanfällen (BOAS), bei dem hämolytischen Ikterus (eigene Beobachtung, ferner CARRIÉ), in einem Fall von Kältehämoglobinurie, im Anfang und beim Abklingen des Anfalles (eigene Beobachtung). Wie wir später sehen werden, sind SCHREUS und CARRIÉ der Meinung, daß der normale Hämoglobinabbau zu Bilirubin durch Verschiebung der aktuellen Reaktion der Umgebung auf die saure Seite hin, zur Bildung von Protoporphyrin Anlaß geben könnte. BRUGSCH stellt die Hypothese auf, daß durch chemische Alteration des Häminmoleküles die Öffnung des Häminringes zur Bilirubinbildung nicht stattfinden kann. Wir können heute noch nicht den direkten Beweis dieser Vorkommnisse erbringen, sicher ist aber, daß unter krankhaften Bedingungen der Abbau des Hämoglobins zum Teil auf dem Wege über Protoporphyrin vor sich gehen kann.

Schon normalerweise findet man, wie wir im II. Kapitel gesehen haben, Spuren von Protoporphyrin in den roten Blutkörperchen (HIJMANS VAN DER BERGH). Diese wichtige Tatsache sagt uns, daß die Erythrocyten die Fähigkeit haben entweder selbst Porphyrin zu bilden, oder was auch glaubwürdiger ist, Porphyrin zu adsorbieren und in den Kreislauf zu bringen. In Zusammenhang mit dieser Tatsache ist die Beobachtung KELLERs und SEGGELs zu bringen, die vermittelst des Fluorescenzmikroskops im Blut normaler und kranker Menschen sowie bei verschiedenen Tieren (Kaninchen, Meerschweinchen, Ratten, Mäuse) regelmäßig rotfluorescierende Erythrocyten fanden. Die Autoren nennen diese Zellen, die normalerweise in einer Konzentration von unter $1^0/_{00}$ im Blut vorkommen, *Fluorescyten*. Schon früher wurden von BORST und KÖNIGS-DÖRFER in den Organen eines Porphyriefalles rotfluorescierende Elemente des erythropoetischen Systems beobachtet (Uro- und Protoporphyrin). Diese Autoren konnten ferner an Embryonen in den Erythroblasten ebenfalls Porphyrin (Protoporphyrin) und sowohl im Blut als auch im Knochenmark von Perniciosa-kranken porphyrinhaltige Blutzellen feststellen. Ähnliche Beobachtungen machten EMMINGER und BATTISTINI (Knochenmark) am Tiere. Auch wir haben eine Reihe von fluoroskopischen Untersuchungen an Blut und Knochenmark und am Knochenmarkspunktat ausgeführt und regelmäßig diese Gebilde be-obachtet. Besonders eindrucksvoll waren unsere Untersuchungen am Knochen-mark von bleivergifteten Kaninchen. Die Fluorescyten KELLERs und SEGGELs sind von den kernhaltigen Frühformen der roten Zellen scharf zu trennen. Daß die Erythro- und Megaloblasten porphyrinhaltig sind, ist seit der Veröffentlichung der Sektionsergebnisse des Falles PETRY von BORST und KÖNIGSDÖRFER bekannt; die Fluorescyten dagegen sind normale kernlose Erythrozyten, die im normalen Blut zirkulieren. Eine spektroskopische Untersuchung ihrer Fluorescenz ist bis heute unseres Wissens noch nicht gelungen, da die Fluorescenz dieser Zellen in kurzer Zeit bei der Ultraviolettbelichtung verschwindet. SEGGEL hat am kranken Material die Zahl der Fluorescyten untersucht und verfolgt und kommt daher zu folgenden Schlüssen: Bei der perniziösen Anämie findet man vor der Behandlung eine sehr niedrige Zahl von Fluorescyten, diese steigt aber mit dem Einsetzen der Regeneration unter Lebertherapie prompt an. Sie verhalten sich also bei der Perniciosa in ähnlicher Weise wie die Reticulocyten. Bei den schweren sekundären Anämien kommt es in denjenigen Fällen, die im weiteren Verlauf eine gute Regeneration zeigen, zu einem Anstieg der Fluorescytenwerte; dieser Anstieg fehlt dagegen bei den Anämien, die einen torpiden Verlauf nehmen. Die Fluorescytenkurve zeigt aber bei diesen Anämieformen keine Übereinstim-stimmung mit derjenigen der Reticulocyten. SEGGEL nimmt an, daß die Fluores-cyten ein Zeichen einer fehler- oder mangelhaften Hämoglobinbildung darstellen, wobei die Zahl der Fluorescyten dem Porphyringehalt der roten Blutkörperchen parallel geht. Interessant ist ferner die Tatsache, daß mit der durch Eisentherapie erzielten Besserung des Blutbildes sowohl bei chronischen wie bei akuten sekundären Anämien die Fluorescyten zum Verschwinden gebracht werden. Dies bringt SEGGEL zur Annahme, daß die Porphyrinerscheinung in den Erythrocyten einem Mangel an verwertbarem Eisen entspreche. Eine solche Hypothese ist zu riskiert, da man weiß, daß die exogene Eisenzufuhr keine direkte Bedeutung für das Blutfarbstoffeisen hat. Bis heute sind keine unmittelbare Beziehungen der Fluorescyten zu besonderen morphologischen Formen der Erythrocyten gefunden worden. Wir glauben deshalb, daß diese fluorescierenden Zellen nicht speziell den Regenerationsformen oder den Frühformen der roten Blutkörperchen angehören, sondern vielmehr indifferenten Erythrocyten entsprechen, die durch Adsorption Porphyrin enthalten.

Unsere Untersuchungen konnten eine gewisse Parallelität der Fluorescytenkurve mit derjenigen des Blutporphyrins bestätigen. Überdies sprechen unsere Beobachtungen am Knochenmark bei der Bleianämie für die Adsorptionsfähigkeit der Erythrocyten für Porphyrin. Man kann nämlich bei der Bleiintoxikation sehen, wie bei einer gewaltigen Porphyrinproduktion im Knochenmark, dieser Farbstoff nicht nur in den Erythroblasten lokalisiert bleibt, sondern in diffuser Adsorptionsform auch in anderen Zellen (d. h. in den reifen Erythrocyten und sogar in den Zellen des myeloischen Systems) vorkommen kann. Wir möchten bei den Fluorescyten einen gewissen Parallelismus mit den fluorescierenden Hefezellen ziehen. Wie im II. Kapitel erwähnt wurde, wird das in den Zellen selbst produzierte Porphyrin an die Zelloberfläche gebunden und nur bei den abgestorbenen Zellen kann der Farbstoff in die Tiefe eindringen und sich verankern. Nur dann ist eine deutliche Fluorescenz zu beobachten. Es wäre nicht ausgeschlossen, daß auch für die Erythrocyten ähnliche Verhältnisse vorliegen würden. Versuche in vitro zeigen, daß die Erythrocyten nur dann fluorescieren, wenn sie größere Mengen Porphyrin adsorbiert haben, da sonst der normale Blutfarbstoff mit seiner eigenen violetten Fluorescenz diejenige des Porphyrins überdeckt. Dagegen ist eine hellrote Fluorescenz sehr leicht zu sehen, nachdem durch vorsichtiges Abwaschen das Hämoglobin aus den Zellen entfernt und die so gewonnenen Erythrocytenstromata mit Porphyrin behandelt worden sind. Es wäre somit wahrscheinlich, daß die Fluorescyten eher ältere Formen der Erythrocyten oder geschädigte rote Blutzellen darstellen, bei denen das Porphyrin den ursprünglichen normalen Blutfarbstoff verdrängt hat. Diese Anschauung macht auch das Verschwinden der Fluorescyten bei der Besserung sekundärer Anämien durch Eisenzufuhr und das Zurückgehen dieser Zellen bei der Perniciosa nach der Reticulocytenkrise im Remissionsstadium verständlich. Die Übereinstimmungen der Fluorescyten mit dem Porphyringehalt der roten Blutkörperchen ist auch in einer Reihe von krankhaften Zuständen, die von einer Anämie begleitet sind, ersichtlich, so z. B. bei fieberhaften Erkrankungen (Typhus, Tuberkulose, Lymphogranulom) und bei solchen, bei denen das leicht abspaltbare Eisen in Blut und Serum erhöht erscheint. Wir müssen also an die Möglichkeit denken, daß unter Umständen Fluorescyten, Protoporphyrin und leicht abspaltbares Eisen innerhalb gewisser Grenzen als Zeichen einer erhöhten Erythrocytenschädigung (vermehrte Hämolyse) parallel verlaufen. In dieser Beziehung scheint uns von Bedeutung, daß diese drei Elemente bei unseren Untersuchungen bei hämolytischem Ikterus, in einem Falle von paroxysmaler Hämoglobinurie bei der Phenylhydrazinanämie und bei der unbehandelten Perniciosa in vermehrter Masse gefunden wurden. Unsere Beobachtungen bedürfen noch einer Bestätigung durch zahlreiche systematische Nachuntersuchungen ähnlicher krankhafter Zustände, sie berechtigen jedoch die oben erwähnte Vermutung. Über die Verhältnisse bei der Polyglobulie und bei der Polycytämie werden wir später berichten. Zum Schluß wäre noch die Frage des raschen Verschwindens der roten Fluorescenz der Fluorescyten bei der Ultraviolettbelichtung zu erwähnen. Wir haben Versuche angestellt, die uns zeigten, wie nach einer Bestrahlung des Blutes mit langwelligem Licht die Fluorescyten noch in der Beobachtungskammer des Mikroskopes zu finden sind, bei der Ultraviolettbestrahlung ist dagegen die Dauer der Fluorescenz sehr kurz, bis höchstens 30 Sekunden (nach den Angaben von KELLER und SEGGEL). Interessant ist, daß dabei die Dauer der Fluorescenz von Zelle zu Zelle des gleichen Individuums variieren kann. Wir glauben auch hier eine gewisse Vergleichsmöglichkeit zwischen roten Blutkörperchen und Hefe im Verhalten gegenüber der Ultraviolettbestrahlung annehmen zu dürfen. FINK führt das Zugrundegehen der porphyrinhaltigen Hefezellen während der Bestrahlung mit Ultraviolettlicht auf die phototoxische Wirkung des Pigmentes zurück, und wir möchten auch für die Erythrocyten die Vermutung aussprechen, daß die plötzliche Aktivierung der Fluorescenz der porphyrinhaltigen Erythrocyten eine Schädigung der Stromata erzeugt unter rascher Elution des Porphyrins und Übergang in die Umgebung. Die bestrahlten Zellen zeigen morphologisch keine wesentliche Veränderung oder sonstige Zeichen einer groben Schädigung, die aktuelle Reaktion aber scheint verändert zu sein. Eine Umwandlung des Porphyrins in seine nicht fluorescierende Leukobase unter Ultraviolettlichteinwirkung ist unwahrscheinlich.

Als letzte die Erythropoese interessierende Frage ist hier schließlich zu erwähnen, ob das Porphyrin eine Reizung auf das Knochenmark ausüben kann. Dieses Problem scheint von gewissem klinischem Interesse zu sein, da es genügend viele Fälle von Porphyrinkrankheiten gibt, die nicht mit einer Anämie, sondern vielmehr mit einer leichten Vermehrung sowohl der Erythrocyten als auch des Hämoglobins einhergehen. BORST nimmt an, daß das Porphyrin auf die roten Blutkörperchen in schädigendem Sinne wirke, womit einerseits die abnorm starke Ablagerung von Eisen in den Geweben und andererseits die nicht selten beobachtete Anämie bei bestimmten Formen der Porphyrinkrankheiten zu erklären wäre. Diese verschiedene Reaktion des Blutbildes auf die Porphyrinkrankheit ist in den verschiedenen ätiologischen Momenten beim Zustandekommen der Pigmentstoffwechselstörung zu suchen. Experimentelle Beobachtungen haben gezeigt, daß das Porphyrin, sowie eine Reihe von Blutfarbstoffderivaten darunter auch das Bilirubin imstande sind, die Erythropoese zu stimulieren (BRUGSCH), in neuerer Zeit berichtet HÜHNERFELD über eine deutliche Vermehrung von Erythrocytenzahl und Hämoglobin bei der Applikation von Photodyn in kleinen Dosen (Hämatoporphyrin) am Menschen. VERZÁR und ZIH haben dagegen keine hämopoetische Wirkung bei der Hämatoporphyrinverabreichung im Tierversuch gesehen. Die oft festgestellte Zunahme der Erythrocyten bei der Porphyrie läßt sich auf eine sowohl durch die vermehrte Bilirubinproduktion als auch direkt durch das Porphyrin bedingte Stimulation des Knochenmarks zurückführen. Wir wissen nämlich, daß eine vermehrte Bilirubinausscheidung eine häufige Erscheinung der Porphyrinkrankheit ist.

Im Anschluß an die Besprechung der Beziehungen des Hämoglobinstoffwechsels zu dem Porphyrin, soll noch die wichtige Frage des Muskelfarbstoffes gegenüber dem Porphyrinproblem, das nicht nur histologisch, sondern hauptsächlich klinisch von Interesse ist, erörtert werden.

Der *Muskelfarbstoff* wird als ein Pigment der quergestreiften Muskulatur aufgefaßt. Er wird mit verschiedenen Namen bezeichnet, McMunn spricht von Myohämatin und Moerner bezeichnet denselben als Myochrom. Günther hat später vorgeschlagen, den Muskelfarbstoff wegen seiner chemischen Verwandtschaft mit dem Blutfarbstoff mit dem Namen Myoglobin zu klassifizieren, und als *Myoglobin* wird nun dieser rote Muskelfarbstoff in der heutigen Literatur am häufigsten erwähnt.

Das Myoglobin hat enge Beziehungen zum Hämin. Wie das Bluthämoglobin übt das Myoglobin respiratorische Funktionen aus. Es ist eisenhaltig und das Eisen spielt beim Myoglobin eine ähnliche Rolle wie beim Blutfarbstoff. Man kann sogar weitergehen und behaupten, daß der Muskelfarbstoff aus dem gleichen Hämin wie der Blutfarbstoff besteht. Die Unterschiede zwischen den beiden Pigmenten sind also in der Zusammensetzung des Globins zu suchen.

In dieser Beziehung sind die spektrophotometrischen Untersuchungen von Schenk, Hall und King von besonderer Bedeutung. Diese Autoren haben die Blut- und Muskelfarbstoffe von Rindfleisch spektroskopisch untersucht. Sie bekamen bei beiden Pigmenten sehr ähnliche Absorptionswerte, die Kurven des Bluthämoglobins waren aber etwas mehr gegen das rote Ende des Spektrums verschoben. Die maximale Absorption in Gelb und die maximale Absorption in Grün verhielten sich beim Blut und Muskelfarbstoff gleich. Auch die Maxima und Minima zwischen den beiden Streifen (577 mμ und 582 mμ) waren identisch. Spektrographisch konnte dagegen ein leichter Unterschied in den beiden Absorptionsspektren im Gebiet des Ultravioletts festgestellt werden. Diese Unterschiede sind jedoch nicht auf das Hämin, sondern auf das Globin zurückzuführen. In der Tat zeigt das Absorptionsspektrum des Globins im Ultraviolett einen ähnlichen Absorptionsstreifen. Damit wird bewiesen, daß der spektroskopische Unterschied zwischen Blut- und Muskelhämoglobin im Eiweißanteil dieser beiden Farbstoffe zu suchen ist.

Auch Schumm nimmt an, daß der Unterschied zwischen beiden Farbstoffen nur durch die Eiweißkomponenten bedingt sei. Er konnte nämlich aus dem Bluthämoglobin ein Hämatin abspalten, das mit demjenigen des Muskelhämoglobins identisch ist. Eine weitere Bestätigung der Übereinstimmung der beiden Häminkomplexe wird von Kennedy geliefert, indem dieser Autor die Identität der spektrophotometrischen Absorptionskurve der Sauerstoff- und Kohlensäureverbindungen beider Farbstoffe nachweisen konnte.

In neuerer Zeit haben Roche und Bendrihem die Hämatine und Globine des Blut- und Muskelfarbstoffes getauscht kombiniert. Mit diesem Experiment konnten sie nachweisen, daß trotz der spektroskopischen Verschiebung des Absorptionsstreifens der beiden Farbstoffe die beiden Hämatine doch identisch sind. Die Verschiebung der Absorptionsstreifen wäre daher auf die Kombination zwei identischer Hämatine mit zwei verschiedenen Globinen zurückzuführen und die optischen Unterschiede zwischen Blut- und Muskelhämoglobin würden also nur auf der Kombination mit zwei verschiedenen Eiweißen beruhen. Aber auch die Differenz in den Eiweißbestandteilen der beiden Stoffe ist ziemlich gering, indem diese vom gleichen Typus sind. In neuerer Zeit hat THEORELL sich große Verdienste in dieser Frage erworben, es gelang ihm, das Myoglobin kristallinisch herzustellen. An Hand physikochemischer Untersuchungen über krystallisiertes Myoglobin und Bluthämoglobin konnte er zeigen, daß die Affinität des Myoglobins zu Sauerstoff und seine Sauerstoffbindungskapazität, 6mal größer ist als die Affinität des Bluthämoglobins. Das Myoglobin ist gegen p_H-Schwankungen und gegen grobe Aciditätsveränderungen weniger empfindlich als das Hämoglobin. THEORELL kommt nach diesen Untersuchungen zum Schluß, daß die physiologische Funktion des Muskelfarbstoffes darin liegt, daß das Myoglobin als Sauerstoffreservoir in der lebenden Muskulatur funktionieren muß.

Das Hämoglobin und Myoglobin stellen trotz ihrer chemischen Ähnlichkeit zwei unabhängige Systeme dar, sie haben nur indirekte Beziehungen zueinander. Untersuchungen von GÜNTHER haben gezeigt, daß der Myoglobingehalt der Muskulatur nicht mit der Menge des Bluthämoglobins parallel geht. Man sieht nämlich bei der perniziösen Anämie, daß die Muskulatur auffallend gut gefärbt ist, während das Hämoglobin niedrige Werte zeigt. Es wäre denkbar, daß bei bestimmten Anämieformen das Myoglobin sich umgekehrt verhält wie das Hämoglobin, und daß dadurch die quergestreifte Muskulatur unter der allgemeinen Verminderung des zirkulierenden Oxyhämoglobins eine zweckmäßige Vermehrung ihres sauerstoffbindenden Pigmentes erfährt. Auch WHIPPLE konnte im Tierversuch bei künstlicher, langdauernder Anämie eine sehr geringe Abnahme der Muskelhämoglobinwerte sehen, dagegen aber bei der experimentellen Muskelatrophie ein sehr rasches Sinken des Myoglobins bis auf niedrige Werte.

Für die Klinik ist die Annahme einer plötzlichen Mobilmachung des Myoglobins aus der quergestreiften Muskulatur von Bedeutung. Durch den Globinanteil ist der Muskelfarbstoff stark im Zellsubstrat verankert. Eine Mobilisierung unter physiologischen Bedingungen ist nicht bekannt. Man denkt an einen langsamen Pigmentstoffwechsel im Muskel, selbst mit Abbau des Myoglobins und langsamem Abtransport durch die Blutbahnen. In pathologischen Prozessen aber kann das Myoglobin durch schwere Degeneration der Muskelzellen und durch akute zerstörende Entzündungsprozesse plötzlich frei werden. Dieser Farbstoff kann zum Teil in der Leber zu Bilirubin abgebaut, nach neueren Untersuchungen MELDOLESIs sogar in ein anderes Stuhlpigment umgewandelt werden, zum Teil aber gelangt er in die Nieren und kann ausgeschieden werden. Es scheint, daß das Myoglobin leichter die Nieren passiert als das Hämoglobin. Einige Autoren glauben sogar, daß das Myoglobin auch bei intakten Nieren im Urin erscheinen kann. Die größere Durchlässigkeit dieses Organs für das Myoglobin beruht wahrscheinlich auf dem etwas niedrigeren Molekulargewicht des Muskelfarbstoffes gegenüber dem Hämoglobin. Diese Tatsache kann für die Erklärung der sog. paroxysmalen Myoglobinurie herangezogen werden.

Wir wissen, daß bei Pferden, seltener auch beim Rind, eine eigenartige plötzlich auftretende mit Zuckungen, Starre und Lähmung der hinteren Extremitäten einhergehende Krankheit vorkommt. Die befallenen Muskeln fühlen sich hart und druckempfindlich an, sie sind sehr blaß und sehen fischfleischähnlich aus. Mikroskopisch zeigen diese Muskeln das Bild einer hochgradigen Degeneration vom Typus der ZENKERschen Degeneration, wie wir sie am Menschen beim Typhus abdominalis sehen. Im Urin tritt viel gelöstes Hämoglobin auf. Dieses Hämoglobin wird als Muskelhämoglobin bezeichnet und man nimmt daher an, daß das bei der Muskeldegeneration freiwerdende Myoglobin aus den Nieren auf der Höhe der Krankheit mit Leichtigkeit ausgeschieden wird.

Beim Menschen sind zuerst von MEYER-BETZ im Jahre 1920, dann von PAUL 1924 Fälle beschrieben worden, die große Ähnlichkeit mit der Pferdehämoglobinurie aufweisen. Im selben Jahr wurde von GÜNTHER eine Myositis myoglobinurica beobachtet. Auch dieser Fall bot ähnliche Symptome wie die beiden oben beschriebenen Fälle mit Erscheinung von Hämoglobin im Urin. Es wird angenommen, daß eine Noxe bei prädisponierten Individuen die Mobilisierung des Muskelfarbstoffes aus den quergestreiften Muskeln ermöglicht und das Myoglobin als Fremdkörper durch den Urin ausgeschieden wird. Vor kurzem wurde ein vierter Fall von uns veröffentlicht, bei dem neben einer schweren Myositis sich die Zeichen einer Porphyrie vorfanden. Die Klinik liefert uns also den Beweis für die engen Beziehungen des Muskelfarbstoffes zu den Porphyrinen.

Die Bildung von Porphyrinen aus dem Hämoglobin und aus dem Hämatin unter Wirkung starker Säuren wurde schon vor langem von McMUNN und von NENCKI festgestellt. 1904 beschrieb LAIDLOW die Umwandlung des Hämoglobins bzw. des Hämatins in Porphyrin in Gegenwart reduzierender Substanzen und auch unter Wirkung schwacher Säuren. Das Natriumhydrosulfid kann nach DHÉRÉ bei Zusatz von Eisessig oder Weinsäure imstande sein, aus Hämatin Porphyrin zu bilden. Eine ähnliche Umwandlung kann unter Umständen auch bei der Anwendung von Natriumhydrosulfid und Milchsäure zustande kommen. Diese letztere Feststellung ist hier besonders hervorzuheben, da der Umstand, daß Milchsäure das Eisen aus dem Hämatin lockert, vielleicht auch von biologischem Interesse sein könnte. Es wäre denkbar, daß die Milchsäure unter Zusatz reduzierender Substanzen und Katalyten, aus dem Hämatin des Muskel- und Blutfarbstoffes ein Porphyrin erzeugt. Die Milchsäure ist bekanntlich eine körpereigene Substanz und spielt eine wichtige Rolle bei der Muskelphysiologie. Die Entstehung von Porphyrin aus dem Myoglobin unter Milchsäurezusatz im Muskel wäre daher nicht unmöglich. Bis heute aber fehlt der Nachweis einer solchen Reaktion im lebenden Organismus.

Die Bildung von Porphyrin aus Hämoglobin, bzw. Myoglobin geschieht durch Reduktion und Eisenentziehung [1].

Auf den genaueren Chemismus dieser Reaktion soll hier kurz eingegangen werden.

Wird aus quergestreifter Skeletmuskulatur oder aus Herzmuskulatur ein histologischer Schnitt mit dem Gefriermikrotom ausgeführt, das Präparat auf einen U.V.-Objektträger gebracht (ein Objektträger, der aus einem für Ultraviolettstrahlen durchlässigen Glas besteht) und unter Zusatz von 10%iger HCl und Glycerin unter einen an Ultraviolettwellen reichen Lichtstrahl gesetzt, so

---

[1] Auf diesem Prinzip beruht die in der Folge und später beschriebene Reaktion der aktivierten Porphyrinfluorescenz.

entsteht im Verlaufe von einigen Minuten an der bestrahlten Stelle eine deutliche rote Fluorescenz. (Diese Fluorescenz beruht auf Protoporphyrinbildung[1].)

Es ist denkbar, daß unter der eisenabspaltenden Wirkung der Salzsäure und unter gleichzeitiger Einwirkung von Licht und besonders von ultravioletten Strahlen, das Myoglobin in Porphyrin umgewandelt wird. Auch das Hämoglobin des Blutes kann unter den gleichen Bedingungen Porphyrin liefern. Die aus dem Blutfarbstoff gebildeten Porphyrinmengen sind aber geringer als diejenigen des Muskelporphyrins, die Geschwindigkeit der Reaktion ist beim Hämoglobin herabgesetzt. Schon diese Beobachtung sagt uns, daß der

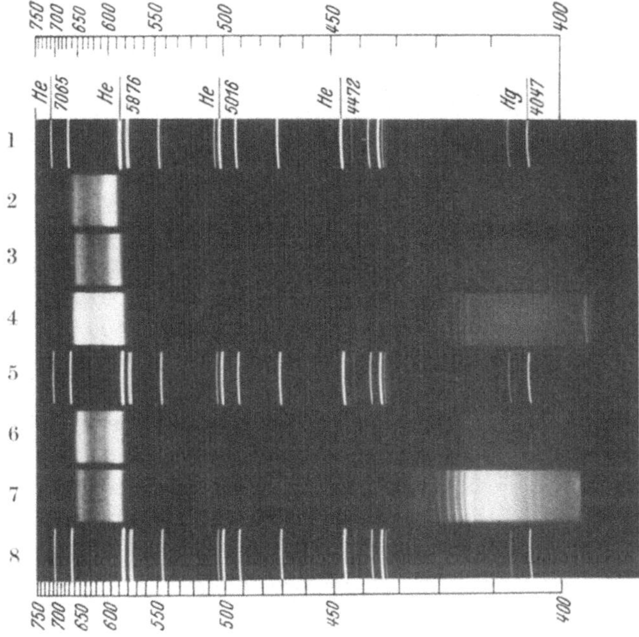

Abb. 39. Fluorescenzspektrum des aus der quergestreiften Muskulatur gewonnenen Protoporphyrins (2). 1, 5, 8 Eichungslinien (He + Hg), 3, 4 Koproporphyrin aus Urin, 6, 7 Koproporphyrin aus Galle.

Muskelfarbstoff noch etwas enthalten muß, was die Eisenabspaltung aus dem Hämin beschleunigt. Die aktivierte Porphyrinreaktion ist also sicher komplexer Natur. Die Muskeleiweiße und vielleicht das Cytochrom spielen hier eine gewisse Rolle. Diese Hypothese erhält eine weitere Bestätigung in der Tatsache, daß bei wässerigen Muskelfarbstoffextrakten eine Porphyrinbildung nicht zu erzielen ist. In anderen Worten: die reine photochemische Lichtwirkung ist nicht imstande, aus einer wässerigen Myoglobin- und Myohämatinlösung das Eisen aus dem Komplex herauszuspalten.

Wie die Untersuchungen NENCKIs gezeigt haben, wird Porphyrin aus dem Hämoglobin nur unter Wirkung von stark konzentrierter Säure gebildet. Der Zusatz von verdünnter Salzsäure allein kann das Porphyrin aus dem Myoglobin nicht bilden. Dies geht aus den folgenden Versuchen hervor.

---

[1] J. THOMAS ist neulich, offenbar unabhängig von unseren 1935 veröffentlichten Versuchen, mit genau gleicher Technik zu gleichen Resultaten gekommen.

Das gründlich durchgespülte und fein zerschnittene frisch gewonnene Muskelgewebe wurde im Dunkel bei 0^0 Temperatur eine bis mehrere Stunden lang unter Zusatz von Salzsäurelösungen (1—30% HCl) gehalten, davon wurden einige Proben nach 1 Stunde, 2, 6, 12, 24 und 36 Stunden mit dem Fluorescenzmikroskop auf Porphyrin untersucht. Keine dieser Proben ergab eine Porphyrinfluorescenz. Das Porphyrin ist also unter Ausschluß der Lichtwirkung (mit Zusatz von verdünnter HCl) nicht aus Hämoglobin zu bilden. Das Porphyrin ist auch nicht präformiert im Muskelgewebe enthalten. Nur nach längerem Stehenlassen von Muskelgewebe kann man eine schwache Fluorescenz finden, und dies beruht auf einem Fäulnisprozeß. Bei der sterilen Autolyse des Fleisches findet man (FISCHER, KÄMMERER und KÜHNER) erst nach 10—11 Tagen Protoporphyrin.

Im Anschluß an diese Beobachtungen haben wir untersucht, ob die Fleischautolyse überhaupt eine beschleunigende oder eine hemmende Wirkung bei der Porphyrinbildung unter den genannten Bedingungen ausüben kann. In der Tat zeigt sich, daß die bei der Bestrahlung von Muskelpräparaten mit Ultraviolettlicht unter Salzsäurezusatz für die Porphyrinbildung aus Myoglobin notwendige Zeit immer kürzer wird, je länger die Fleischautolyse gewirkt hatte. Ferner ist die Latenzzeit zwischen Beginn der Bestrahlung und Auftreten des Porphyrins von der Intensität der Bestrahlung und von der Konzentration der zugesetzten Salzsäure abhängig. Organische Säuren wie Milchsäure, Wein- und Oxalsäure sind dagegen unwirksam. Im allgemeinen läßt sich die Porphyrinreaktion noch unter Zusatz einer $^1/_2$ n-Salzsäurelösung hervorrufen. Bei niedrigeren Säurekonzentrationen oder bei einem p_H über 3,5 (mit n-HCl-Citratpufferlösung) bleibt die Porphyrinbildung aus. Zum Schluß beschäftigte uns die Frage, ob die obengenannte Porphyrinfluorescenzbildung von dem Cytochrom der Muskulatur ausgehe. Das Myoglobin kann mit dem Cytochrom komplementär sein. Es gibt nämlich Tierarten, wie z. B. Vögel, bei welchen der Muskel viel Cytochrom und wenig Myoglobin enthält, und andere Tierarten, z. B. Säugetiere, bei denen das Myoglobin in viel größeren Mengen als das Cytochrom vertreten ist. Im Myokard sind im allgemeinen die gleichen Mengen Cytochrom und Myoglobin vorhanden. Auch chemisch sind die Beziehungen vom Cytochrom zum Myoglobin sehr eng. Das Cytochrom, das in der quergestreiften Muskulatur physiologisch vertreten ist, ist ein Porphyrinkomplex. Die C-Komponente des Cytochroms kann in Mesoporphyrinester, also in einen Abkömmling des dem Hämoglobin nahestehenden Ätioporphyrins III übergeführt werden (wie ZEILE und REUTER neulich bewiesen haben).

Das Cytochrom besitzt ferner eine eigene gelbrote Fluorescenz und enthält ebenfalls Eisen wie das Hämoglobin. Es ist in allen lebenden Zellen der Muskulatur vorhanden und an den wichtigen oxydoreduktiven Prozessen der Gewebsatmung beteiligt.

Um zu entscheiden, ob unsere Porphyrinfluorescenz auf das Vorhandensein von Cytochrom in der quergestreiften Muskulatur zurückzuführen und die rote Fluorescenz überhaupt mit derjenigen des Cytochroms identisch sei, haben wir unsere Untersuchungen auf Muskelpräparate erstreckt, die hämoglobin- und hämatinfrei waren.

Unsere Beobachtungen führten wir an der Muskulatur von Schnecken mit der üblichen Untersuchungsmethode durch. Das Muskelgewebe der Schnecken ist bekanntlich hämatinlos, dafür sehr reich an Cytochrom. Wir fanden eine primäre, d. h. eine präformierte Fluorescenz von gelblichrosa Farbe, eine Fluorescenz, die nach den Angaben von BIGWOOD, ANSEY und THOMAS typisch und charakteristisch für das Cytochrom ist. Spektroskopisch war eine gewisse Ähnlichkeit mit dem Spektrum des Porphyrins zu beobachten. Beide Farbstoffe, Cytochrom und Hämoglobin, haben einen für die Hämochromogene eigenen Absorptionsstreifen.

Nach längerer Bestrahlung des Präparates fand man keine hellrote Porphyrinfluorescenz und damit war der Beweis erbracht, daß zur Bildung des Porphyrins aus dem Muskelfarbstoff das Hämatin des Myoglobins unbedingt notwendig ist. Diese Feststellung ist von Bedeutung und erklärt den Zusammenhang zwischen Muskelaffektion und Porphyrinurie bei der Myoporphyrie. Das Cytochrom bleibt auch bei der Lichtbestrahlung nicht unverändert. In der Schneckenmuskulatur ging die ursprüngliche rosarote Fluorescenz des Cytochroms bei längerer Bestrahlung mit Ultraviolett in eine schmutziggelbe bis braune Fluorescenz über. Trotz des Fehlens einer direkten Beteiligung des Cytochroms an der Porphyrinbildung ist anzunehmen, daß das Cytochrom dank seiner oxydoreduktiven Eigenschaften bei der Eisenabspaltung aus dem Muskelfarbstoff unter der photochemischen Beteiligung des Lichtes gewissermaßen mitwirkt.

Es bleibt noch die Frage der Beteiligung der Eiweißkörper der Muskulatur an der Bildung der sekundären Porphyrinreaktion zu besprechen. Aus solchen Eiweißkörpern kann selbstverständlich, wie die Untersuchungen an der Schneckenmuskulatur beweisen, kein Porphyrin gebildet werden. Es wäre aber nicht unwahrscheinlich, daß den Eiweißkörpern der Muskulatur eine gewisse katalytische Wirkung bei der Porphyrinbildung aus dem Myoglobin zugeschrieben werden könnte. Wir erinnern hier an unsere früheren zitierten Versuche mit der wässerigen Myoglobinlösung. Das Fehlen der Porphyrinreaktion bei einer solchen Lösung könnte die Bedeutung der Muskeleiweißkörper an der Porphyrinbildung erklären. Es ist nicht ausgeschlossen, daß die Bildung von Porphyrin aus dem Muskelfarbstoff dann erst eintritt, wenn die Muskeleiweißkörper durch Lichteinwirkung auf die Zellen der quergestreiften Muskulatur verändert worden sind.

Die Tatsache, daß nicht bei allen Tierarten die Reaktion vor sich geht, würde evtl. in obigem Sinn sprechen. Bei der Skeletmuskulatur des Kaninchens konnten wir nach Bestrahlung nie Porphyrinfluorescenz beobachten, obwohl das Myokard dieses Tieres prompt den normalen Ausfall der Reaktion ergab. (Hier wäre auch an die katalytische Wirkung des Cytochroms zu denken.) Die weiße Muskulatur (Meerschweinchen und Ratte) weist ferner eine langsamere Fluorescenzentstehung und eine geringere Porphyrinbildung als die rote Muskulatur auf. Bei der Muskelatrophie ist die Reaktion immer zu beobachten, die Menge des gebildeten Porphyrins ist aber geringer. Auch die entzündlich veränderte Muskulatur (Myocarditis diphtherica im Tierversuche) zeigt oft eine Verminderung, sogar ein Verschwinden der Porphyrinbildung aus dem Myoglobin.

Aus dem Gesagten ist die *enge chemische und biologische Verwandtschaft der Porphyrine mit dem Stoffwechsel des Muskelpigmentes* ersichtlich. FISCHER kam vor mehreren Jahren zur Annahme, daß es in Analogie zum Chlorophyll zwei Farbstoffe gibt, die im Organismus nebeneinander vorkommen. Aus dem einen, der mit dem Myoglobin identisch wäre, geht Koproporphyrin hervor, aus welchem dann Uroporphyrin entstehen kann. FISCHER nahm damals an, daß Koproporphyrin aus dem Zerfall des Myoglobins als Muskelstoffwechselprodukt entstehen kann, während aus dem Muskeleiweiß bei pathologischen Fällen sich ein braunes, dem Harnfarbstoff naheliegendes Urinpigment bildet.

Auch KÄMMERER erwähnt die Beziehungen des Muskelfarbstoffes und des Cytochroms zum Porphyrinstoffwechsel als mögliche Produktionsquelle des Porphyrins im menschlichen Organismus. Im VIII. Kapitel werden wir auf die Porphyrinkrankheiten bei der Schädigung des Muskelfarbstoffwechsels näher eingehen. Mit einer anderen Gruppe von Pigmenten unterhält das Porphyrin noch sehr enge Beziehungen, nämlich mit dem Gallenfarbstoff.

Porphyrin- und Bilirubinstoffwechsel.

Die Galle enthält normalerweise Porphyrin. Ihr Porphyringehalt kann in pathologischen Zuständen bemerkbare Schwankungen aufweisen. Bei Leberkrankheiten beobachtet man, wie wir sehen werden, nicht selten eine abnorm hohe Porphyrinausscheidung sowohl im Stuhl wie im Urin. Alle diese Tatsachen sprechen dafür, daß die Porphyrinbildung im Organismus und die Porphyrinausscheidung eng mit der Tätigkeit der Leber bei dem Blutfarbstoffumsatz verknüpft ist. Das Problem der Bilirubinbildung im Organismus ist in den letzten Jahren besonders umstritten gewesen und ließ eine Reihe von Theorien entstehen. Wir werden hier nur auf diejenigen Fragen eingehen, die für Klärung unseres Stoffes von Bedeutung sein können. Durch Versuche in vitro wurde von ASHER und seiner Schule zuerst auf die Bedeutung der Leber beim Abbau des Hämoglobins hingewiesen. ASHER und EBNÖTER, ferner CALVO-CRIADO und andere haben den Abbau des Blutfarbstoffes bei Zusatz von breiigen Organextrakten verfolgt und einen auffallend hohen Hämoglobinabbau bei den Leberextrakten beobachtet. Eine Verstärkung dieses Vorganges wurde besonders bei Zusatz von Milzextrakt erzielt. In neuerer Zeit hat DUESBERG gezeigt, daß normalerweise das im Organismus frei gelöste Hämoglobin quantitativ in Bilirubin umgewandelt wird, wobei dieser Umbau sowohl innerhalb der Blutbahn als auch in Gebieten, die nicht direkt mit der Leber verbunden sind, vor sich geht.

In Zusammenhang mit der oben zitierten Arbeit DUESBERGs ist hier noch zu erwähnen, daß unter steriler Behandlung der Erythrocyten bei 37⁰ von v. CZIKE die fermentative Entstehung von Bilirubin beobachtet werden konnte. BARKAN nimmt an, daß das von v. CZIKE beobachtete Bilirubin nicht direkt aus dem Hämoglobin, sondern aus dem leicht abspaltbaren Eisen der Erythrocyten entsteht. Aus diesem würde dann einerseits das Bilirubin und andererseits das Serumeisen hervorkommen (THOENES und ASCHAFFENBURG). In seiner Arbeit hat v. CZIKE ferner auf die Bedeutung der Fermente beim Blutfarbstoffabbau hingewiesen. In diesem Prozeß kommt der Katalase eine Hemmung, dem Hydroperoxyd (BINGOLD) eine Förderung des Hämoglobinabbaues zu, und daher wäre es nicht ausgeschlossen, daß bei gestörter Funktion dieser beiden Fermente in pathologischen Zuständen der normale Blutfarbstoffabbau in der

Richtung einer Hemmung oder einer Förderung beeinflußt werden konnte (Thoenes und Aschaffenburg). Physiologischerweise vollzieht sich der Zerfall des Hämins hauptsächlich in der Leber durch oxydative Aufspaltung des Porphyrinringes zu Bilirubin, und zwar entsteht nach Siedel und Fischer das Bilirubin direkt aus dem Hämin III durch Oxydation der Methingruppe. Damit ist bewiesen, daß *der Gallenfarbstoff der III. Isomerenreihe angehört. Porphyrin wird als Zwischenstufe bei dem Abbau des Hämoglobins in Bilirubin nicht gebildet.* Den Kliniker interessiert besonders der Ort bzw. das Organ oder das System, das bei diesen Vorgängen direkt beteiligt ist.

Die Untersuchungen Aschoffs und seiner Schüler haben auf die Bedeutung des Reticulumendothels bei der Bilirubinproduktion aufmerksam gemacht. Damit verknüpft sich die Frage der extrahepatischen Bilirubinproduktion. Es wird heute von verschiedenen Autoren immer mehr behauptet, daß das Reticulum ein Bilirubin mit indirekter Reaktion bildet, das von der Leberzelle aufgenommen und in Bilirubin mit direkter Reaktion umgewandelt wird. Die modernen Untersuchungen auf dem Gebiete des Pigmentstoffwechsels führen zur Annahme der Pigmentbildung im ganzen Reticulum, wobei der Leberzelle mehr die Rolle der Sekretion zufällt (Du Bois) und gerade die histologischen Untersuchungen am Reticulumsystem (Natali) zeigen neben einem eisenhaltigen Pigment noch ein zweites Pigment sehr wahrscheinlich hämatogener Abstammung mit negativer Eisenreaktion. Auf die Rolle der Leber bei der Porphyrinbildung wurde schon vor mehreren Jahren hingewiesen. Brugsch und Pollak berichten über Bilirubinbildung aus dem Hämin durch Brenzcatechin und andererseits über Porphyrinentstehung aus Hämin durch Adrenalin. Ähnliche Versuche, wie von Asher mit Organbrei, wurden auch von Günther angestellt. Er fand dabei, daß nur die Leber in großen Mengen zu Porphyrinumbau befähigt ist, während Milz, Niere und Herzmuskelbrei unwirksam sind. Perutz berichtet ferner von einem Zurückgehen des Porphyrinabbaues bei der mit Sulfonal geschädigten Leber. Wichtiger sind in dieser Beziehung die systematischen Untersuchungen von Schreus und Carrié, die durch Organbrei einerseits den Abbau des Porphyrins und andererseits den Abbau des Hämoglobins in der Richtung der Porphyrinbildung verfolgt haben. Wie schon Perutz, Günther und Sunner konnten die beiden Autoren das Verschwinden des dem Leberbrei zugesetzten Koproporphyrins innerhalb 24 Stunden beobachten, wogegen die mit Sulfonal geschädigte Leber diese abbauende Fähigkeit nicht mehr besitzt. Ähnliche Untersuchungen zum Nachweis einer Carboxylierung des Porphyrins im Nierenbrei führte zu keinen eindeutigen Resultaten.

Nach diesen Feststellungen gingen die beiden Autoren mit ähnlicher Technik zum Studium des Blutabbaues durch Organextrakte über. Schreus und Carrié kommen zum Schlusse, daß der Leberbrei die Fähigkeit besitzt, aus Hämoglobin in bedeutenden Mengen Protoporphyrin zu bilden. Diese Wirkung ist nicht an die lebende Zelle gebunden, sondern ist fermentativer Natur.

Gegen diese Versuche mit Leberbrei in vitro hat Kämmerer den Einwand erhoben, daß der Einfluß der Fäulnis und der Gärung nicht berücksichtigt wurde. In der Tat wird in den Versuchen der erwähnten Autoren Leberbrei 2—20 Stunden lang bei 37° gehalten, Fäulnis ist dabei nicht zu vermeiden.

Wir wiederholten die Experimente von Schreus und Carrié. Dabei haben wir nicht nur den Abbau des Blutfarbstoffes, sondern auch denjenigen des

Muskelfarbstoffes durch den Leberbrei verfolgt. Ferner wurde die Wirkung der Fäulnis auf Brei in Kontrollversuchen berücksichtigt. Um evtl. Unterschiede zwischen dem Abbau des Blutfarbstoffes und Abbau des Muskelfarbstoffes scharf zu trennen, wurde der Muskelfarbstoff nach einer vorhergehenden gründlichen Durchspülung der Muskulatur mit physiologischer Kochsalzlösung extrahiert. Die Ergebnisse dieser Untersuchungen können folgendermaßen zusammengefaßt werden: Der Leberbrei enthält schon vor der Bebrütung in nicht zu unterschätzender Menge Porphyrin (Koproporphyrin). Dieses Porphyrin kann dann bei 20stündiger Bebrütung allmählich verschwinden. Diese Zerstörung beruht auf der Tätigkeit der Leberaufschwemmung, sie ist aber sicherlich stark vom Fäulnisgrad des Leberbreies abhängig. Blut- und Muskelfarbstoff werden beide in Protoporphyrin umgewandelt. Neben Proto- ist aber auch oft Koproporphyrin in Spuren vorhanden. Einen quantitativen Unterschied zwischen Abbau von Blut und Muskelfarbstoff konnten wir nicht mit Sicherheit feststellen, da es sehr schwer war, gleiche Mengen der beiden Farbstoffe zu vergleichen.

Diese Untersuchungen bestätigen und erweitern zum Teil die Feststellungen von SCHREUS und CARRIÉ und zeigen, daß der Muskelfarbstoff unter ähnlichen Abbaubedingungen von seiten der Leber steht wie das Bluthämoglobin.

Die Versuche von SCHREUS und CARRIÉ erstrecken sich auch auf die Beobachtung des Blutfarbstoffabbaues durch Leberbrei bei verschiedenen aktuellen Reaktionen des Substrates. So berichten die Autoren über eine starke Protoporphyrinbildung bei vorwiegend saurer Reaktion, während in alkalischem Milieu unter Abnahme der Porphyrinproduktion ein blaugrüner Farbstoff gewonnen wurde, der von den Autoren als Gallenfarbstoff betrachtet wird. Dieser Befund ist von allergrößtem Interesse und bedarf einer weiteren Untersuchung und Bestätigung, es wäre damit denkbar, daß die Verschiebung des Hämoglobinabbaues in der Richtung Bilirubin oder in der Richtung Porphyrin von dem p_H des Substrates abhängt. Wir sehen damit, daß die normale Leber auf vorwiegend fermentativem Wege die Fähigkeit besitzt, einerseits das Koproporphyrin abzubauen (die Endprodukte dieses Abbaues sind noch unbekannt, vgl. die Anschauungen v. CZIKES, ferner THOENES' und ASCHAFFENBURGs) und andererseits aus dem Blutfarbstoff neben dem normalen Abbau in Bilirubin noch das Protoporphyrin zu bilden. Das Protoporphyrin wird in der Leber schon unter normalen Bedingungen in kleinen Mengen gebildet, bestimmte Schädigungen und Funktionsveränderungen der Leberzellen können die beiden Abbauwege des Blutfarbstoffes beeinflussen, so daß bald die Bilirubinbildung, bald die Porphyrinproduktion die Oberhand gewinnt.

Das Protoporphyrin wird aber nicht als solches sofort ausgeschieden; die Leber besitzt, wie HIJMANS VAN DER BERGH, GROTEPASS und REVERS in ihren Leberdurchströmungsversuchen gezeigt haben, die Fähigkeit, das Protoporphyrin in Koproporphyrin umzuwandeln. Das Protoporphyrin ist daher nur als intermediäres Produkt des Blutfarbstoffabbaues zu Koproporphyrin aufzufassen. Das Koproporphyrin wird dann mit der Galle in den Darm ausgeschieden. Wir haben schon im vorhergehenden Kapitel auf die Resorptionsmöglichkeit des Porphyrins aus dem Darm hingewiesen. Hier muß noch erwähnt werden, daß das aus dem Darm stammende Porphyrin durch das Pfortadersystem wieder in die Leber gelangt und dort bei normaler Funktion des

Leberparenchyms zum Teil abgebaut (wahrscheinlich in Bilirubin), zum Teil in Koproporphyrin umgewandelt wird, welches dann durch die Galle und zum Teil durch die Niere den Körper verläßt. Man nimmt heute mit Sicherheit an (KÄMMERER und MEYER), daß das Protoporphyrin aus dem Darm resorbiert und als Koproporphyrin ausgeschieden wird. Die Schädigung des Leberparenchyms und die Störung der Leberfunktion bringen eine Hemmung der Abbautätigkeit dieses Organs mit sich und wir sehen unter diesen Umständen eine Erhöhung der Porphyrinausscheidung.

Eine abnorm hohe Porphyrinausscheidung bei den Leberschädigungen ist daher nicht selten zu beobachten. Hier ist vor allem an einen fehlerhaften Blutabbauprozeß zu denken, wobei die Porphyrinproduktion über die Norm gesteigert ist. Ferner kann eine solche Porphyrinvermehrung gefunden werden, wenn bei vorhandener Leberschädigung eine zu starke Erythrolyse entsteht. Bei allen diesen Prozessen handelt es sich um eine Koproporphyrin-III-Ausscheidung. In seltenen Fällen kann die Umwandlung von Protoporphyrin in Koproporphyrin gestört sein, dann kommt es im Urin und Stuhl zu einer ausgesprochenen Protoporphyrinausscheidung. In diesem Fall beruht die erhöhte Porphyrinurie bei den Leberaffektionen zum Teil auf einer mangelhaften Umwandlung des aus dem Darm stammenden Porphyrins.

Scharf von dieser Porphyrinproduktion der III. Isomerenreihe ist die Bildung von Porphyrin I zu trennen. Das Porphyrin III stammt aus dem Umsatz des normalen Hämins, steht also in direktem oder indirektem Zusammenhang mit dem normalen und pathologischen Auf- und Abbau des Hämoglobins und des ihm nahestehenden Myoglobins. Das Porphyrin I soll nach den Untersuchungen FINKs und HOERBURGERs sowie von HOERBURGER das vom normalen Individuum regelmäßig ausgeschiedene Porphyrin darstellen. Daneben aber findet man das Porphyrin I im Embryo, und in pathologischen Zuständen nach der schon erwähnten Auffassung von H. FISCHER und von BORST und KÖNIGSDÖRFER als biologischen Atavismus, in stark vermehrten Mengen als pathologisches Produkt bei ganz bestimmten Porphyrinkrankheitsformen und bei denjenigen krankhaften Zuständen auf, bei denen sich im Organismus ein Rückschlag in embryonale Zustände einstellt. Das ist z. B. der Fall bei der perniziösen Anämie. Wir sind der Auffassung, daß unter Umständen die Leber eine solche Synthese zustande bringen kann. Diese Annahme stützt sich auf folgende Beobachtung: Bei einem Patienten mit akuter Porphyrie mit Aufflackern einer miliaren Tuberkulose und Entwicklung der klinischen Symptome einer schweren abdominellen und nervösen Form der Porphyrinkrankheit (eine nähere Beschreibung des Falles wird später folgen) war bei der genauen fluoroskopischen Untersuchung der histologischen Präparate eine auffallende Porphyrinfluorescenz der Leber, und zwar besonders des peripheren Abschnittes der Leberläppchen zu sehen. Die Extraktion des Farbstoffes aus der Leber nach der FISCHERschen Methode ergaben neben Spuren von Koproporphyrin gewaltige Mengen von Uroporphyrin I. Die rote Fluorescenz der histologischen Schnitte erstreckte sich nicht nur auf die einzelnen Leberzellen, sondern auch auf das Insterstitium, d. h. auf die zwischen den Leberzellbalken gelegenen Capillarendothelien. Es ist sehr wahrscheinlich, daß hier auch die KUPFFERschen Sternzellen von Porphyrinfluorescenz befallen sind. Die weitere Untersuchung des Präparates ergab eine leichte Fluorescenz der Innenfläche der großen Gallenkanäle. Im Zentrum der Leber war kaum Porphyrin zu finden, dagegen reichlich Fettkörnchen. Die Fluorescenzhistologie der anderen Organe dieses Falles hat außer in den Nieren kein weiteres Vorliegen von Porphyrin gezeigt. Vor allem hat uns überrascht, daß im Knochenmark keine abnorm starke Porphyrinfluorescenz zu beobachten war. Nur einige kernhaltige rote Blutzellen wiesen die Porphyrinfluorescenz auf, ein Befund, der oft auch bei normalen Individuen zu finden ist. Wir sind daher der Ansicht, daß in diesem Fall eigentlich nur die Leber für das Vorliegen der Porphyrinanomalie verantwortlich gemacht werden kann. Die Ablagerung des Porphyrins besonders in der Peripherie der Leberläppchen spricht ferner für die Lokalisierung der Porphyrinsynthese oder des Porphyrinumsatzes in einem Abschnitt des Leberparenchyms, in welchem der normale Abbau des Hämoglobins zu Bilirubin vorzugsweise vor sich geht und wo sich nach der Auffassung FORSGRENs die dissimilatorische Phase der Lebertätigkeit abspielt.

In dieses Gebiet gehören auch die Beobachtungen WATSONs über das Vorkommen von Koproporphyrin I im Urin einer nach Cinchophenvergiftung entstandenen Lebercirrhose, sowie diejenigen der Literatur über Porphyrin-I-Erscheinung bei Leberkranken. Zur Deutung der Porphyrin-I-Ausscheidung in solchen Fällen wird angenommen (FISCHER), daß das Hämin des Blutfarbstoffes vollkommen in seine einzelnen Pyrrolbausteine abgebaut und zerlegt wird. Der menschliche Organismus besitzt die Fähigkeit, *aus diesen Pyrrolkernen dann ein Porphyrin, und zwar ein Porphyrin der I. Isomerenreihe wieder zu resynthetisieren.* Ein weiterer Fall von Porphyrie hat uns Gelegenheit gegeben, einige für die Klärung dieser Frage interessante Beobachtungen zu machen.

Bei einem 39jährigen Patienten, bei dem sich die Erscheinungen der Porphyrinkrankheit nach einer Quecksilberintoxikation äußerten, war im Verlaufe unserer klinischen Beobachtung nach einer interkurrenten Angina gefolgt von einer fieberhaften Otitis media, das Auftreten einer kurzen Hämaturie und dann einer Hämoglobinurie zu beobachten. Dabei wurde im Blutserum ein schwaches Hämoglobinspektrum festgestellt; im Urin neben dem Hämoglobin war zuerst reichliches Protoporphyrin, also ein Porphyrin III, später aber auch Kopro- und Uroporphyrin I vorhanden. Der mächtigen Porphyrinausscheidung folgte eine starke Lichtüberempfindlichkeit. Diese Erscheinungen lassen sich folgendermaßen erklären: Die durch interkurrente Erkrankung ausgelöste Hämoglobinurie und Hämoglobinämie haben plötzlich zu einem vermehrten Abbau von Blutfarbstoff in der Leber geführt, und dieses geschädigte Organ hat anfangs mit einem Abbau des Hämins in ein gleichartiges Porphyrin, das Protoporphyrin der III. Isomerenreihe, reagiert. Es folgte aber auch eine starke Ausscheidung von Kopro- und Uroporphyrin I, also Porphyrin einer anderen Isomerenreihe und zur Klärung ihrer Entstehung muß an den Abbau des Blutfarbstoffes und an die darauffolgende Synthese des Porphyrins I erinnert werden. Wenn dieser Organismus imstande war, zuerst aus dem Abbau des Blutfarbstoffes Porphyrin zu bilden und später aus einfachen Pyrrolmolekülen Porphyrin zu synthetisieren, kommt man unwillkürlich zu der Frage, wie der Körper sich gegenüber einer künstlichen Verabreichung von Pyrrolmolekülkomplexen (wie z. B. das Bilirubin) und von einfachen Pyrrolmolekülen verhält. Nach Abklingen des akuten Stadiums wurde in der Folge bei dem Patienten die Bilirubinbelastungsprobe nach VON BERGMANN ausgeführt, und in der Tat konnten wir sowohl im Urin wie in den Blutkörperchen eine plötzliche Vermehrung des Porphyrinspiegels konstatieren. Die zweite Belastungsprobe geschah durch die parenterale Injektion eines Pyrrolkörpers (dem Methyl-Ketopyrrol) täglich 2—3 mg Substanz während einiger Tage. Auf die Verabreichung dieses einfachen Pyrrolkörpers hin reagierte unser Porphyriker mit einer auffallend starken Ausscheidung von Koproporphyrin I durch die Galle und den Urin, wobei dagegen das Protoporphyrin der roten Blutkörperchen sich völlig normal verhielt, während normale Individuen bei der gleichen Belastung keine Mehrausscheidung von Porphyrin zeigten.

Es sei hier auf die Wirkung des Methyl - Ketopyrrols eingegangen. Ausgehend von den Untersuchungen von POLLACCI und ODDO, die bei den Pflanzen eine ausgesprochene chlorophyllbildende Wirkung beim Zusatz von Pyrrolverbindungen beobachten konnten, wurde von VILLA am Menschen die Wirkung eines Pyrrolkomplexes (Methyl - Ketopyrrol) in Verbindung mit Eisen studiert. Nach seinen Untersuchungen soll dieses Präparat eine stimulierende Wirkung auf die Hämatopoese ausüben, und zwar soll der Pyrrolkomplex elektiv auf die Produktion des Hämoglobins wirken mit Erhöhung der Erythrocytenzahl. Interessant ist die Wirksamkeit des Präparates hauptsächlich bei der sekundären Anämie. Bei der Perniciosa sowie bei den aplastischen Anämien war mit dem Pyrrol kein positives Resultat zu erzielen. Diese Tatsache ist von besonderer Bedeutung, wenn wir die hämoglobinfördernde Tätigkeit des Pyrrols mit der Porphyrinproduktion, die wir bei unseren Porphyrikern erreicht haben, vergleichen. Kontrollen bei Anämikern und bei einer Reihe von Leberkranken haben nie zu einer nachweisbaren Erhöhung der Porphyrinausscheidung geführt, dagegen war in einem Falle von Bleiporphyrie eine sichere Steigerung der Porphyrinausscheidung zu sehen, obgleich sich die Wirkung nicht so prompt und konstant wie beim oben beschriebenen Falle einstellte.

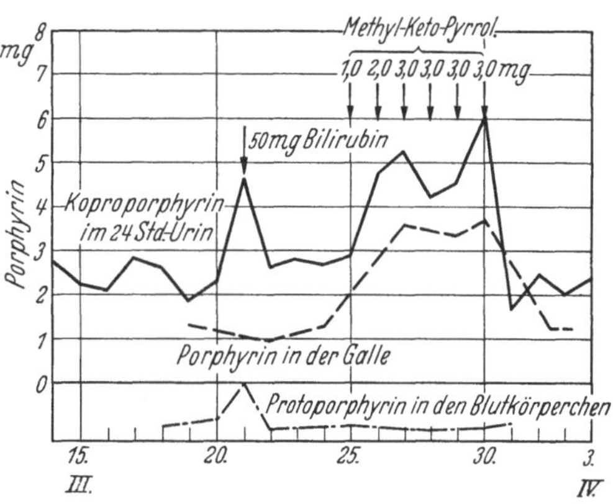

Abb. 40.
Porphyrinausscheidungskurve eines Porphyrinkranken nach Bilirubin- und Pyrrolbelastung.

Die starke Ausscheidung von Porphyrin durch die Galle und das normale Verhalten des Porphyrins im Blut zeigen uns mit einer gewissen Wahrscheinlichkeit, daß die Bildung des Farbstoffes aus dem zugeführten Pyrrol sich hauptsächlich in der Leber abspielt.

Wir haben den Eindruck, daß die Zufuhr von Pyrrolbausteinen normalerweise zu einer Mehrproduktion von Hämoglobin, bei gewissen Porphyrikern aber zu einer Erhöhung der Porphyrinsynthese im Organismus Anlaß gibt, dessen Porphyrin sowohl der ersten wie der dritten Isomerenreihe angehören kann.

Die Anwendung von Pyrrolkomplexen zur Behandlung der Anämien ist übrigens schon erörtert worden. FONTÈS und THIVOLLE haben z. B. die

Verabreichung von Tryptophan bei den Anämien vorgeschlagen, das bekanntlich die Pyrrolgruppe enthält, während bei der Lebertherapie die damit verbundene Zufuhr von Pyrrolkomplexen (Oxyprolin) eine gewisse Wirkung auf die Hämoglobinbildung ausüben soll (DAKIN, WEST und HOWE).

Nach der Besprechung der Beziehungen des Porphyrins zum Blut-, Muskel- und Gallenfarbstoff wollen wir hier kurz auf die Frage der evtl. *funktionellen Verhältnisse des Porphyrins zu den übrigen Pigmenten des Körpers eingehen.* Das *Melanin* hat chemisch gewisse entfernte Beziehungen zum Porphyrin. Als Muttersubstanz des Melanins kommen einige aromatische Aminosäuren, wie das Tryptophan und die Pyrrolidincarbonsäure in Frage, die die Pyrrolgruppe enthalten und ebenfalls als Bausteine des Porphyrins angesehen werden können. Gerade die Ablagerung von Melanin in den Geweben bei der Pellagra und bei anderen seltenen Erkrankungen des Pigmentsystems (Hämochromatose) könnte für die gegenseitigen Beziehungen der beiden Pigmente sprechen. Bei der Pellagra beobachtet man bekanntlich eine starke Hautphotosensibilisierung, bei der vielleicht das Porphyrin eine Rolle spielen könnte. Wir hatten in einem von M. HAUSMANN untersuchten und beschriebenen Fall von Melanurie bei einer mit Gallengangcarcinom komplizierten Pigmentcirrhose Gelegenheit, die verschiedenen Urin- und Organextrakte von Melanin auf das evtl. Vorliegen von Porphyrin zu untersuchen. Die Resultate der Untersuchungen an diesem seltenen Fall verliefen jedoch negativ, auch in der Literatur ist uns über evtl. Beziehungen zwischen den beiden Farbstoffen nichts bekannt.

In dieses Gebiet gehört auch die Ochronose, bei der nach einigen Autoren neben Blutfarbstoffderivaten Melanin in den Geweben und besonders im Knochenmark abgelagert wird. Bei der tierischen Ochronose weiß man jetzt, daß es sich hauptsächlich um die Ablagerung von Porphyrin handelt. Dabei konnte GÜNTHER eine schubweise vor sich gehende Ablagerung von Porphyrin in den Knochen beobachten. Man muß daher an verschiedene Porphyrinschübe denken, die im Verlaufe der Ochronose zustande kommen. Wichtig für die Beurteilung der Porphyrinkrankheit ist die Feststellung einer Porphyrinablagerung in den Nieren und der Leber. Es wäre denkbar, daß bei der Ochronose die Leber als Produktionsstätte und die Niere als Ausscheidungsorgan in Betracht kämen. Die wichtigen Untersuchungen FINKs und HOERBURGERs haben gezeigt, daß bei den tierischen Ochronosen ein Uroporphyrin I gebildet wird. Es liegen hier also ähnliche Verhältnisse wie bei einigen Fällen der menschlichen Porphyrie vor, wo das Porphyrin I in großen Mengen synthetisiert wird.

Porphyrin und Urinfarbstoffe.

Zum Schlusse sind hier die *Urinfarbstoffe,* die oft als Begleitpigmente bei der Porphyrinurie zu finden sind, erwähnenswert. Schon die älteren Autoren haben im Urin neben Porphyrin reichlich *Urobilin* beschrieben, und tatsächlich ist Urobilin bei den schweren Porphyrinurien fast immer in großer Menge festzustellen. Hier ist an die wichtige Rolle der Leber bei dem Porphyrinstoffwechsel und an die engen Beziehungen des Porphyrins zum Bilirubin aufmerksam zu machen. Eine häufige Erscheinung bei der Porphyrie ist die oft abnorm starke Ausscheidung von Gallenfarbstoffen durch die Galle. Es ist daher verständlich, daß damit verbunden eine ausgesprochene Urobilinurie zu finden ist (s. Kap. 4).

Ferner ist für die Urobilinbildung bei der Porphyrinurie an die FISCHERschen Versuche zu erinnern, nach welchen der Übergang des farblosen Porphyrinogens in den gefärbten Zustand zum Teil unter Urobilinbildung geschieht. Auch GOUZON berichtet, wie wir im 1. Kapitel sehen konnten, über die Bildung von Urobilin bei einer langdauernden Ultraviolettbestrahlung des Porphyrins.

Ein anderer Urinfarbstoff, der sehr häufig neben dem Porphyrin zu beobachten ist, ist das *Uroerythrin*. Dasselbe wird wie HEILMEYER betont, bei funktionellen Störungen der Leber zusammen mit Urobilin in vermehrter Menge ausgeschieden. Ferner ist eine Uroerythrinurie häufig bei starkem Blutzerfall zu beobachten. Uroerythrin und Porphyrin können also in vermehrten Mengen im Urin bei Lebererkrankungen und unter Umständen bei vermehrter Hämolyse im Körper auftreten. Man kann nicht von einem strikten Parallelismus in der Ausscheidung beider Pigmente sprechen, besonders da nicht bei jedem Blutzerfall eine Erhöhung der Porphyrinproduktion zu beobachten ist, aber die Erscheinung einer Uroerythrinurie kann bei gleichzeitigem Bestehen einer erhöhten Porphyrinausscheidung für die Genese dieser abnormen Porphyrinurie einen wichtigen Anhaltspunkt liefern. So ist auch verständlich, daß nicht

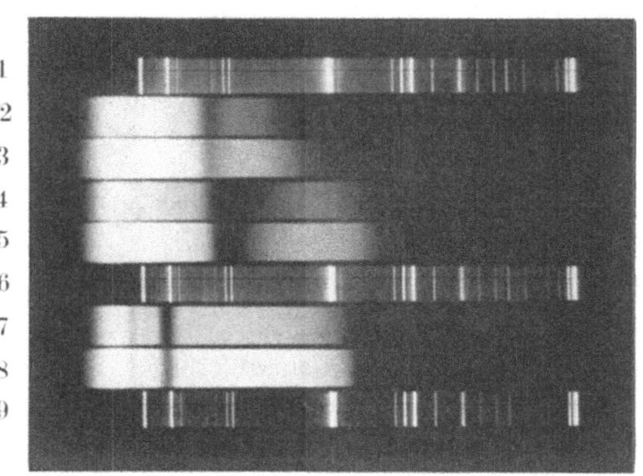

Abb. 41. Absorptionsspektren des Porphyrins, Urobilins und Uroerythrins aus demselben Urin extrahiert.
1, 6, 9 Hg-Spektrum, 2, 3 Urobilin (alkal. Spektrum), 4, 5 Uroerythrin, 7, 8 Koproporphyrin (saures Spektrum).

bei jeder Porphyrinurie das Uroerythrin in erhöhtem Maße ausgeschieden werden muß, da aber sowohl die Lebertätigkeit als auch die Funktion des Hämoglobinabbaues sehr oft im Porphyrinstoffwechsel eine wichtige Rolle spielen, ist die Uroerythrinurie eine häufige Begleiterscheinung der vermehrten Porphyrinausscheidung. Nach unseren bisherigen Untersuchungen wird bei der pathologischen Porphyrinurie ausschließlich das Uroerythrin B nach HEILMEYER ausgeschieden.

Neben einer Uroerythrinurie ist oft bei der Porphyrie auch eine Vermehrung von *Urochrom* zu beobachten. HEILMEYER bezeichnet als Urochrom denjenigen Grundfarbstoff des Urins, der nach Entfernung der anderen bekannten Pigmente (Urobilin, Uroerythrin, Porphyrin) zurückbleibt. Das Urochrom besitzt nach diesem Autor enge Beziehungen zur Leberfunktion und zum Hämoglobinabbau, und man kann daher die Beziehungen des Urochrom zu der vermehrten Ausscheidung von Porphyrin und Uroerythrin leicht verstehen. MASE und dann GUTSTEIN beschreiben das Auftreten von stark vermehrtem *Urorosein* in einem Fall von Porphyrinurie. Auch dieser Farbstoff kann in der Tat in vermehrten Mengen neben dem vermehrten Porphyrin besonders in den Fällen mit Achylie (Perniciosa) beobachtet werden.

Ferner ist das typische *braune Pigment* des Porphyrinurins aufzuzählen, ein tiefbrauner Farbstoff, der häufig bei den schweren Porphyrien zu finden

ist. GÜNTHER beschreibt ein amorphes rotbraunes Pigment im Urin der Porphyrinpatienten, das er als Urofuscin bezeichnet. Die Untersuchungen GÜNTHERs
zeigen, daß dieser Farbstoff in Wasser, Säure, Lauge, Alkohol, Amylalkohol,
Chloroform und Essigäther löslich ist. Durch das Vorhandensein dieses Pigmentes
wird der Urin dunkelschwarz gefärbt. Wiederholte Absorptionskurven-Bestim-
mungen dieses von verschiedenen Porphyriepatienten stammenden Farbstoffes
(aufgenommen mit dem PULFRICHschen Stufenphotometer) haben nach unseren
Untersuchungen nicht immer völlig übereinstimmende Kurven ergeben (VAN-
NOTTI und NEUHAUS). FISCHER und ZERWECK haben aus dem Urin eines Falles
von kongenitaler Porphyrie diesen Farbstoff näher analysiert und durch Hydrolyse desselben in die Aminoform gezeigt, daß er ein Eiweißabkömmling sein
muß. Diese Autoren kommen daher zum Schluß, daß dieses Pigment sowie das
Porphyrin des Urins aus demselben Chromoproteid stammen. Aus dem Farbstoffanteil wird das Porphyrin gebildet, aus dem Eiweißanteil (Globin) der
braune Farbstoff. Es scheint ferner nach den Beobachtungen der oben zitierten
Autoren, daß der braune Farbstoff einen Lichtschutz gegen die toxische Porphyrinwirkung gewähren kann. Diese Tatsache wurde auch von PERUTZ in
früherer Zeit beobachtet, indem er bemerkte, daß die Lichtüberempfindlichkeit
beim Kaninchen durch Verabreichung von Porphyrinharn nicht ausgelöst wird,
während das aus dem gleichen Urin isolierte Porphyrin imstande ist, eine phototoxische Reaktion sofort auszulösen. Weiter ist noch an die Möglichkeit einer
Identifizierung des braunen Farbstoffes mit dem Urochrom (FISCHER und
ZERWECK) zu denken. Wir wissen, daß das Urochrom nicht einen einheitlichen
Farbstoff darstellt, sondern sehr wahrscheinlich aus verschiedenen nicht näher
zu klassifizierenden Pigmenten besteht. Diese Farbstoffe scheinen besonders
leicht veränderlich zu sein und es ist daher verständlich, daß man bis heute
zu keiner genaueren Definierung des Urochroms gekommen ist. Es ist damit
verständlich, daß wir bei der Bestimmung der Absorptionskurve des braunen
Farbstoffes aus verschiedenen Porphyrieurinen zu keinem eindeutigen Resultat
gekommen sind. Wenn wir hier den braunen Farbstoff des Porphyrinpatienten
von Urochrom trennen, geschieht das deshalb, weil bei den mit Hilfe der Spektrophotometrie gewonnenen Kurven eine Übereinstimmung zwischen Urochrom
und braunem Farbstoff nicht erzielt werden konnte. Dagegen war es möglich, mit
Hilfe der Absorptionskurve bei vielen Fällen von Porphyrie, die von HEILMEYER
für das Urochrom B angegebene Kurve zu erhalten. Es wäre nicht ausgeschlossen,
daß es sich bei dem braunen Farbstoffe nicht um die Vermehrung der gesamten
Pigmentsanteile, sondern nur um die Vermehrung eines einzelnen handelt.

In neuerer Zeit hat WALDENSTRÖM eingehende Untersuchungen zur Identifizierung des Urinfarbstoffes bei der Porphyrie angestellt. Seine Untersuchungen
sind noch nicht definitiv abgeschlossen. Er beschreibt einen roten „urobilin-
artigen" Farbstoff. Dieses Pigment gibt mit dem Aldehydreagens nach EHRLICH
eine dunkelrote Farbe, die 2 Absorptionsstreifen (575—560 und 529—517,5 mμ)
zeigt[1]. Von BINGHOLD wurde schließlich ein Farbstoff beschrieben, das *Pentdyopent*, der in bilirubinhaltigem Urin vorkommt, und als Produkt des oxydativen Abbaues, besonders des Bilirubins, aber auch des Hämins und des Por-

---

[1] Die wichtige Frage der begleitenden Urinfarbstoffe bei der Porphyrie wird in einer
zusammenfassenden Monographie von J. WALDENSTRÖM (Acta medica scandinavica Suppl.
August 1937) eingehend erörtert.

phyrins aufzufassen ist. Dieser Farbstoff wird nach Hulst und Grotepass mit dem reduzierbaren Nebenprodukt von Stockvis als identisch bezeichnet. Er kann aus Kopro- und Protoporphyrin gewonnen werden.

Bei dem Zusammentreffen von Porphyrin und Harnfarbstoff im Urin ist noch an eine wichtige Funktion zu denken: nämlich an die blutzerstörende Wirkung der Niere, die von Binghold beschrieben wurde. Dieser Autor hat gezeigt, daß das Hämoglobin in der Niere seines Schutzstoffes, der Katalase, beraubt wird und durch wirkende Peroxyde oxydativ unter Trennung von Eisen bis zu den Harnfarbstoffen allmählich abgebaut wird. Es besteht also durch Peroxyde in der Niere eine Produktion von Urinpigmenten aus dem Blute und man muß sich fragen, ob ähnlich diesem Prozesse auch die Porphyrine in den Nieren abgebaut werden könnten; dafür würde die Tatsache sprechen, daß bei den histologischen Untersuchungen an Porphyrienieren häufig neben dem Porphyrin eine reichliche Ablagerung von eisenlosen Pigmentkörnern hauptsächlich in den Tubuli contorti zu finden ist. Unter diesem Gesichtspunkte wäre dann das Zusammentreffen von Porphyrin und Urinfarbstoffvermehrung nicht auf indirekte Tätigkeit der verschiedenen Organe des Pigmentstoffwechsels, sondern auf einen direkten, den Nieren eigenen Mechanismus zurückzuführen.

Zusammenfassung.

Im letzten Kapitel haben wir die Vielseitigkeit der Beziehungen sowie der Wirkungen der Porphyrine auf die Körperorgane betrachtet. Über die Entstehung und den Abbau dieses Pigmentes unter besonderer Berücksichtigung der wichtigsten Farbstoffe des Organismus (Hämoglobin, Myoglobin, Bilirubin, Harnpigmente usw.) wird hier referiert.

Im Zusammenhang mit der Frage der Blutmauserung interessiert uns besonders das im Blute zirkulierende, dem Hämoglobin nicht angehörende Eisen (das leicht abspaltbare Eisen Barkans, das Serumeisen). Normalerweise herrscht zwischen Produktion und Speicherung dieses Eisenanteiles ein Gleichgewicht, Störungen dieses Mechanismus können in kurzer Zeit zu einer Störung der Blutfarbstoffbildung führen und wir müssen uns fragen, ob vielleicht gerade die Insuffizienz des Eisenanteiles bei der Hämoglobinproduktion eine der Ursachen der pathologischen Porphyrinbildung sei. Es läßt sich zeigen, daß bei der Bleivergiftung die durch Störung der Knochenmarksregeneration bedingte Anämie infolge einer Hemmung der Eisenverwertung in den Zellen bei der Hämoglobinsynthese entsteht. Die Folge davon ist, daß das Knochenmark durch seine abnorme Blutfarbstoffbildung ein eisenloses Pigment, das Porphyrin, hervorbringt. Die Produktion dieses Porphyrins muß also in die Erythroblasten lokalisiert werden, wobei besonders der Kern dieser Zellen enge Beziehungen zu der Farbstoffbildung zeigt. Das damit gebildete Porphyrin ist ein, dem Hämin ätiologisch nahestehendes Prophyrin III. Neben dieser Porphyrinbildung wird im Knochenmark, wie Borst und Königsdörfer gezeigt haben, auch ein Porphyrin I sowohl physiologisch beim Embryo wie bei gewissen pathologischen Prozessen gefunden. Bei der Perniciosa kann als biologischer Atavismus ein Rückschlag in embryonale Zustände entstehen; dieser Zustand äußert sich in einem Auftreten von Porphyrin I im Knochenmark. Die Blutmauserung ist ferner stark von der Tätigkeit des Reticulumendothels abhängig. Daher steht auch der Porphyrinumsatz mit diesem System in Zusammenhang. Wir sehen dies am besten bei der Blockierung des Reticulums während der Bleiintoxikation. Hier entsteht die Summation von zwei schädlichen Mechanismen: Hemmung der Eisenabgabe zur Hämoglobinsynthese im Knochenmark durch Blei und Verhinderung der Bereitstellung von Eisen und Pyrrolkomplexen durch die Reticulumblockade. In diesem Fall kommt es in sehr kurzer Zeit zu einer schweren Anämie, bei welcher die Produktion sowohl von Hämoglobin wie von Porphyrin stark zurückgeht. Auch die Bluthämolyse ist in weitgehender Weise von der Funktion des Reticulums abhängig. Abnormer Hämoglobinabbau kann unter Umständen zur Bildung eines Porphyrins III führen. Dies ist mit Deutlichkeit bei der perniziösen Anämie zu beobachten, wo neben der Bildung eines Porphyrins I noch Protoporphyrin und Koproporphyrin III auftreten können. Bei dieser Blutkrankheit kombiniert sich die Störung der Knochenmarksfunktion mit einer gesteigerten Hämolyse und mit einer mangelhaften Funktion der Leber. Auch die Frage der Fluorescyten, der porphyrinhaltigen Erythrocyten wird hier näher besprochen, es handelt sich bei ihnen sehr wahrscheinlich in Analogie mit der Entstehung von fluorescierenden Hefezellen, um die Adsorption von Porphyrin durch die roten Blutkörperchen.

Ein weiteres Pigment, das mit dem Porphyrin ätiologisch in Zusammenhang steht, ist das Myoglobin. Dies läßt sich besonders gut mit Versuchen in vitro zeigen, wobei unter Zusatz von schwachen Säuren bei Ultraviolettbestrahlung aus dem Myoglobin unter Eisenabspaltung Porphyrin gebildet wird. Hier üben die Eiweißkörper und das Cytochrom der Muskeln eine katalytische Unterstützung dieser Reaktion aus. Es ist ferner anzunehmen, daß schon normalerweise das Myoglobin zum Teil in Porphyrin abgebaut wird, während in seltenen pathologischen Zuständen unter starkem Schwund von Muskelfarbstoff eine mächtige Produktion von Porphyrin entsteht, die zu schweren klinischen Intoxikationserscheinungen führt.

Daß die Leber bei der Porphyrinproduktion beteiligt ist, wurde schon im vorhergehenden Kapitel gesagt. Normalerweise wird das Hämoglobin direkt in Bilirubin abgebaut, tritt aber eine Schädigung der Leberfunktion auf, so kommt es als Zeichen einer Störung des Hämoglobinabbaues zu einer vermehrten Porphyrinproduktion. Nicht selten findet man bei den Porphyrinkrankheiten sowie bei schweren Leberstörungen eine Ausscheidung von Porphyrin I, man kann hier also nicht an eine direkte Umwandlung von Hämoglobin in Porphyrin denken, es muß vielmehr eine Zerlegung des Hämoglobins in seine Bausteine (Pyrrolgruppen) unter darauffolgender Synthese aus den einfachen Pyrrolkomplexen in Porphyrin I angenommen werden. Dies läßt sich auch bei Porphyrinpatienten nach experimenteller Zufuhr von Pyrrolpräparaten nachweisen. Diese Synthese findet hauptsächlich an der Peripherie der Leberläppchen unter wahrscheinlicher Beteiligung der KUPFFERschen Sternzellen statt.

Die Leber kann ferner eine abbauende Tätigkeit auf das Porphyrin ausüben, bei welcher sehr wahrscheinlich Bilirubin gebildet wird. Andererseits beobachtet man bei Versuchen in vitro einen fermentativen Abbau von Hämoglobin in Protoporphyrin, also ein Porphyrin III. Dieser Farbstoff wird dann nicht als solcher ausgeschieden, sondern weiter in der Leber in Koproporphyrin umgewandelt. Diese Porphyrine können also bei vorliegender Leberfunktionsstörung und besonders bei gleichzeitiger Zunahme des normalen Hämoglobinabbaues, als Ausscheidungsprodukte auftreten. Zum Schluß sind die

Beziehungen des Porphyrins zu anderen Pigmenten, wie Melanin und Urinfarbstoff, zu erwähnen.

Trotz gewisser verwandtschaftlicher Beziehungen des Porphyrins zum Melanin (der Pyrrolkern kann als Muttersubstanz der beiden Pigmente angesehen werden), lassen sich keinerlei Zusammenhänge zwischen ihnen nachweisen.

Dagegen ist das Urobilin ein häufiger Begleitfarbstoff der Porphyrinurie, was für die reichliche Produktion von Gallenfarbstoff bei den Porphyrinkrankheiten spricht, eine Vermehrung, die ihrerseits als Zeichen eines Abbaues des Porphyrines in Bilirubin zu verwerten ist.

Ebenfalls ist oft der Gehalt des Uroerythrins und des Urochroms im Urin erhöht. Diese Pigmente zeigen eine Vermehrung bei der Leberschädigung oder bei stärkerer Hämolyse. Der ätiologische Parallelismus zwischen diesen Pigmenten und dem Porphyrin rechtfertigen das häufige Zusammentreffen der drei Farbstoffe im Urin.

Zum Schlusse wurde noch bei den Porphyrinkrankheiten das Vorliegen von braunem Farbstoff im Urin (Urofuscin GÜNTHERs), der als Eiweißabkömmling aus dem Eisenanteil des Blutfarbstoffes aufzufassen ist, erörtert, wobei aus dem Hämatinanteil gleichzeitig das Porphyrin gebildet wird. Es wäre nicht ausgeschlossen, daß dieses Pigment einer abnormen Vermehrung des physiologischen Urinfarbstoffes, des Urochroms, entspricht.

Literatur zu Kapitel V.

ASHER, L.: Beiträge zur Physiologie der Drüsen. 24. Mitt. von G. EBNÖTHER. Biochem. Z. **72**, 416 (1916).

BANSI, H. W. u. M. ROHRLICH: Über Teilnahme des „abspaltbaren Eisens" am Atemzyklus des Blutes. Verh. dtsch. Ges. inn. Med. **1933**, 350.

BARKAN, G.: Zur Frage der Einwirkung von Verdauungsfermenten auf das Hämoglobin. Hoppe-Seylers Z. **148**, 124 (1925).

— Eisenstudien. 2. Mitt. Hoppe-Seylers Z. **171**, 179 (1927).

— Eisenstudien. 3. Mitt. Hoppe-Seylers Z. **171**, 194 (1927).

— Die Unterscheidungen des „leicht abspaltbaren" Blut-Eisens vom Hämoglobineisen und von anorganischen Eisen. Hoppe-Seylers Z. **221**, 240 (1933).

— Weitere Untersuchungen über das säurelösliche Plasmaeisen. 10. Mitt. Hoppe-Seylers Z. **239**, 97 (1936).

BIGWOOD, E. J., J. ANSAY et J. THOMAS: Fluorescence rouge d'une préparation des cytochrome oxydé. C. r. Soc. Biol. Paris **112**, 1584 (1933).

BINGOLD, K.: Die Niere als blutzerstörendes Organ. Verh. dtsch. Ges. inn. Med. **1933**, 75. Zur Frage nach dem Schicksal des Hämoglobins im Organismus. Klin. Wschr. **1934 II**, 1451.

— Über das Schicksal des überalterten Blutfarbstoffes im Organismus. Z. exper. Med. **99**, 325 (1936).

BOAS, J.: Über das Vorkommen von Protoporphyrin im Harn. Klin. Wschr. **1933 I**, 589.

BORST, M.: Untersuchungen über kongenitale Porphyrie. Verh. dtsch. path. Ges. **1928**, 353.

BRUGSCH, J.: Die sekundären Störungen des Porphyrinstoffwechsels. Erg. inn. Med. **51**, 86 (1936).

BRUGSCH, TH.: u. E. POLLAK: Umwandlung von Blutfarbstoff in Gallenfarbstoff. Biochem. Z. **147**, 253 (1924).

CALVO-CRIADO, V.: Untersuchungen über den Hämoglobinabbau durch Gewebsextrakte. Biochem. Z. **164**, 61 (1925).

CARRIÉ, C.: Die Porphyrine. Leipzig: Georg Thieme 1936.

CASPERSSON, T.: Über den chemischen Aufbau der Strukturen des Zellkernes. Skand. Arch. Physiol. (Berl. u. Lpz.) **73**, Suppl. 8 (1936).

CORR, P.: Histochemical evidence concerning the site of the formation of bile pigment. Arch. of Path. **7**, 84 (1929).

DAKIN, WEST, HOWE: Zit. nach VILLA. Proc. Soc. exper. Biol. a. Med. 28 (1930).

DU BOIS, A.: Physiologie et physiopathologie du système réticulo-endothélial. Paris: Masson & Cie. 1934.

DUESBERG, R.: Über die biologischen Beziehungen des Hämoglobins zu Bilirubin und Hämatin bei normalen und pathologischen Zuständen des Menschen. Arch. f. exper. Path. 174, 305 (1934).

EMMINGER, E. u. G. BATTISTINI: Fluoreszenzmikroskopische Untersuchungen an bleivergifteten Kaninchen mit und ohne Calciumzufuhr. Virchows Arch. 290, 492 (1933).

EPPINGER, H.: Die hepatolienalen Erkrankungen. Enzyklopädie der klinischen Medizin. Berlin: Julius Springer 1920.

— Die Leberkrankheiten. Wien: Julius Springer 1937.

FIKENTSCHER, R.: Tierische Ochronose und Porphyrinurie. Virchows Arch. 279, 731 (1931).

FINK, H.: Über die Koproporphyrie der Hefe. Biochem. Z. 211, 65 (1929).

— Über einen Fall von tierischer Ochronose. Hoppe-Seylers Z. 197, 193 (1931); 202, 8 (1931).

— u. W. HOERBURGER: Isolierung von kristallisiertem Uroporphyrin aus dem Knochen. Identitätsbeweis mit Hilfe der p_H-Fluoreszenzkurven und durch Analyse. Hoppe-Seylers Z. 202, 8 (1931).

FISCHER, H. u. DUESBERG: Über Porphyrine bei klinischer und experimenteller Porphyrie. Arch. f. exper. Path. 166, 95 (1932).

— u. H. HILMER: Über Koproporphyrinsynthese durch Hefe und ihre Beeinflussung. Hoppe-Seylers Z. 153, 167 (1926).

— u. LINDNER: Zur Kenntnis des Gallenfarbstoffes. 10. Mitt. Hoppe-Seylers Z. 161, 1 (1926).

— u. W. ZERWECK: Über den Harnfarbstoff bei normalen und pathologischen Verhältnissen und seine lichtschützende Wirkung. Hoppe-Seylers Z. 137, 176 (1924).

FONTÈS, G. et L. THIVOLLE: Sur la teneur du serum en fer non hémoglobinique. C. r. Soc. Biol. Paris 93, 687 (1925).

— — Sang 4, 658 (1929). Zit. nach VILLA.

— — Recherches expérimentales sur la thérapeutique de l'anémie grave par carence martiale et par hémorragie. Sang 10, 1056 (1936).

FOWELL: Iron in the blood. Quart. J. Med. 6, 179 (1913).

GLASSER, D.: Experimentelle Untersuchungen über das Verhalten und die Verteilung des Muskelfarbstoffes in der quergestreiften Muskulatur mit spezieller Berücksichtigung der Umwandlung des Myoglobins in Porphyrin. Diss. med. Bern 1936.

GROTEPASS, W.: Zur Kenntnis des im Harne auftretenden Porphyrins bei Bleivergiftung. Hoppe-Seylers Z. 205, 193 (1932).

GÜNTHER, H.: Über den Muskelfarbstoff. Virchows Arch. 230, 146 (1921).

— Die Bedeutung der Hämatoporphyrie in Physiologie und Pathologie. Erg. Path. 20 I, 608 (1922).

— Kasuistische Mitteilung über Myositis myoglobinurica. Virchows Arch. 251, 141 (1924).

— Hämatoporphyrie. Krankheiten des Blutes und der blutbildenden Organe, Bd. 2. Berlin: Julius Springer 1925.

GUTHMANN, H.: Das ultrafiltrable Eisen im Serum der Frau. Arch. Gynäk. 147 (1931).

— u. E. BLESSING: Beeinflussung des ultrafiltrablen Eisens im Blut durch Eisenverfütterung und Ultraviolettbestrahlung. Z. dtsch. Röntgenges. 54, H. 3 (1936).

GUTSTEIN, M.: Über einen Fall von Nephroroseinurie. Z. klin. Med. 84, 324 (1917).

HAUSMANN, M.: Über Melanurie bei Pigmentcirrhose. Helvet. med. Acta 3, 695 (1936).

HEILMEYER, L.: Medizinische Spektrophotometrie. Jena: Gustav Fischer 1933.

— u. K. PLÖTNER: Das Serumeisen und die Eisenmangelkrankheit. Jena: G. Fischer 1937.

HIJMANS VAN DER BERGH: Abbau des Hämoglobins. Wien. med. Wschr. 1931 II, 1359.

— W. GROTEPASS u. F. E. REVERS: Beitrag über das Porphyrin in Blut und Galle. Klin. Wschr. 1932 II, 1534.

— u. J. HYMAN: Über Porphyrin. Nederl. Mschr. Geneesk. 15, 81, 387 (1929).

HOAGLAND, R.: Formation of hematoporphyrine in ox muscle, during autolysis. J. agricult. Sci. 1916.

HOERBURGER, W.: Zur Kenntnis der Porphyrinfluoreszenz und deren Anwendung bei physiologischen Untersuchungen. Diss. Naturwiss. München 1933.

HULST, L. A. u. W. GROTEPASS: Über das Pentdyopent von BINGOLD. Klin. Wschr. 1936 I, 201.

KADRUKA: Zit. nach DU BOIS.

KÄMMERER, H.: Über das durch Darmbakterien gebildete Porphyrin und die Bedeutung der Porphyrinprobe für die Beurteilung der Darmfäulnis. Dtsch. Arch. klin. Med. 145, 257 (1924).

— Biologie und Klinik der Porphyrine. Verh. dtsch. Ges. inn. Med. 45, 28 (1933).

— u. W. K. MEYER: Über abdominale, idiopathische Porphyrie. Dtsch. Arch. klin. Med. 179, 392 (1936).

KELLER, CH. J. u. K. A. SEGGEL: Über das Vorkommen fluoreszierender Erythrocyten. Untersuchungen am normalen roten Blutbild. Fol. haemat. (Lpz.) 52, 241 (1934).

KENNEDY, R. P. and G. H. WHIPPLE: The identity of muscle hemoglobine and blood hemo. globine. Amer. J. Physiol. 76, 685 (1926).

— — The hemoglobine of the smooth and striated muscle of the fowl. Amer. J. Physiol. 87, 192 (1928).

LAUDA, E. u. E. HAAM: Die Beziehungen der Milz zum Eisenstoffwechsel. Erg. inn. Med. 40, 750 (1931).

LEITES, S. u. A. RIABOW: Über die Rolle des retikuloendothelialen Systems im Eisenstoffwechsel (zugleich ein Beitrag zur Pathogenese der Chlorose). Krkh.forsch. 4, 249 (1927).

LORENTE, L. u. H. SCHOLDERER: Experimentelle und klinische Porphyrinuntersuchungen. Arch. Verdgskrkh. 59, 188 (1936).

MAASE, C.: Über das Auftreten von Skatolfarbstoffen im Harn bei akuter Hämatoporphyrie. Z. klin. Med. 99, 270 (1924).

MARTINI, P.: Die Klinik der Schwermetallvergiftungen. Verh. dtsch. Ges. inn.Med. 1933, 280.

MERTENS, E.: Über die Ausscheidung von Koproporphyrin III bei Bleivergiftung. Klin. Wschr. 1937 I, 61.

MÜLLER, H.: Beitrag zur Kenntnis der Porphyria congenita Günther. Z. exper. Med. 127, 460 (1934).

— Die Bedingungen zur Ablagerung braunen Pigments im Herzmuskel. Virchows Arch. 295, 514 (1935).

NAEGELI, O.: Blutkrankheiten und Blutdiagnostik, 5. Aufl. Berlin: Julius Springer 1931.

NATALI, C.: Morphologische Untersuchungen über die Bedeutung des R.E.S. bei intravitaler Hämolyse. Z. exper. Med. 47, 223 (1925).

PERUTZ, A.: Über hydroa aestivale. Arch. f. Dermat. 124, 531 (1917).

POLLACCI, G. e B. ODDO: Atti Ist. Bot. Univ. Pavia 17 (1919). Zit. nach VILLA.

RAY, G. B. and H. G. PAFF: A spectrophotometric study of muscle. Amer. J. Physiol. 94, 521 (1930).

ROCHE, J. et A. BENDRIHEM: Sur l'hémoglobine musculaire. C. r. Soc. Biol. Paris 107, 639 (1931).

RÖSSLE: Veränderungen der Blutkapillaren der Leber. Virchows Arch. 188, 484 (1907).

SCHMIDT, M. B.: Eisenstoffwechsel. BETHE-BERGMANNs Handbuch der normalen und pathologischen Physiologie, Bd. 16/II, S. 1644. 1931.

SCHOLDERER, H.: Aussprache am Wiesbadener Kongreß. Verh. dtsch. Ges. inn. Med. 1933, 92.

SCHREUS, H. u. C. CARRIÉ: Über die Einwirkung von Leber auf Kopro- und Uroporphyrin. Strahlenther. 40, 340 (1931).

— — Untersuchungen zum Gallenfarbstoffwechsel. Klin. Wschr. 1934 II, 1670.

SCHUMM, O.: Über Porphyrinbildung aus Fleisch. Hoppe-Seylers Z. 133, 308 (1924); 141, 153 (1924).

SEGGEL, K. A.: Über das Vorkommen fluoreszierender Erythrocyten. Untersuchungen an Anämiefällen des Menschen. Fol. haemat. (Lpz.) 52, 250 (1934).

— Untersuchungen bei Blutregeneration. Klin. Wschr. 1936 I, 574.

— Beiträge zum Blutfarbstoffwechsel der Anaemia perniciosa. Klin. Wschr. 1937 I, 382.

SEYDERHELM, R. u. H. TAMMANN: Die Bedeutung der Galle für die Blutmauserung. Klin. Wschr. 1927 I, 1177.

— — Über die Blutmauserung. 1. Mitt. Die Gallenfistelanämie des Hundes. Z. exper. Med. 57, 641 (1927).

SIEDEL u. H. FISCHER: Hoppe-Seylers Z. 214, 145 (1933).

SOMMERFELD, K.: Über das weitere Schicksal intravital gespeicherter Farbstoffe. Z. exper. Med. 74, 105 (1930).

STARKENSTEIN, E.: Die derzeitigen pharmakologischen Grundlagen einer rationellen Eisentherapie. Klin. Wschr. **1928 I,** 217.
— u. H. WEDEN: Weitere Beiträge zur Pharmakologie und Physiologie des Eisens. Klin. Wschr. **1928 I,** 1220.
SUNNER: J. Physiol. et Path gén. **1903,** 1052. Zit. nach CARRIÉ.
THEORELL, H.: Kristallinisches Myoglobin. 1.—5. Mitt. Biochem. Z. **252,** 1 (1932); **268,** 46, 55, 64, 73 (1934).
THOENES, F. u. R. ASCHAFFENBURG: Der Eisenstoffwechsel des wachsenden Organismus. Berlin: S. Karger 1934.
THOMAS, J.: Séparation de la porphyrine de ses combinaisons par photolyse. C. r. Soc. Biol. Paris **125,** 386 (1937).
VANNOTTI, A.: Klinik und Pathogenese der Porphyrien. Erg. inn. Med. **49,** 337 (1936).
— Zwei seltene Fälle von Porphyrie. Z. exper. Med. **97,** 377 (1936).
— Leberschädigung und Porphyrinstoffwechsel. Helvet. med. Acta **3,** 663 (1936).
— Das Verhalten des leicht abspaltbaren Eisens des Blutes bei den Pigmentstoffwechselstörungen. Verh. schweiz. naturforsch. Ges. **1936,** 362.
— Die Beziehungen des leicht abspaltbaren Eisens zu den Anämien. Verh. dtsch. Ges. inn. Med. **1937.**
— u. E. NEUHAUS: Quantitative Messungsmethoden der Porphyrine. Z. exper. Med. **97,** 398 (1936).
VERZÁR, F. u. A. ZIH: Die hämopoetische Wirkung von Bilirubin und anderen Hämoglobinderivaten. Biochem. Z. **205,** 388 (1929).
VIGLIANI, E. u. J. WALDENSTRÖM: Untersuchungen über die Porphyrine beim Saturnismus. Dtsch. Arch. klin. Med. **180,** 182 (1937).
VILLA, L.: Über den Ursprung des Hämoglobins. Virchows Arch. **277,** 380 (1930).
— Influenza del nucleo pirrolico nella formazione dell'emoglobina. Arch. internat. Pharmacodynamie **41,** 430 (1931).
WALDENSTRÖM, J.: Untersuchungen über Harnfarbstoffe, hauptsächlich Porphyrine mittels chromatographischer Analyse. Dtsch. Arch. klin. Med. **178,** 38 (1935).
WARBURG, O. u. H. A. KREBS: Über locker gebundenes Kupfer und Eisen im Blutserum. Biochem. Z. **190,** 143 (1927).
WATSON, C. J.: Isolation of coproporphyrin I from the feces of unstreated cases of pernicious anaemia. J. clin. Invest. **14** (1935). Zit. nach BRUGSCH.
— Über in der Natur vorkommende Porphyrine. J. clin. Invest. **14,** 106 (1935).
WHIPPLE, G. H.: The hemoglobine of striated muscle. 1., 2. Mitt. Amer. J. Physiol. **76,** 693, 708 (1926).

Sechstes Kapitel.

Normaler und pathologischer Porphyrinumsatz.

In den vorhergehenden Kapiteln wurde das Porphyrin als wichtiges Produkt des lebenden Organismus betrachtet. Seine Beziehungen zu den verschiedenen Organen, zu bestimmten Systemen und speziell zu verschiedenen wichtigen Funktionen des Körpers sind ausführlich hervorgehoben worden. Im Anschluß an diese Erörterungen sei im vorliegenden Kapitel versucht, eine *schematische Besprechung von zusammenfassendem Charakter über dem Auf- und Abbaumechanismus der Porphyrine im normalen und krankhaft veränderten menschlichen Körper* zu geben. Erst nach der Gesamtbetrachtung des Porphyrinumsatzes am Menschen ist es möglich, auf die ätiologischen und klinischen Beziehungen des Porphyrinproblems bei den verschiedenen Krankheiten näher einzutreten.

Zuerst wollen wir uns mit dem Porphyrinumsatz des *normalen Menschen* beschäftigen und müssen uns dabei fragen, wie der Organismus überhaupt zu den Porphyrinen kommt.

Es sind hier die exogenen Porphyrine von den endogenen zu trennen. Diese Differenzierung ist nicht nur vom praktischen Standpunkt aus von Wichtigkeit, sondern entspricht der Tatsache, daß zwischen Verarbeitung der von außen zugeführten und der im Körper selbst gebildeten Porphyrine besonders in biologisch klinischer Hinsicht ein gewisser, wenn auch nicht sehr großer Unterschied besteht.

Wenn wir von den exogenen Porphyrinen sprechen, so verstehen wir erstens die präformiert in der Nahrung vorhandenen Porphyrine und zweitens diejenigen, die im Verdauungstractus unter Wirkung von Mikroorganismen aus anderen Farbstoffen und Pigmenten gebildet werden. Die Menge der ersteren ist sicherlich nicht groß, diejenige der letzteren kann dagegen beträchtlich sein, und da die Werte dieser Farbstoffe streng von der Qualität und Quantität der zugeführten Nahrung abhängen, können wir im exogenen Porphyrinumsatz ziemlich große quantitative Schwankungen beobachten.

Porphyrin kann hauptsächlich durch Fleisch, Getreide und Gemüse dem Organismus zugeführt werden. Ganz frisches Fleisch ist praktisch porphyrinfrei; in kurzer Zeit entsteht aber bei Zimmertemperatur oder nach einigen Tagen im Eisschrank infolge beginnende Autolyse Porphyrin. KÄMMERER und GÜRSCHING fanden kleine Menge Koproporphyrin im Spinat, Erbsen und Äpfeln. Etwas größere Mengen Korpoporphyrin sind ferner im Brot, Semmel und Bier enthalten, wogegen Tomaten und gelbe Rüben protoporphyrinhaltig sind.

Die beträchtliche Vermehrung der Porphyrinausscheidung, besonders im Stuhl durch perorale Verabreichung von Fleisch- und blutreicher Nahrung wurde zuerst von SNAPPER beobachtet, seither haben sich verschiedene Autoren um die Erklärung dieser Erscheinung bemüht. Schon im zweiten Kapitel wurden die wichtigen Untersuchungen von FISCHER, SCHUMM, KÄMMERER, BOAS u. a.) eingehend besprochen; aus jenen Untersuchungen geht hervor, daß durch Tätigkeit der Darmbakterien aus dem Hämo- und Myoglobin sowie auch aus dem Chlorophyll Porphyrine im Darmtractus entstehen, und zwar Proto-, Kopro- und Deuteroporphyrin. Die Umwandlung dieser Nahrungsfarbstoffe in Porphyrin geschieht hauptsächlich im Dünndarm und im oberen Dickdarmabschnitt, bei der Magenausheberung (bei Fehlen eines eventuellen Rückfließens von Duodenalsaft) konnte nie Porphyrin im Magensaft festgestellt werden (BOAS). Auch bei Blutungen des unteren Dickdarms fehlte jede Porphyrinbildung.

Diese im Darm entstandenen Porphyrine sowie die durch die Nahrung zugeführten, werden zum Teil durch die Darmwand resorbiert und gelangen via Pfortadersystem in die Leber. Die Menge der resorbierten Porphyrine ist von ihrer Konzentration und von den Resorptionsverhältnissen im Darm abhängig. Die Leber hat die Fähigkeit (Kap. V) ein Porphyrin in ein anderes umzuwandeln und daneben die Porphyrine abzubauen, wobei vermutlich Bilirubin entsteht. Aus dem Porphyrin, das aus dem Darm stammt, wird in der Leber einerseits Bilirubin, andererseits Koproporphyrin gebildet und diese beiden Farbstoffe werden dann durch die Galle ausgeschieden. Gelegentlich kann man auch in kleinen Mengen Protoporphyrin in der Galle finden.

Die nichtresorbierten Porphyrine aus der Nahrung und aus der Galle werden dann mit dem Stuhl ausgeschieden. Dieser enthält also normalerweise Proto-,

Kopro- und Deuteroporphyrin. Aus dem Koproporphyrin der Galle stammt auch das Porphyrin, das im Meconium zu finden ist. Beim Neugeborenen oder beim Fetus fehlt bekanntlich eine Darmflora und daher wäre eine Bildung des Pigmentes im sterilen Darmtractus nicht zu erklären. Der durch die Galle ausgeschiedene Porphyrinanteil bildet aber nicht nur den exogenen Porphyrinumsatz, sondern es gesellt sich dazu ein Teil des Porphyrins, das als Endprodukt der endogenen Pigmentbildung durch die Leber ausgeschieden wird. Aus diesem Anteil stammt das Porphyrin des Meconiums.

Es ist ferner anzunehmen, daß das in der Leber abgebaute Porphyrin nicht völlig in Bilirubin umgewandelt wird, sondern daß durch Synthese aus den zerlegten Porphyrinbausteinen wieder Porphyrin der I. Isomerenreihe gebildet wird. Auf diesem Prozeß beruht die Bildung von Koproporphyrin I, das im Urin des normalen Menschen beobachtet wird (FINK, HOERBURGER s. Kap. V).

Wie kommt es nun auch zur Porphyrinausscheidung durch den Urin? Hier müssen wir an einen ähnlichen Vorgang wie beim Urobilin denken. Der Kreislauf des Porphyrins hat mit demjenigen des Urobilins manche Berührungspunkte. Die Ausscheidung durch die Leber, die Resorption aus dem Darm, die Umwandlung wieder in der Leber und die Abgabe an den Blutkreislauf mit der Ausscheidung durch die Nieren sind alles Momente, die den beiden Pigmenten gemeinsam sind.

Den Kliniker interessiert besonders der *endogene Porphyrinumsatz*. Wir haben in den vorhergehenden Kapiteln gesehen, daß der Organismus imstande ist, das Porphyrin zu bilden und daß die Bildung eng mit dem Problem der Pigmentumwandlung im Körper verknüpft ist. Die Pyrrole sind diejenigen Bausteine, die für die Synthese des Porphyrins notwendig sind. Unserer Meinung nach ist es aber nicht unbedingt notwendig, daß diese Pyrrole aus dem Hämin bzw. Bilirubinmolekül stammen; es ist nicht ausgeschlossen, daß diese einfachen Komplexe von gewissen Eiweißabkömmlingen, von Aminosäuren herrühren. Hier kommen besonders in Betracht: das Prolin (= Pyrrolidincarbonsäure), das hauptsächlich in Casein und Leim enthalten ist, und die Oxypyrrolidincarbonsäure (Oxyprolin) sowie das Tryptophan, das aus Eiweißkörpern bei der Trypsinverdauung und durch Fäulnis gebildet wird. Die Darmbakterien selbst können durch eigene Tätigkeit ein Porphyrin in unserem Körper produzieren, und zwar unabhängig von ihrer Tätigkeit bei der Produktion von Porphyrin aus Fleisch und Blut. Seit den Untersuchungen FISCHERs und seiner Schule ist bekannt, daß die Mikroorganismen imstande sind, durch Synthese ein Porphyrin I zu bilden. Ob dieses Porphyrin aus der Darmflora zusammen mit dem in der Leber gebildeten die Quelle des Porphyrins I im Urin des normalen Menschen ist, kann heute nicht entschieden werden. Die Bildung eines solchen Pigmentes im Darmtractus ist jedenfalls außerordentlich gering.

Neben diesen Möglichkeiten einer Porphyrinproduktion sind beim normalen Individuum andere Entstehungsquellen des Pigmentes, die mit dem Auf- und Abbau des Hämoglobins und des Myoglobins in Zusammenhang stehen, bekannt.

In erster Linie kommt die Bildung von Porphyrin im Knochenmark bei der normalen Synthese des Hämoglobins und Resynthese des Blutbilirubins zu Hämoglobin in Frage. Diese letztere von KÄMMERER ventilierte Hypothese scheint sehr glaubwürdig. Hier ist an die wichtige Zusammenarbeit des Reticuloendothels des Knochenmarks mit den Erythroblasten zu denken. Daß dabei

Spuren von Porphyrin, und zwar Protoporphyrin gebildet würden, wäre nicht ausgeschlossen. Auch der Hämoglobinabbau könnte bei normaler Leberfunktion kleine Mengen von Protoporphyrin liefern. Es handelt sich hier um Hypothesen, Beweise fehlen noch. Immerhin würde das Vorkommen von Protoporphyrinspuren in den Erythrocyten (Fluorescyten von KELLER und SEGGEL) damit schon unter normalen Verhältnissen eine Erklärung finden.

Trotz der in den Erythrocyten langsam vor sich gehenden Abspaltung von Eisen (vgl. unsere Ausführung über die Entstehung des leicht abspaltbaren Eisens), ist eine direkte Protoporphyrinbildung in den zirkulierenden roten Blutkörperchen wohl unwahrscheinlich.

Ferner ist die Möglichkeit des normalen Abbaues von Myoglobin in Porphyrin nach der Hypothese FISCHERs mit Bildung von Koproporphyrin zu erwähnen. Es handelt sich hier um Porphyrin der III. Isomerenreihe, das dann in der Leber zusammen mit dem Protoporphyrin der Erythrocyten abgebaut und zum Teil in Bilirubin und eventuell in Porphyrin I wieder resynthetisiert wird, zum Teil als Koproporphyrin durch die Galle in den Darm ausgeschieden wird.

Nur das Koproporphyrin I wird durch die Niere in kleinen Mengen ausgeschieden. Proto- und Deuteroporphyrin gelangen nicht in die Nieren, sondern verlassen durch den Darm zusammen mit einem beträchtlichen Anteil von Koproporphyrin aus der Galle den Körper.

Wie steht es nun mit dem *Porphyrinumsatz unter krankhaften Bedingungen?* Auch hier müssen wir, wie bei der Besprechung der normalen Verhältnisse, die Störungen des Systems der exogenen Porphyrine von den Störungen des endogenen Porphyrinstoffwechsels unterscheiden. Pathologische Veränderungen der exogen bedingten Porphyrinbildung können wir bei abnormer Darmflora (anaerobe Bakterien), die die Bildung des Farbstoffes aus der Nahrung fördert, finden (Vermehrung der Sterkoporphyrine bei der Achylie), wichtig sind aber in dieser Gruppe die Resorptionsstörungen des Porphyrins aus dem Darm, wie man sie bei schweren Colitiden, Pankreasstörungen, Achylien und Sprue beobachten kann. Nicht nur die krankhaften Veränderungen können zu einer Ansammlung von Porphyrin im Stuhl führen, sondern auch bei den Störungen der Fettresorption finden wir eine deutliche Erhöhung der Porphyrinwerte im Stuhl, da sich das Porphyrin elektiv den reichlich nicht resorbierten Calciumsalzen (s. darüber Kap. IV) angliedert.

In allen diesen primären Störungen der Darmfunktion beobachten wir vorwiegend eine starke Porphyrinansammlung im Stuhl, ohne daß eine entsprechende Porphyrinvermehrung im Urin vorliegen muß. Durch die Behinderung der Porphyrinresorption fehlt der Leber ein wichtiger Anteil von Farbstoff, und dementsprechend ist die Ausscheidung des Porphyrins im Urin auffallend niedrig. Wir konnten sogar in einem Falle von Sprue die schwersten Symptome einer abdominellen Porphyrie beobachten, ohne daß die Porphyrinausscheidung durch die Nieren nennenswert erhöht ausfiel.

Es ist deswegen erforderlich, daß bei den quantitativen Untersuchungen auf Porphyrin nicht nur der Urin, sondern auch der Stuhl auf diesen Farbstoff untersucht wird.

Auffallend niedrige Porphyrinwerte im Urin findet man auch bei Schädigung der Nierenfunktion, die zu einer Ausscheidungsinsuffizienz führt. Typisch dafür ist ein Fall von HIJMANS VAN DER BERGH und GROTEPASS, bei dem normale

Harnporphyrinmengen neben deutlich erhöhten Porphyrinwerten im Blute vorhanden waren.

Ferner bestätigt sich die Abhängigkeit der Porphyrinausscheidung im Urin von der Nierenfunktion auch bei Belastungsversuchen (mit peroraler Zufuhr von Porphyrin und Hämoglobin) bei Patienten mit chronischer Nephritis oder Schrumpfniere. In diesen Fällen ist die Ausscheidungskurve des BRUGSCH-schen Belastungsversuches sehr flach, während die Produktion von Porphyrin im Darm nach der Ausscheidungskurve des Stuhles normal ausfällt.

Bei den Störungen der endogenen Porphyrinproduktion haben wir vor allem die Pigmentbildung bei den Darmblutungen zu erwähnen. Das Blut wird im Darmkanal durch Bakterientätigkeit hauptsächlich in Deuteroporphyrin umgewandelt und das Vorfinden dieses Porphyrins bei Hämo- und Myoglobin-armer Diät, wird nach BOAS als ein wichtiges Zeichen für eine Blutung des Verdauungstractus auch bei negativem Ausfall der Benzidin- und Guajacprobe angesehen. Bei profusen Blutungen in Magen und Darm ist die Porphyrin-produktion oft beträchtlich erhöht, findet jedoch die Blutung im unteren Dick-darmabschnitt (Rectum) statt, dann beobachtet man gewöhnlich keine Por-phyrinvermehrung, da in diesem Abschnitte eine Porphyrinbildung aus dem Hämoglobin durch Bakterientätigkeit nicht zustande kommt.

Bei der Betrachtung der Porphyrinentstehung unter normalen Bedingungen wurde die Möglichkeit einer geringen Porphyrinbildung bei der Synthese des Hämoglobins und bei der Resynthese des Bilirubins in Hämoglobin im Knochen-mark erwähnt. Wenn aber dieser Mechanismus gestört ist, sehen wir nicht selten eine deutliche Vermehrung von Porphyrin. Dies ist der Fall bei den Anämien mit gestörter Knochenmarksregeneration. Wir können aber hier nicht der Einteilung DUESBERGs folgen, wonach unter die Anämien mit gestörter Regeneration die Blei und Sulfonalanämie, ferner die Perniciosa und die Anämie bei Porphyrie gezählt werden, bei welchen eine ähnliche abnorme Porphyrin-produktion zu beobachten ist.

Nach unseren Untersuchungen besteht ein gewisser Parallelismus zwischen Porphyrinproduktion, Verhalten des leicht abspaltbaren Eisens und Hämoglobin-gehalt bei drei Anämieformen, die durch eine Störung der Knochenmarks-funktion hervorgerufen sind, nämlich bei der Bleianämie, derjenigen nach Benzolvergiftung und bei den aplastischen Anämien. Im nächsten Kapitel werden wir über einige Fälle dieser Blutkrankheiten referieren, bei welchen in bezug auf die Porphyrinproduktion ein ähnlicher Vorgang anzunehmen ist.

Wir besprachen schon eingehend die Frage der Entstehung der Bleianämie (Kap. V), hier sei nur noch erwähnt, daß bei der Bleiintoxikation wahrscheinlich die Verwendung des leicht abspaltbaren Eisens bei der Hämoglobinsynthese nicht zustande kommen kann, weshalb eine starke Vermehrung der Porphyrin-produktion im Knochenmark entsteht.

Der Gedanke liegt nahe, daß die Hemmung der myeloischen und erythro-poetischen Tätigkeit des Knochenmarks bei der Benzolvergiftung die normale Produktion von Protoporphyrin im Knochenmark vikarierend steigert.

Diese Annahme stützt sich auf den bei dieser Intoxikation erhobenen Befund eines deutlich erhöhten Protoporphyringehaltes im Blut und im Sternalpunktat bei relativ vermehrter Koproporphyrinausscheidung im Urin. Auch bei den schweren aplastischen Anämien (Panmyelophthise) findet man gelegentlich einen ähnlichen Befund, wobei der Gehalt an leicht abspaltbarem Eisen im Blut niedrig ist.

Bei allen diesen drei Formen von Anämie beobachten wir eine Mehrproduktion von Porphyrin III, wovon die stärkste Pigmentausscheidung die Bleianämie aufweist.

In die Gruppe der aplastischen Anämien gehört schließlich die Anämie in den späteren Stadien der Hämochromatose, bei der eine starke Anreicherung von Eisen in den Organen beobachtet wird und die nicht selten mit einer starken Porphyrinurie einhergeht (EPPINGER, VANNOTTI u. a.). Bei dieser Krankheit handelt es sich nach RÖSSLE hauptsächlich um eine Erkrankung der KUPFFER-schen Sternzellen, indem diese Endothelzellen das Eisen nicht weiter an den Kreislauf abgeben. Es kommt daher zu einer lokalen Anreicherung von Eisen in den Geweben, und dabei entsteht eine gewisse Blockierung und Schädigung der Organe des Blutfarbstoffumsatzes, so daß die normale Hämoglobinsynthese nicht stattfinden kann. Ähnlich wie bei der Bleiintoxikation entsteht somit im Knochenmark eine abnorme Produktion von Porphyrin. Die Vermehrung des Porphyrins im Venen- und namentlich im Sternalblut würde dafür sprechen. Ein Unterschied zwischen Bleianämie und Hämochromatose liegt in der Lokalisation der Eisenstoffwechselstörung. Bei der Bleianämie befindet sich die Insuffizienz des Eisenumsatzes in der Mutterzelle der roten Blutkörperchen, bei der Hämochromatose dagegen zuerst im gesamten Reticuloendothel und dann sekundär im erythropoetischen Gewebe.

Bei dieser Gruppe von Anämien scheint die Leber an der Porphyrinproduktion nicht direkt beteiligt zu sein. Die Leber behält hier, solange sie nicht pathologisch verändert ist, ihre normale entgiftende Funktion, was besonders gut in der Fluorescenzuntersuchung des Leberparenchyms bei der Bleiintoxikation zu sehen ist. Eine Porphyrinfluorescenz ist hier nicht vorhanden oder höchstens an der Innenfläche der größeren Gallengänge. Eine Untersuchung des Blutes auf Porphyrin und leicht abspaltbares Eisen ist bei diesen Anämien von Bedeutung. Die Fluorescyten sind oft vermehrt und das Knochenmark zeigt autoptisch (Bleianämie) eine ausgesprochene Porphyrinfluorescenz, während im Sternalpunktat das Blutporphyrin oft auffallend vermehrt ist.

Eine weitere Quelle für die abnorm hohe endogene Porphyrinproduktion bilden die Störungen des normalen Hämoglobinabbaues zu Bilirubin.

Eine gesteigerte Hämolyse kann nicht selten zu einer Erhöhung der Porphyrinausscheidung führen, ein vermehrter Blutabbau braucht aber nicht, wie die Untersuchungen CARRIÉs glauben lassen, immer zu einer abnormen Porphyrinurie zu führen. CARRIÉ sowie SCHREUS und CARRIÉ fanden regelmäßig eine vermehrte Porphyrinausscheidung beim Fieber, nach Salvarsaninjektion und hämolytischem Ikterus und kommen zum Schlusse, daß bei diesen Zuständen die abnorm starke Zerstörung von roten Blutkörperchen die Ursache für die Porphyrinzunahme sei.

Auf diese Auffassung ist einzuwenden, daß nicht bei jeder Steigerung der Hämolyse eine Porphyrinvermehrung zu beobachten ist. So sind uns Fälle von hämolytischem Ikterus, ein Fall von Kältehämoglobinurie, eine Reihe von Beobachtungen mit Phenylhydrazinhämolyse beim Menschen und im Tierversuch bekannt, bei welchen während und nach der Hämolyse keine Erhöhung der Porphyrinausscheidung zu konstatieren war. Auch HEILMEYER berichtet über schwere Blutzerfallszustände, bei denen eine Porphyrinurie vermißt wurde.

In Fieberzuständen ist in der Tat eine Steigerung des Porphyrins sehr häufig zu beobachten, die Untersuchungen von SCHREUS und CARRIÉ, HIJMANS VAN DER BERGH, GROTEPASS und REVERS, VIGLIANI u. a. decken sich mit unseren Resultaten; es ist aber hinzuzufügen, daß eine solche Pigmentbildung bei erhöhter Temperatur nicht eine streng konstante Erscheinung darstellt. Das Fieber führt allerdings einen erhöhten Erythrocytenabbau mit sich, jedoch ist zu betonen, daß die Leber dabei eine deutliche Glykogenverarmung erfährt und daß dieses Organ bei der Hyperthermie sehr oft mit und ohne anatomische Schädigung seines Parenchyms in abnormer Weise funktioniert. Es wäre nicht ausgeschlossen, daß die Mehrausscheidung des Porphyrins im Fieberzustand einer Hemmung des normalen Porphyrinabbaues durch die Leber entspräche. Im Fieber beobachtet man eine konstante Erhöhung des Eiweißabbaues, die sich auch im Urin durch Auftreten der Urochromogenreaktion kund gibt (LICHTWITZ). Gerade dieser verstärkte Eiweißabbau führt zum erhöhten Freiwerden von pyrrolhaltigen Aminosäuren, die als Muttersubstanz des Porphyrins in Betracht kommen. Ein Zusammentreffen von Porphyrin mit der Urochromogenreaktion im Urin könnte in dieser Richtung eine gewisse Bedeutung erlangen. Die Porphyrinurie nach Salvarsanverabreichung findet ihre Erklärung in der toxischen Wirkung dieses Mittels auf das Leberparenchym.

Die Leber in funktionell normalem Zustande baut, wie in Kapitel V angegeben, das Porphyrin zum Teil ab und auf dieser kompensatorischen Tätigkeit der Leber beruht die normale Ausscheidung des Farbstoffes bei einigen Fällen von Hämolysesteigerung. Ist aber die Leber geschädigt (wobei die Schädigung auch nur vorübergehend und rein funktionell sein kann), so beobachtet man eine Insuffizienz der porphyrinabbauenden Fähigkeit dieses Organs. In der Galle kann man dann sowohl Kopro- wie Protoporphyrin in großen Mengen beobachten und im Blut ist das Protoporphyrin infolge des hepatischen Ab- und Umbaumangels auch vermehrt. Auf die Insuffizienz des Leberparenchyms ist also die gelegentliche Vermehrung der Porphyrinbildung bei gesteigerter Hämolyse nach hämolytischem Ikterus, Phenylhydrazinanämie, Hämoglobinurie (s. Fall St. 215 Kap. VII) bei der Perniciosa usw. zurückzuführen.

Die häufige Schädigung der Leber bei der Bleivergiftung erklärt somit auch zum Teil die hohe Ausscheidung des Porphyrins aus dem Körper. Der im Knochenmark gebildete Farbstoff kann in einer geschädigten Leber nur in mangelhafter Weise abgebaut werden.

Eine Porphyrinvermehrung tritt auch bei einem gesteigerten Abbau des Myoglobins bei primären Muskelerkrankungen auf. Ein Beweis dafür ist der von VANNOTTI beschriebene Fall von Myoporphyrie, in welchem von WALDENSTRÖM im FISCHERschen Institut ein Uroporphyrin III festgestellt wurde. Diese Beobachtung würde die Annahme bestätigen, daß bei der Myoporphyrie, die starke Porphyrinausscheidung auf einer abnormen Mobilisierung von Myoglobin aus der Muskulatur mit Übergang des Muskelfarbstoffes in Porphyrin beruhen könnte.

Es ist schließlich bei stürmischer Hämolyse die Möglichkeit einer Umwandlung des Blutfarbstoffes direkt in Porphyrin auch bei intakter Leberfunktion zu diskutieren. In diesen Fällen, in denen klinisch eine Leberfunktionsstörung nicht zu fassen ist, muß eine Vermehrung der normalen Protoporphyrinproduktion beim Hämoglobinabbau angenommen werden. Diese Fälle sind aber verhältnismäßig selten.

Eine abnorme Ausscheidung von Porphyrin bei der Leberstörung ist nicht unbedingt auf eine vermehrte Hämolyse zurückzuführen, die Hauptzahl von Leberkrankheiten weist eine Porphyrinurie ohne vermehrten Blutabbau auf. Deshalb ist bei der krankhaften Funktion der hepatischen Zelle auch nach einem anderen Entstehungsmechanismus dieses Farbstoffes zu suchen. (Vermehrung von Porphyrin I bei den Leberkrankheiten.) Es wird heute angenommen, daß unter normalen Bedingungen das Bluthämoglobin direkt zu Bilirubin abgebaut wird, ist aber eine Leberfunktionsstörung vorhanden, so kann eine Erhöhung der Porphyrinausscheidung beobachtet werden, die nicht mit dem beschriebenen Mechanismus in Zusammenhang gebracht werden kann. Für die Erklärung des abnormen Auftretens von Porphyrin I muß man also annehmen, daß das Hämin des Blutfarbstoffes und evtl. kleine Mengen von Porphyrin vollkommen in ihre einzelnen Pyrrolbausteine abgebaut und zerlegt werden und die Leber die Fähigkeit besitzt, aus diesen Pyrrolmolekülen das Porphyrin, und zwar ein Porphyrin I wieder zu resynthetisieren (H. FISCHER). Dieser Prozeß spielt sich also auf breiter Basis in der Leber ab, wenn durch eine Schädigung des hepatischen Parenchyms der normale Hämoglobinabbau versagt. Dafür spricht der Befund reichlicher Porphyrin I-Ansammlung an der Peripherie der Leberläppchen bei schweren Porphyrinstoffwechselstörungen und gleichzeitigem Fehlen von Porphyrinbildung im Knochenmark. Auch die Beobachtung einer vermehrten Porphyrin I-Produktion bei parenteraler Zufuhr von Pyrrol (VANNOTTI) würde diese Annahme unterstützen.

Es ist heute noch nicht möglich, bestimmte Formen von Leberkrankheiten herauszugreifen, die den oben beschriebenen Vorgang widerspiegeln. Die Mengen des Porphyrins sind dabei oft nicht genügend groß, um mit Bestimmtheit die Isomerie der Porphyrine festzustellen. Immerhin sind Porphyriefälle bekannt, bei denen eine gleichzeitige Untersuchung des Urins und der Organe auf Porphyrin (Fluorescenzmikroskopischer und Extraktionsbefund) die oben genannte Hypothese unterstützen.

In ätiologischer Hinsicht bestehen sehr wahrscheinlich Übergänge zwischen der Porphyrin I-Synthese in der Leber und der Porphyrin I-Synthese im Knochenmark.

Bei dieser letzteren Gruppe von Porphyrinkrankheiten handelt es sich, wie die Anschauung H. FISCHERs und die klassischen Untersuchungen BORST und KÖNIGSDÖRFERs lehren, um einen Rückschlag in embryonale Zustände, wobei der intermediäre Porphyrinstoffwechsel — wie sich die beiden Autoren äußern — auf einer phylo- und ontogenetischen Stufe stehen bleibt. Es besteht im Organismus neben der Hämatinbildung eine davon unabhängige Synthese von Organporphyrinen der I. Isomerenreihe in den Erythroblasten, die nach den erwähnten Autoren einer frühembryonalen Entwicklungsperiode entspricht.

Die Porphyrin I-Synthese im Knochenmark überwiegt also physiologisch in den ersten embryonalen Monaten und wird dann durch den normalen Hämoglobinstoffwechsel ersetzt. Bei der sog. Porphyria congenita entsteht ein Rückschlag in frühembryonale Verhältnisse, wobei in den Erythroblasten das normale Hämoglobin durch ein Porphyrin I zum Teil ersetzt wird. Bei der perniziösen Anämie liegen ähnliche Verhältnisse vor. Das Fehlen des antianämischen Prinzips bringt eine schwere Störung der Knochenmarksregeneration mit sich, bei der mit dem Auftreten der Megaloreihe im erythropoetischen System auch das Auftreten von Porphyrin I in den pathologisch veränderten Mutterzellen der roten Blutkörperchen einsetzt. Das gleiche kann für alle diejenigen Zustände gesagt werden, bei denen es durch Mangel des CASTLEschen Faktors zu einer makrocytären perniciosaähnlichen Anämie kommt. In diese Gruppe gehören also, soviel beobachtet werden konnte (s. Kap. VII), neben der Perniciosa noch die hyperchrome makrocytäre Anämie bei Lues und bei der Sprue, sowie sehr wahrscheinlich die Cooley-Anämie (LICHTWITZ).

Wir sehen also, daß der von DUESBERG als einheitlich betrachtete Mechanismus der Porphyrinbildung bei den Anämien mit gestörter Knochenmarksregeneration, verschiedener Genese sein kann. Einerseits handelt es sich um eine im Rahmen der normalen Hämoglobinsynthese abnorm große Porphyrinbildung, andererseits aber um eine infolge tiefgreifender Umgestaltung der Erythropoese auf embryonaler Basis entstandene Porphyrinerscheinung im Knochenmark.

Die Bildung von Uroporphyrin, sei es der I. wie der III. Isomerenreihe hängt mit dem Problem der Porphyrinentstehung im Organismus nur indirekt zusammen. FISCHER nimmt an, daß das Koproporphyrin, um die Ausscheidung dieses Farbstoffes zu erleichtern, hauptsächlich in den Nieren in Uroporphyrin karboxyliert wird. Das Uroporphyrin passiert nämlich das Nierenfilter leichter als das Koproporphyrin. Es wäre aber nicht ausgeschlossen, daß auch in der Leber eine Karboxylierung erfolgen kann, wofür unser Befund von Uroporphyrin in diesem Organ spricht. Ungeklärt bleibt noch die Frage, weshalb in einigen Fällen eine starke Ausscheidung von Uroporphyrin, in anderen dagegen nur von Koproporphyrin auftritt. Bei der Besprechung der einzelnen Krankheitsbilder wird man auf die genauen Verhältnisse bei der Ausscheidung dieser beiden Pigmente noch näher eingehen. Das Vorkommen von Uro- und Koproporphyrin ist nicht nur von biologischem, sondern vor allem von klinischem Interesse, da das Uroporphyrin sich dem menschlichen Körper gegenüber besonders toxisch erwiesen hat.

Es bleibt noch die Frage der Entstehung von Porphyrin I durch Bakterientätigkeit übrig. SCHREUS und sein Schüler CARRIÉ haben die Hypothese aufgeworfen, es wäre die abnorme Ausscheidung des Porphyrins aus der I. Isomerenreihe in gewissen Fällen auf eine Infektion durch Bakterien zurückzuführen, die imstande wäre, diesen Farbstoff unabhängig von Blutfarbstoff zu synthetisieren. Tierversuche mit Injektionen von Hefe und Mikroorganismen, die die Porphyrinfluorescenz in der Mundschleimhaut erzeugen, haben zu keiner Mehrbildung von Porphyrin geführt (SCHREUS und CARRIÉ). Abgesehen von diesen negativen Versuchen ist eine Entstehung der pathologischen Porphyrinurie durch Tätigkeit von Mikroorganismen höchst unwahrscheinlich. Es wurde schon oben die Möglichkeit erwogen, es könnten Spuren von Porphyrin I eventuell durch die eigene Bakterientätigkeit am Darme zur Ausscheidung gelangen. Eine Mehrproduktion von Porphyrin I, wie sie oft bei der Porphyrie zu beobachten ist, wäre dann nur möglich, wenn eine enorme Vermehrung der porphyrinbildenden Bakterien, d. h. klinisch schwere septische Infektions-

Der normale Porphyrinumsatz.

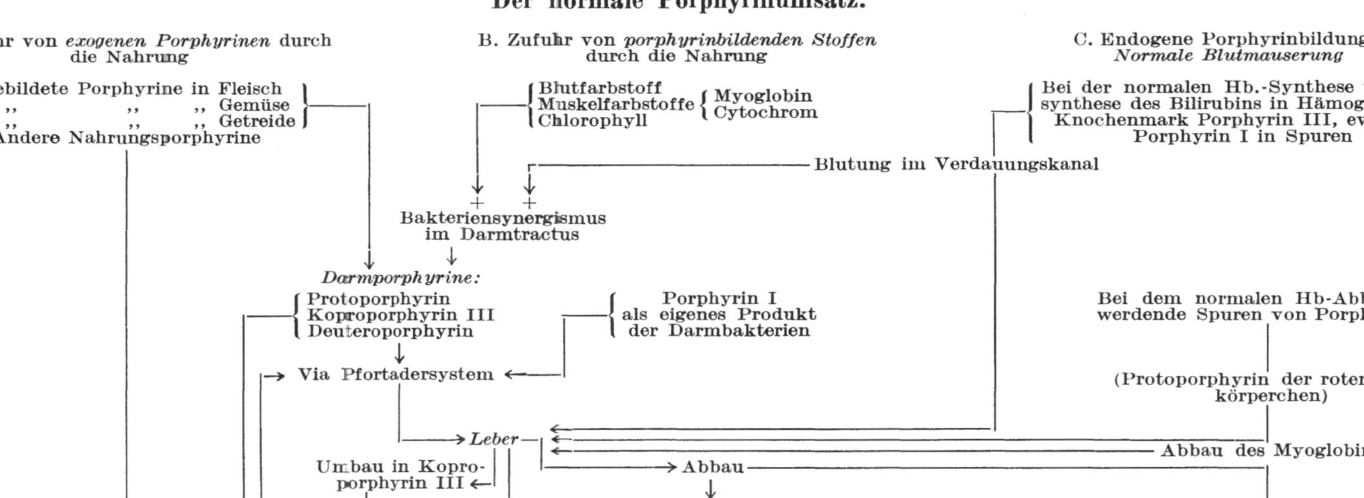

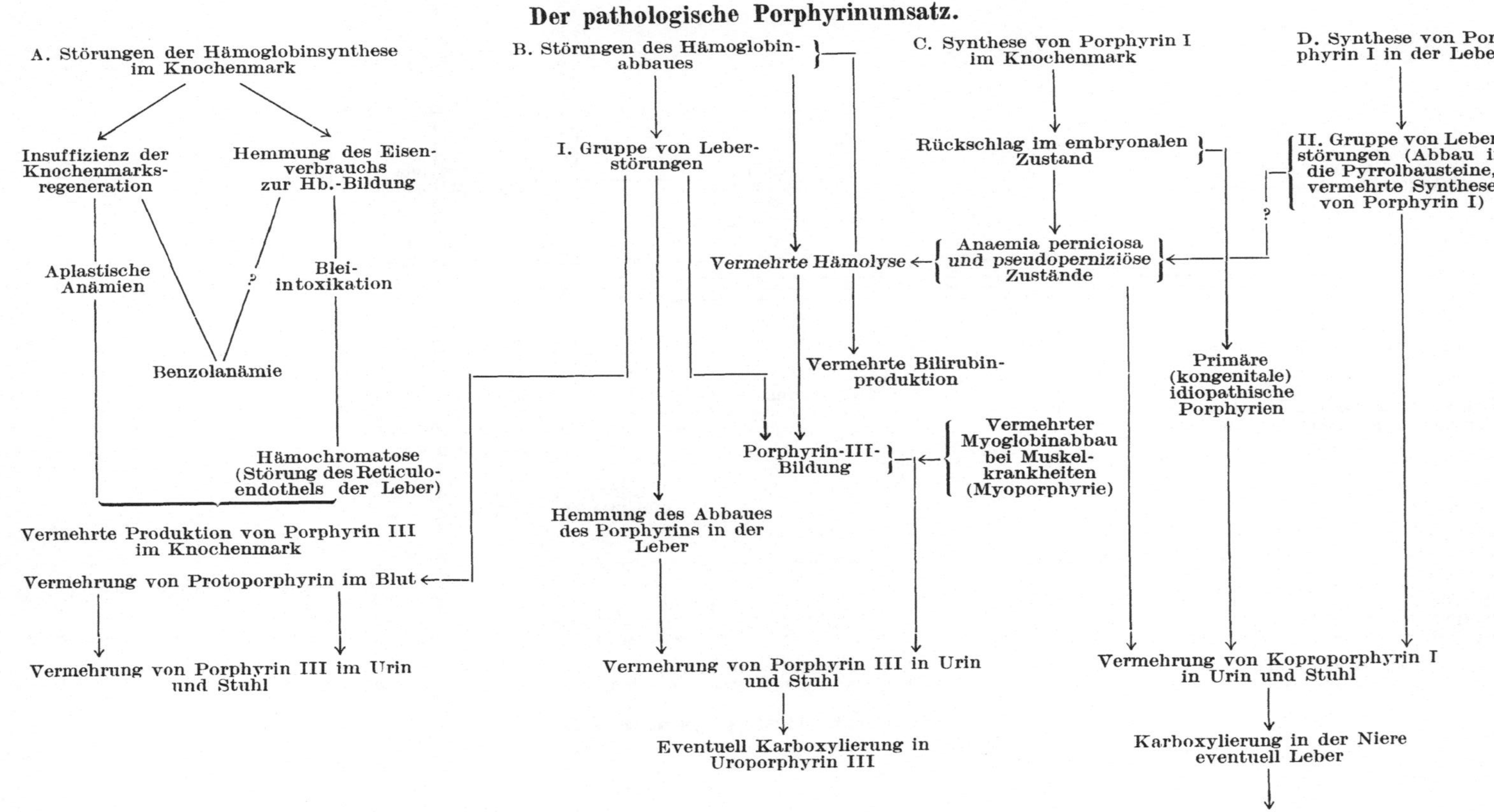

Der pathologische Porphyrinumsatz.
A. Störungen der Hämoglobinsynthese im Knochenmark
B. Störungen des Hämoglobinabbaues
C. Synthese von Porphyrin I im Knochenmark
D. Synthese von Porphyrin I in der Leber
Insuffizienz der Knochenmarksregeneration
Hemmung des Eisenverbrauchs zur Hb.-Bildung
I. Gruppe von Leberstörungen
Rückschlag im embryonalen Zustand
II. Gruppe von Leberstörungen (Abbau in die Pyrrolbausteine, vermehrte Synthese von Porphyrin I)
Aplastische Anämien
Blei-intoxikation
Vermehrte Hämolyse
Anaemia perniciosa und pseudoperniziöse Zustände
Benzolanämie
Vermehrte Bilirubinproduktion
Primäre (kongenitale) idiopathische Porphyrien
Hämochromatose (Störung des Reticuloendothels der Leber)
Porphyrin-III-Bildung
Vermehrter Myoglobinabbau bei Muskelkrankheiten (Myoporphyrie)
Vermehrte Produktion von Porphyrin III im Knochenmark
Hemmung des Abbaues des Porphyrins in der Leber
Vermehrung von Protoporphyrin im Blut
Vermehrung von Porphyrin III im Urin und Stuhl
Vermehrung von Porphyrin III in Urin und Stuhl
Vermehrung von Koproporphyrin I in Urin und Stuhl
Eventuell Karboxylierung in Uroporphyrin III
Karboxylierung in der Niere eventuell Leber
Uroporphyrin I

erscheinungen vorliegen würden, wir lehnen daher diese bakterielle Porphyrin-überproduktion ab.

Es wäre nicht ausgeschlossen, daß andere Möglichkeiten beim Vorkommen des Porphyrins im menschlichen Organismus bestünden. Nur die weitere systematische Untersuchung der klinischen Fälle, die den Symptomenkomplex der vermehrten Porphyrinausscheidung aufweisen, kann zu neueren Klärungen in dieser komplexen Frage führen.

Zur rascheren Orientierung über die in diesem Kapitel geäußerten Anschauungen der Porphyrinentstehung beim normalen und kranken Menschen sind auf S. 179 und 180 zwei schematisch dargestellte Tabellen beigefügt.

Literatur zu Kapitel VI.

BOAS, J.: Beitr. zur Koprohämatologie. 3. Mitt. Klinische Bedeutung der Porphyrine für die Verdauungspathologie. Klin. Wschr. **1932 II**, 1496.
— Die Porphyrine und ihre Bedeutung in der Verdauungspathologie. Dtsch. med. Wschr. **1933 I**, 126.
DUESBERG, R.: Über die Anämien. 1. u. 2. Mitt. Arch. f. exper. Path. **162**, 249, 280 (1931).
— Über den Nachweis des Leberstoffes. Verh. dtsch. Ges. inn. Med. **1931**, 87.
— Toxische Porphyrie. Münch. med. Wschr. **1932 II**, 1821.
HEILMEYER, L.: Medizinische Spektrophotometrie, S. 248. Jena: Gustav Fischer 1933.
HIJMANS VAN DER BERGH, A. A. u. W. GROTEPASS: Porphyrinämie ohne Porphyrinurie. Klin. Wschr. **1933 I**, 586.
RÖSSLE, R.: Veränderungen der Blutkapillaren der Leber. Virchows Arch. **188**, 484 (1907).
SCHREUS, H. Th.: Porphyrinforschung. Klin. Wschr. **1934 I**, 121, 334.
— u. C. CARRIÉ: Zur Physiologie und Pathophysiologie der Porphyrinausscheidung. Klin. Wschr. **1933 I**, 248.
SNAPPER, J.: Über die Notwendigkeit, die spektroskopische Methode für den Nachweis von Blut in den Faeces zu benützen. Arch. Verdgskrkh. **25**, 230 (1919).
VANNOTTI, A.: Zwei seltene Fälle von Porphyrie. Z. exper. Med. **97**, 377 (1935).
VIGLIANI, E.: Dosaggio quantitativo delle porfirine. Minerva med. **2**, No 46 (1933).
WALDENSTRÖM, J.: Untersuchungen über Harnfarbstoffe, hauptsächlich Porphyrine mittels chromatographischer Analyse. Dtsch. Arch. klin. Med. **178**, 38 (1935).

Siebentes Kapitel.

Die vermehrte Porphyrinausscheidung als Begleitsymptom krankhafter Zustände.

Die Vermehrung der täglichen Porphyrinausscheidung im Verlauf verschiedener Krankheiten ist eine nicht so seltene Erscheinung. Eine Porphyrinurie von über 0,08—0,1 mg in 24 Stunden und eine Pigmentausscheidung über 0,4—0,6 mg täglich durch den Stuhl (wenn nicht abnorm hohe Porphyrinproduktion aus der Nahrung vorliegt), ist, wie schon im zweiten Kapitel angedeutet wurde, als pathologisch zu betrachten. In den vorhergehenden Kapiteln konnten gewisse Beziehungen der abnormen Porphyrinausscheidung zu bestimmten Organfunktionsstörungen erörtert werden. Wenn man systematisch quantitative Ausscheidungsuntersuchungen anstellt, kann man bald ersehen, daß bestimmte Krankheitsgruppen mit einer gewissen Regelmäßigkeit von einer vermehrten Porphyrinausscheidung begleitet sind, ohne daß jedoch die abnorme Farbstoffbildung zum Auftreten von charakteristischen klinischen Symptomen Anlaß gibt. Auf diese Krankheiten sei hier näher eingegangen, ohne dabei die

Porphyrinkrankheiten im engeren Sinne des Wortes, d. h. die pathologischen Zustände mit Störung des Porphyrinstoffwechsels als Hauptsymptom und als Auslöser typischer, krankhafter Reaktionen zu berücksichtigen.

Im allgemeinen macht die sekundär bedingte Porphyrinvermehrung im Organismus im Verlaufe anderer Krankheiten klinisch keine wesentliche Symptome, es ist aber bei genauerer Betrachtung des Falles nicht selten möglich, diese oder jene Erscheinung auf eine Porphyrinvermehrung zurückzuführen. Dies ist besonders bei sehr hoher Porphyrinausscheidung der Fall. Der Einfachheit halber wird die Gesamtheit der klinischen Erscheinungen der Porphyrinintoxikation auf die im nächsten Kapitel stattfindende Besprechung der Porphyrie verschoben.

Vermehrte Porphyrinausscheidung läßt sich nach den früheren ausgedehnten Untersuchungen GÜNTHERs (die Arbeit GÜNTHERs enthält eine genaue Sammlung von Fällen aus der Literatur bis 1922), nach den Angaben zahlreicher Autoren besonders in der neueren Literatur und nach unseren systematischen Untersuchungen vorwiegend in folgenden Krankheitsgruppen beobachten:

Blutungen im Magendarmtractus.

Es handelt sich hauptsächlich um eine Vermehrung der Darmporphyrine und besonders des Deuteroporphyrins, so daß BOAS, wie schon erwähnt, das Vorkommen dieses Pigmentes bei blutfreier Diät als ein sicheres Zeichen einer Blutung im Verdauungstractus erachtet. Bei der Melaena wurde schon 1895 von STOCKVIS Porphyrinvermehrung festgestellt. Bei Magen- und Darmcarcinom, bei schweren ulcerösen Colitiden beschreibt SNAPPER das Auftreten von Porphyrin in vermehrtem Maße. Bei der Verfolgung der Farbstoffausscheidung bei den Blutungen im Darmkanal kommt SNAPPER zum Schluß, daß die Porphyrinbildung bei Carcinomen größer ist als bei anderen Blutungen des Darmes, so daß man damit gewissermaßen über den bösartigen Charakter des Magendarmprozesses bei der Porphyrinuntersuchung indirekt orientiert werden kann. Auch die Untersuchungen THIELs haben das Fehlen einer Porphyrinvermehrung bei einer Reihe von Fällen mit Ulcus ventriculi bestätigt, während BRUGSCH im allgemeinen über eine deutliche Porphyrinvermehrung beim blutenden Ulcus berichtet. Das verschiedene Verhalten in der Porphyrinausscheidung beim Ulcus ventriculi et duodeni beruht auf der Größe der Blutung, die oft beträchtliche Schwankungen zeigt und hängt von der Geschwindigkeit der Darmpassage ab. Je kürzer die Verarbeitung des bluthaltigen Darminhaltes durch Bakterien ist, desto geringer ist auch die lokale Porphyrinbildung. Dafür sprechen die unten angegebenen Beispiele:

1. Fall. 28jähriger Landarbeiter. Diagnose: Magenulcus. Röntgenologisch nachweisbar. Schwere Gastritis mit Hypersekretion und Hyperacidität. Die Magendurchleuchtung ergibt breite, unregelmäßig begrenzte Schleimhautfalten und sehr rasche Magenpassage. Die Röntgenaufnahme bringt das für eine Enteritis typische Schleimhautrelief des Dünndarmes mit rascher Passage des Kontrastmittels. Anamnestisch klagt der Patient über starke gastroenteritische Beschwerden, im Stuhl mangelhafte Nahrungsausnutzung. Benzidin und Guajacprobe positiv, im Urin Indican positiv, Porphyrin 0,083 mg, im Stuhl bei hämoglobinfreier Diät 0,51 mg Porphyrin (Deuteroporphyrin nicht wesentlich vermehrt).

Infolge der gastroenteritischen Komplikation beim Ulcus ist die Darmentleerung besonders im Dünndarm abschnitt sehr rasch, eine starke Umwandlung von Blutfarbstoff in Porphyrin findet also nicht statt, auch die Resorption von Porphyrin aus dem Darm ist eher gering.

2. Fall. 34jähriger Wagner, sekundäre Anämie, ausgedehnte Neurofibromatose. Vor 4 Jahren wegen Ulcus ventriculi operiert, seit 3 Jahren wieder Magenbeschwerden. Es handelt sich um ein Ulcus in der Gegend der Gastroenterostomie, sowie um ein zweites Ulcus in der Nähe der Kardia. Schwere Enteritis. Die Magenentleerung geht durch die Enterostomie auffallend rasch vor sich. Hoher Hämoglobingehalt im Stuhl, die Porphyrinbildung darin ist verhältnismäßig gering, 0,625 mg bis 0,87 mg; im Urin 0,092 mg.

Auch die Verhältnisse des Magendarmmechanismus sind für die Entstehung von Porphyrin im Darm von größter Bedeutung. Davon abhängig ist auch die Entwicklung und die Ausdehnung der Darmflora. Auf diese Beziehungen und besonders auf den Synergismus bestimmter Bakterienarten für die Porphyrinbildung aus Blut und Muskelfarbstoffen hat, wie schon erwähnt, KÄMMERER besonders aufmerksam gemacht. Eine Steigerung der Darmfäulnis bei Magenanacidität und bei den davon abhängigen schweren Veränderungen des Dünndarminhaltes fördert die Porphyrinbildung im Darm sowohl aus der Nahrung wie aus dem Blut bei Darmblutung. Dies ist besonders bei dem Magendarmcarcinom der Fall, sowie unter Umständen auch bei der Perniciosa. Es wäre somit der Unterschied in der Porphyrinausscheidung zwischen Magenulcus und Carcinom geklärt.

Unter diesem Gesichtspunkte steht auch die relativ hohe Ausscheidung von Porphyrin, die in einem Falle von schwerer Gastritis anacida ohne röntgenologisch nachweisbare Blutungsquelle (im Stuhl Benzidin und Guajac schwach positiv) gefunden wurde. Im Urin Porphyrin 0,098 mg, im Stuhl 1,12 mg.

Fieberhafte Erkrankungen.

Die älteren Autoren, die sich mit den Porphyrinfragen beschäftigten, haben schon lange auf die Vermehrung der Farbstoffausscheidung im Fieberzustande aufmerksam gemacht. So fand GARROD schon 1892 eine abnorme Porphyrinurie bei Fieberpatienten. Bei der fieberhaften Tuberkulose wurde in früheren Jahren eine Steigerung der Porphyrinausscheidung von GARROD, SNAPPER, LANGECKER und GÜNTHER (bei der Lungentuberkulose) von NAKARAI und SNAPPER (bei der Darmtuberkulose) und von McMUNN (bei der Peritonitis und Meningitis tuberculosa) festgestellt. HIJMANS VAN DER BERGH hat neulich eine Porphyrinerhöhung sowohl im Urin wie im Blut bei einer fieberhaften Tuberkulose beobachtet. Bei der Pleuritis exsudativa wird von GARROD und in neuerer Zeit von BRUGSCH eine Porphyrinerhöhung festgestellt. Bei dem Falle von BRUGSCH handelt es sich um eine Pleuritis haemorrhagica carcinomatosa. Interessant ist der Porphyrinbefund bei folgender Patientin:

29jährige Hausfrau. Vor 7 Jahren Pleuritis exsudativa mit Rezidiven, seither immer Beschwerden von seiten der Lungen und des Herzens. In der letzten Zeit zunehmende Schwäche, Cyanose. Fieber. Einweisung in das Spital. Unsere Diagnose: Hämopyopneumothorax. Die genaue Analyse des eitrigen, braunrötlichen Pleuraergusses ergab neben massenhaft Leuko- und Erythrocyten, reichlich Cholesterinkrystalle. Bilirubin war ebenfalls vorhanden, Porphyrin fehlte dagegen vollständig.

Der Blutstatus ergab: 20 720 Leukocyten, Linksverschiebung, Erythrocyten 2,6, Hb. 45/70; im Urin neben Albumin noch Urobilin und Urobilinogen $+$. Indican $+$. Vermehrtes Porphyrin (Koproporphyrin $=$ 0,194 mg). Im Stuhl war 1,8 mg Porphyrin vorhanden.

Der schwer eitrige Prozeß brachte eine deutliche Erhöhung der Porphyrinausscheidung mit sich. Die Bildungsstätte des Porphyrins war aber nicht das Empyem selbst. Das dort zugrunde gegangene Hämoglobin erfuhr zum Teil eine Umwandlung in Bilirubin. Das Porphyrin muß in diesem Falle nicht unmittelbar aus dem Blut entstanden sein, sondern wahrscheinlich aus den Hämoglobinabbauprodukten in der Leber. Die Leber war infolge schwerer Herzinsuffizienz (Herzverdrängung) stark gestaut und vergrößert.

Die Zersetzung des Blutfarbstoffes spielt bei der Porphyrinentstehung eine wichtige Rolle. So berichtet BRUGSCH von Porphyrinvermehrung bei Thrombose, Diabetesgangrän und Lungeninfarkt. Dieser Prozeß spielt sicherlich auch bei der Pneumonie eine gewisse Rolle. Auf den Erythrocytenzerfall führt STAEHELIN das Auftreten einer abnormen Porphyrinurie zurück. Diese Beobachtung wurde auch von uns bestätigt, in einem Fall von schwerer lobärer Pneumonie zeigte die tägliche Untersuchung der Porphyrinausscheidung von Beginn der Hepatisation an ein deutliches Ansteigen des Porphyrins im Urin. Er erreichte seinen höchsten Punkt (0,152 mg) am Anfang der Lösung und sank ziemlich rasch wieder auf normale Werte.

Beim Typhus ist eine starke Vermehrung der Porphyrinproduktion eine ziemlich häufige Erscheinung. McMunn hat als erster das Porphyrinvorkommen beim Typhus beobachtet. SOBERNHEIM machte eine ähnliche Feststellung (Typhus und Hämatom der Bauchmuskulatur). GÜNTHER hat speziell auf dieses Symptom im Verlaufe des Typhus hingewiesen. Er kommt zum Schlusse, daß die Porphyrinvermehrung nicht ein regelmäßiges Symptom im Verlaufe dieser Infektionskrankheit darstellt, es müssen vielmehr dazu besondere Verhältnisse vorliegen. Typhöse Porphyrien sind in der Literatur häufig beschrieben (KORSAKOFF, HEINECKE). Auch HIJMANS VAN DER BERGH stellte beim Typhus eine Porphyrinvermehrung sowohl im Urin wie im Blut fest. Eine Reihe von Infektionskrankheiten mit akutem fieberhaftem Verlauf können eine erhöhte Porphyrinausscheidung aufweisen. Neulich haben wir bei einer Reihe von Poliomyelitispatienten, und zwar auch im fieberfreiem Stadium, eine abnorme Porphyrinurie oft mit starker Obstipation beobachten können. Bei der Malaria ist eine starke Porphyrinurie von DE LANGEN beobachtet worden. Wir konnten bei einem Fall von Impfmalaria die Kurve der Porphyrinausscheidung verfolgen. Mit dem Fieberanfall steigt die Porphyrinproduktion stark, man findet einen Anstieg von Porphyrin sowohl im Blut (Protoporphyrin) wie im Urin (Koproporphyrin), wobei die Porphyrinvermehrung auch am folgenden Tag anhält. Im Stuhl ist die Porphyrinzunahme weniger ausgesprochen.

Die zahlreichen Untersuchungen von CARRIÉ, FIKENTSCHER, VIGLIANI u. a. zeigen die Abhängigkeit der Porphyrinproduktion vom Fieberprozeß. Über die Ätiologie dieser Erscheinung wurde schon oben berichtet.

Von Interesse ist die Verfolgung der Porphyrinausscheidung bei der künstlichen Fiebertherapie nach Pyrifer. Die Kurve hat Ähnlichkeiten mit der

Malaria, die Porphyrinvermehrung beschränkt sich hauptsächlich auf die Stunden, die unmittelbar nach dem Fieberanstieg folgen.

Die Angaben einer vermehrten Porphyrinausscheidung bei der akuten rheumatischen Polyarthritis sowie bei der Endokarditis, die von früheren Autoren und neulich auch von KAPP und COBURN angegeben wurde, ist wohl auf den damit verbundenen fieberhaften Zustand zurückzuführen. Dagegen beruht die Steigerung der Porphyrinausscheidung bei dekompensierten Herzfehlern auf der damit verbundenen Stauung, insbesondere auf die Leberstauung. Selten wird bei hohen Temperaturen eine pathologische Porphyrinurie vermißt. Die mit dem Fieber verbundene Porphyrinurie ist gewöhnlich mäßigen Grades, selten beobachtet man bei fieberhaften Zuständen ohne besondere Komplikationen von seiten der Leber, Werte über 0,1—0,12 mg pro Tag. Auf die Genese der Fieberporphyrinurie wurde schon früher hingewiesen. Neben der Hypothese einer Vermehrung der Hämolyse (CARRIÉ) und einer toxischen Belastung der Leberfunktion im Fieberanfall ist noch diejenige von BRUGSCH zu erwähnen, nach welcher die Porphyrinurie als eine mit der Erregung des Fieberzentrums gleichzeitig ausgelöste zentralnervöse Wirkung aufzufassen wäre.

Leberkrankheiten.

Die Leberkrankheiten sind sehr häufig von einer abnormen Porphyrinausscheidung begleitet. Diese Störung des Porphyrinumsatzes bei der funktionellen und organischen Veränderung des Leberparenchyms finden bei der vorhergehenden Betrachtung dieses Pigmentes im Rahmen des gesamten Pigmentstoffwechsels ihre Erklärung (s. Kap. V und VI). Zuerst sei auf die klinische Bedeutung einer systematischen Verfolgung des Porphyrinstoffwechsels bei den Leberkrankheiten hingewiesen. Nach unserer Erfahrung stellt *die Untersuchung des Porphyrinumsatzes die empfindlichste Methode für die Leberfunktionsprüfung, die wir heute besitzen, dar.*

Eine tägliche quantitative Porphyrinbestimmung im Urin, und wenn möglich auch im Stuhl, nach Darreichung einer standardisierten porphyrinarmen Diät, zeigt auch bei leichten, oft reversiblen Veränderungen der Leberfunktion eine abnorme Ausscheidung dieses Farbstoffes. Bei Belastungsversuchen mit porphyrinreicher Kost (hämo- und myoglobinreiche Nahrung, wie rohe Leber) oder mit Porphyrin (Koproporphyrin per os) kommt es oft zu abnorm hoher, manchmal abnorm lang dauernder Porphyrinurie, die bei normalen Individuen nicht zu finden ist.

Die Bestimmung des Porphyrins im Duodenalsaft (s. Kap. IV) bietet kein genaues Maß für die quantitative Beurteilung der Porphyrinentleerung durch die Galle, sie orientiert uns über die *Intensität der Porphyrinausscheidung und über die Geschwindigkeit des enterohepatischen Porphyrinkreislaufes.* Damit lassen sich zwei wichtige Faktoren für die Beurteilung der Leberfunktion innerhalb des Pigmentumsatzes erfassen.

Die pathologische Porphyrinurie erscheint in den meisten Fällen lange Zeit vor der so eifrig nachgegangenen Urobilinurie.

Nicht nur die anatomischen Schädigungen der Leber können mit der Verfolgung des Porphyrinumsatzes als solche nachgewiesen werden, sondern auch einfache vorübergehende Störungen des Leberparenchyms werden unter Umständen mit dieser Methode erfaßt.

So kann man z. B. eine Porphyrinvermehrung nach starker Belastung der Leberfunktion durch reichlichen Eiweißgenuß, auch wenn die zugeführten Eiweiße frei von Blut und Muskelfarbstoff sind, beobachten. Durch vermehrte Fettzufuhr (sogar die einzelnen Fettarten können verschieden auf die Porphyrinausscheidung wirken) läßt sich oft eine abnorme Porphyrinurie erzeugen. Tropp und Siegler fanden eine Porphyrinvermehrung nach Belastung mit tierischem Eiweiß, nicht aber mit Milcheiweiß.

Man sieht nicht selten eine vorübergehende Porphyrinzunahme bei der Eiweißbelastung mit Gelatine (nach der Methode von Althausen-Mancke). Die Verfolgung der Porphyrinausscheidung ist während der Bilirubinbelastungsprobe nach v. Bergmann oft interessant. Die Porphyrinausscheidungskurve kann hier abnorm verlaufen, auch wenn die eigentliche Belastungsprobe negativ ausgefallen ist.

Voraussetzung für die klinische Brauchbarkeit dieser Methode, die wir dem Kliniker als eine sehr empfindliche Leberfunktionsprüfung empfehlen möchten, ist *eine exakte quantitative Bestimmung des Porphyrins als Ausscheidungsprodukt.* Hier muß aber einerseits auf die häufigen Fehler, die bei der Porphyrinextraktion begangen werden und andererseits auf die ungenügende Vorbereitung des Patienten für die Ausführung der Probe (Zufuhr von exogenem Porphyrin durch den Darm) hingewiesen werden.

Nach dieser Bemerkung über die praktisch-klinische Verwendung der Porphyrin-Ausscheidungsbestimmung bei den Leberkrankheiten gehen wir nun zur Besprechung der Beziehungen des Porphyrins zu den verschiedenen Krankheitsformen der Leber über. Hier sei besonders auf die Kasuistik hingewiesen.

Die Beschreibung der Porphyrinurie bei Leberkrankheiten ist schon älteren Datums. Garrod hatte schon vor mehr als 40 Jahren auf die Häufigkeit der abnormen Porphyrieausscheidung bei der Lebercirrhose aufmerksam gemacht. Günther erkannte auch bald die Bedeutung der Leber bei der Entstehung einer abnormen Porphyrieproduktion. Er machte besonders auf das Zusammentreffen der pathologischen Porphyrieausscheidung mit der Gelbsucht aufmerksam, er betonte dazu gleichzeitig, daß Lebererkrankung und Porphyrinurie zusammen vorkommen. Bei Leberatrophie, bei Lebergumma und in einigen Fällen von Icterus catarrhalis konnte Günther abnorme Pigmentwerte feststellen. Thiel fand in einer Statistik erhöhte Porphyrinwerte im Urin von Ikterus und von Carcinomkranken mit Lebermetastasen. Maligne Geschwülste können nach Lorente und Scholderer, selbst wenn keine Lebermetastasen vorliegen, zu einer Porphyrinurie führen. Nach diesen Autoren soll die Porphyrinvermehrung bei Tumorpatienten unabhängig von der Lokalisation, Metastasierung und von eventuellen Darmblutungen sein. Vigliani sowie Boas haben ebenfalls einige Tumorfälle angegeben, bei denen der Farbstoff eine leichte Vermehrung aufwies und Lageder führt eine ganze Reihe von Lebercirrhosen und von luischer und chronischer Hepatitis an, die eine deutliche Vermehrung der Porphyrinbildung zeigen (0,120—0,275 mg Koproporphyrin täglich). Bei mehreren Formen von Ikterus kommt es nach diesem Autor zu einer starken Porphyrinurie, der Icterus haemolyticus dagegen hat normale Ausscheidungswerte. Auch Brugsch betont das häufige Zusammentreffen von Porphyrinvermehrung und Leberkrankheiten, besonders wenn es zu einem Leberzellzerfall kommt. Beim Ikterus findet man nach diesem Autor nicht selten eine Vermehrung der Chlorophyllabbauporphyrine im Urin. Die höchsten Porphyrinwerte werden hauptsächlich bei der Leberatrophie und bei metastatischen carcinomatösen Infiltrationen des Leberparenchyms beobachtet.

Bei den Schwangerschaftstoxikosen, insbesondere bei den toxischen Leberstörungen in der Gravidität kommt es nach Untersuchungen von FIKENTSCHER und denjenigen von HEROLD zu einer deutlichen Vermehrung der Porphyrinausscheidung sogar bis zu 200 γ bei der Hyperemesis. Auf einer toxischen Leberschädigung beruht schließlich die Porphyrinvermehrung bei der Narkose (PENEW-TROPP).

Besonders wichtig für die Frage der Porphyrinentstehung bei den Leberkrankheiten sind die Untersuchungen WATSONs, der im Urin von Leberkranken ein Koproporphyrin I feststellen konnte, auch ZEILE und BRUGSCH und vor kurzem DOBRINER bei mehreren Fällen von katarrhalischem Ikterus, Verschlußikterus und atrophischer Lebercirrhose haben einen ähnlichen Befund erhoben.

Infolge Schädigung des Leberparenchyms gibt es einen direkten Übertritt des Porphyrins in den Blutkreislauf mit einer besonders hohen Ausscheidung des Pigmentes durch die Niere. Die Porphyrinurie zeigt in diesen Fällen einen gewissen Parallelismus mit der Urobilinausscheidung im Urin, ihr Auftreten ist hauptsächlich von dem Schädigungsgrad der Leberzellen abhängig. Bei der gelben Leberatrophie, bei ausgedehnten Metastasen in der Leber, bei akuten toxischen Erscheinungen wie akute Infekte und bei bestimmten chemischen Giften sehen wir gewöhnlich die stärkste Porphyrinausscheidung. Bei der Leberstauung infolge kardialer Insuffizienz kann man unter Umständen eine recht deutliche Vermehrung des Porphyrins konstatieren. Hier ist die Pigmentausscheidung meistens vom Grad der Kreislaufstörung abhängig. Nach der Behebung der schweren Stauung sieht man meistens auch ein sicheres Zurückgehen der abnormen Porphyrinurie. Die Kurven des Urobilins und des Porphyrins verlaufen hier ziemlich parallel. Auch mit den Bilirubinwerten im Blut sieht man oft gute Übereinstimmung.

Es folgen kurz einige klinische Angaben über einen typischen Fall von schwerer kardialer Dekompensation mit ausgesprochener Leberstauung, bei welchem die Porphyrinausscheidung täglich verfolgt wurde.

F. J., 52jährige Hausfrau. Nie besonders krank. Immer Landarbeit verrichtet. Vor 6 Monaten die ersten Beschwerden, Herzklopfen und Magenstörungen. Müdigkeit, dann zunehmende Atemnot. Vor 4 Wochen Brechreiz, leichte Schwellung der Beine. Plötzlich 3 Tage vor Spitaleinlieferung starke Magenkrämpfe, wiederholtes Erbrechen, Stuhlverhalten, unerträgliche Schmerzen in der Lebergegend. Meteorismus und neuralgiforme Schmerzen im Unterbauch. Beim Spitaleintritt als Notfall ist Pat. somnolent und macht nur unklare Angaben. Es handelt sich um eine schwere kardiale Insuffizienz mit starker Stauung von Lungen und Leber (Leber 4 Querfinger unterhalb Rippenbogen). Das Herz ist nach links und rechts sehr stark dilatiert. Vorhofsflimmern, Blutdruck 100/70 mm Hg. Subikterische Hautverfärbung.

Urinstatus beim Eintritt: Eiweiß positiv, Urobilin positiv, Urobilinogen positiv, Aceton positiv.

Im Blutserum: Alkalireserve 37 Vol.-%, Harnstoff 53,3 mg-%, Bilirubin direkt prompt positiv, quantitativ 9 mg-%. Cholesterin 68 mg-%, Serumeiweiß 8,15%. Im Urin Ammoniak 0,537 g in 24 Stunden, Aminosäuren 1,162 g.

Nach intensiver kardialer Therapie, Aderlaß und Diuretica bessert sich der Zustand rasch. Die Magendarmbeschwerden gehen allmählich zurück und sind nach etwa 10 Tagen vollständig verschwunden.

Die Kurve der Porphyrinausscheidung zeigt folgenden Verlauf (Abb. 42).

Man muß sich in diesem Falle fragen, ob die schweren Störungen von seiten des Magendarmtractus zum Teil auf die Porphyrinwirkung zurückzuführen sind. Die starken Schmerzen können auf einer rasch zunehmenden Lebervergrößerung beruhen, aber zusammen mit der Stuhlverhaltung und den neuralgiformen Schmerzen als Symptom einer rasch vorübergehenden Porphyrinvermehrung im Darm gedeutet werden. Eine hohe Porphyrinurie konnten wir in 2 weiteren ähnlichen Fällen beobachten, bei welchen es infolge akuter Leberstauung zu einem bedrohlichen Symptomenbild mit beginnendem Coma hepaticum kam. Eppinger möchte den Ikterus bei Herzkranken auf den gesteigerten Blutzerfall infolge Stauung, andere Autoren (Gerlei, Armentano und Bentsath) auf eine Gallenstauung infolge katarrhalischer Veränderungen der Gallenwege zurückführen. Das Erscheinen von hohen Porphyrinwerten bei

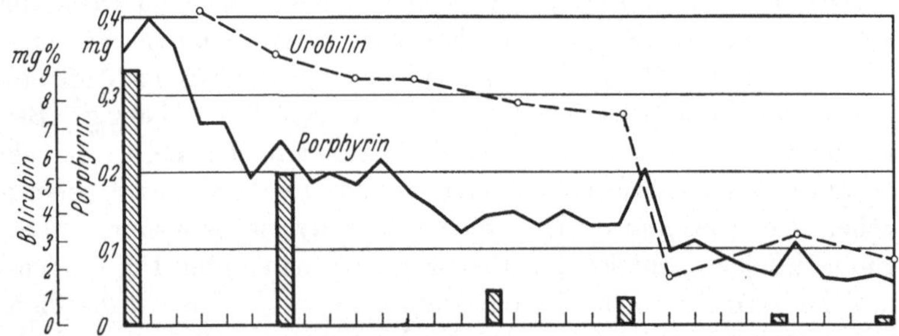

Abb. 42. Verlauf der Ausscheidungskurven des Porphyrins und Urobilins, und Verhalten des Serumbilirubins bei einer schweren kardialen Insuffizienz unter entsprechender Behandlung.

unseren drei Patienten spricht eher für eine akute Parenchymschädigung der Leber als sekundäre Folge einer Kreislaufinsuffizienz.

Im Anschluß an die Pigmentstörungen bei den Leberkrankheiten sei hier noch über die Hämochromatose berichtet. Die von Eppinger beschriebenen Beobachtungen über Hämochromatose sind diesbezüglich von besonderem Interesse. Dieser Autor beobachtete bei autoptisch kontrollierten Fällen von Bronzediabetes eine stark vermehrte Porphyrinausscheidung.

Nach den Untersuchungen Günthers ist die Porphyrinurie keineswegs eine regelmäßige Begleiterscheinung der Hämochromatose. Dieser Autor hat bei 2 Fällen dieser Krankheit keine Porphyrinerhöhung feststellen können.

Lageder gibt bei der Untersuchung eines Falles von Hämochromatose eine Porphyrinausscheidung von 0,184 mg Koproporphyrin, bei einem Bilirubinserumwert von 3,2 mg-% an. Zu diesen 3 Fällen von Porphyrinurie bei der Hämochromatose geben wir hier kurz die klinischen Angaben und die Resultate der Untersuchungen bei einem weiteren Falle, der ebenfalls eine deutliche Störung des Porphyrinumsatzes zeigt. Kühl betont mit Recht, daß das Auftreten von Porphyrin in den meisten Fällen der Literatur nur dann beobachtet wird, wenn die Krankheit schon sehr weit fortgeschritten ist.

Unser Patient hat folgende Anamnese: 47jähriger Wirt. Seit 4 Jahren Müdigkeit, Verdauungsstörungen und plötzliches Erbrechen. Neigung zu Verstopfung, zeitweise dumpfe Schmerzen im ganzen Abdomen und Meteorismus. Oft Nasenbluten. Die braune Hautfarbe, die schon mehr oder weniger ausgesprochen seit vielen Jahren beobachtet wurde, hat in den letzten Jahren an

Intensität deutlich zugenommen. Im Sommer auffallend starke Neigung zu Gesichtspigmentierung. Eine Photosensibilität der Haut besteht nicht. Hautefflorescenzen wurden nie beobachtet. Besonders an den Extremitäten kann eine unregelmäßige Verteilung des Pigmentes beobachtet werden.

Die klinischen Untersuchungen ergaben: Blutstatus: Leukocyten 3680, Erythrocyten 4,9 Mill., Hb. 105%, später aber Erythrocyten 3,8 Mill., Hb. 71%; im Urin Zucker positiv, Aceton negativ, Urobilin (+), Porphyrin (Koproporphyrin) 0,185 mg. Protoporphyrin in den Erythrocyten deutlich vermehrt. Blutzucker 176 mg-%, Cholesterin 119 mg-%, Bilirubin 0,9 mg, direkt verzögert. Takata positiv. Die Leberfunktionsprüfungen fielen alle positiv aus. Blutdruck 190/100 mm Hg.

Die Bestimmung des leicht abspaltbaren Eisens ergab folgende interessante Resultate: Deutliche Vermehrung der Eisenfraktion im Blut und Serum [1] bei einem auffallend niedrigen Eisengehalt im Sternalpunktat (wiederholte Untersuchungen), keine wesentliche Erhöhung nach künstlicher Hämolyse mit Phenylhydrazin.

In diesem Falle läßt sich also eine deutliche Störung des Eisenstoffwechsels bei einer abnormen Porphyrinausscheidung nachweisen. Die Ätiologie der Hämochromatose ist heute noch nicht vollständig geklärt. EPPINGER nimmt an, daß während der eisenfreie Farbstoffkomplex unbehindert abtransportiert, das Eisen in seinem Umsatz gehemmt wird, und RÖSSLE konnte zeigen, daß besonders die Reticulumzellen der Leber nicht mehr imstande sind, das Eisen in den Kreislauf freizugeben. KÜHL nimmt schließlich an, daß es bei dieser Krankheit schubweise zu einer gesteigerten Hämolyse kommt. Für die vermehrte Hämolyse könnte die erhöhte Eisenfraktion des Blutes sprechen, wir vermuten, daß die starke Eisenablagerung in den Geweben auf einer gestörten Ausscheidung bzw. Speicherung des zirkulierenden Eisens beruht, die erst zum Vorschein kommt, wenn ein auslösendes Moment (Alkohol, Infekt, Blei usw.) hinzukommt. Unter diesen Umständen entwickelt sich im Laufe der Zeit eine Blockierung des Reticulums, die allmählich zu einer klinisch faßbaren Störung des Eisenverbrauches im Knochenmark führt. Somit wären die niedrigen Eisenwerte im Sternalmark erklärlich. Diese Hypothese zieht gewissermaßen einen Vergleich dieser Krankheit mit der Entstehung der Bleianämie mit sich. In diesem Zusammenhang scheinen uns die Angaben ROSENBERGs von Interesse, der das Vorkommen eines Bronzediabetes bei der Bleivergiftung beschreibt. Dieser Autor kommt zum Schlusse, daß bei der Bleischädigung eine Störung des erythropoetischen Apparates bei gleichzeitigem Vorliegen einer Minderwertigkeit derjenigen Zellsysteme, die eine Verarbeitung und Verwertung des Hämoglobineisens besorgen, ausgelöst wird.

Bei der Hämochromatose gesellt sich zur Eisenstoffwechselinsuffizienz noch eine gewisse Hämolysesteigerung, die durch die Vermehrung des Serumeisens der Urobilin- und der Uroerythrynausscheidung gekennzeichnet ist. Das durch die leicht vermehrte Hämolyse freiwerdende Eisen bleibt im Kreislauf und kann in fortgeschrittenen Fällen nicht mehr zur Hämoglobinsynthese verwertet werden. Es kommt dann zu einer Anämie (NAEGELI) und zur Porphyrin-

---

[1] Die Erhöhung des Serumeisens bei der Hämochromatose wurde neulich auch von HEILMEYER und PLÖTNER beobachtet, diese Autoren sprechen die Vermutung einer Störung der Eisenausscheidung als Ursache der Eisenüberfüllung aus.

produktion im Knochenmark. Der Eisenumsatz bei der Hämochromatose zeigt gewisse Berührungspunkte mit demjenigen nach der Blockierung des Reticulums im Tierversuche. Auch hier findet man einen auffallend hohen Serumeisenspiegel. Bei der Verfolgung der Eisenkurve bei der Phenylhydrazinhämolyse zeigt sich sowohl bei unserem Hämochromatosepatienten als auch bei der Reticulumblockade, im Gegensatz zur Norm, ein geringer Anstieg des Eisens im Serum (VANNOTTI). Anders aber verhält sich die Ablagerung und die Ausscheidung des Eisens bei beiden Fällen.

Blutkrankheiten.

Besonders studiert wurden die Verhältnisse des Porphyrins bei den Anämien, und zwar nicht nur bei der Perniciosa, die bekanntlich mit einer beträchtlichen Porphyrinurie einhergehen kann, sondern auch bei einer Reihe anderer Blutkrankheiten. In bezug auf die ätiologischen Beziehungen der Anämien zu den Porphyrinstoffwechselstörungen können wir die verschiedenen Anämieformen in folgende Gruppen einteilen:

a) Eisenmangelanämien, unter denen hauptsächlich die Aderlaßanämie, die Blutverlustanämie, einige Formen der Schwangerschaftsanämie und verschiedene hypochrome Anämien mannigfacher Ätiologie zu erwähnen sind.

b) Anämien mit gestörter Erythropoese, und zwar sowohl als Mangel des antianämischen Prinzipes (Perniciosa, Sprue, Pseudoperniciosa usw.) als auch als direkte Störung der Knochenmarkstätigkeit wie bei den aplastischen Anämien, Anämien nach Benzol-, Blei- und Quecksilbervergiftung, myeloische Leukämie, Knochenmarksmetastasen usw.

c) Hämolytische Anämien.

Eisenmangelanämien. Von Interesse ist das gegensätzliche Verhalten der hypochromen Anämien in bezug auf Porphyrinausscheidung. Bei den Blutverlustanämien nach schweren Magendarmblutungen beobachtet man eine oft beträchtliche Porphyrinurie, da der Blutfarbstoff im Darm bakteriell in Porphyrin (hauptsächlich in Deuteroporphyrin) umgewandelt wird. Die Ausscheidungsvermehrung geschieht vorwiegend durch den Darm. Ganz anders verhalten sich die Anämien bei Blutverlust ohne Blutung im Verdauungskanal, typisch ist dabei die Aderlaßanämie; hier findet man keine Porphyrinvermehrung, da eine Resorption und eine Verarbeitung des Blutfarbstoffes wie bei den Darmblutungen nicht stattfindet. Die diesbezüglichen Untersuchungen von BRUGSCH, DUESBERG, VIGLIANI und von anderen Autoren zeigen bei dieser Anämieform deutlich das Fehlen einer abnormen Porphyrinvermehrung, auch wenn das Blutbild eine spätere Regeneration aufweist. Das leicht abspaltbare Eisen ist dabei gewöhnlich leicht vermindert.

Bei der Schwangerschaft wurde in den letzten Jahren die Porphyrinausscheidung genau verfolgt. Die Ergebnisse der Untersuchungen sind nicht übereinstimmend. CARRIÉ beobachtet eine geringe, aber fortwährend kleiner werdende Porphyrinausscheidung. Nach diesem Autor tritt unmittelbar nach dem Partus eine steil verlaufende Porphyrinzunahme auf. CARRIÉ nimmt an, daß das beim erhöhten Erythrocytenzerfall freiwerdende Porphyrin auf den Fetus übertreten und diesem zur Blutbildung dienen kann. (Diese Hypothese ist jedoch unwahrscheinlich.) FIKENTSCHER fand bei seinen Untersuchungen während der Gravidität entweder keine Änderung der Porphyrinausscheidung oder eine leichte Steigerung besonders im ersten und letzten Drittel der Schwangerschaft. Das Blutporphyrin ist während dieser Zeit nicht vermehrt, obgleich im fetalen Blute eine deutliche Porphyrinzunahme vorliegt.

Das Verhalten des leicht abspaltbaren Eisens während der Gravidität wurde von GUTHMANN untersucht; er konnte zeigen, daß das Eisen in der ersten Hälfte der Schwangerschaft mäßig erhöht ist, und dann im zweiten Teil eine starke Zunahme erfährt. Nach der Geburt nimmt das leicht abspaltbare Eisen rasch ab bis auf normale Werte.

Zu den Eisenmangelanämien gehören noch diejenigen Krankheitsformen, die durch Fehlnahrung (alimentäre Anämien, Kinderanämien nach JACK HAYEM) bedingt sind. Darüber aber sind in bezug auf Porphyrinausscheidung in der Literatur keine Angaben zu finden. Einen typischen Fall von Eisenmangelanämie konnten wir bei einem Sträfling beobachten.

38jähriger Mann, seit 12 Jahren in einer Strafanstalt, klagt in der letzten Zeit über starke Ermüdung, zunehmende Anämie, Magenbeschwerden und Hautjucken. Klinisch schwere hypersekretorische hypacide Gastritis. Blutstatus: 2,5 Mill. Erythrocyten, 38% Hb., 5880 Leukocyten. In relativ kurzer Zeit nach Bekämpfung der Magenbeschwerden besserte sich mit Eisen- und Vitaminzufuhr die Anämie. Patient weist im Urin Spuren Urobilin, wenig Urochrom, mäßig viel Porphyrin (0,112 mg Koproporphyrin) auf. Die Porphyrinausscheidung durch den Stuhl ist vermehrt. Im Blut keine wesentliche Erhöhung des Protoporphyrins. Das Bluteisen (leicht abspaltbare Fraktion) ist auffallend niedrig, steigt im Verlauf der Therapie auf beinahe normale Werte, und die Porphyrinausscheidung wird wieder normal. Es besteht hier augenscheinlich ein gewisser Zusammenhang zwischen Eisenmangel und Porphyrinbildung.

Anämien mit gestörter Erythropoese. Die zweite Gruppe von Anämien, die mit einer Störung der normalen Erythrocytenbildung im Knochenmark einhergeht, liefert die größte Zahl von Fällen, die mit einer starken Porphyrinvermehrung einhergehen. Zuerst ist an die Perniciosa zu denken und außerdem an diejenigen Anämieformen, die nicht auf der mangelhaften Bildung, sondern auf der schlechten Resorption und auf der Zerstörung des antianämischen Prinzipes beruhen.

Beobachtungen über abnorme Porphyrinausscheidung bei der Perniciosa wurden schon vor längerer Zeit angegeben. TAYLOR beschreibt 1895 bei einem 55jährigen Patienten mit perniziöser Anämie eine ausgesprochene Porphyrinurie, begleitet von Intestinalstörungen.

FISCHER und HILMER haben bei der Perniciosa genau quantitative und qualitative Untersuchungen im Urin, Stuhl und Knochenmark durchgeführt. Es wurde hauptsächlich Koproporphyrin gefunden. In 11 ccm Urin waren 0,14676 mg Porphyrin nachzuweisen. Die Untersuchungen BORST und KÖNIGSDÖRFERS führten zur Annahme einer Bildung von Porphyrin I im Organismus mit Auftreten dieses Farbstoffes im Knochenmark. Diese Tatsache läßt sich nicht nur durch den Befund von fluorescierenden Erythro- und Megaloblasten im Knochenmark, sondern auch durch die in neuester Zeit durch WATSON gemachte Feststellung einer abnormen Porphyrin-I-Ausscheidung im Stuhl von Perniciosa bestätigen. THIEL hat kurvenmäßig den Porphyrinspiegel mit dem

Hämoglobingehalt des Blutes bei der Perniciosa verglichen; er sah dabei, daß die Mengen der beiden Farbstoffe sich in umgekehrter Weise verhalten.

Brugsch hat eine Reihe von Perniciosafällen systematisch verfolgt und hebt die Tatsache hervor, daß der Porphyringehalt des Stuhles verhältnismäßig viel höher liegt als derjenige des Urins. Bei Belastungsversuchen mit porphyrinreicher Kost beobachtet man oft eine prompte deutliche Erhöhung des Porphyrinspiegels des Stuhles, während dabei im Urin die Ausscheidungswerte dieses Farbstoffes oft nur wenig beeinflußt werden. Dieser Autor kommt daher zum Schluß, daß es zu einer abnormen Zersetzung der exogen durch die Nahrung eingeführten porphyrinbildenden Substanzen im Darm der Perniciosapatienten kommt. Diese abnorme Zersetzung ist auf die bei der Perniciosa auftretende

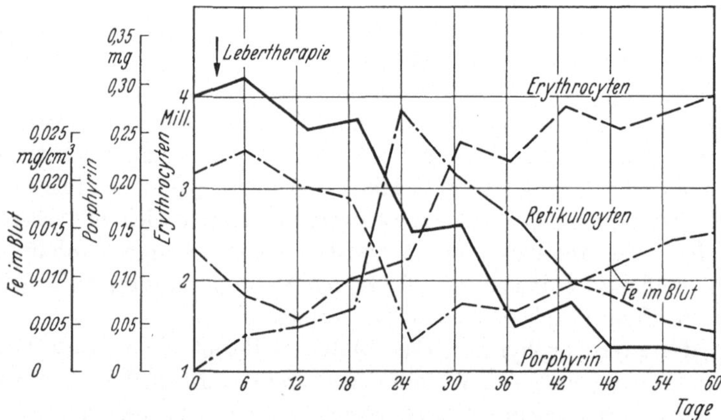

Abb. 43. Porphyrinausscheidung in einem Falle von perniziöser Anämie, vor und nach der Leberbehandlung.

Besiedlung des Dünndarmes mit abnormer Flora zurückzuführen. Diese auffallende Abweichung zwischen Porphyrinwerten im Urin und Stuhl bei der Perniciosa ist schon mehrmals beobachtet worden, sie ist wohl auch zum Teil auf den schwer alterierten Chemismus des Magendarmtractus (Aciditätsmangel des Magens) sowie auch auf die Erschwerung der Darmresorption zurückzuführen.

Manche Kliniker beobachteten ein Fehlen der vermehrten Porphyrinausscheidung bei dieser Anämieform, schon frühere Autoren hatten auf ganz verschiedene Porphyrinbefunde bei der Perniciosa aufmerksam gemacht. Auch in der letzten Zeit wird von Lorente und Scholderer auf die zahlreichen Widersprüche bei der Porphyrinbestimmung bei der Perniciosa hingewiesen. Die Autoren erklären diese abweichenden Resultate dadurch, daß in den Remissionen der Perniciosa, selbst bei hochgradiger Anämie, die Porphyrinurie wieder zur Norm zurückgeht. Der Grund dieser abweichenden Ergebnisse liegt zum großen Teil sicher darin, daß meistens nur die Urinausscheidung kontrolliert wurde, ohne eine systematische quantitative Untersuchung des Gesamtporphyrins auszuführen. Die Porphyrinausscheidung zeigt im Verlaufe der Perniciosa typische Schwankungen, die mit der Knochenmarkstätigkeit und mit dem Grad der Hämolyse zusammenhängen.

Zur Illustration des Gesagten folgen hier zwei Beispiele:

G. A., 62jährige Hausfrau, leidet an einer Perniciosa mit histaminrefraktärer Achylia gastrica, Hunterscher Glossitis, typischem Blut- und Sternalbefund.

Die Kurve zeigt zu Anfang der Lebertherapie eine deutliche Abnahme der Erythrocyten- und Hämoglobinwerte bei stark erhöhtem Porphyrin in Urin und Stuhl. Die starke Porphyrinausscheidung dauert bei geringen Schwankungen bis zur Reticulocytenkrise. Beim Einsetzen der starken Knochenmarksregeneration und beim Anstieg der Erythrocyten- und Hämoglobinwerte sinkt auch das Porphyrin sehr rasch, um dann langsam zu beinahe normalen Werten zu kommen. Eine Nachkontrolle nach einem Jahr zeigt in bezug auf Blut- und Porphyrinbefund keine wesentlichen Schwankungen mehr.

Noch ein weiterer Fall verdient hier erwähnt zu werden. Es handelt sich um eine Perniciosa bei einer 48jährigen Frau, bei der die klinische Untersuchung keinen wesentlich erhöhten Blutzerfall (Urobilin, Uroerythrin und Urochromausscheidung) zeigt und die Regenerationstendenz des Knochenmarks auffallend gering ist. (Die Sternalpunktion ergibt eine aplastische Form der Perniciosa.)

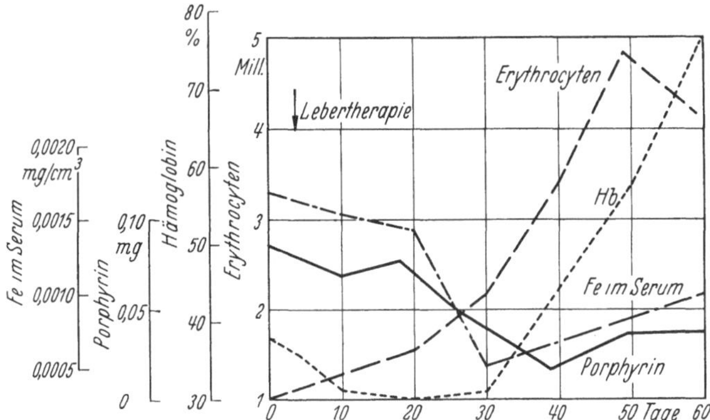

Abb. 44. Geringe Porphyrinausscheidung und flache Eisenkurve im Serum in einem Falle von perniziöser Anämie.

Die Zunahme der Erythrocyten infolge der Lebertherapie geht langsam vor sich und zeigt bei einer unwesentlichen Reaktion der Reticulocyten keine typischen Zeichen einer starken Knochenmarksstimulation. Dementsprechend sieht man auch einen anderen Kurvenverlauf der Porphyrinwerte und des leicht abspaltbaren Eisens.

Dieser Fall weist also bei geringer Regenerationstendenz des Knochenmarks eine sehr flaue Porphyrinkurve auf, während die Eisenwerte im Serum relativ geringen Schwankungen unterworfen sind. Der Gehalt des leicht abspaltbaren Eisens im Knochenmarksblut ist auffallend klein, vor allem während der Reticulocytenkrise. Bei der Regeneration steigt das Eisen im Knochenmark nur in sehr mangelhafter Weise. Die in der Kurve nicht angegebenen Eisenwerte im Sternalpunktat zeigen einen langsamen Anstieg von 0,004 auf 0,011 mg/cm³. Das Protoporphyrin der roten Blutkörperchen ist hier ebenfalls niedrig; dieser Befund bestätigt auch die relativ geringe Hämolyse in diesem Fall und entspricht dem geringen Eisenwert im Blute.

Aus diesen einzelnen Beispielen sowie aus einer Reihe hier nicht angegebener Beobachtungen und aus den in letzter Zeit erschienenen Literaturangaben kann gesagt werden, daß die *Porphyrinausscheidung bei der Perniciosa strenge Beziehungen zu der Knochenmarksregenerationstätigkeit und zu dem Mechanismus des Blutabbaues* unterhält. Die Wiederaufnahme der Knochenmarkstätigkeit, die sich mit der Reticulocytenkrise kundgibt, äußert sich im allgemeinen in einer deutlichen Abnahme der Porphyrinsekretion. Eine Abnahme, die sehr rapid verlaufen kann und unter Umständen von einem Zurücksinken der Eisenwerte im Blut und im Serum auf normale Verhältnisse begleitet wird. Ein Teil des ausgeschiedenen Porphyrins nimmt seinen Ursprung aus dem Knochenmark, und man muß deshalb bei dieser Krankheit an eine Synthese von Porphyrin I in den roten Blutzellen bei gleichzeitigem Auftreten der Megaloreihe denken. Diese Annahme wird nun durch die Untersuchungen WATSONs bekräftigt. Das Protoporphyrin als Abkömmling des Hämoglobins, das bei der unbehandelnden Perniciosa sehr hohe Werte erreichen kann, ist auf die vermehrte Hämolyse und auf die Leberschädigung zurückzuführen und hat mit dem Porphyrin I verwandtschaftlich nichts zu tun. Mit dem Auftreten der Regeneration sinkt dieser Porphyringehalt nicht sofort zur Norm, oft bleibt

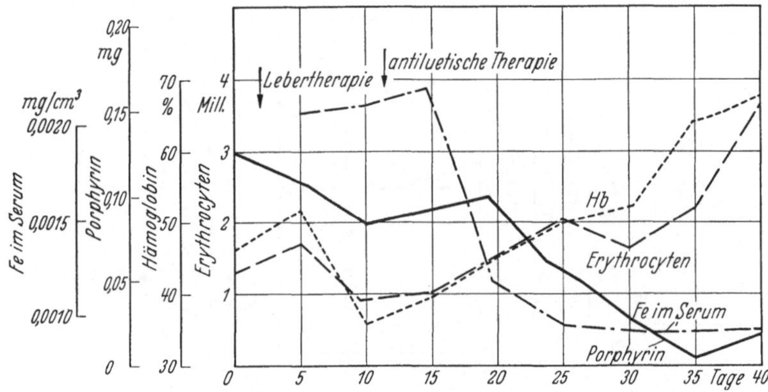

Abb. 45. Porphyrinausscheidung bei einer pseudopernizösen Anämie nach Lues. Die Porphyrinkurve ist später im Verlaufe der antiluetischen Kur (Salvarsan) sehr wahrscheinlich infolge geringgradiger Leberstörung wieder in die Höhe gestiegen (0,08—0,11 mg täglich).

er während längerer Zeit leicht vermehrt. Ob hier eine höhere Beanspruchung der Erythrocyten bei erhöhtem Sauerstoffverbrauch des Organismus zufolge der Anämie oder ob eine weiterdauernde verminderte Resistenz der roten Blutkörperchen anzunehmen ist, bleibt heute noch unentschieden.

Für die Frage der Porphyrinbildung scheint ferner die Tatsache von Interesse zu sein, daß ähnliche Verhältnisse nicht nur bei der echten Perniciosa, sondern auch bei den *pseudopernizösen* Formen vorhanden sein können. Ein Beispiel dafür bildet folgender Fall von pseudopernizöser Anämie bei einer Lues.

57jähriger Gärtner. In der letzten Zeit zunehmende Müdigkeit, Blässe und Gewichtsabnahme. In der Mundhöhle seit etwa 2 Monaten kleine, stark schmerzhafte Geschwüre, dabei Magenbrennen, Durchfälle und plötzliche Verstopfung. Ab und zu Erbrechen. Venera negiert.

Wa.R. wiederholt kontrolliert positiv. Achylia gastrica. Magendurchleuchtung: Gastritis, keine Anhaltspunkte für Tumor. Das Blutbild zeigt eine deutliche hyperchrome Anämie mit Aniso-Poikilo- und Megalocytose. Bilirubin im Serum nicht vermehrt. Die Sternalpunktion ergibt einige Megalo- und mehrere Makroblasten. Die folgende Tabelle bringt die Verhältnisse der Erythrocyten, des Hämoglobins, des leicht abspaltbaren Eisens und der Porphyrinausscheidung.

Von biologischem Interesse ist die Beobachtung der Porphyrinausscheidung bei der *einheimischen Sprue.*

Als typische Symptome dieser Krankheit gelten Störungen im Magendarmtractus (mangelhafte Fettresorption und damit verbundene avitaminotische Zeichen), und die Anämie, meistens von perniziösem Charakter. Ätiologisch kommt zur Erklärung dieser Erscheinung von seiten des Blutsystems vermutlich das Fehlen des Vitamin-B_2-Komplexes oder vorsichtiger ausgedrückt: eines seiner Faktoren in Frage (vgl. auch v. JAGIĆ und NAGL). Wir wissen heute, daß das Vitamin B_2 aus mehreren biologisch und chemisch voneinander verschiedenen Faktoren besteht. Zwischen den einzelnen spezifisch wirkenden Teilen aber entfaltet sich eine Art Katalyse, die die Gesamtleistung des B_2-Komplexes aktiviert und potenziert (STEPP, KÜHNAU, SCHROEDER). Unter diesen Faktoren unterscheiden wir heute einerseits das Vitamin B_2 im engeren Sinne, d. h. das Lactoflavin, das als Wachstumsstoff und als Baustein des gelben Fermentes WARBURGs gilt, anderseits den Pellagraschutzstoff des Menschen und denjenigen der Ratte (B_6) und schließlich das antianämische (extrinsic Factor CASTLEs) und das antisprue Vitamin. Wie CASTLE annimmt, fallen beim antianämischen Prinzip zwei Faktoren in Betracht, der endogene, ein durch die Magenschleimhaut geliefertes Ferment, und der exogene Faktor, der durch die Nahrung in den Organismus gelangt. STRAUSS und CASTLE vermuten, daß dieser Faktor (Hämogen) mit dem Vitamin B_2 identisch sei oder dem Vitamin-B_2-Komplex angehöre (SCHRÖDER). Bei der Perniciosa würde nach diesen Autoren der endogene Faktor, bei der Sprue hauptsächlich der exogene Faktor fehlen. Diese Hypothese findet heute nicht restlose Anerkennung. Gerade die Frage der Anämie als Mangelerscheinung des B_2-Komplexes muß uns interessieren, da gewisse Anhaltspunkte für die Bedeutung des Porphyrinumsatzes bei der Knochenmarksinsuffizienz unter B_2-Hypoavitaminose bestehen (Perniciosa, Pellagra, Sprue).

Welche Beziehungen zwischen dem Vitaminmangel der Anämieentstehung und der Porphyrinproduktion herrschen, kann folgendes Beispiel illustrieren.

60jährige Krankenpflegerin. Beginn der Erkrankung schleichend in den letzten Jahren mit unbestimmten Magendarmstörungen. Vor 3 Jahren deutliche Zunahme der Beschwerden. Zuerst schmerzlose Diarrhöen, allmählich aber Schmerzen im ganzen Abdomen, besonders im Hypochondrium und in der Lendengegend. Die Stühle wurden allmählich farblos, oft schaumig. Die Patientin muß mit Verdacht auf Ulcus hospitalisiert werden, die Feststellung einer Anämie läßt die Kranke in eine interne Abteilung eintreten. Es wird eine Perniciosa (Erythrocyten 1,2 Mill., Hb. 40%, Färbeindex 1,6, Leukocyten 1900) diagnostiziert. Eine Lebertherapie bringt nur langsam eine Besserung. Im Verlaufe der Behandlung treten stärkere Darmbeschwerden auf, in Form von unerträglichen Schmerzattacken im Abstand von etwa 2 Wochen mit starker Darmblähung und Stuhlverhaltung. Der Magen zeigt völlige Achylie, ist stark ptotisch und atonisch, der Dickdarm weist oft Luftansammlung und spastische Einziehungen auf.

Während eines solchen schweren Anfalles wird wegen längerer Stuhlverhaltung die Diagnose Ileus gestellt und die Patientin deswegen operiert. Bei der Operation wird eine mächtige Erweiterung der Dünndarmschlingen konstatiert und in einem Abschnitt von 60 cm in beinahe gleichem Abstand drei starke Stenosen.

13*

Es wird eine Darmresektion vorgenommen, der resezierte Darm zeigt leichte Erscheinungen einer subakuten ulcerösen Enteritis. Nach der Besserung der Anämie wird die Patientin entlassen. Die hellen Stühle, die Diarrhöen und die

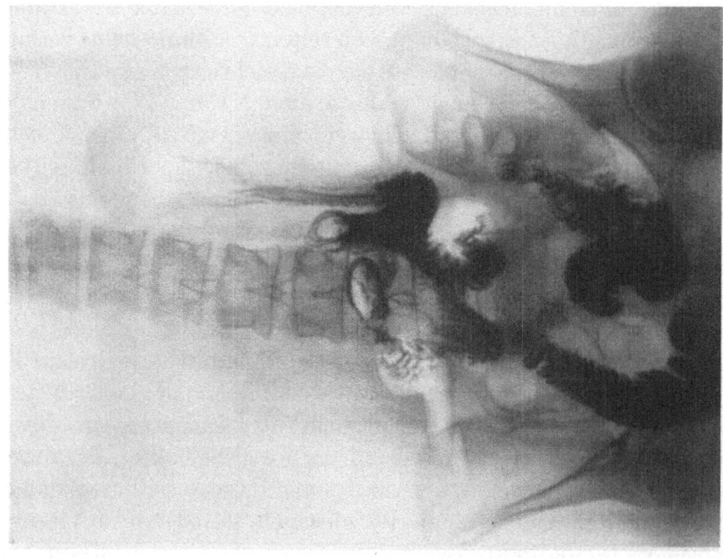

Abb. 46.   Magenptose, breite Falten und Spiegelbildung im Dünndarm bei einheimischer Sprue.

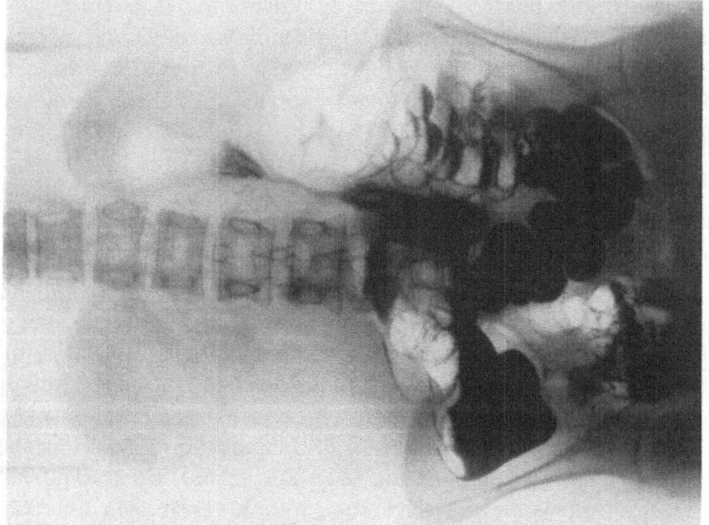

Abb. 47. Starke Spiegelbildung und Luftansammlung im Dickdarm bei demselben Spruefall.

starke Anämie sind immer noch vorhanden. Ein Jahr später kommt es zu einem Rückfall der Anämie. (Immer hyperchrome Anämie mit typischen Perniciosabildern.) Unter Lebertherapie Besserung des Zustandes. Bei einem dritten Rückfall wird die Patientin in unserer Klinik eingewiesen.

Patientin ist sehr abgemagert und schwach, hat täglich 2—5 Stuhlentleerungen. Es handelt sich um eine ausgesprochene Steatorrhöe. Der Magenmechanismus weist eine histaminrefraktäre Achylie auf. Die röntgenologische Magendarmuntersuchung ergibt: Starke Atonie und Ptose des Magens, rasche Dünndarmpassage, oft Luftblasenansammlung, besonders in den oberen Dünndarmschlingen und Spiegelbildung im Duodenum. Starke Kaliberschwankung im Dickdarm mit Neigung zu lokalen Einziehungen, sonst auch da starke Luftansammlung mit Spiegelbildung.

Im Serum ist das Bilirubin nicht vermehrt, das Calcium deutlich vermindert, die Blutzuckerkurve zeigt einen flachen Verlauf. Die Blutuntersuchungen ergaben eine deutliche Anämie, diesmal aber hypochromen Charakters mit ausgesprochener Aniso- und Poikilocytose. Die Knochen waren am Anfang druckempfindlich, und röntgenologisch ließ sich eine deutliche Kalkverarmung feststellen.

Die Untersuchung auf Porphyrin ergab folgende Verhältnisse: Im Urin ist die Porphyrinausscheidung normal (0,0125—0,0461 mg Koproporphyrin). Im Stuhl ist das Porphyrin sehr stark vermehrt (0,961—4,515 mg), und zwar hauptsächlich Kopro- und Deuteroporphyrin. Die beiliegende Kurve ergibt die Werte der Erythrocyten, des Hämoglobins, des Porphyrins und des Körpergewichtes im Verlaufe der Behandlung. Nach 6wöchiger intensiver Verabreichung von Leberextrakten parenteral und von Azidolpepsin kam

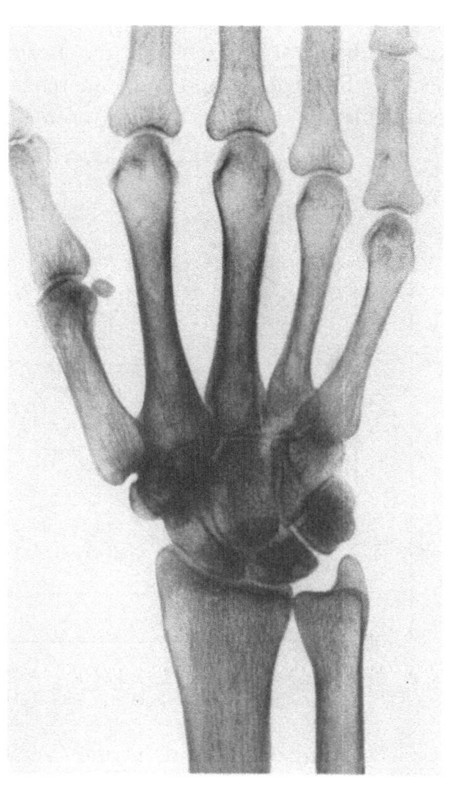

Abb. 48. Starke Osteoporose unserer Spruepatientin.

es bei der Patientin zu keiner Reticulocytenkrise. Die Erythrocyten stiegen nach einem initialen Sturz wieder langsam an, sie erreichten aber die Ausgangswerte nicht. Erst als zur Lebertherapie noch Vitamin-B$_2$-Lactoflavin (HOFFMANN LA ROCHE) hinzugefügt wurde, später auch Hefeextrakt Cenovis, konnte eine wesentliche Besserung erzielt werden. Die Blutwerte nahmen rapid zu, das Körpergewicht zeigte eine deutliche Steigerung, die Darmstörungen verschwanden allmählich, zuerst unter Abnahme der Darmblähungen, dann mit einer deutlichen Besserung der Stühle (die Steatorrhöe verschwand aber nicht vollständig). Auch die Porphyrinausscheidung aus dem Darm sank auf beinahe normale Werte (das Deuteroporphyrin war noch leicht vermehrt). Die Werte des leicht abspaltbaren Eisens im Blute waren während des ganzen Verlaufes auffallend niedrig. Nur gegen Ende kam es zu einem leichten Anstieg. Später machte die Patientin eine Bronchopneumonie durch, die damit verbundene Verschlechterung der Situation konnte nur unter Vitamin-B$_2$-Verabreichung wieder günstig beeinflußt werden.

Man kann hier nicht von einer direkten Heilung dieses Spruefalles unter Zufuhr von Vitamin B₂ sprechen, die Kombination der in diesem Fall wenig wirksamen Lebertherapie mit dem Vitamin B₂, später mit Hefeextrakten und Nebennierenrindenhormon hat aber zu einer auffallenden allgemeinen Besserung, hauptsächlich des Blutbefundes und des Allgemeinbefindens geführt. Das Verhalten der Porphyrinproduktion gegenüber der Therapie ist hier besonders interessant, da man sich diesbezüglich fragen muß, ob die Porphyrinbildung durch eine bessere Darmresorption infolge Vitamin-B₂-Zufuhr (VERZÁR und LASZT haben vor kurzem auf die Beziehungen zwischen Lactoflavinphosphorilierung, Resorption und Nebennierenrindenhormon hingewiesen), oder ob der Zusatz eines der wichtigsten Faktoren des B₂-Komplexes, eine Aktivierung der

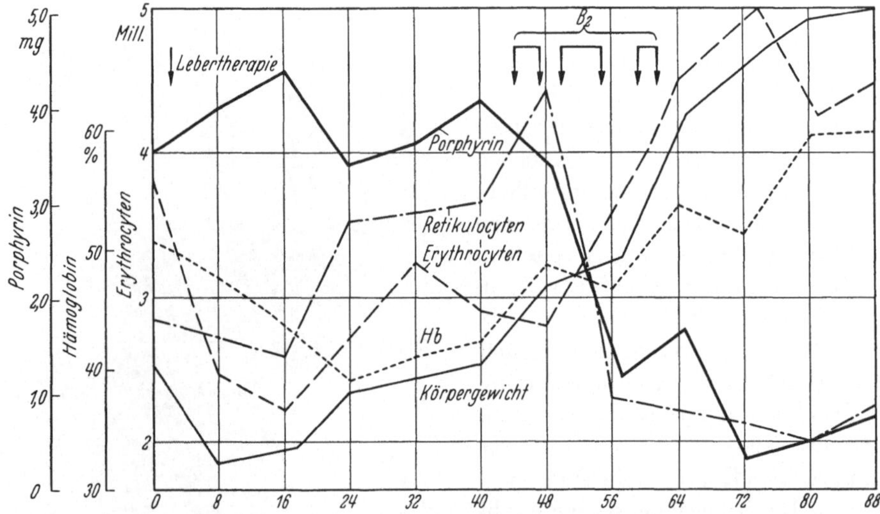

Abb. 49. Verlauf der Porphyrin-, Erythrocyten-, Hämoglobin-, Reticulocyten- und Körpergewichtkurven bei unserem Spruefalle nach Leber- und Vitamin-B₂-Behandlung.

Gesamtwirkung von B₂, d. h. eine Verstärkung der antianämischen Funktion dieses Vitamins mit sich geführt hat. Damit wäre die rasche Behebung der Anämie bei unserer Spruepatientin zu erklären. Nach BECHER führt eine ungenügende Zufuhr von Vitamin B zu klinisch faßbaren Darmresorptionsstörungen und STEPP betont die Tatsache, daß die schlechte Vitaminresorption ihrerseits funktionell das Verdauungssystem schädigen kann, wobei eine abnorm hohe Porphyrinbildung aus der Nahrung durch die abnorme Darmflora verständlich ist. Bei diesem Circulus vitiosus ist das Entstehen einer schweren Hemmung der Resorptionsvorgänge im Darmkanal ersichtlich. Die damit verknüpfte B-Avitaminose führt einerseits zu einer Störung der erythropoetischen Knochenmarkstätigkeit und andererseits zur Anhäufung und zu einer vermehrten Bildung von Porphyrin im Darm. Wie sehr die Porphyrinbildung im Darm bei der Sprue von der Nahrung abhängt, konnten wir in einem zweiten Falle feststellen, bei welchem die Entziehung von Blut- und Muskelfarbstoff aus der Nahrung eine prompte, deutliche Abnahme des Porphyringehaltes des Stuhles mit sich führte. Die Hauptmenge des bei der einheimischen Sprue gebildeten Porphyrins beruht also auf einer abnormen Tätigkeit des Darmtractus, wobei die veränderte Darmflora eine große Rolle spielt.

Das nicht resorbierte Porphyrin wird in größeren Mengen mit dem Stuhl ausgeschieden, die entgiftende Funktion der Leber kann sich hier nicht in vollem Maße entfalten, da der Farbstoff gar nicht in das Pfortadersystem gelangt. Die Patientin zeigte neben den Spruesymptomen noch diejenigen einer Porphyrie mit den klassischen Zeichen von abdominellen Störungen, die zu den schweren Ileuserscheinungen führten (darüber siehe folgendes Kapitel). Eine zweite Frage, die sich bei der Porphyrinbildung der einheimischen Sprue stellt, ist diejenige einer evtl. Porphyrinproduktion direkt im Knochenmark, wie es für die Perniciosa angenommen wird. Es sollte sich aber um ein Porphyrin I handeln, eine Bestätigung dieser Vermutung liegt aber bis heute noch nicht vor. Von allgemein biologischem Standpunkt aus interessiert uns besonders die Frage: Lactoflavin und Porphyrin, und zwar nicht nur, wie oben angegeben, im engeren Bilde der Sprueätiologie, sondern auch und hauptsächlich zur Klärung möglicher funktioneller Zusammenhänge zwischen gelbem Pigment und Porphyrin.

Der Wachstumsfaktor des B_2-Komplexes, also das Vitamin B_2 im engeren Sinne des Wortes, in Form von Lactoflavinphosphorsäure, stellt in Bindung an einen Eiweißkörper das gelbe Atmungsferment WARBURGs dar. Es handelt sich um ein oxydoreduktives Pigment, das bei der Anaerobiose die Rolle des roten Atmungsfermentes WARBURGs spielen soll. Zwischen den beiden Pigmenten aber existiert chemisch gar keine Verwandtschaft, beide haben aber funktionelle Beziehungen zum Porphyrin.

Das WARBURGsche Ferment stellt, wie schon erwähnt, eine Porphyrinverbindung dar, es kann direkt, wie LWOFF im biologischen Experiment gezeigt hat (Flagellaten), von der lebenden Zelle aus Protoporphyrin synthetisiert werden.

Das Lactoflavin hat die Fähigkeit unter gewissen Umständen die Porphyrinausscheidung beim Menschen und im Tierversuche zu vermindern. Dies ist nicht nur aus dem oben erwähnten Spruefall, sondern auch in einigen Porphyriefällen (s. Kapitel IX) deutlich ersichtlich.

Es stellt sich somit die Frage, ob bei einer Störung des Phorpyrinsystems, und zwar unter anderem auch desjenigen der Atmungspigmente (Cytochrom, WARBURGs-Ferment), das Lactoflavin vikarierend auftreten könne. Man denkt heute immer mehr an die Möglichkeit einer vermittelnden Rolle des gelben Fermentes zwischen Cytochrom und substratspezifischen H-überragenden Fermenten. DIETRICH und PENDL haben neulich gezeigt, daß die herabgesetzte Leistung des asphyktischen Froschherzens unter Lactoflavinzusatz wieder zur Norm gebracht werden kann. Alle diese Überlegungen bringen uns allmählich auf den Gedanken, daß das manchmal beobachtete Zurückgehen bzw. Auftreten einer Porphyrinvermehrung unter Zusatz bzw. Mangel an Vitamin B_2 nicht als zufällige, sondern als zweckmäßige Erscheinung eines aus verschiedenen, in ihrer Funktion untereinander abhängigen Pigmenten, bestehenden Komplexes zu betrachten sei. Daraus soll aber nicht der falsche Schluß gezogen werden, daß die Porphyrie einer B_2-Avitaminose gleichkomme.

Die Sprue ist in ihrer Ätiologie noch nicht völlig geklärt, es herrschen noch Zweifel, ob der B_2-Mangel ätiologisch die Hauptrolle bei dieser Krankheit spiele, höchstwahrscheinlich aber ist die Störung der B_2-Resorption eine entscheidende Ursache in der Entstehung der Sprueanämie und der Porphyrinstoffwechselstörungen.

In die B_2-Gruppe gehört auch der Pellagraschutzstoff. Man unterscheidet heute einen Pellagraschutzstoff des Menschen (P-P-Faktor) und einen solchen der Ratte (B_6).

Das Krankheitsbild der Pellagra hat mit den drei Hauptsymptomen: Hautbeteiligung, Magendarmstörungen (Magenatonie, Magendarmkrämpfe, Stuhlverhaltung und Diarrhöen) und den nervösen Erscheinungen (es ist sogar eine ascendierende Paralyse bei der Pellagra bekannt) mehrere Berührungspunkte mit der Symptomatologie der Porphyrinkrankheit.

Es ist daher kein Zufall, wenn ELLINGER und DOJMI einen vermehrten Porphyrinumsatz bei der künstlichen Pellagra der Ratten feststellen.

Diese beiden Autoren sowie BASSI in Italien finden auch bei der menschlichen Pellagra eine abnorme Porphyrieausscheidung, und zwar bei 24 Pellagrapatienten zeigten 8 davon eine deutliche Porphyrinurie. Das Porphyrin war nur dort vermehrt, wo aktive Pellagraerscheinungen vorhanden waren. Damit würde zum Teil die Frage der Hauterscheinungen bei der Pellagra eine Erklärung finden. Im Tierexperiment gelang es RONCORONI auch am Meerschweinchen, bei lang dauernder einseitiger Ernährung (Maisfütterung) pellagraähnliche Veränderungen mit gastroenteritischen und colitischen Erscheinungen und einer vermehrten Porphyrieausscheidung zu erzeugen.

Einen Fall mit schwerster Lichtdermatose und anderen pellagraähnlichen Symptomen konnten wir bei einem 54jährigen Manne, bei dem das Blutbild eine schwere Anämie zeigte, beobachten. Eine Porphyrinvermehrung war nur im Stuhl (0,782 mg) vorhanden.

Schließlich ist noch an das Vitamin H und an anderen der B_2-Gruppe angehörende Faktoren zu denken, deren Mangel im Tierversuch charakteristische Hautveränderungen hervorruft, und beim Menschen vielleicht bei der Entstehung der Pellagra in indirekter Weise eine Rolle spielt.

Untersuchungen dieser Avitaminose an Ratten haben uns gezeigt, daß an den veränderten Hautstellen (Alopecie und Krustenbildung) eine starke Porphyrinfluorescenz zu beobachten ist, eine Erscheinung die mit dem Fortschreiten des Leidens immer an Intensität und Ausdehnung zunimmt. Auch in einer Gruppe von B_1-avitaminotischen Ratten konnten wir ähnliche Fellveränderungen mit lokaler Porphyrinablagerung sehen, dabei handelt es sich höchstwahrscheinlich um eine Karenz von B_2-Faktoren, die bei der Erzeugung von Beriberi den Tieren nicht verabreicht wurden.

Bei allen diesen Fällen geht die Porphyrinstoffwechselstörung einer Anämie parallel, die in einigen Fällen hochgradig werden kann und die oft nach der Vitaminverabreichung mit der gleichzeitigen Rückbildung der Porphyrinanomalie rasch zurückging.

Die genaue Untersuchung dieser Versuchstiere zeigte uns aber keine Erhöhung des Porphyrins im Knochenmark, sondern lediglich einen abnorm hohen Porphyringehalt (Kopro + Denterop) im Darmtractus.

Es gibt weitere Formen von Anämie, die bei gestörter Knochenmarksfunktion eine deutliche Veränderung des Porphyrinstoffwechsels aufweisen. Dazu gehört die Cooley-Anämie (Mediterranean Anaemia), die nur bei Bewohnern Griechenlands, Italiens und Dalmatiens beobachtet wird, LICHTWITZ bemerkt darüber, daß sich bei dieser Krankheit embryonale Blutbildungszeichen in Form von Ausbreitung der Erythropoese auch außerhalb des Knochenmarkes zeigen, dazu erhöhte Erythrocytenresistenz und Mißbildung des Farbstoffes durch Porphyrinproduktion, bemerkbar machen. Dieser Autor beschreibt einen Fall von Cooley-Anämie bei einer 13jährigen Italienerin. Seit dem 6. Lebensjahr Entwicklungs-störungen, hypochrome Anämie, Bilirubinvermehrung im Blute, niedrige Chole-sterinwerte. Der Harn der Patientin war tiefbraun, dunkelte beim Stehen nach und enthielt reichlich Porphyrin. Interessant ist diesbezüglich die Behauptung WHIPPLEs und BRADFORDs einer Identität in der Pigmentablagerung bei der Cooley-Anämie und bei der Hämochromatose. Auch beim Morbus Gaucher mit Erythroblastose und Anämie konnte LICHTWITZ eine starke Vermehrung der Porphyrinausscheidung beobachten. In einem Falle von Erythroblasten-anämie wurde von TROPP und PENEW eine starke Porphyrinurie beobachtet, die nach Splenektomie zur Norm absank.

Anders liegen die Verhältnisse bei der schweren Hemmung der Knochen-markstätigkeit, wie es bei der aplastischen Anämie zu finden ist. Bei der mecha-nischen Durchsetzung des Knochenmarkes durch myeloische Gewebe, Ca-Meta-stasen oder andere Tumormassen, sowie auch bei schweren entzündlichen Pro-zessen im Knochenmark (myelophthisische Anämie NAEGELIs), kann man nicht selten Störungen des Pigmentstoffwechsels finden, ohne daß jedoch die Porphyrine eine bedeutende Rolle spielen.

BRUGSCH beobachtete bei den aplastischen Anämien auffallend niedrige Porphyrinwerte, ohne aber darauf näher einzugehen. In einem Fall von rapid fortschreitender Panmyelophthise bei einem 28jährigen Fabrikarbeiter konnten wir eine leichte Erhöhung des Porphyrins, die auf eine akute, autoptisch kon-trollierte Leberschädigung zurückzuführen war, feststellen. Das Knochenmark zeigte keinen abnormen Porphyrinfluorescenzbefund.

Bei der myeloischen Leukämie konnte THIEL keine abnorme Porphyrin-vermehrung beobachten, BRUGSCH beschreibt in einem Fall bei einer 68jährigen Frau keine wesentliche Porphyrinerhöhung, in einem zweiten Fall aber bei einem 47jährigen Mann mit myeloischer Leukämie eine deutliche Koproporphyrin-vermehrung (0,1863) mg. Porphyrinurie bei der akuten myeloischen Leukämie wird von LORENTE und SCHOLDERER beobachtet. Auch MÜLLER berichtet über eine deutliche Zunahme sowohl der Kopro- wie der Uroporphyrinausschei-dung bei der Myelose. Die Schwankungen der Porphyrinwerte bei dieser Krankheit hängen hauptsächlich von dem Verlaufe und von der Schwere der Affektion und ferner vom Grade der Mitbeteiligung des erythropoetischen Systems ab. Folgender Fall zeigt bei einer akuten myeloischen Reaktion im Anschluß an eine Panmyelophthise die Abhängigkeit der Porphyrinaus-scheidung von den erwähnten Faktoren.

31jährige Hausfrau. Vor 6 Wochen aus voller Gesundheit plötzliche Er-krankung mit Schluckbeschwerden und akuter Angina, ferner Halsdrüsen-schwellung. Nach 3 Wochen Knochenschmerzen. Subfebrile Temperaturen. Dann Sehstörungen (Retinitis haemorrhagica). In den letzten Tagen häufiges Erbrechen, abdominelle Schmerzen mit Meteorismus. Starke Kopfschmerzen. In der folgenden Tabelle werden der Blutstatus und die Werte des ausgeschie-denen Porphyrins wiedergegeben.

Die Autopsie des Falles ergab eine akute myeloische Leukämie mit leukä-mischem Milztumor und Lymphdrüsenhyperplasie sowie leukämische Infiltra-tion der Leber.

Die fluorescenzhistologische Untersuchung der Organe ergab eine schwache Porphyrinfluorescenz im Knochenmark. Sowohl in den Nieren wie in der Leber

	Sternal-punktion	Blutbild						
	8. 12.	8. 12.	11. 12.	14. 12.	16. 12.	17. 12.	18. 12.	19. 12.
Leukocytenzahl . .	—	4660	9260	34500	26900	24980	23500	34040
Myeloblasten % . .	83	89	79	69	51	56	46	23
Myelocyten % . .	4	—	8	19	23	19	14	28
Metamyelocyten %	2	—	—	—	3	1	1	2
Stabkernige Leuko- cyten %	—	1	—	2	1	—	3	3
Segmentkernige Leukocyten % .	3	5	6	3	11	11	20	19
Lymphocyten % .	9	4	7	4	7	8	7	9
Monocyten % . . .	—	1	—	3	4	5	9	16
Normoblasten % .	31	10	38	30	26	20	23	27
Makroblasten % .	8	16	13	3	4	3	4	4
Reticulocyten . . .		127280		77744		140720		40200
Thrombocyten . .		10320		8230		11280		6200
Erythrocyten . . .		920000	800000	904000	1020000	1240000	836000	976000
Hämoglobin % . .		28	20	30	28	26	26	20
Färbeindex		1,52	1,25	1,72	1,37	1,04	1,55	1,03
Koproporphyrin mg		0,083	0,136	0,210	0,169	0,113	0,092	0,221
Protoporphyrin im Blut mg-% . . .	0,019			0,021			0,013	

war das Porphyrin fluoroskopisch nicht nachweisbar. Die Porphyrinausscheidung kann nicht durch das Fieber oder die Leberschädigung allein erklärt werden. Der Porphyrinnachweis im Knochenmark sowohl am Sektionsmaterial wie auch im Sternalpunktat zeigt eine vermehrte Porphyrinbildung im Knochenmark. Auf die akute Unterdrückung der Erythropoese durch das hypertrophische myeloische Gewebe hat das Knochenmark mit einer vermehrten Tätigkeit der nicht funktionsfähigen erythropoetischen Elemente reagiert. Dabei ist sehr wahrscheinlich ein mangelhaftes Hämoglobin gebildet worden. Das zirkulierende Eisen war im Blut deutlich vermindert. Im Knochenmark dagegen fand man das leicht abspaltbare Eisen in einer fünffach größeren Menge.

Die Vermehrung von Bilirubin und Protoporphyrin im Blut deuten in diesem Fall auf einen gesteigerten Blutzerfall bei gestörter Lebertätigkeit hin.

In einem Fall von Chlorom wurden von THOMAS und BIGWOOD aus Chloromgewebe der Niere und des Gehirns Protoporphyrin und geringe Mengen Koproporphyrin extrahiert. Protoporphyrin konnte durch diese Autoren aus den Lymphdrüsen einer schweren myeloischen Leukämie gewonnen werden. Das grüne Pigment des Chloroms wird daher als Porphyrinabkömmling betrachtet. Auch bei einem Myelom (ausgedehntem Plasmocytom des Wirbelkörpers, Beckens und Schädelknochens) konnte neben einer sekundären Anämie eine leichte Erhöhung der Porphyrinausscheidung festgestellt werden. Man muß sich aber hüten, eine Vermehrung des Porphyrins sofort auf den einen oder anderen abnormen Prozeß im Organismus beziehen zu wollen. In diesem Fall war eine Porphyrinvermehrung im Blut und Sternalpunktat nicht vorhanden. Einen direkten Zusammenhang zwischen Porphyrin und Myelom muß daher als möglich, aber nicht als bewiesen erachtet werden.

BRUGSCH beschreibt einen Fall von carcinomatöser Knochenmarksmetastase, ausgehend von einem Mammacarcinom, verbunden mit einer beträchtlichen Porphyrinausscheidung. Hier ist wohl anzunehmen, daß das schwer geschädigte Knochenmark (schwere Anämie) mit einer abnormen Porphyrinbildung reagiert hat.

Zum Schlusse möchten wir die Vermutung aussprechen, daß die beim Typhus und oft auch bei der schweren Phthise auftretende Porphyrinüberproduktion zum Teil im Zusammenhang mit der damit verbundenen myelophthisischen Anämie stehen könnte. Neben der Fieberwirkung und den vermehrten Blutabbau kann unter Umständen eine schwere toxische Schädigung der Knochenmarkstätigkeit zu einer abnormen Blutfarbstoffbildung unter Vermehrung der lokalen Porphyrinproduktion führen.

Eine solche pathologische Reaktion von seiten des erythropoetischen Systems sieht man nicht selten bei den *toxisch bedingten Anämien nach Benzol-, Blei-, Quecksilber- und Salvarsanwirkung.* Auch die aplastische Anämie nach Röntgenbestrahlung kann, wie wir jüngst bei einer 60jährigen Patientin mit Pemphigus beobachteten, eine abnorme Porphyrinbildung (Blutporphyrin) hervorrufen.

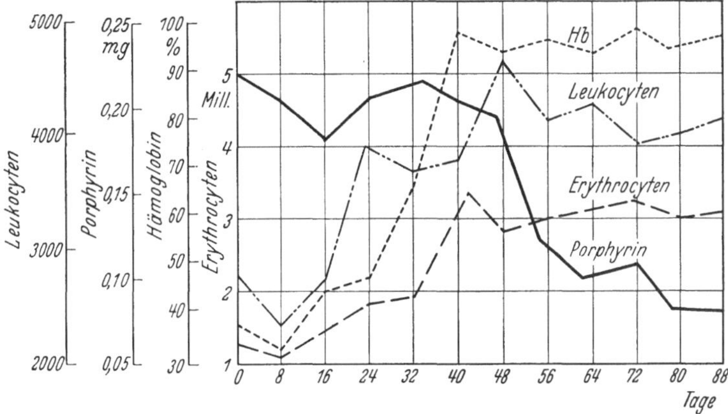

Abb. 50. Porphyrinausscheidung bei der Knochenmarksaplasie nach Benzolvergiftung. Unter Besserung der Erythropoese geht die Porphyrinkurve allmählich zurück.

Die oben angegebenen Gifte können bekanntlich zu schweren Knochenmarksaplasien führen. Die spezielle Besprechung der Porphyrinstoffwechselstörungen bei solchen toxischen Prozessen wird in Zusammenhang mit anderen Intoxikationsmöglichkeiten folgen. Hier sei nur kurz über einen Fall von schwerer toxischer Knochenmarksschädigung nach Benzolvergiftung referiert.

42jähriger Fabrikarbeiter. Seit 6 Monaten arbeitet er täglich mit Benzol, wobei Benzoldämpfe eingeatmet werden; oft Kopfschmerzen, zunehmende Müdigkeit, Magenbeschwerden. Vor 2 Monaten gelbe Hautverfärbung, seither ist Patient kaum mehr arbeitsfähig. Aus einem leichten traumatischen Hämatom am Oberschenkel entwickelt sich ein Absceß, Patient wird in eine chirurgische Abteilung eingewiesen und nach Abschluß der Behandlung wegen Anämie in unsere Klinik verlegt. Die beiliegende Kurve gibt die Blut- und Porphyrinwerte dieses Falles wieder. Die schwere Aplasie des Knochenmarkes ist aus der niedrigen Zahl der Erythro-, Leuko- und Thrombocyten und aus dem Befund der Sternalpunktion ersichtlich.

Der Hämoglobingehalt wurde unter intensiver Therapie rasch zu beinahe normalen Werten gebracht. Die Zahl der Erythro-, Leuko- und Thrombocyten blieb dagegen fortwährend niedrig. Eine Nachkontrolle nach mehreren Monaten konnte diese niedrigen Werte der Formelemente im Blute bestätigen. Das Porphyrin zeigte einen hohen Spiegel, sank nur allmählich zur Norm. Die Bestimmungen des leicht abspaltbaren Eisens ergaben im Blut und Serum immer geringe Werte, im Knochenmarksblut dagegen waren die Eisenmengen normal, ja sogar leicht erhöht. Es liegen hier wahrscheinlich ähnliche Verhältnisse wie bei der Bleianämie vor, wobei unter der Schädigung des myeloischen und erythropoetischen Systems das Eisen nicht mehr bis zu den Erythroblasten gelangen kann. Es kommt daher zur Porphyrinbildung. Naegeli betont mit Recht, daß bei solchen aplastischen Anämien nicht das Fehlen von Bausteinen und Eisen, sondern die Zellzerstörung und die Schädigung der Zellbildung im Vordergrund stehen, und so ist hier in der Tat an die primäre Insuffizienz des Regenerationsmechanismus im Knochenmark als Ursache des Eisenentzuges bei der Blutfarbstoffbildung zu denken.

Bei den anderen Intoxikationsformen kommt es nicht selten zur Bildung von abnormen Porphyrinmengen. Dieser Prozeß ist aber nicht direkt von der Entwicklung der Anämie abhängig. Sowohl beim Blei wie beim Quecksilber kann eine abnorme Porphyrinurie lange vor dem Eintritt einer klinisch merkbaren Störung der Erythropoese auftauchen. Die Porphyrinbildung ist daher wahrscheinlich auf eine Reihe von Störungen zurückzuführen, die direkt nichts mit der Funktion des Knochenmarkes zu tun haben.

Hämolytische Anämien.

Es bleiben noch *die Anämieformen, die durch Hämolyse* bedingt sind, übrig. In dieser wichtigen Gruppe von Blutkrankheiten, die von einer Überfunktion des Reticuloendothels charakterisiert sind, kommt es zu keiner konstanten Vermehrung der Porphyrinausscheidung. Schon im vorhergehenden Kapitel wurde auf die Tatsache aufmerksam gemacht, daß ein vermehrter Blutfarbstoffabbau nicht unbedingt zu einer Erhöhung des Porphyrinspiegels führt, was gewöhnlich eintritt, wenn die Verarbeitung des Hämoglobins zu Bilirubin gestört ist. Bei dem hämolytischen Ikterus sowie bei der Phenylhydrazinhämolyse ist eine abnorme Porphyrinurie eine fakultative Erscheinung. So beschreibt Carrié eine vermehrte Porphyrinproduktion bei der Hämolyse, wogegen Heilmeyer bei den gleichen Krankheitsbildern keine Erhöhung des Farbstoffes feststellen kann.

Auch Günther findet normale Porphyrinwerte bei verschiedenen Fällen mit starkem Erythrocytenzerfall (Malaria), Hämoglobinurie, Kaliumchloratvergiftung.

Beim hämolytischen Ikterus ist die vermehrte Porphyrinausscheidung eher selten. Heilmeyer, Lageder, Vigliani, Vannotti fanden im Urin von solchen Patienten normale Porphyrinwerte. Interessant sind aber die Befunde von Angeleri und Vigliani; die in einem Fall von Icterus haemolyticus eine deutliche Vermehrung von Porphyrin im Blutplasma und eine leichte Erhöhung des Protoporphyrins in den Erythrocyten beschrieben. Trotz der Porphyrinvermehrung im Blut kommt es hier zu keiner wesentlichen Porphyrinurie, da die abbauende Funktion der Leber intakt ist. Neben dem positiven Befund Carriés findet man in der Literatur noch die Angaben Watsons, der in einem Fall von hämolytischem Ikterus erhöhte Mengen von Koproporphyrin I und eines undefinierten Porphyrins beschreibt. In einem zweiten Fall konnte dieser Autor reichliches Deuteroporphyrin im Stuhl nachweisen. Dieser Befund verschwand nach der

Entmilzung. Vermehrte Koproporphyrin-I-Ausscheidung wird bei dieser Krankheit auch von DOBRINER beobachtet. Auch BEJUL und GELMAN beschreiben bei einer 32jährigen Frau mit akutem hämolytischem Ikterus einen Porphyrieanfall mit abdominellen Symptomen. Ferner wird von PELLEGRINI eine schwere Porphyrinurie bei einem 52jährigen Manne geschildert, bei dem neben einer starken Erythrocytenabnahme eine deutliche Vermehrung von Bilirubin und Urobilin als Zeichen einer akuten Hämolyse zu beobachten war. Diese Feststellungen können nicht verallgemeinert werden. Später wird auch eine starke Porphyrinurie beschrieben, die aus einer Hämoglobinurie hervorging, bei der eine schwere Porphyrinstoffwechselstörung manifest wurde. Das plötzliche Freiwerden von Blutfarbstoffen kann also zu einer gewaltigen Porphyrinbildung Anlaß geben, wenn schon eine latente Störung des Porphyrinstoffwechsels vorliegt.

Ähnliche Verhältnisse liegen auch bei der Hämoglobinurie vor. GÜNTHER hat schon vor mehreren Jahren Fälle von Hämoglobinurie und Hämaturie beschrieben, bei denen es zu keiner Porphyrinvermehrung kam. In einem Fall von paroxysmaler Hämoglobinurie bei einer 42jährigen Frau wurden die Porphyrinausscheidung, der Porphyringehalt des Blutes, der Blutstatus, der Bilirubinspiegel im Serum, die Urobilin- und Uroerythrinausscheidung und das leicht abspaltbare Eisen im Blute täglich kontrolliert. Nach dem Anfall war ein deutliches Absinken der Erythrocytenzahl und des Hämoglobins, eine starke Zunahme des Bilirubins im Blute, des Urobilins und besonders des Uroerythrins im Urin zu beobachten, das Eisen stieg kurz darauf auf leicht erhöhte Werte, um aber sofort wieder auf die Norm zurückzusinken, während die Porphyrinausscheidung durch den Urin in keiner Weise beeinflußt wurde. Das Blutporphyrin wies wie das Eisen eine leichte, rasch vorübergehende Zunahme auf. Diese Beobachtung zeigt mit Deutlichkeit, daß der Organismus bei der schweren Hämolyse sofort dem plötzlichen Freiwerden von großen Blutfarbstoffmengen unter der Verwendung der normalen Mechanismen der Blutmauserung entgegentreten kann, ohne auf eine abnorme Umwandlung in Porphyrin zu verfallen. Das prompte Zurücksinken der Eisen- und Porphyrinwerte im Blute sprechen für ein rasches Einsetzen der normalen Regulationsmaßnahmen im Rahmen des gesamten Pigmentstoffwechsels. Es sei hier ein Fall von paroxysmaler Porphyrinurie erwähnt, der von PAL beobachtet wurde. Es handelt sich dabei um einen 66jährigen Luetiker, der früher eine Malaria durchgemacht und im Winter typische Anfälle von Kältehämoglobinurie aufwies. Der schwarze Urin enthielt aber keine Erythrocyten und kein Hämoglobin, sondern lediglich Porphyrin. In diesem Falle ist wohl an die schwere Degeneration besonders der Leber (Lebervergrößerung) und an die Insuffizienz des Blutabbausystems zu denken (vgl. unseren Fall von Hämoglobinurie später).

Bei der Phenylhydrazinhämolyse kann man bei normalen Individuen keine wesentliche Erhöhung des Porphyrinspiegels und des leicht abspaltbaren Eisens im Blut erzielen, hier geht der Mechanismus des Blutabbaues zu langsam vor sich, um eine Pigmentstörung hervorzurufen. Hämolyseversuche bei Leberschädigungen (Cirrhose) zeigen dagegen kleine vorübergehende Porphyrinerhöhungen.

Es bleibt noch eine Gruppe von Blutkrankheiten übrig, die auch mit dem Porphyrinstoffwechsel in ätiologischem Zusammenhang stehen; es handelt sich um die *Polycythämie*. Darüber gibt es in der Literatur nur spärliche Angaben. Die zwei folgenden Beispiele zeigen eine Polycythaemia des Typus Vaquez und eine des Typus Geissböck.

53jährige Hausfrau. Seit 8 Jahren klagt die Patientin über Schmerzen in der Milzgegend. Starke Rötung im Gesicht. Die Patientin wurde wiederholt mit Bestrahlungen der Knochen behandelt. Später Auftreten von Ulcerationen in den unteren Extremitäten. Vor 4 Jahren schwere Thrombophlebitis, die lange Zeit dauerte und eine Schwellung der Beine hinterließ. 14 Tage vor dem Spitaleintritt frische Unterschenkelthrombose und Rezidive des Ulcus cruris. In der Familie sind keine ähnliche Krankheitsfälle bekannt.

Beim Eintritt zeigt der Blutstatus folgende Werte: Leukocyten 17 240 (2% Eosinophile, 92% neutrophile Leukocyten, 4% Lymphocyten, 2% Moncyten). Erythrocyten 8 Mill. Hämoglobin 165%. Serumeiweiß 8,2%. Hämatokrit: Erythrocyten 88%, Plasma 12%. Serumbilirubin 0,9 mg-%. Blutdruck 150/120 mm Hg.

Im Urin leichte Vermehrung des Urobilins. Der Koproporphyringehalt war ebenfalls erhöht (0,273—0,398 mg). Die Porphyrinwerte in den Erythrocyten waren auffallend hoch. Koproporphyrin war im Plasma stark vermehrt.

Der Zustand verschlimmerte sich rasch. Die Unterschenkelthrombose dehnte sich allmählich auf die Femoralvenen und dann auf die großen Bauchvenen aus. Es traten plötzlich blutige Durchfälle mit Zeichen einer peritonealen Reizung auf. Unter den Symptomen der Pfortaderthrombose kam die Patientin ad exitum. In den letzten Lebenstagen nahm das Porphyrin besonders im Stuhl gewaltig zu, das Deuteroporphyrin war besonders infolge Blutzersetzung im Darm stark vertreten.

Die Autopsie ergab in den oberflächlichen und tiefen Beinvenen ausgedehnte Thrombosen, vollständig obliterierte Pfortader- und Milzvenenthrombose und Infarzierung des gesamten Darmes. In der Milz waren mehrere alte und frische Infarkte sichtbar.

Dieser Fall ist sehr demonstrativ. Es wird allgemein angenommen, daß bei der Polycythaemia Vaquez eine Mehrproduktion von seiten des Knochenmarkes (Hyperplasie besonders des roten Markes) bei einer relativen geringen Zersetzung der Erythrocyten vorliegt (EPPINGER). Die starke Knochenmarksregeneration trägt die Zeichen einer starken Aktivität des gesamten myeloischen Parenchyms (NAEGELI). Die mangelhafte Zerstörung der roten Blutkörperchen tut sich durch Fehlen einer entsprechenden Hämosiderose und durch eine relativ geringe Bildung von Gallenfarbstoffen dar. Das Auftreten großer Mengen Porphyrin sowohl im Blut wie als Ausheilungsprodukt spricht sehr für einen vikariierenden Abbau des Blutfarbstoffes auf dem Wege der Porphyrinbildung in einem Falle, wo durch eine schwere wiederholte Thrombosierung der Milz und durch die Stauung und Verfettung des Leberparenchyms die normale abbauende Tätigkeit des Reticulumendothels stark gehemmt war.

Daneben treten in den letzten Krankheitstagen als weitere Ursprungsquelle der Porphyrine die ausgedehnten Thrombosen auf. Hier handelt es sich um eine lokale Blutfarbstoffzersetzung, die bei der Beeinträchtigung des normalen Abbaues auf dem ungewöhnlichen Wege der Porphyrinproduktion verläuft. Die starke Vermehrung der Darmporphyrine beruht schließlich einerseits auf den schweren Blutungen im Verdauungskanal (starke Vermehrung des Deuteroporphyrins) und andererseits auf die Verhinderung der Porphyrinresorption aus dem Darm durch die Pfortaderthrombose.

Anders liegen die Verhältnisse bei der zweiten Patientin mit Polycythämie (und im allgemeinen bei der Mehrzahl der Polycythämiefälle).

62jährige Hausfrau. Seit längerer Zeit Kopfschmerzen und Schwindelgefühl. In den letzten Jahren starke Gesichtsrötung. Schmerzen in den Knochen, leichte Schwellung der Füße, blaue Verfärbung der Zehen. Hauthyperästhesien. Seit etwa 1 Jahr starke Polyurie, Durst, Körpergewichtsabnahme. Im letzten Monat Zunahme der Cyanose an den Zehen, kleine Erosionen an Zehen und Fersen, mit Entwicklung von ziemlich ausgedehnten Nekrosen. Einweisung in das Spital wegen Diabetes mit Gangrän. Es handelt sich um eine Polycythaemia des Typus Geissböck. Erythrocyten 6,2 Mill., Hämoglobin 140%, starke Vermehrung der Blutplättchen. Blutdruck 220/160, Blutzucker 165 mg-%. Im Urin Zucker und Aceton positiv. Urobilin vorhanden. Die Porphyrinausscheidung ist normal (Koproporphyrin 0,022 mg). Die Milz ist nicht vergrößert. Bilirubin im Serum 0,6 mg-%. Im Blut sind die Porphyrinwerte unverändert. Leicht abspaltbares Eisen eher niedrig. In kurzer Zeit verschwindet das Aceton aus dem Urin, die Glykosurie bleibt dagegen bestehen. Bei der Verabreichung von Phenylhydrazin kommt es zu folgenden Veränderungen. Die Erythrocytenzahl sinkt allmählich, das Bilirubin im Serum steigt auf 0,8 mg-%, das leicht abspaltbare Eisen nimmt zu und bleibt jetzt eine Zeitlang auf etwa doppelten Werten, um dann zur Norm wieder zu sinken. Die Porphyrinausscheidung ist dabei nicht vermehrt, das Blutporphyrin (sowohl Erythrocyten wie Plasmawerte) dagegen nimmt leicht zu. Im Urin starke Vermehrung von Uroerythrin. Mit anderen Worten: Trotz der Hämolyse kommt es in diesem Falle zu keiner deutlichen Erhöhung der Porphyrinausscheidung, es tritt aber vorübergehend eine leichte Porphyrinämie auf, die rasch verschwindet und einer deutlichen Erhöhung des Eisens, als Zeichen einer trägen und abnormen Funktion des Blutabbaumechanismus, Platz macht. Das Bilirubin zeigt nur eine geringe Erhöhung. Der Rückgang der Erythrocyten auf beinahe normale Werte bringt eine deutliche Besserung des Diabetes (Verschwinden der Glykosurie) und der Gangrän an den Zehen mit sich.

Wir sehen hier wie schon bei der Besprechung der hämolytischen Anämie ein verschiedenes Verhalten des Porphyrinstoffwechsels je nach dem funktionellen Zustand der Blutmauserungsorgane.

Instruktiv sind auch folgende Beispiele über Porphyrinverhalten bei der Polyglobulie. GÜNTHER beschreibt drei solcher Fälle, die ohne Erhöhung der Porphyrinausscheidung verlaufen, CARRIÉ findet sogar erniedrigte Porphyrinwerte, während LICHTWITZ über das Zusammentreffen von SIMMONDSscher Kachexie, Polyglobulie, Hypertonie und Porphyrinurie (Koproporphyrin) bei einem 52jährigen Manne berichtet.

Dieser Fall ist besonders interessant, da er mit Deutlichkeit auf die wichtigen Funktionen der Hypophyse und des Diencephalons nicht nur bei der Regulation der Erythropoese (NAEGELI, MORAWITZ), sondern auch bei dem gesamten Porphyrinstoffwechsel hinweist.

Die Intoxikationen.

Der Porphyrinnachweis spielt bei der Erkennung und klinischen Beurteilung des Verlaufes von Intoxikationserscheinungen eine große Rolle. Dieser Farbstoff ist daher besonders für die Gewerbemedizin in ätiologischer Hinsicht von höchster Bedeutung und verdient in diesem Zusammenhang besonders studiert zu werden.

Wir kennen heute nur wenige Gifte, die eine Erhöhung der Porphyrinproduktion im Organismus hervorrufen. Die weitere systematische Forschung kann unter Umständen zeigen, wie die Kontrolle der Porphyrinausscheidung bei der von ZANGGER so sehr befürworteten prophylaktischen Erkenntnis der neuen Gefahrformen von Bedeutung sein könnte.

Die abnorme Porphyrinurie bei der Bleivergiftung ist heute allgemein bekannt, sie kann oft *vor jedem anderen klinischen Symptom der Intoxikation auftreten.*

Die Ansammlung und die Speicherung von größeren Mengen dieses gefährlichen Pigmentes im menschlichen Körper kann unter Umständen zu schweren Erscheinungen Anlaß geben, die direkt lebensgefährlich sein können. Diese auf der abnormen Porphyrinproduktion beruhenden Störungen werden im folgenden Kapitel zusammen mit der Besprechung der klinischen Symptome der Porphyrinkrankheit eingehend erörtert werden.

Das Auftreten von Porphyrin im Urin bei chronischen Bleivergiftungen wurde schon in früheren Jahren von GARROD beschrieben. Auch NAKARAI beobachtete bei 10 Porphyriefällen 6 Bleipatienten. Die späteren Untersuchungen GÖTZLS bei einer Reihe von Bleikranken konnten die Angaben der früheren Autoren im großen und ganzen bestätigen. Auf die Porphyrinurie als Frühsymptom der Bleiintoxikation weisen verschiedene Autoren hin.

GÜNTHER verglich die Symptome der Porphyrinkrankheit mit denjenigen der Bleiintoxikation. Neigung zu Obstipation, neurasthenische Symptome und Hautpigmentierungen gehören nach diesem Autor den beiden Krankheitsbildern an.

Genaue quantitative Porphyrinbestimmungen bei der Bleiintoxikation wurden später von HJIMANS VAN DER BERGH und seinen Schülern ausgeführt. Sie konnten zeigen, daß schon Spuren Blei zu einer Porphyrinerhöhung im Urin führen und daß auch der Porphyringehalt der Erythrocyten eine deutliche Zunahme erfährt. Diese Erscheinungen sind für die Beurteilung einer latenten Bleiintoxikation von allergrößter Wichtigkeit, da sie als Frühsymptom gelten.

Die nähere Identifizierung des bei der Bleivergiftung ausgeschiedenen Porphyrins geschah erst in den letzten Jahren. GROTEPASS konnte als erster durch Krystallisation des Porphyrinesters ein Koproporphyrin III bei der Bleiintoxikation feststellen. Das gleiche Porphyrin wurde auch im Tierversuch von FISCHER und DUESBERG gefunden. Ein Koproporphyrin III wird schließlich auch in allerjüngster Zeit von MERTENS im Urin eines Bleikranken und von VIGLIANI und WALDENSTRÖM konstatiert.

Die ersten Versuche von experimenteller Bleiporphyrie stammen von STOCKVIS, seither haben sich noch mehrere Autoren mit diesem Problem befaßt. LIEBIG sah, daß im Gegensatz zur experimentellen Sulfonalvergiftung das Porphyrin bei der Bleiintoxikation nicht durch die Galle ausgeschieden wird. Er konnte schließlich nur im Knochenmark Porphyrin und in den übrigen Organen eine starke *Eisen*ablagerung finden. LANGECKER hat dann die Wirkung verschiedener anderer Metalle untersucht. Nur mit Blei und Zinn (saures Stannotartrat) gelang es ihm eine regelmäßige Porphyrinurie beim Kaninchen (jedoch nicht beim Hunde) zu erzeugen.

Neben diesen Reaktionsänderungen der verschiedenen Tierarten gibt es auch innerhalb der gleichen Tiergruppe (Kaninchen) leichte individuelle Schwankungen. HIJMANS VAN DER BERGH und HYMANS haben ferner beobachtet, daß bei der Verabreichung von essigsaurem Blei sich beim Menschen das Porphyrin rasch vermehrt. Man findet dann Porphyrin im Urin und in den Erythrocyten, nicht aber im Serum. Auch die Galle ist stark porphyrinhaltig, sodaß die Autoren die Leber und die Erythrocyten als Porphyrinbildungsstätte halten. VIGLIANI hat eingehend zusammen mit ANGELERI und später auch mit WALDENSTRÖM das Blut von Bleikranken auf Porphyrin untersucht, er konnte neben der ausgesprochenen Porphyrinurie noch eine starke Anreicherung von Protoporphyrin sowohl in den Erythrocyten ($92-234\,\gamma\text{-}\%$) wie auch im Plasma feststellen. Ausgehend von diesem Befund und von der Tatsache, daß in zwei Fällen eine Vermehrung des Bilirubins mit indirekter Reaktion beobachtet wurde, stellten diese Autoren die Hypothese auf, daß bei der Bleiintoxikation sowohl das Porphyrin wie auch das Bilirubin als Zeichen einer starken Hämolyse direkt aus den Erythrocyten stamme.

Gegen diese Behauptung spricht die häufige Beobachtung eines auffallend niedrigen Bilirubinspiegels in den meisten Fällen von Bleianämie und die von verschiedenen Autoren bestätigte Tatsache, daß die Porphyrinurie schon lange ausgesprochen sein kann, bevor im Blut irgendein Zeichen der beginnenden Anämie vorliegt. Die Untersuchungen des Eisenspiegels bei der Bleianämie unter künstlicher Hämolyse (VANNOTTI) sprechen vielmehr für die primäre Entstehung des Porphyrins im Knochenmark unter dem Wegfall der normalen Eisenzufuhr (siehe Kap. V). Die häufige Schädigung der Leber bei der Bleiintoxikation stellt eine Erschwerung für den Abbau und die Umwandlung des Porphyrins dar, so daß wir das Zusammentreffen von zwei in der gleichen Richtung arbeitenden Mechanismen (Erythropoeseschädigung und Leberfunktionsstörung) für die Genese bei Bleiporphyrie verantwortlich machen möchten. In diesem Zusammenhang sind die Untersuchung von SCHREUS und CARRIÉ erwähnenswert, die experimentell durch Bleizusatz zu Leberbrei die Porphyrinproduktion aus dem Blut steigern konnten.

Bei der Hemmung des Eisenverbrauches im Knochenmark wird Eisen im Organismus abgelagert, oder nach einigen Autoren, in vermehrtem Maße ausgeschieden. Die Eisenzunahme im Urin[1] bei der Bleiintoxikation wird von HIRSCHHORN und ROBITSCHECK auf einen erhöhten Blutzerfall zurückgeführt, wogegen BORST diese Eisenzunahme sowohl in den Organen als auch in den Ausscheidungsprodukten als ein Zeichen der Hämoglobinverdrängung aus den Erythrocyten durch das Porphyrin annehmen möchte.

Die Bleikoliken schließlich werden oft in Zusammenhang mit der Porphyrinvermehrung gebracht. MASSA führt die Bleikoliken auf eine Porphyrinvergiftung mit Entfaltung der typischen Porphyrinwirkung auf den Darm zurück. Die Bleikoliken wären also eine Erscheinung des Porphyrins (DEVOTO). Die große Ähnlichkeit der klinischen Symptome der abdominellen Form der Porphyrie mit der

---

[1] Nach den Untersuchungen von LINTZEL und von HEILMEYER-PLÖTNER findet eine Eisenausscheidung durch die Nieren nicht statt.

Bleiintoxikation (GELMAN) hat MASSA zu solchen Annahmen geführt. Die Hypothese ist vielleicht riskiert und muß noch weiter experimentell unterstützt werden, sie zeigt aber immer deutlicher, für wie eng die Beziehungen zwischen Porphyrin und Blei in der Literatur gedeutet werden.

Bei den Untersuchungen über Prophyrinvermehrung und Darmmotilität traten wir ausführlich auf die Frage der Darmstörungen bei einem erhöhten Porphyingehalt des Magendarmtractus ein. Auffallende Resultate wurden bei der Registrierung der Motilität von isolierten Darmabschnitten bei der Bleivergiftung gefunden. Die mit Blei vorbehandelten Tiere wurden getötet und der sofort abpräparierte stark mit Porphyrin durchsetzte Darm untersucht. Die Resultate sind im IV. Kapitel beschrieben. Im Verlaufe der Versuche mit der Bleiintoxikation bei blockiertem Reticuloendethel konnte, wie schon berichtet, eine Porphyrinproduktion im Knochenmark stark herabgesetzt, sogar aufgehoben werden. Trotzdem zeigten diese bleivergifteten Tiere eine anormale Darmmotilität auch bei einer normalen Porphyrinausscheidung durch die Galle. Die nebenstehende Kurve gibt die Verhältnisse der Darmmotorik bei diesen Tieren wieder.

Die Kurve zeigt eine regelmäßige, etwas lebhafte Bewegung des Duodenums, eine sehr starke Peristaltik des Ileum und eine gewaltige Motilität des Dickdarms, wie wir sie bei den Porphyrinversuchen niemals beobachtet hatten. Wenn solche Kurven mit denjenigen von mit Porphyrin behandelten Tieren verglichen werden, läßt sich ein frappanter Unterschied feststellen. Die unregelmäßige zu Spasmen neigende Darmperistaltik in den unteren Dünndarmabschnitten unter Porphyrinwirkung ist nicht mit den stark hypermotorischen aber normal konfigurierten Kurven der porphyrinfreien mit Blei vergifteten Tieren zu vergleichen. Bei den letzteren findet man im Dickdarm nicht das für das Porphyrin charakteristische Bild der Atonie und der Spasmen, sondern eine ausgesprochene langdauernde Vermehrung der normalen Bewegungswellen des Darmes.

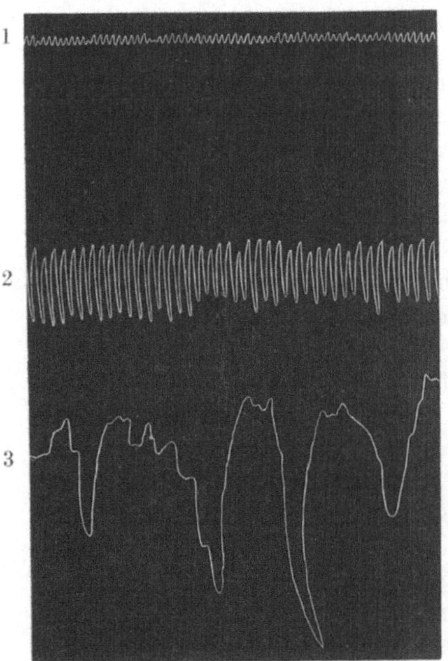

Abb. 51. Erhöhte Dünn- und Dickdarmperistaltik bei einem mit Reticulumblockade und mit Blei behandeltem Versuchstiere (Kaninchen). Trotz Fehlen einer erhöhten Porphyrinausscheidung zeigt das Ileum (2) und der Dickdarm (3) eine Hyperperistaltik. 1 Duodenum.

Diese Versuche zeigen mit Deutlichkeit, daß *die Bleikoliken nicht mit den Darmkrisen des Porphyrinkranken verwechselt werden dürfen.*

Klinisch lassen sich diese beiden Erscheinungen kaum unterscheiden. Immerhin pflegt der Porphyrinanfall mit Prodromalsymptomen, die Bleikolik hingegen plötzlich und oft mit innerst kurzer Zeit sich wiederholenden Attacken sich zu äußern. Die für Blei typische Einziehung des Leibes wird bei der akuten abdominellen Porphyrie meist vermißt. Der Porphyrinanfall ist fast immer von neuralgiformen Schmerzen besonders suprasymphysär begleitet.

Bei den Darmstörungen des Saturnismus kann also höchstens eine Kombination zwischen Blei und Porphyrin angenommen werden. In einigen Fällen kann man schließlich neben der Wirkung des durch die Gallenwege ausgeschiedenen endogen gebildeten Porphyrins noch an die hinzukommende Wirkung eines auf Grund enteraler Blutungen bei der Bleiintoxikation an Ort und Stelle gebildeten Fäulnisporphyrins denken (BRUGSCH). Aus den genannten Untersuchungen ist daher die Bleikolik nicht als porphyrinopathisches Symptom im Sinne von SCHREUS aufzufassen; dagegen spricht auch die Tatsache, wie BRUGSCH hervorhebt, daß bei Bleikranken die schwersten Darmspasmen auftreten und verschwinden können ohne Veränderung der Porphyrinausscheidung (Beobachtungen von FRANKE und LITZNER). Zur Erklärung der Bleikolik ist eher eine lokale Metallwirkung auf die glatte Muskulatur anzunehmen. Die nicht seltene Beteiligung des Zentralnervensystems an der Bleiintoxikation läßt die Frage aufkommen, ob man hier nur streng mit einer Bleischädigung oder auch mit einer konkomittierenden Wirkung des Porphyrins auf die neurohormonale Regulation des Organismus zu tun hat.

Im Zusammenhang mit dieser Frage soll hier folgender klinischer Fall, Hyperthyreose bei Bleiintoxikation, besprochen werden.

Ein 45jähriger Arbeiter war seit 4 Jahren in einer Akkumulatorenfabrik mit Blei beschäftigt. Allmählich bemerkte er eine Schilddrüsenanschwellung, dann Zittern der Hände, Herzklopfen, Schwitzen, Unruhe und Aufregung. In kurzer Zeit entwickelte sich das typische Bild des Morbus Basedow und der Patient mußte deswegen hospitalisiert werden. Es lag ohne Zweifel eine Bleiintoxikation vor. Bleisaum, basophile Tüpfelung der Erythrocyten, Erscheinen von Blei im Urin und Stuhl, starke Ausscheidung von Koproporphyrin in Urin, Stuhl und Galle.

Beim Eintritt in die Klinik konnte man außer den erwähnten Basedowsymptomen auch Augensymptome und folgende klinische Untersuchungsergebnisse feststellen: Grundumsatz + 70%, + 76%. Blutzuckerkurve nach Belastung mit 100 g Traubenzucker: 80, 200, 250, 180, 85 mg-%, nüchtern, $^1/_2$, 1, 2 und 3 Stunden nach Zuckerzufuhr. Serumeiweiß 6,98%. Albumin-Globulinquotient 55/45, Harnstoff 43 mg-%, Bilirubin 1 mg-%, direkt verzögert. Galaktoseprobe positiv (Ausscheidung von 4,2 g). Takata im Serum angedeutet. Der Verdünnungs- und Konzentrationsversuch ergab eine Wasserüberschwemmung und niedrige Konzentration. In Anbetracht der Leberschädigung und der großen Porpyrinausscheidung wurde der Patient außer mit Beruhigungsmitteln vorwiegend mit Leberextrakt (Campolon) behandelt. Es stellte sich daraufhin eine gewisse Besserung des Zustandes ein. Der Grundumsatz sank nach 3 Wochen auf + 56%, + 54,8%. Das Körpergewicht nahm um 3 kg zu. Die Tachykardie ging langsam zurück, gleichzeitig war Bilirubin im Serum nicht mehr meßbar, die Galaktoseprobe ergab normale Werte. Cholesterin im Serum 166 mg-%, Serumeiweiß 8,02%. Die Konzentrationsfähigkeit der Nieren wurde ebenfalls günstig beeinflußt. Auch die Ausscheidung der Porphyrine nahm deutlich ab und sank auf beinahe normale Werte. Nach 3 Wochen wurde das Campolon ausgesetzt und neben fleischloser Diät eine Therapie mit Insulin-Traubenzucker begonnen.

Der Patient fühlte sich im Verlaufe dieser Therapie sehr wohl und zeigte subjektiv und objektiv weitgehende Besserung (Grundumsatz nunmehr + 27,8%, + 27,1%, Körpergewicht seit dem Eintritt um 8 kg gestiegen). Die Blutzuckerkurve wies noch einen ähnlichen Verlauf wie am Anfang auf. Später wurde zu der oben erwähnten Therapie noch Gynergen gegeben. Nach einem 2tägigen Urlaub erfuhr der Zustand des Patienten eine ausgesprochene Verschlechterung. Der Grundumsatz stieg wiederum auf + 32%, + 39%, und später sogar auf 43,3% und 44,8%. Im Blut wieder Vermehrung des Bilirubins, im Urin stark vermehrte Ausscheidung von Porphyrin, Urobilin und Urobilinogen. Da der Zustand sich nach einiger Zeit nicht besserte, wurde die Insulin-Traubenzuckerkur unterbrochen und an deren Stelle die Leberextrakttherapie in Form von Campolon wieder aufgenommen. In kurzer Zeit, d. h. innerhalb von 4—6 Tagen konnte man daraufhin wieder das Einsetzen einer deutlichen Besserung beobachten. Die Tachykardie ging zurück, der Grundumsatz sank wiederum auf + 28,6%, + 30,2%. Nach dieser auch allgemeinen Besserung wurde nach einigen Wochen die Leberextraktbehandlung wieder eingestellt und man versuchte vorsichtig eine Dijodthyrosinkur (0,1 g täglich während 1 Woche, und nach 4tägigem Aussetzen 0,2 g täglich 6 Tage lang). In kurzer Zeit beobachtete man eine Verschlimmerung des Zustandes. Die Schwellung des Halses nahm zu, gleichzeitig auch die Tachykardie und die Schweißabsonderung. Das Zittern, die Schlaflosigkeit und die Aufregung wurden wieder stärker, der Grundumsatz stieg auf + 82,4%, + 86,7%, das Körpergewicht sank um 4 kg. Da auch die Porphyrinausscheidung, die während des Stadiums des allgemeinen Wohlbefindens auf normale Werte gesunken war, wieder eine deutliche Vermehrung erfuhr, wurde nach 3wöchigem Aussetzen die Campolontherapie mit Erfolg wieder aufgenommen. Später konnte man beim Patienten Darmstörungen mit mangelhafter Nahrungsausnutzung feststellen, die zum großen Teil auf ein deutliches Lipasedefizit zurückzuführen war. Die weitere Behandlung des Falles auf internem Wege hatte eine wesentliche Besserung zur Folge, nach einigen Monaten wurde eine Thyreoidektomie vorgenommen.

Bei dem 45jährigen Arbeiter entwickelt sich also im Verlaufe einer chronischen Bleiintoxikation das volle Bild der BASEDOWschen Krankheit. Neben den typischen Symptomen der Tyhreotoxikose kommt es bei dem Patienten zu einer Leberschädigung und eine sehr schweren Porphyrinurie. Unter einer Campolontherapie, später einer Insulin-Traubenzuckerkur und unter Verzicht auf eine spezielle Basedowtherapie sank die übermäßige Ausscheidung von Porphyrin, ebenfalls gingen die klinischen Erscheinungen der Hyperthyreose allmählich zurück. Die primäre Behandlung der Leber hat also zu einer raschen Beseitigung der Pigmentstoffwechselstörung geführt, die von einer günstigen Wendung des Basedows begleitet war. Auch diese letztere Tatsache zeigt, daß die vorhandene Pigmentanomalie sicher in Beziehung mit der Störung der Schilddrüsenfunktion steht.

Wir können nicht ohne weiteres annehmen, daß die hyperthyreotischen Symptome und die Bleiporphyrie eine zufällige Erscheinung zweier nicht zusammenhängender Prozesse darstellen. BASEDOWsche Erscheinungen im Verlauf einer Bleiintoxikation sind schon beobachtet worden. VIGLIANI hat einige Fälle beschrieben und dabei erwähnt, daß die Bleiintoxikation nicht selten hyperthyreotische Symptome hervorrufen kann. VIGLIANI ist der Auffassung, daß die Bleivergiftung die unmittelbare Ursache des Basedows darstellt, und zwar entweder durch direkte Einflüsse chemischer Natur auf die Schilddrüse oder durch Schädigung des vegetativen Nervensystems durch Bleieinwirkung. Neben diesen Hypothesen müssen wir bei der Ätiologie des Bleibasedows an eine dritte Möglichkeit denken, nämlich an die engen Beziehungen, die zwischen Bleiintoxikation und Porphyrinstoffwechsel einerseits und zwischen Porphyrin, Hypophyse, Schilddrüse und Nervensystem andererseits existieren. Enge Zusammenhänge zwischen Porphyrin und Schilddrüsenfunktion sind bei der Beobachtung der klinischen Begleitsymptome der Porphyrie (s. Kap. VIII) wohl anzunehmen. Die Porphyrine können als Synergist der Schilddrüse wirken und andererseits sich als Aktivatoren und Katalysatoren der oxydativen Vorgänge im Organismus entfalten. Auch die Frage eines rein nervös regulatorischen Einflusses der Porphyrine auf den Organismus wurde besonders von den amerikanischen Autoren in Betracht gezogen.

Von Interesse erscheint hier der enge Zusammenhang zwischen Schilddrüsentätigkeit und Nervensystem, speziell Zwischenhirnfunktion und vegetativem Nervensystem. Vor kurzem wurde diese wichtige Frage von einigen Autoren und besonders von SCHITTENHELM und seiner Schule eingehend diskutiert. Die Schilddrüse kann nach SCHITTENHELM durch ihre Sekrete eine zentrale Wirkung auf die vegetativen Zentren des Zwischenhirns ausüben, und umgekehrt können primäre Störungen und Schädigungen im Gebiet des Zwischenhirns zum Ausbruch von hyperthyreotischen Symptomen führen und dies bis zum klinischen Bild des ausgesprochenen Basedows. Wir stehen also vor einer engen Zusammenarbeit zwischen Schilddrüse, Hypophyse und Zwischenhirn. Diese Erörterungen sind besonders wichtig, da es bekannt ist, daß die Bleiintoxikation schwere Störungen des Zentralnervensystems verursachen kann (Encephalopathia saturnina).

Heute wissen wir, daß die Hypophyse bei der Regulation der Beziehungen zwischen Zentralnervensystem und Thyreoideatätigkeit eine wesentliche Rolle spielt, es ist sogar sehr wahrscheinlich, daß die Wirkung des Porphyrins auf die Schilddrüse über die Hypophyse zustande kommt.

Das Blei ist als solches ein schweres Gift für das zentrale und periphere Nervensystem. Gerade die Encephalopathia saturnina zeigt uns, in welchem Maße die cerebrale Funktion durch Blei gestört werden kann. Dieser primäre Mechanismus hat einerseits die Beziehungen des Di- und Mesencephalons zur Hypophyse gestört, die andererseits durch die abnorme Produktion des thyreotropen Hormons eine Schilddrüsenhyperfunktion entfesselt. Der schwer geschädigte Porphyrinstoffwechsel greift unter diesen Bedingungen tief in die komplexe hormonale Dysfunktion des Saturnismus ein. Der durch Blei ausgelöste Symptomenkomplex wird durch das vorhandene Porphyrin infolge der aktiven Beteiligung dieses Pigmentes am Bild der Hyperthyreose und an der gestörten Leberfunktion unterstützt und bekräftigt. Die Leber unterhält bekanntlich enge Beziehungen zu Hypophyse und Schilddrüse. Eine Entlastung dieses Organs in therapeutischer Hinsicht führt zu einer Besserung der schweren Porphyrinstoffwechselstörung, die sich im vorliegenden Fall klinisch in einem allmählichen Zurückgehen der damit verbundenen Symptome von seiten des abnorm funktionierenden neurohormonalen Systems äußert. Gerade das Verschwinden der akuten Symptome der Hyperthyreose bei dem Zurückgehen der starken Porphyrinproduktion spricht sehr für die aktive Rolle dieses Pigmentes im komplexen Bild der Schilddrüsenerkrankung.

Blei und Porphyrin wirken nach VIGLIANI synergistisch auf den menschlichen Organismus. Beide Substanzen zeigen eine besondere Affinität zum Knochensystem, sie lagern sich beim erwachsenen Tiere an der Knorpelknochengrenze und an der Verknöcherungszone ab (KÄMMERER, BERENS), so daß KÄMMERER zu der kühnen Vermutung der Verdrängung des Porphyrins aus dem Knochenmark durch das Blei kommt. Viel glaubwürdiger ist die Annahme einer Verbindung Blei-Calciumphosphat einerseits und Porphyrin-Calciumphosphat andererseits, wobei die Ablagerungsstätte im Knochensystem für beide Komplexe die gleiche ist.

Im Zusammenhang mit diesen Erörterungen sind die Angaben von KASAHARA und NAGAHAMA zu bringen, die bei der Bleiintoxikation im Säuglingsalter eine frühzeitige Verkalkung besonders in der Meta- und Epiphyse fanden. Diese Kalkablagerung ist, wie CARRIÉ mit Recht betont, nicht als Bleifolge oder nur als Bleiwirkung zu betrachten, sondern mehr als Porphyrineffekt aufzufassen.

Lichtüberempfindlichkeit bei der Bleiintoxikation kann gelegentlich festgestellt werden. So gibt es Beobachtungen von CARRIÉ und VANNOTTI, bei denen neben einer schweren Porphyrinurie noch deutliche Zeichen einer Photosensibilisierung der Haut zu bemerken sind.

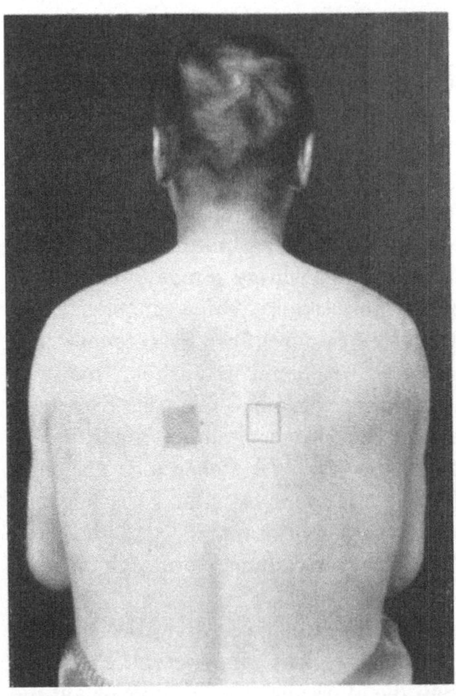

Abb. 52. Starke Hautreaktion auf U.V.-Bestrahlung (links). Fehlen jeglicher Hautreaktion auf Bestrahlung mit Rot-Infrarot, rechts (Fall von Bleiintoxikation).

Nicht alle Symptome, die bei der Bleiintoxikation auftreten, sind ohne weiteres auf eine abnorme Porphyrinreaktion zurückzuführen. So fällt es schwer, die Vasokonstriktion, die oft bei der Bleivergiftung zu beobachten ist (spastische Nierengefäßverengerung mit Oligurie und Gefäßspasmen an der Retina mit beginnender Opticusatrophie und Abnahme des Sehvermögens nach SCHREUS und CARRIÉ) auf eine direkte Porphyrinwirkung zurückzuführen. Sowohl die Nieren wie das Nervensystem weisen bei der Bleischädigung so schwere und durch Bleiablagerung in die Gewebe direkt bedingte Schädigungen auf, daß nicht ohne weiteres nach einer Beteiligung des Porphyrins zu suchen ist.

Als weitere Intoxikationsform ist hier die Quecksilbervergiftung zu erwähnen. Man findet aber in der Literatur nur vereinzelte Fälle, die neben den bekannten Symptomen der Quecksilbervergiftung eine Störung des Porphyrinstoffwechsels aufweisen. Es ist daher nicht möglich, für die Quecksilberintoxikation wie für die Bleikrankheit das Porphyrin als diagnostisches Hilfsmittel zu gebrauchen.

Folgender Fall zeigt das Auftreten von schwerer Porphyrinurie bei einer chronischen Quecksilbervergiftung.

39jähriger Angestellter. Früher immer gesund. Machte den Weltkrieg mit, wurde dabei zweimal verletzt. Seit 3 Jahren arbeitet er mit Herstellung von Quecksilbersalben. In der letzten Zeit starke Ermüdung, Schwindelgefühl, Kopfdruck und Occipitalneuralgie, Appetitlosigkeit und Schmerzen im Rücken, hauptsächlich in der Nierengegend.

Ischiasähnliche Beschwerden. Allmähliche Schwellung der Beine. Auftreten von ausgedehnten Pyodermien an den unteren Extremitäten und im Gesicht. Wegen Atemnot Einweisung in die Klinik.

Man fand ausgedehnte Ödeme, Ascites und Pleuraerguß, leichte Leukocytose und erhöhte Senkung, normalen Erythrocyten- und Hämoglobinwert. Blutdruck 125/75 mm Hg. Keine kardiale Insuffizienz. Der Urin zeigte helle Farbe, schwere Albuminurie, 6—12$^0/_{00}$ Urobilin nicht wesentlich vermehrt. Im Urinsediment Erythro- und Leukocyten, verfettete Nierenepithelien, viele hyaline und Wachszylinder, keine doppelbrechende Substanzen.

Im Blutserum eine leichte Hypoalbuminose mit relativer Globulinvermehrung. Hohe Cholesterinwerte (421 mg-%). Bilirubin 0,65 mg-%. Alle Leberfunktionsprüfungen (Kohlehydrat- und Eiweißbelastungen) fielen positiv aus. Takata ebenfalls positiv.

Es handelte sich um eine schwere Parenchymdegeneration der Nieren (nephroseähnliches Bild) ohne Auftritt von Lipoiden im Urin und dabei eine schwere Leberschädigung (starke Lebervergrößerung). Im Verlauf mehrerer Monate besserte sich der Zustand zusehends, hauptsächlich unter Lebertherapie. Plötzlich bekam der Patient eine Angina, gefolgt von einer Otitis media. Ein Tag nach dieser entzündlichen Komplikation zeigte sich bei dem Patienten eine schwere Hämaturie, die 2 Tage lang dauerte und dann in eine Hämoglobinurie überging. Bei der Hämaturie war der Porphyringehalt des Urins erhöht, es handelte sich um Koproporphyrin; im Anschluß an die Hämoglobinurie konnte man während 2 Tagen eine deutliche Vermehrung von Protoporphyrin (0,083 mg Protoporphyrin + 0,28 mg Koproporphyrin) beobachten. Diese Protoporphyrinvermehrung verschwand aber rasch und wurde von einer gewaltigen Koproporphyrin- und Uroporphyrinausscheidung während etwa 8 Tagen abgelöst. Der Urin enthielt reichlich braunes Pigment und war tiefbraun gefärbt, der Patient bekam eine heftige Schwellung des Gesichtes mit starker Rötung und Jucken der Haut, besonders an Nase, Lippen und Ohren. Eine deutliche Obstipation trat auf und die neuralgischen Schmerzen, die zu Beginn des Spitalaufenthaltes vorlagen, kamen wieder heftig zum Vorschein. Allmählich beruhigte sich der Zustand, die Uroporphyrinurie verschwand vollständig, es blieb aber eine starke Koproporphyrinausscheidung, die nach den täglichen Untersuchungen zwischen 4,0 mg und 12,3 mg in 24 Stunden betrug, zurück.

Eine leichte Lichtüberempfindlichkeit der Haut war immer zu beobachten. Der Blutstatus, der während des akuten Hämoglobinurieanfalles eine deutliche Abnahme des Hämoglobins und der Erythrocytenzahl aufwies, kehrte allmählich auf normale Werte zurück und zeigte dann sogar eine gewisse Polyglobulie (Erythrocyten 6,0 Mill., Hämoglobin 128%).

Bei der Besprechung der therapeutischen Maßnahmen bei den Porphyrinkrankheiten werden wir nochmals auf die Ansprechbarkeit der Porphyrinausscheidung dieses Falles auf die Behandlung zurückkommen. Eine Besserung trat auf, als die klinischen Zeichen der Leberinsuffizienz zurückgegangen waren. Trotz des gehobenen Allgemeinbefindens besteht noch heute nach etwa 2 Jahren des akuten Beginns des Leidens eine leichte Albuminurie und eine Vermehrung der Koproporphyrinausscheidung, die zwischen 0,2—1,3 mg schwankt.

Die genaue qualitative Analyse des Porphyrins in diesem Fall ergab die Ausscheidung von Kopro- und Uroporphyrin I. Wir sehen hier somit nach der Hämoglobinurie das Auftreten von Protoporphyrin, einem Porphyrin der III. Isomerenreihe, neben dem Porphyrin I. Diese Erscheinung läßt sich folgendermaßen erklären: der Blutfarbstoff, der durch starke Hämolyse (nach einem Infekt) frei geworden ist, wird beim Vorliegen einer schweren Leberschädigung in abnormer Weise zu Protoporphyrin abgebaut. Nach diesem ersten akuten Vorgang trat aber bald eine weitere Zerlegung des Blutfarbstoffes und evtl. des so gebildeten Porphyrins mit folgendem Wiederaufbau in Porphyrin I auf. Dieser zweite Vorgang ist für die Leberaffektion nicht selten und entspricht einer abnormen Reaktion von seiten des geschädigten Leberparenchyms.

Die Hämoglobinurie nach akutem Infekt und nach einer stärkeren Hämaturie ist in diesem Falle auch von gewissem klinischem Interesse. Hier tritt mit Deutlichkeit die Bedeutung der Niere als blutzerstörendes Organ nach der BINGOLDschen Auffassung zum Vorschein. Es wäre nicht von der Hand zu weisen, daß das ungeschützte Hämoglobin in den Nieren zum Teil unter Eisenabspaltung zu Protoporphyrin abgebaut wurde. Ferner hat diese Beobachtung, wie schon im V. Kapitel ausgeführt wurde, zu den Versuchen über den Pyrrolaufbau zu Porphyrin I Anlaß gegeben, mit dem Resultat, daß bei bestimmten Leberschädigungen und evtl. unter gewissen konstitutionellen Momenten die einfache Zufuhr von Pyrrolkernen zu einer Zunahme der Porphyrinsynthese führt.

In der Literatur über Intoxikationen findet man Angaben über Auftritt von Porphyrinvermehrung bei Phosphorintoxikation (KÄMMERER, LORENTE und SCHOLDERER), bei Zinkchloridvergiftung (VON JAKSCH) und bei Verabreichung von Arsenobenzolen. Die Salvarsanporphyrinurie ist schon lange bekannt. So beschrieb 1917 CAVINA eine Reihe von Fällen, die auf intravenöse Salvarsaninjektionen in relativ kleinen Dosen mit einer deutlichen Porphyrinvermehrung im Urin reagierten. CARRIÉ untersuchte später in systematischer Weise die Porphyrinausscheidung im Verlauf der Salvarsankuren und konnte feststellen, daß bei jeder Salvarsaninjektion der Patient am gleichen Tag mit einer rasch vorübergehenden Erhöhung des Porphyrins reagierte. Diese abnorme Pigmentausscheidung wird von dem Verfasser auf einen intravasal vermehrten Erythrocytenzerfall zurückgeführt. Daneben muß aber besonders die Belastung der Leberfunktion bei solchen Injektionen betont werden; eine gleichzeitige Untersuchung auf Blutporphyrin wird von CARRIÉ nicht angegeben.

Weiter wird in der Literatur über Porphyrinvermehrung bei Intoxikationen mit Benzolverbindungen berichtet. MOHR beschreibt einige Fälle bei Chlorbenzolintoxikation. Solche Porphyrinurie bei ähnlichen Vergiftungen sind ab und zu in der Literatur beschrieben worden (KOELSCH und ferner GELMAN). Die Fälle, die GÜNTHER beobachtet hat, zeigten dagegen keine Porphyrinerhöhung. Bei der Anilinvergiftung hat GELMAN das Auftreten einer abnorm hohen Porphyrinurie gesehen. Auch Anilinderivate sollen gelegentlich Störungen des Porphyrinstoffwechsels mit sich bringen. Lysol-, Chloroform-, Apiol- (LÜTHY), Novocain-, Thiosinaminvergiftungen und andere, seltene Intoxikationen können oft auch mit einer gesteigerten Porphyrinausscheidung einhergehen.

In der älteren Literatur spielt eine andere Gruppe von chemischen Produkten bei dem Zustandekommen der abnormen Porphyrinurie eine bedeutende Rolle. Eine Reihe von Forschern hat nämlich schwere Porphyrinstoffwechselstörungen bei der chronischen Intoxikation mit Schlafmitteln, wie Sulfonal, Trional, Veronal, ferner in geringerem Grade auch von Luminal, Phanodorm und sogar Sedormid festgestellt.

Am meisten bekannt ist die Sulfonalporphyrinurie, die besonders bei Suicidversuchen sowie bei chronischem Schlafmittelgebrauch nach großen Dosen des Narkoticums auftreten kann. GÜNTHER hat in der Literatur 56 Fälle von abnormen Porphyrinerscheinungen beschrieben, davon 47 nach Sulfonal, 7 nach Trional und 2 nach Veronalintoxikation. Von Interesse ist ferner die Angabe GÜNTHERs, daß unter diesen Fällen sich nur 4 Männer befinden, es scheint, daß eine gewisse Disposition des weiblichen Geschlechtes vorliege, die Mortalität in diesen Fällen ist sehr hoch. Das Porphyrin wird vorwiegend durch den Urin ausgeschieden (Uroporphyrin); SCHULTE konnte z. B. im Stuhl kein Porphyrin finden, dagegen im Urin reichlichen Farbstoff. NEUBAUER berichtet immerhin über Porphyrinausscheidung bei der experimentellen Sulfonalintoxikation durch die Galle. Die histologische Untersuchung bei den Sulfonaltieren ergab im allgemeinen schwere entzündliche oder degenerative Veränderungen des Nierenparenchyms, meist als einziger pathologischer Befund (GÜNTHER). SCHULTE fand eine deutliche Eisenablagerung in der Peripherie der Leberläppchen.

Die Intoxikation mit Schlafmitteln kann zu einer Ausscheidung von so hohen Porphyrinmengen führen, daß es zu klinischen Zeichen einer schweren Porphyrie (s. Kap. VIII) kommen kann. Ein solcher Fall ist z. B. in der neuen Literatur von KALDEWEY beschrieben. Eine Patientin mit Schizophrenie bekommt zur Bekämpfung eines schweren Erregungszustandes insgesamt 18 g Sulfonal und 10 g Trional. Nach einer Latenzzeit von 5 Tagen tritt plötzlich eine starke Verdunklung des Urins mit Erbrechen, Stuhlverhaltung und Leibschmerzen auf. Nach kurzer Zeit Lähmungen der unteren Extremitäten von ascendierendem Charakter und Exitus zufolge LANDRYscher Paralyse. Ähnliche Fälle sind oft beobachtet worden. Die Ätiologie der Sulfonalporphyrie ist noch nicht vollständig geklärt, die experimentellen Untersuchungen am Tiere geben keine konstanten Resultate. Nicht selten mißlingt die Sulfonalporphyrie im Tierexperiment. Es müssen auch hier wie beim Menschen dispositionelle Momente vorliegen. Nach KÄMMERER ist an eine Sensibilisierung zu denken, da die Porphyrinurie im allgemeinen nur bei der chronischen Verabreichung der Narkotica zu sehen ist.

Man nimmt bei der Sulfonalintoxikation eine SO_2-Spaltung an, da mit der Vergiftung mit schwefliger Säure ähnliche klinische Symptome wie bei der Porphyrie (Lähmungen, Magendarmerscheinungen) auftreten können.

Es ist ferner möglich, Porphyrin aus dem Hämoglobin unter SO_2-Wirkung und Belichtung zu erzeugen. BONANNI schließlich denkt an eine erhöhte Hämolyse durch Sulfonal, da nicht selten bei der Sulfonalvergiftung eine Punktierung der Erythrocyten beobachtet wird.

Duesberg möchte die Porphyrinbildung bei der Sulfonalanämie derjenigen der Perniciosa und der Bleianämie gleichstellen, d. h. die Porphyrinproduktion im Organismus als Folge einer gestörten Regeneration des Knochenmarkes auffassen. Diese Erklärung stößt aber auf Schwierigkeiten und die Tatsache, daß bei der Sulfonalvergiftung hauptsächlich Uroporphyrin, und zwar ein Porphyrin I, dagegen bei der Bleiintoxikation fast ausschließlich Koproporphyrin III ausgeschieden wird, spricht für eine grundsätzliche Abweichung in der Porphyrinentstehung bei diesen beiden Intoxikationsformen. Brugsch hat im Anschluß an die nicht selten beobachteten pathologischen Porphyrinurien bei Schlafmittelabusus systematische Untersuchung bei mit größeren Narkoticadosen behandelten Geisteskranken angestellt und gesehen, daß bei solchen Schlafmitteln, die Aldehyd- und Alkoholgruppen enthalten, eine abnorme Porphyrinausscheidung oft auftritt (Amylenhydrat, Paraldehyd, Chloralhydrat, Sulfonal und Trional). Es wird von Brugsch angenommen, daß diese Narkotica auf das Organparenchym und speziell auf die Leber toxisch wirken, so daß hier die Ursache der Porphyrinproduktion auf eine mit der Lipoidlöslichkeit dieser Substanzen verbundene direkte Zellschädigung zurückzuführen ist.

Die Hautkrankheiten.

Der photosensiblen Wirkung der Porphyrine und der lokalen Hauterscheinungen im Tierexperiment wegen hat man seit langem versucht, bei den Hautkrankheiten und besonders bei den Lichtdermatosen einen Zusammenhang zwischen lokaler Hauterscheinung und alteriertem Porphyrinumsatz zu finden.

Mit Sicherheit konnte man solche Beziehungen bei der schweren Hautbeteiligung der cutanen Form der Porphyrie (Porphyria congenita s. Kap. VIII) feststellen. Ob andere typische Hautkrankheiten auch infolge vermehrter Porphyrinproduktion entstehen können, ist heute noch unklar.

In der Literatur sind einige Fälle einer erhöhten Porphyrinurie bei Dermatosen bekannt. Marquard (zit. nach Carrié) hat besonders bei Ekzemen eine solche Porphyrinurie gefunden, Carrié selbst dagegen konnte bei seinem Material aus der dermatologischen Klinik in Düsseldorf keine nennenswerten Porphyrinschwankungen beobachten. Neulich beschreibt Hübner bei 46 Kranken mit Erythema exsudativum multiforme 8 Fälle, bei denen eine deutliche Vermehrung des Porphyrins (über 200 γ) gefunden wurde, dabei aber keine Lichtüberempfindlichkeit und keine Leberstörungen. Eine Porphyrinvermehrung wurde in einigen Fällen von Sklerodermie nach Lichtüberempfindlichkeit von Krause beobachtet.

Die Pellagra verdient hier noch erwähnt zu werden, obgleich darüber schon zu Anfang des Kapitels gesprochen wurde. Es gibt sicher Fälle, bei denen besonders im akuten Stadium eine abnorme Porphyrinausscheidung gesehen wird (Ellinger und Dojmi, ferner Massa), so daß bei dieser Krankheit die Mitwirkung des Porphyrins bei der Entstehung der phototoxischen Hauterscheinungen angenommen werden muß.

Die Hydroa vacciniformis geht manchmal mit einer deutlichen Erhöhung der Porphyrinausscheidung einher. Man hat versucht, die Hydroa vacciniformis als ein Symptom des alterierten Porphyrinstoffwechsels zu betrachten, die klinischen Erscheinungen an der Haut bei der Hydroa sind, wie Carrié betont, aber wesentlich geringer als die Hautveränderungen bei der Porphyrie. Auch das Verhalten der Hydroafälle und der Porphyrinpatienten auf die Lichtbestrahlung mit verschiedenen Wellenlängen ist anders, so daß man unbedingt Hydroa und Hautsymptom bei der Porphyrie vollständig voneinander trennen muß. Gewiß gibt es Fälle von Porphyrinkrankheit, die besonders in frühester Jugend zu Hauterscheinungen neigen, die der Hydroa vacciniformis entsprechen, später kommt es aber doch zu deutlichen Abweichungen.

Die Hydroa vacciniformis zeigt eine komplexe Ätiologie. Unter den auslösenden Faktoren dieser Hauterscheinung müssen nach GOTTRON und ELLINGER Licht, Porphyrin und Trauma erwähnt werden, wobei in diesem Falle die vermehrte Porphyrinausscheidung als Symptom und evtl. als Ätiologie des Hautleidens in Frage kommt.

Einen direkten Zusammenhang zwischen Porphyrin und anderen Hauterkrankungen anzunehmen, ist riskiert. Oft kann das Porphyrin infolge Störungen des Pigmentstoffwechsels leicht erhöht sein, ohne deswegen mit der Dermatose in Beziehung zu stehen. Im übrigen scheinen Lichtreaktionen der Haut nur bei einer starken Porphyrinerhöhung aufzutreten. Der starke Schutz der Haut gegen Einwirkungen von Lichtstrahlen und besonders von Ultraviolettstrahlen kann die relative Unterempfindlichkeit der Haut gegen Porphyrinsensibilisierung vollkommen erklären.

Zusammenfassung.

Eine erhöhte Porphyrinausscheidung ist eine nicht seltene Begleiterscheinung verschiedener Krankheiten und krankhafter Prozesse. Meistens ist die Vermehrung des Farbstoffes nur gering, so daß es klinisch zu keinen für die Porphyrinintoxikation typischen Symptomen kommt. Man findet sogar in bestimmten Krankheitsgruppen mit einer gewissen Regelmäßigkeit eine Porphyrinvermehrung, und man kann daher von einer abnormen *Porphyrinurie* bei blutenden Magendarmaffektionen, akuten fieberhaften Erkrankungen, Leber- und Blutkrankheiten, Intoxikationen usw. sprechen. Die eigentliche Porphyrinkrankheit (Porphyrie) ist aber dabei nicht gemeint.

Eine vermehrte Porphyrinausscheidung findet man beim Magendarmulcus, bei Magencarcinom, Enterocolitiden usw. Bei lang dauernden kleineren Blutungen ist gewöhnlich mehr Porphyrin als bei den schweren kurz verlaufenden zu konstatieren. Deuteroporphyrin ist dabei besonders stark vermehrt. Akute fieberhafte Erkrankungen (Pneumonie, Typhus, eitrige Prozesse usw.) zeigen ebenfalls eine stärkere Porphyrinausscheidung; diese Erscheinung läßt sich in typischer Weise bei der Malaria und bei der Pyriferkur verfolgen, in ihren fieberfreien Intervallen ist die Porphyrinausscheidung normal.

Die Leberkrankheiten gehen sehr oft mit einer beträchtlichen Porphyrinproduktion einher. Entzündlich degenerative Prozesse des Leberparenchyms zeigen eine hohe Porphyrinurie.

Bei der Leberstauung kann man nach dem Zurückgehen des Zustandes auch eine Besserung der Porphyrinausscheidung beobachten. Bilirubin- und Porphyrinkurven verlaufen dabei oft parallel. Es scheint, daß bei solchen Leberstörungen vorwiegend ein Porphyrin I ausgeschieden wird. Die Hämochromatose gehört ebenfalls zu dieser Gruppe, die mangelhafte Funktion des Reticuloendothels (hauptsächlich der Leber) führt zu einer Störung des Eisenstoffwechsels und der Blutfarbstoffbildung (spät auftretende Anämie und Porphyrinurie).

Die Blutkrankheiten liefern eine Reihe von interessanten Krankheitsprozessen, die mit dem Porphyrinumsatz eng in Zusammenhang stehen.

Bei den Eisenmangelanämien ohne tiefgreifende Störungen der Knochenmarksfunktion (Blutverlust, ferner die Mehrzahl der hypochromen Anämien, Inanitionsanämien usw.) ist die Porphyrinausscheidung sogar vermindert. Bei den Störungen der Erythropoese, wie z. B. bei der Perniciosa, ist die Porphyrinbildung oft stark vermehrt. Pseudoperniciosa und Sprue zeigen ähnliche Verhältnisse, es handelt sich offenbar um eine in Zusammenhang mit der Störung der Erythropoese stehende abnorme Porphyrinproduktion im Knochenmark, die mit dem Fehlen des endogenen und wahrscheinlich auch des exogenen antianämischen Faktors in Zusammenhang steht. Die schweren Veränderungen des Magendarmchemismus mit der abnormen Wanderung der Darmflora im oberen Dünndarmabschnitt sowie die Störung der neutralisierenden Leberfunktion bringen eine Erhöhung der Porphyrinproduktion im Darm mit sich. Bei der Sprue kommt aber noch eine Störung der Porphyrinresorption hinzu. Bei dem Einsetzen der Knochenmarksregeneration bei der Perniciosa geht gewöhnlich die Kurve der Porphyrinausscheidung allmählich auf beinahe normale Werte herunter.

Die Pellagraanämie und die Mediterranean-anaemia haben vielleicht mit der oben besprochenen Gruppe von Blutkrankheiten in bezug auf Porphyrinproduktion einige Berührungspunkte.

Anders liegen die Verhältnisse bei der schweren Knochenmarksaplasie und bei der Durchsetzung des Knochenmarkes mit nicht erythropoetischem Gewebe (myeloische Leukämie, Knochenmarksmetastasen, schwere Entzündungen usw.). Hier sind die Porphyrinwerte oft vollständig normal. Die Produktion von Porphyrin hängt also wahrscheinlich von dem Grade der Knochenmarksschädigung ab. Solche Schwankungen in der Pigmentausscheidung lassen sich im Verlaufe der myeloischen Leukämie oft verfolgen. In einem Fall von Knochenmarksaplasie nach Benzolvergiftung läßt sich zeigen, daß Porphyrinausscheidungskurve und Erythrocyten- bzw. Hämoglobinwerte umgekehrt verlaufen.

Bei den schweren hämolytischen Prozessen findet man ebenfalls in bezug auf Porphyrinausscheidung ein nicht einheitliches Bild. Bei intakter Leberfunktion ist nach starker Hämolyse (hämolytischer Ikterus, Phenylhydrazinhämolyse, Hämoglobinurie) eine deutliche Zunahme des Bilirubins im Blute ohne Porphyrinvermehrung zu sehen. Ist aber die Bilirubinbildung im Organismus gestört, so kann es zu einer deutlichen Porphyrinvermehrung kommen.

Die Polycythämie und im allgemeinen auch die Polyglobulie verschiedener Ätiologie bilden bei den Blutkrankheiten eine Gruppe für sich. In einem schweren Fall von Polycythaemia Vaquez mit Thrombose der Milzvenen und alten Milzinfarkten (verminderte Blutabbaufunktion der Milz) war das Porphyrin im Urin vermehrt (vikariierender Blutfarbstoffabbau), die Porphyrinwerte stiegen dann beim Auftreten diffuser, frischer Thromben in den Bein- und Beckenvenen, als Ausdruck eines lokalen Blutzerfalles in den Thromben, in die Höhe. In einem Fall von Polycythaemia Geissböck dagegen war die Porphyrinausscheidung sogar vermindert.

Bei den Intoxikationen, hauptsächlich bei der Bleiintoxikation, beobachtet man oft sehr hohe Porphyrinwerte im Urin, Stuhl, evtl. Blut, einerseits infolge Porphyrinproduktion im Knochenmark bei der Hemmung der Eisenverwertung zur Hämoglobinbildung und andererseits bei dem durch die Intoxikation bedingten Ausfall der normalen Leberfunktion als Regulator des gesamten Porphyrinstoffwechsels. Die Porphyrinproduktion bei der Bleivergiftung kann hohe Werte erreichen, so daß gelegentlich das volle Bild der Porphyrinkrankheit im engeren Sinne des Wortes vorliegt. Seltener kann man eine ausgesprochene, mit schweren Folgen verbundene Porphyrinurie bei der Quecksilbervergiftung beobachten. Eine Leber- und Nierenschädigung spielt hier ätiologisch die wichtigste Rolle.

In früheren Jahren wurde oft bei der chronischen Schlafmittelintoxikation eine abnorm hohe Porphyrinausscheidung beobachtet (Sulfonal, Trional, Veronal und Luminal), heute sind solche Intoxikationsformen seltener geworden. Es scheint, daß vorwiegend die chronischen Vergiftungsformen sowie konstitutionelle und dispositionelle Momente (weibliches Geschlecht) bei dem Auftreten der pathologischen Porphyrinurie eine Rolle spielen. Bei den Hautaffektionen haben hauptsächlich die Pellagra und die Hydroa vacciniformis Beziehungen zum alterierten Porphyrinumsatz.

Literatur zu Kapitel VII.

ANGELERI, C. ed E. VIGLIANI: La porfirina dei globuli rossi. Giorn. roy. Accad. Med. Torino 98 (1935).

ARMENTANO, L. ed A. BENTSATH: Sull' ittero dei malati di cuore. Arch. Pat. e Clin. med. 16, 476 (1936).

BASSI, U.: Clin. med. 3, 241 (1934).

BECHER, E.: Intestinale Autointoxikation. Klin. Wschr. 1937 I, 145.

BEHRENS, B.: Die Beziehungen des Bleis zu den Phosphaten des Tierkörpers. Verh. dtsch. Ges. inn. Med. 1933, 333.

BEJUL, A. u. J. GELMAN: Ein Fall akuter essentieller Hämatoporphyrie. Münch. med. Wschr. 1929 I, 745.

BOAS, J.: Die klinische Bedeutung der Porphyrine für die Verdauungspathologie. Klin. Wschr. 1932 II, 1496.

— Dtsch. med. Wschr. 1933 I, 136.

— Über das Vorkommen von Protoporphyrin im Harn. Klin. Wschr. 1933 I, 589.

— Die Porphyrine und ihre Bedeutung für die Verdauungspathologie. Arch. Verdgskrkh. 53, 87 (1933).

BONANNI, A.: Gli eritrociti punteggiati nell'intossicazione cronica per sulfonale. Boll. Accad. med. Roma 34, 12 (1908).

BORST, M.: Untersuchungen über kongenitale Porphyrie. Verh. dtsch. Ges. Naturforsch. 1931, 1038.

BRUGSCH, J. TH.: Untersuchungen des quantitativen Porphyrinstoffwechsels beim gesunden und kranken Menschen. II., III. u. V. Mitt. Z. exper. Med. 95, 482, 493 (1935); 98, 57 (1936).

— Die klinische Bedeutung der Porphyrine. Erg. Med. 20, 423 (1935).

— Die sekundären Störungen des Porphyrinstoffwechsels. Erg. inn. Med. 51, 86 (1936).

CARRIÉ, C.: Die Porphyrine, ihr Nachweis, ihre Physiologie und Klinik. Leipzig: Georg Thieme 1936.

— u. L. HEROLD: Die Porphyrinausscheidung in der normalen Schwangerschaft und ihre Beziehung zum Blutfarbstoffwechsel. Arch. Gynäk. 158, 54 (1934).

CAVINA, C.: Sul comportamento dell'urina dopo l'iniezione endovenosa di salvarsan. Giorn. ital. Mal. vener. pelle 58, 263 (1917).

DIETRICH, S. u. E. PENDL: Vitamin B_2 (Lactoflavin) und Erstickung des isolierten Froschherzens. Klin. Wschr. 1937 I, 13.

DOBRINER, K.: Urinary Porphyrins in Disease. J. of. biol. Chem. 113, 1 (1936).

DRIGALSKI, W. v.: Untersuchungen über Vitamin B_2. Klin. Wschr. 1935 I, 773.

DUESBERG, R.: Arch. f. exper. Path. 162, 280 (1931).

— Toxische Porphyrie. Münch. med. Wschr. 1932 II, 1821.

ELLINGER, P. and L. DOJMI: Note on the presence of Porphyrin in the urine of pellagra patients. Chem. a. Ind. **1935**, 507.

EPPINGER, H.: Die hepatolienalen Erkrankungen. Enzyklopädie der klinischen Medizin. Berlin: Julius Springer 1920.

FIKENTSCHER, R.: Quantitative Porphyrinbestimmung durch Lumineszenzintensitätsmessung mit dem Stufenphotometer. Biochem. Z. **249**, 257 (1932).

— Untersuchungen über den Harnporphyrinspiegel bei Schwangerschaftstoxikosen, insbesondere bei Leberstörungen. Z. Geburtsh. **111**, 210 (1935).

— Untersuchungen über den Porphyrinstoffwechsel in der Schwangerschaft. Z. Gynäk. **111**, 164 (1935).

— u. K. FRANKE: Klinische Porphyrinuntersuchungen, ihre quantitative und qualitative Methodik. Klin. Wschr. **1934 I**, 285.

FISCHER, H. u. R. DUESBERG: Über Prophyrine bei klinischer und experimenteller Porphyrie. Arch. f. exper. Path. **166**, 95 (1932).

— u. H. HILMER: Über Koproporphyrinsynthese durch Hefe und ihre Beeinflussung. Hoppe-Seylers Z. **153**, 167 (1926).

FRANKE, K. u. ST. LITZNER: Frühzeitige Erkennung bleigefährdeter und bleigeschädigter Arbeiter mit Hilfe quantitativer Urin-Porphyrinbestimmungen. Z. klin. Med. **129**, 115 (1933).

GARROD, A. E.: On the occurence of hematoporphyrine in the urine. J. of Physiol. **13**, 598 (1892).

GELMAN, J.: Zur Klinik und Genese der Bleikrisen. Dtsch. Arch. klin. Med. **163**, 1 (1929).

— Zur Frage der klinischen Bedeutung der Kopro- und Uroporphyrien. Münch. med. Wschr. **1929 I**, 532.

GÖTZE, A.: Beiträge zur Kenntnis der Hämatoporphyrinurie bei der Bleivergiftung. Wien. klin. Wschr. **1911 II**, 1727.

GOTTRON, H. u. F. ELLINGER: Beitrag zur Klinik der Porphyrie. Arch. f. Dermat. **164**, 11 (1931).

GROTEPASS, W.: Zur Kenntnis des im Harn auftretenden Porphyrins bei Bleivergiftung. Hoppe-Seylers Z. **205**, 193 (1932).

GÜNTHER, H.: Die Hämatoporphyrie. Dtsch. Arch. klin. Med. **105**, 89 (1912).

— Die Bedeutung der Hämatoporphyrine in Physiologie und Pathologie. Erg. Path. **20 I** (1922).

— Hämatoporphyrie. Krankheiten des Blutes und der blutbildenden Organe, Bd. 2. Berlin: Julius Springer 1925.

HEILMEYER, L. u. K. PLÖTNER: Das Serumeisen und die Eisenmangelkrankheit. Jena: Gustav Fischer 1937.

HEINECKE, E.: Über toxische Hämatoporphyrinurie und Amaurose. Diss. med. Göttingen 1912. Zit. nach GÜNTHER.

HEROLD, L.: Das Verhalten der Porphyrinausscheidung bei der Hyperemesis gravidarum und ihre Beziehung zur Leberfunktion. Arch. Gynäk. **159**, 35 (1935).

HIJMANS VAN DER BERGH, A. A.: Abbau des Hämoglobins. Wien. med. Wschr. **1931 II**, 1359.

— W. GROTEPASS u. F. REVERS: Beitrag über das Porphyrin in Blut und Galle. Klin. Wschr. **1932 II**, 1534.

— u. J. HIJMANS: Über Porphyrie. Nederl. Mschr. Geneesk. **15**, 387 (1927).

HIRSCHHORN, S. u. W. ROBITSCHECK: Über Hämatoporphyrinausscheidung im Harn bei chronischer Bleivergiftung. Z. klin. Med. **106**, 664 (1927).

HÜBNER, K. H.: Erythema exsudativum multiforme und Porphyrinurie. Arch. f. Dermat. **174**, 38 (1936).

HULST: Bloedspuren in de Outlasting. Diss. med. Utrecht 1933. Zit. nach CARRIÉ.

JAGIĆ, N. v. u. F. NAGL: Der exogene Faktor in der Anämieforschung. Dtsch. med. Wschr. **1937 I**, 486.

JAKSCH, V.: Vergiftungen. NOTHNAGELS Handbuch der Pathologie und Therapie, 1910.

KÄMMERER, H.: Biologie und Klinik der Porphyrine. Verh. dtsch. Ges. inn. Med. **1933**, 28.

— Aussprache. Dtsch. Ges. inn. Med. 1933. S. 338.

KALDEWEY, W.: LANDRYsche Paralyse, Porphyrin, Sulfonal. Z. Neur. **145**, 165 (1933).

KAPP, E. and A. COBURN: Studies on the exkretion of urinary porphyrin in rheumatic fever. Brit. J. exper. Path. **17**, 255 (1936).

KASAHARA u. NAGAHAMA: Z. Kinderheilk. **55**, 583 (1933).

KOELSCH, F.: Giftigkeit der aromatischen Nitroverbindungen. Münch. med. Wschr. **1914 II**, 1400.

KORSAKOFF: Psychische Störungen kombiniert mit multipler Neuritis. Z. Psychiatr. u. gerichtl. Med. **46**, 475 (1890). Zit. nach GÜNTHER.

KRAUSE, P.: Aussprache. Dtsch. Ges. inn. Med. Wiesbaden 1933. S. 90.

KÜHL, G.: Untersuchungen über den Blutumsatz an einem Fall von allgemeiner Hämachromatose. Dtsch. Arch. klin. Med. **144**, 331 (1924).

LANGECKER, H.: Fluoreszenzbeobachtungen bei den Porphyrinen. Hoppe-Seylers Z. **115**, 1 (1921).

— Ein Beitrag zur Kenntnis der toxischen Porphyrine. Z. exper. Med. **68**, 258 (1929).

LAGEDER, K.: Klinische Porphyrinuntersuchungen mit einer quantitativen spektroskopischen Methode. Arch. Verdgskrkh. **56**, 237 (1934).

— Untersuchungen über Porphyrinvermehrung in den Erythrocyten. Klin. Wschr. **1936 I**, 296.

LANGEN, DE: Hämatoporphyrinurie bei Schwarzwasserfieber und chronischer Malaria. Ref. Ber. Physiol. **6**, 415 (1931).

LICHTWITZ, L.: Pathologie der Funktionen und Regulationen. Leiden 1936.

LORENTE, L. u. H. SCHOLDERER: Experimentelle und klinische Porphyrinuntersuchungen. Arch. Verdgskrkh. **59**, 188 (1936).

LÜTHY, F.: Aussprache. Dtsch. Ges. inn. Med. 1933. S. 88.

LWOFF, A.: Die Bedeutung des Blutfarbstoffes für die parasitischen Flagellaten. Zbl. Bakter. **130**, 498 (1934).

MACMUNN: Contribution to animal chromatology. Quart. J. microsc. Sci. **30**, 51 (1889). Zit. nach GÜNTHER.

— On the origine of uroporphyrine and of normal and pathol. urobiline in the organism. J. of Physiol. **10**, 71 (1889).

MASSA, M.: Sensibilizzazione alla luce e porfirine. Riforma med. **1932**, 1669.

— Porfirine e calcio nell'intossicazione da piombo. Giorn. Clin. med. **14**, 1721 (1933).

MERTENS, E.: Über die Ausscheidung von Koproporphyrin III bei Bleivergiftung. Klin. Wschr. **1937 I**, 61.

MOHR, L.: Über Blutveränderung bei Vergiftung mit Benzolkörpern. Dtsch. med. Wschr. **1902 I**, 72.

MORAWITZ, P.: Aussprache. Dtsch. Ges. inn. Med. 1931. S. 81.

MÜLLER, H.: Beitrag zur Kenntnis der Porphyria congenita Günther. Z. exper. Med. **127**, 460 (1934).

NAEGELI, O.: Blutkrankheiten und Blutdiagnostik, 5. Aufl. Berlin: Julius Springer 1931.

— Differentialdiagnose in der inneren Medizin. Leipzig: Georg Thieme 1936.

NAKARAI: Über Hämatoporphyrinurie. Dtsch. Arch. klin. Med. **58**, 165 (1897).

NEUBAUER, O.: Hämatoporphyrinurie und Sulfonalvergiftung. Arch. f. exper. Path. **43**, 456 (1900).

PAL, J.: Paroxysmale Hämatoporphyrinurie. Zbl. inn. Med. **24**, 601 (1903).

PELLEGRINI, M.: Fattore emolitico ed epatico nella genesi della porfirinuria. Fisiol. e Med. **5**, 795 (1934).

PENEW, L. u. C. TROPP: Quantitative klinische Harnporphyrinuntersuchungen. Dtsch. Arch. klin. Med. **180**, 423 (1937).

REUBEN OTTENBERG: Reclassification of the anaemias. J. amer. med. Assoc. **100**, Nr 17 (1933).

ROSENBERG, M.: Bronzediabetes und Blei. Klin. Wschr. **1928 I**, 505.

SCHITTENHELM, A.: Über zentrogene Formen des Morbus Basedowi und verwandter Krankheitsbilder. Klin. Wschr. **1935 I**, 401.

SCHREUS, H. TH. u. C. CARRIÉ: Über den Zusammenhang der Symptome der Bleivergiftung mit Porphyrinausscheidung auf Grund von Untersuchungen bei Bleikranken. Z. klin. Med. **123**, 330 (1933).

— — Über die Bildung des Gallenfarbstoffes. Klin. Wschr. **1934 I**, 334.

SCHULTE: Über Hämatoporphyrie. Arch. klin. Med. **58**, 313 (1897).

SNAPPER, J.: Het anstaan van Porphyrinen in het darmkanaal. Nederl. Tijdschr. Geneesk. **1918 I**, 1692.

SNAPPER, J.: Koliken met porphyrinurie. Nederl. Tijdschr. Geneesk. **1920**, 1233. Zit. nach GÜNTHER.
— u. DALMEYER: Bedeutung des Abbaues von Blutfarbstoffen im Darm zu Porphyrin für den Nachweis des okkulten Blutes in den Fäces. Dtsch. med. Wschr. **1921 I**, 485.
SOBERNHEIM, G.: Beitrag zur Lehre der Hämatoporphyrinurie. Dtsch. med. Wschr. **1892 I**, 566.
STAEHELIN, R.: MOHR-STAEHELINS Handbuch der inneren Medizin, Bd. 2/2. Berlin 1930.
STEPP, W.: Vitaminmangel als Ursache und Folge von Magendarmerkrankungen. Münch. med. Wschr. **1936 I**, 1119.
— J. KÜHNAU u. H. SCHROEDER: Die Vitamine und ihre klinische Anwendung. Stuttgart: Ferdinand Enke 1937.
STOCKVIS: Zur Pathogenie der Hämatoporphyrinurie. Z. klin. Med. **1895**, 1.
— Die Pathogenese der Hämatoporphyrinurie. Z. klin. Med. **28**, 1 (1895).
STRAUSS and CASTLE: Lancet **1932 I**, 111. Zit. nach DRIGALSKI.
TAYLOR, A. E.: Zbl. inn. Med. **1897**, 873. Zit. nach GÜNTHER.
THIEL, W.: Quantitative Porphyrinmessungen bei den verschiedenen Krankheiten, insbesondere bei Leberfällen. Verh. dtsch. Ges. inn. Med. **1933**, 81.
THOMAS, J. et E. J. BIGWOOD: Étude des porphyrines qui apparaissent dans le chlorome et dans la leucémie myéloide. C. r. Soc. Biol. Paris **118**, 381 (1935).
TROPP, C. u. K. SIEGLER: Quantitative klinische Harnporphyrinuntersuchungen. I. Mitt. Dtsch. Arch. klin. Med. **180**, 402 (1937).
— u. L. PENEW: Quantitative klinische Harnporphyrinuntersuchungen. II. Mitt. Dtsch. Arch. klin. Med. **180**, 411 (1937).
VANNOTTI, A.: Zwei seltene Fälle von Porphyrie. Z. exper. Med. **97**, 377 (1935).
— Klinik und Pathogenese der Porphyrien. Erg. inn. Med. **49**, 337 (1935).
— Basedow als Gewerbekrankheit. Dtsch. Arch. klin. Med. **178**, 610 (1936).
— Leberschädigung und Porphyrinstoffwechsel. Helvet. med. Acta **3**, 663 (1936).
— Die Beziehungen des leicht abspaltbaren Eisens zu den Anämien. Verh. dtsch. Ges. inn. Med. **1937**.
— Über die Ätiologie der Hämochromatose. Schweiz. Ges. inn. Med. **1937**.
VIGLIANI, E.: Dosaggio quantitativo delle porfirine col metodo della fluorescenza. Minerva med. **24**, 46 (1933).
—- Über Bleibasedow. Arch. Gewerbepath. **5**, 185 (1934).
— Ricerche spettrofotometriche sulle porfirine. Contributo allo studio dei metodi della loro determinazione quantitativa. Diagn. e tecn. Labor. **5**, No 8 (1934).
— e C. ANGELERI: Ricerche sulle profirine nel plasma. Giorn. roy Accad. Med. Torino **98** (1935).
— — Ricerche sulla presenza di profirina nel plasma dei saturnini. Rass. Med. ind. **7**, 91 (1936).
— u. J. WALDENSTRÖM: Untersuchungen über die Porphyrine beim Saturnismus. Dtsch. Arch. klin. Med. **180**, 182 (1937).
WATSON, C. J.: Über Stercobilin und Porphyrin aus Kot. Hoppe-Seylers Z. **204**, 57 (1932).
— The isolation of coproporphyrin I from the urine in a case of cinchophen-cirrhosis. J. clin. Invest. **14**, 106 (1935).
— The isolation of a hitherto undescribed porphyrin occuring with a increased amount of coproporphyrin I in the feces of a case of familial hemolytic jaundice. J. clin. Invest. **14**, 110 (1935).
— Isolation of coproporphyrin I from the feces of untreated cases of pernicious anaemia. J. clin. Invest. **14**, 116 (1935).
WHIPPLE, G. H. and W. L. BRADFORD: Mediterranean disease, thalassemia, associated pigment adnormalities simultating hemochromatosis. J. of Pediatr. **7**, 279 (1936).
ZANGGER, H.: Aufgaben der kausalen Forschung in Medizin, Technik und Recht. Basel: Benno Schwabe 1936.
ZEILE, K. u. J. TH. BRUGSCH: Auftrennung von Stuhlporphyringemischen. Münch. med. Wschr. **1934 II**, 2021.

Achtes Kapitel.

Die Porphyrien.

Die Porphyrinausscheidung ist, wie im letzten Kapitel dargestellt wurde, eine Erscheinung, die im Verlaufe verschiedener Krankheiten als sekundäres Symptom zutage tritt. Die Störung eines bestimmten Organs oder eines bestimmten Organsystems kann die Ursache dieser Porphyrinvermehrung darstellen. Dieselbe beruht also entweder auf einer Steigerung des normalen Pigmentumsatzes oder auf einer Störung in der Bildung der Körperpigmente.

Da sich die Ausscheidungsanomalie hauptsächlich im Urin äußert und die Porphyrindarstellung aus dem Urin für den Kliniker einfacher ist als aus der Galle oder aus dem Stuhl, so spricht man bei bestimmten Krankheiten von einer abnormen *Porphyrinurie*. In einer kleineren Gruppe von krankhaften Zuständen kann die Erscheinung des Porphyrins nicht mehr einfach als sekundäres Symptom betrachtet werden, sondern ist als wichtige primäre Erscheinung, die unter Umständen zur Auslösung einer Reihe davon abhängiger Symptome Anlaß gibt, zu bewerten. Hierher gehört vor allem die Bleiintoxikation, die oft in die Gruppe der echten Porphyrinkrankheiten eingereiht wird.

Das Blei als primäre Ursache veranlaßt durch die Schädigung verschiedener Körperorgane die Bildung gewaltiger Mengen Porphyrin, das dann besonders durch die Niere (Porphyrinurie) und durch den Darm den Körper verläßt.

Ne ben diesem Beispiel von schwerer Störung des Porphyrinstoffwechsels gibt es noch viele pathologische Zustände, bei welchen das Porphyrin sich ohne sichtbare primäre auslösende Ursache im menschlichen Organismus in vermehrten Mengen bildet und dann klinisch eine Reihe von schweren, sogar letalen Symptomen hervorruft. Hier stehen wir nicht mehr vor einer Vermehrung der Porphyrinproduktion als belangloses, sekundäres Symptom im Verlaufe einer bestimmten Krankheit, sondern vor einer *primären Störung des Porphyrinstoffwechsels*, mit ihren charakteristischen klinischen Begleiterscheinungen. Wir müssen daher diesen definierten Symptomenkomplex als *Krankheit sui generis* bezeichnen, als *Porphyrinkrankheit, Porphyrie oder Porphyrinopathie*. Von allen diesen Bezeichungen ist der Name *Porphyrie* am zweckmäßigsten. Nach dem Gesagten ist also zwischen Porphyrinurien und Porphyrie eine scharfe Trennung zu machen. Die alte Bezeichnung von Hämatoporphyrinurie bzw. Hämatoporphyrie ist nicht zutreffend. Als GÜNTHER diese Krankheit ausführlich beschrieb und studierte, waren die verschiedenen Porphyrinarten zum größten Teil noch unbekannt oder als Produkt des menschlichen Organismus noch nicht beschrieben. Erst später wurde der alte Name in die abgekürzte Form umgewandelt. Porphyrinurie und Porphyrie sind aber sowohl vom ätiologischen wie vom klinischen Standpunkt aus streng auseinanderzuhalten.

Im folgenden wird die Porphyrie in ihren mannigfaltigen Erscheinungen besprochen.

Einteilung der Porphyrien.

Schon zu jener Zeit, als die ersten Fälle von Porphyrie bekannt wurden, versuchte man diese Krankheit mit ihren mannigfachen Erscheinungen einzuteilen, es ist besonders das Verdienst GÜNTHERs, über die Klinik und Pathogenese der Porphyrie einen weitgehenden und wertvollen Beitrag geliefert zu haben. Dieser Autor teilte die verschiedenen Porphyrieformen folgendermaßen ein:

    a) Genuine akute Hämatoporphyrie.

    b) Toxische akute Hämatoporphyrie.

    c) Chronische Hämatoporphyrie.

    d) Kongenitale Hämatoporphyrie.

Als Prinzip seiner Einteilung galt hier hauptsächlich der Krankheitsverlauf, wobei die klinische Form der Porphyrie weniger zum Vorschein kommt. Diese Klassifizierung hat aber auf die Länge nicht mehr befriedigt, da häufig gerade der Verlauf deutliche Abweichungen vom Schema aufwies. So ist nicht selten eine Wiederholung von akuten Anfällen zu beobachten mit Übergang eher zu einem chronischen Verlauf. Auch die Trennung zwischen genuinen und toxischen Porphyrinkrankheiten kann nicht immer aufrechterhalten werden. Man sieht ab und zu Fälle, die als genuine Porphyrie imponieren, dann aber nach gründlichen Untersuchungen den toxischen Charakter der Erkrankung erkennen lassen. Die kongenitale Form wird hauptsächlich so genannt, weil die Erscheinungen des Leidens oft ziemlich frühzeitig auftreten, es gibt aber Fälle, die nach ihrer Symptomatologie zu der Gruppe der kongenitalen Porphyrie gehören, aber erst im späteren Alter zum Vorschein kommen. Diese Einwände, die zum Teil schon von KÄMMERER, MICHELI, DOMINICI u. a. gemacht worden sind, wollen dem hohen Verdienste GÜNTHERs auf dem Gebiet der Porphyrieforschung keineswegs nahetreten, sie sollen vielmehr die Entwicklung und den Fortgang der klinischen Forschungen auf diesem wichtigen Gebiete zeigen. MICHELI und DOMINICI schlagen folgende Einteilung vor:

    1. Idiopathische Porphyrie.

    a) Abdominale Form;

    b) nervöse Form;

    c) cutane Form.

    2. Toxische Porphyrie.

Damit kommt hauptsächlich das klinische Bild als Kriterium der Klassifizierung und gleichzeitig das ätiologische Moment zum Ausdruck. Je mehr man aber in die Pathogenese des Leidens Einsicht bekommt, desto weniger kann die Gruppierung der Porphyrieformen von einem morphologischen Gesichtspunkte aus befriedigen. Man könnte den genauen Entstehungsmechanismus als Grundlage einer Einteilung berücksichtigt wissen und hat in dieser Beziehung heute vielleicht weitere Möglichkeiten, indem man nicht nur die Art der ausgeschiedenen Porphyrine, sondern auch ihre genaue Stellung in der Isomenreihe festlegen kann. So hat SCHREUS für die weitere Betonung der Krankheitsgenese versucht, das klinische Bild mit dem Resultat der chemischen Untersuchung zu vergleichen, in der Meinung, daß die Ausscheidung von Porphyrin I nur bei den idiopathischen Formen MICHELIs oder in den Porphyrieformen GÜNTHERs, die nicht als toxisch bezeichnet werden, vorkommt, während das Porphyrin III, wie die Bleiintoxikation lehrt, nur bei den toxischen Porphyrinformen und bei den mit dem Blutfarbstoffumsatz in engem Zusammenhang stehenden Formen erscheint. Diese Einteilung wurde dann von CARRIÉ, Schüler von SCHREUS angenommen.

    Diese beiden Autoren unterscheiden also:

    1. Primäre Porphyrie (Ausscheidung von Porphyrin I).

a) Kongenitale Porphyrie;

b) akzidentelle Porphyrie.

2. Sekundäre Porphyrie (Ausscheidung von Porphyrin III).

a) Kongenitale Porphyrie;

b) akzidentelle Porphyrie. — Blutzerfall (enteral und intravasal). Toxische Porphyrie (Blei usw.). Lebererkrankungen.

Diese Einteilung in Porphyrin I und Porphyrin III Formen (= *Hämopor-phyrie*) zeigt die heutige Bestrebung nach einer gründlichen Analyse der Pigment-stoffwechselstörungen, die sich im Organismus abspielen.

Bei der Besprechung des normalen und pathologischen Porphyrinumsatzes (s. Kap. VI) haben wir versucht, die Bildungsmechanismen dieser zwei Isomeren darzustellen. Wir sehen z. B. eine physiologische Porphyrin-I-Ausscheidung als synthetisches Produkt des Organismus neben einem physiologischen Erscheinen von Porphyrin III im strömenden Blute. Bei Lebererkrankungen kann eben-falls das Auftreten von Porphyrin III als Zeichen eines ungenügenden Abbaues dieses Pigmentes und von Porphyrin I als Hinweis dafür beobachtet werden, daß die sonst geringe Synthese dieses Porphyrins plötzlich als wichtiger Vorgang im Pigmentumsatz aufgetreten ist. Und wenn bei den Lebererkrankungen nach SCHREUS und nach CARRIÉ wegen der Ausscheidung von Porphyrin III von einer sekundären Porphyrie gesprochen wird, ist heute dagegen einzuwenden, daß Fälle von Lebererkrankungen bekannt sind, die durch eine Ausscheidung von Porphyrin I charakterisiert sind (WATSON, VANNOTTI u. a.).

Man beobachtet ab und zu das Vorkommen von verschiedenartigen Por-phyrinen bei der Porphyrie, eine vermehrte Bildung beider Isomeren kann wahrscheinlich gleichzeitig auftreten. Bei der Myoporphyrie (VANNOTTI) be-obachtet man auch ein Porphyrin III; nicht nur das Hämoglobin, sondern auch die Muskelfarbstoffe können die Quelle dieses Porphyrins sein. Die sogenannten akzidentellen Formen beruhen schließlich auf einer latenten Störung des Pigment-stoffwechsels und sind oft durch eine Reihe von jahre- und jahrzehntelang dauernden Störungen charakterisiert, die jedoch nicht zu einem schweren Anfall führen. Man kann daher bei ihnen nicht mehr von akzidentellen Formen sprechen.

Weitere Forschungen werden uns lehren, ob schließlich eine Einteilung nach der ausgeschiedenen Porphyrinart, die in pathogenetischer Hinsicht sehr wünschenswert wäre, theoretisch und praktisch möglich sein wird.

Nicht immer läßt die Feststellung der Isomerie beim ausgeschiedenen Por-phyrin auf seine Entstehung schließen. Es sind Fälle bekannt, die mit einer schweren Anämie einhergehen, und die damit den Verdacht auf eine Beteiligung des Blutfarbstoffumsatzes an der Porphyrie erwecken, bei denen aber ein Por-phyrin I ausgeschieden wird. Umgekehrt gibt es Fälle, die klinisch nichts mit der Hämoporphyrie von SCHREUS zu tun haben (mit normalen und übernormalen Hb.- und Erythrocytenwerten) und trotzdem zur Porphyrin-III-Ausscheidung führen. Meistens ist ein Überblick über die Porphyrinstörungen erst nach genauer Bearbeitung des autoptischen Materials möglich.

Wir müssen daher heute von dieser Einteilung etwas abrücken und einen Faktor zuerst genau betrachten, der oft besonders in der neueren Literatur bei der Beschreibung der akuten Formen der Porphyrinkrankheiten zu wenig berücksichtigt wird, nämlich *das konstitutionelle Moment.*

Individuelle und familiäre Disposition zur Porphyrie.

Eine gewisse individuelle Disposition zur Porphyriekrankheit ist sicher nicht abzustreiten. Hier genügt nur folgendes Beispiel, nämlich die Porphyrie nach Sulfonalgebrauch. Die Zahl der Porphyriefälle nach Sulfonal ist gegenüber der großen Zahl von Menschen, die Sulfonal gebrauchen, sehr gering, so daß eine besondere Disposition zur Porphyrie angenommen werden muß.

Schon GÜNTHER hatte das individuelle Moment bei der Entstehung des Leidens betont. Disponiert ist nach diesem Autor das weibliche Geschlecht. Die Summe der disponierenden Momente zu der Porphyrie faßt er unter dem Namen *Porphyrismus* zusammen. Zum Porphyrismus gehört die neuropathische Anlage und die Neigung zu abnorm starker Pigmentierung der Haut.

Bei der Besprechung des Porphyrismus äußert sich GÜNTHER folgendermaßen: „Im speziellen Gebiete des Pigmentmetabolismus mag es mancherlei Dyskrasien geben, deren Erforschung erst in letzter Zeit begonnen wurde. Eine uns nun näher bekannte Dyskrasie des Pigmentmetabolismus bezieht sich auf das Vorkommen von freiem Hämatoporphyrin im Organismus. Der Forschung ist es gelungen, eine besondere Plusvariante dieser Dyskrasie aufzufinden, welche im Sinne der Definition eine Konstitutionsanomalie darstellt."

In einigen Fällen von Porphyrie ist man nicht nur der abwegigen Konstitution der Kranken und der individuellen Disposition, sondern dem familiären Auftreten der Porphyrie nachgegangen. Bei der sog. kongenitalen Form wird familiäres Auftreten beschrieben, und zwar bei zwei Brüdern nach ANDERSON und nach HAUSMANN und ARZT, ferner drei Geschwister bei EHRMANN und zwei Vettern bei GAGEY. Blutsverwandtschaft bestand zwischen dem Fall von VOLLMER und demjenigen von KLEE. Auch die Porphyrinurie kann familiär auftreten. Eine ganze Reihe von Beispielen familiärer Porphyrie wird von WALDENSTRÖM beschrieben. MAUGERI fand neulich bei Geschwistern und auch bei zwei Brüdern eine starke Porphyrinurie. Nach LARJANSKO sollen 7 Mitglieder der vorausgegangenen Generation in einer Familie an Porphyrie gelitten haben. Bei einem neulich beobachteten Fall von cutaner Porphyrie konnten wir folgende Familienanamnese erheben: Eine 20jährige Schwester unserer 6jährigen Patientin leidet seit mehreren Jahren an „ekzemähnlichen" Hauterscheinungen an den Händen, dann oft an starker Obstipation mit diffusen dumpfen Schmerzen im Hypogastrium. Vor einem Jahre mußte sie deswegen hospitalisiert werden, sie hatte damals einen dunklen Urin, starke Hautbeschwerden an den Händen (Blasenbildungen) und sogar an den Lippen (Heilung unter Pigmentbildung). Diese Beschwerden, gefolgt von Erbrechen und neuralgiformen Schmerzen in den Oberschenkeln, traten mit den Menses zusammen auf. Das Mädchen hatte oft daran gedacht, daß sowohl Haut- als auch Darmleiden von den Perioden abhängen könnten. Interessant ist noch die Tatsache, daß unsere Patientin aus der zweiten Ehe, die 20jährige Schwester aus der ersten Ehe des Vaters stammen. Ein Bruder des Vaters soll auch jahrelang an Hautbeschwerden an den Händen gelitten haben. Bei den als akute Porphyrie bezeichneten Fällen wird ebenfalls ein familiäres Vorkommen beschrieben. MICHELI und DOMINICI berichten von einer letal verlaufenden Porphyrie bei einer Frau und später bei der 23jährigen Tochter. Auch BARKER und ESTES sprechen von einem 18jährigen Mädchen, das infolge von akuter Porphyrie ad exitum kam, dessen Schwester an ähnlichen Erscheinungen gestorben sei. Die Mutter der Patientin soll ferner an Brechreiz, Obstipation und suprasymphysären Schmerzen gelitten haben. Noch interessanter erscheint die Mitteilung Lüthys, der einen Fall von Porphyrie bei Turmschädel beschrieb. Die Untersuchung in der Familie des Patienten ergab, daß der Vater und drei der sechs Geschwister Turmschädel hatten. Die drei mit Turmschädel behafteten Individuen hatten zugleich eine vermehrte Porphyrinausscheidung, während die anderen drei normalen Geschwister keine abnorme Porphyrinurie aufwiesen. Dieser Fall zeigt neben deutlichen familiären Beziehungen auch die Wichtigkeit des konstitutionellen Momentes bei der Porphyrie. Bei der allgemeinen Betrachtung des Falles betont der Autor die Beziehungen, die zwischen dieser bekannten hereditären Knochendeformität und anderen zum Teil hereditären Krankheitszuständen vorhanden sind. Diese Beziehungen lassen sich nach Lüthy durch die drei folgenden Symptomenkomplexe formulieren: 1. Turmschädel — hämolytische Anämie-Porphyrie; 2. Saturnismus — Koliken-Neuritis-Porphyrie; 3. Perniciosa-Intoxikation des Nervensystems — Porphyrie.

Porphyrie und hämolytischer Ikterus wurde z. B. auch von Pellegrini sowie von Bejul und Gelman beschrieben. Auch bei der toxisch infektiösen Genese der Porphyrien ist die Disposition nicht zu bestreiten. Diese dispositionellen Momente sind häufig nicht klar und deutlich genug, sie müssen aber, um das Vorkommen der Porphyrieerscheinungen im Verlaufe von interkurrenten und banalen Erkrankungen zu erklären, angenommen werden.

Die erwähnte Disposition fassen wir unter dem Bilde einer *latenten Pigmentstoffwechselanomalie des Organismus* zusammen.

Zwischen dieser latenten Pigmentstoffwechselstörung und dem von Borst und Königsdörfer als Rückschlag in embryonale Zustände bezeichneten Mechanismus bei der Porphyrie bestehen enge Beziehungen.

Man muß sich bei der Betrachtung der Porphyrie klarmachen, daß *solche Störungen nur dann auftreten können, wenn eine abnorme Funktion des Pigmentsystems vorliegt.* Die Besprechung der Porphyrinvermehrung als sekundäres Symptom bei verschiedenen Krankheiten (VII. Kapitel) hat uns gezeigt, daß trotz der schwersten Veränderungen in den Organen des Pigmentumsatzes, es niemals zu solch schweren Porphyrinerscheinungen kommt. Die oben erwähnte Pigmentstoffwechselanomalie kann sich schon im frühesten Alter äußern. Die meisten Fälle von cutaner Porphyrie zeigen eine Hautüberempfindlichkeit im Kindesalter (beim Fall Petry waren Hautblasen schon mit 20 Monaten vorhanden), nicht nur die Hauterscheinungen deuten auf eine Porphyrie hin, sondern es gibt auch Fälle, bei denen die Porphyrinausscheidung in großen Mengen schon in den ersten Lebensjahren beobachtet wird (Günther).

Sehr eindrucksvoll ist folgender Fall. Neugeborenes Mädchen, das 4 Stunden gelebt hat, Exitus bei starker Cyanose (Septumdefekt). Die Ergebnisse der Autopsie und die hier abgebildeten Präparate wurden uns in freundlicher Weise von Herrn Prof. Dr. C. Wegelin, Direktor des Pathologischen Instituts der Universität Bern, zur Verfügung gestellt. Wir möchten ihm auch an dieser Stelle für sein Entgegenkommen bestens danken.

Die Sektion erwies das Vorliegen einer Porphyrinfluorescenz im Knochensystem, in Haut, Leber, Niere, ferner im Darminhalt, in der Perikardflüssigkeit und im Ascites. In der Milz war eine Porphyrinfluorescenz erst nach Vorbehandlung mit Ammoniak zu beobachten. Die Haut war ikterisch verfärbt, wies ausgedehnte Blutungen und reichlich eisenfreies, braunes Pigment auf. Die Leber war stark vergrößert, die Leberzellen histologisch auffallend groß und enthielten neben kleinen Fetttropfen reichlich Hämosiderin und eisenfreies braunes Pigment, das sowohl feinkörnig wie in groben Tröpfchen angeordnet war. In den Gallencapillaren waren mehrere Thromben von der gleichen Masse zu beobachten.

Die Epithelien der Hauptstücke der Nieren enthielten ebenfalls viel Hämosiderin und braunes Pigment. Das Knochensystem zeigte sowohl an der Oberfläche wie in den Querschnitten eine ausgesprochene braunrote Farbe (s. Abb. 53). Der Knorpel war eher rotbräunlich verfärbt. Histologisch war eine gute Verkalkung der Knochenbalken und ein normal ausgebildetes Mark zu sehen. Die Verkalkungszone des Knorpels war ebenfalls gut ausgebildet.

Der Magendarmtractus war stark gebläht. Das Nervensystem zeigte keine Besonderheiten.

Lange Zeit kann die Porphyrinanomalie latent oder unbemerkt bleiben, bis eine auslösende Ursache das Auftreten der Porphyrinsymptome manifestiert. Dies geschieht dann meistens akut als sekundäre Erscheinung im Verlauf einer interkurrenten Störung, die oft belangloser Natur ist (Infektion, Erkältung Intoxikation), vielleicht auch durch reine funktionelle Insuffizienz eines bestimmten Organsystems, besonders der endokrinen Drüsen.

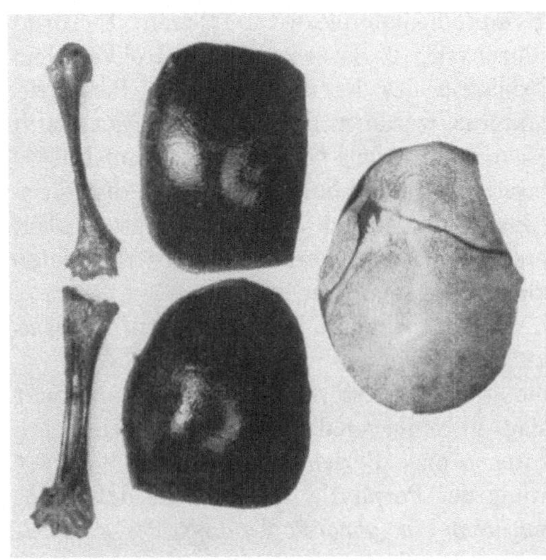

Abb. 53. Schädel und Extremitätenskelet eines neugeborenen Mädchens mit Porphyrie (angeborene Porphyrie). Rechts normale Schädelknochen.

Der klinische Verlauf der Affektion kann sich in verschiedenen Formen äußern, oft sogar unter mannigfachen Erscheinungen auftreten, daher ist die Einteilung von MICHELI und DOMINICI, die im Bereiche der *idiopathischen primären Porphyrien* drei bestimmte, von den klinischen Haupterscheinungen sich ableitende Gruppen unterscheiden, immer noch zweckmäßig.

Bei allen diesen Porphyrieformen kommt ätiologisch immer eine angeborene Störung des Pigmentstoffwechsels in Frage, die sich sowohl in einer Vermehrung des Blut- und Muskelfarbstoffabbaues in Porphyrin III wie auch in einer abnormen Steigerung der Porphyrin-I-Bildung im Knochenmark oder in der Leber äußert. Daher ist es begreiflich, daß beim klinischen Bild der Porphyrie einmal ein Porphyrin I (BORST und KÖNIGSDÖRFER, FINK und HOERBURGER, FISCHER und LIBOWITZSKY, VANNOTTI u. a.), ein zweites Mal ein Porphyrin III (BORST und KÖNIGSDÖRFER, FISCHER und DUESBERG, MERTENS, VANNOTTI, WALDENSTRÖM, WATSON) gefunden wird.

Es ist aber schwer verständlich, in welcher Weise die gleiche Störung des Porphyrinstoffwechsels in einem Fall zu schweren Schädigungen der Haut, in einem zweiten zu irreversiblen entzündlich degenerativen Veränderungen des Nervensystems oder zu bedrohlichen Störungen der Magendarmfunktion und evtl. eines anderen Organs führt. Wir haben schon in den früheren Kapiteln ausführlich über die funktionellen Beziehungen des Porphyrins zu den verschiedenen Organen gesprochen, man muß sich aber hüten, sofort an eine direkte Porphyrinwirkung bei den entsprechenden lokalen Störungen zu denken. Der porphyrinopathische Symptomenkomplex nach SCHREUS, der sich im Magendarmtractus mit Koliken, Obstipation, Spasmen, Enteritis, am Gefäßsystem mit Capillarkontraktion, am Nervensystem mit Neuritis, ascendierender Paralyse, Neuropathie und an Haut, Gelenken, Urogenitalsystem äußert, kann bei verschiedenen Krankheiten leicht zum irrtümlichen Schluß führen, wie übrigens WEISS betont, daß hier die Gesamtheit bestimmter klinischer Erscheinungen als unmittelbare Folge einer Porphyrinurie aufgefaßt werden sollte. Wir stehen nicht immer vor einer Reihe von schematisierten Porphyriesymptomen, sondern wir beobachten häufig ein Zusammenfallen von bestimmten krankhaften Erscheinungen im Rahmen des gestörten Pigmentstoffwechsels. Das Individuelle und Konstitutionelle kommt hier bei der Betrachtung der verschiedenen Porphyrieformen wieder zu Hilfe. Man könnte vielleicht annehmen, daß die klinische Äußerungsform der Porphyrinintoxikation von der Art des Porphyrins abhängig ist. Das Uro- ist gegenüber dem Koproporphyrin sicher toxischer, das eine Pigment kann eine bestimmte Organlokalisation aufweisen, die dem anderen nicht eigen ist. Jede Porphyrinart besitzt einen eigenen Abbau- und Ausscheidungsmechanismus. Auch innerhalb der gleichen Porphyrinart sind die I. und III. Isomere nicht nur in der chemischen Konstitution, sondern auch in der biologischen Wirkung verschieden, man kann sich daher fragen, ob die cutane Porphyrinform evtl. mehr dem einen Porphyrinisomer angehört als dem anderen usw. In dieser Hinsicht sind die Untersuchungen von WALDENSTRÖM von größter Bedeutung. Dieser Autor konnte in 17 akuten Porphyriefällen (Abdominalform) ein der III. Isomerenreihe sehr wahrscheinlich angehörendes Uroporphyrin bei geringen Mengen Koproporphyrin feststellen. In einem Fall beobachtete er reichliches Uroporphyrin III im Urin, und Koproporphyrin I im Stuhl. Bei einer anderen Porphyrie mit Lichtüberempfindlichkeit (cutane Form) wurden im Urin nur Uro- und Koproporphyrin I und im Stuhl nur Koproporphyrin I nachgewiesen. WALDENSTRÖM kommt daher zum Schlusse, daß zwischen den zwei Isomerenformen der Porphyrine nicht nur ein scharfer chemischer, sondern auch ein grundlegender klinischer Unterschied besteht.

Die Photosensibilisierung der Haut wäre also demnach an Porphyrin I gebunden. Ferner kann die Menge des produzierten Farbstoffes evtl. mehr in der einen oder anderen Richtung wirksam sein, in anderen Worten: Die Empfindlichkeit eines Organsystems auf das Porphyrin ist vielleicht von der Konzentration des Pigmentes und von der Form der lokalen Porphyrinzufuhr abhängig. Dies ist zum Teil wie wir sahen, bei der Reaktion des Darmtractus auf Porphyrin der Fall.

Von Bedeutung für die Lokalisation der Porphyrinerscheinungen ist sicher nicht nur die allgemeine Disposition des Individuums, sondern vielmehr die örtliche Organdisposition. Oft handelt es sich um ein geschädigtes Organ oder um ein funktionell minderwertiges System. Diese mangelhafte Konstitution, diese Diathese, wie sich KÄMMERER und MEYER ausdrücken, ist bei genauem Durchsehen der publizierten Fälle nicht selten aus der Anamnese oder aus den Untersuchungen ersichtlich.

Eine 47jährige Patientin, die wir kurz beobachten konnten, und die seit 3 Jahren an wiederholten abdominellen Porphyrieanfällen litt, gab an, schon als Kind an chronischer Obstipation gelitten zu haben. Mit 18 Jahren akuter Gelenkrheumatismus mit leichten Rezidiven einige Jahre später; während der Anfälle seien unter anderem wieder die alten Gelenkschmerzen aufgetreten, ohne daß klinisch für eine Polyarthritis acuta Anhaltspunkte vorhanden gewesen wären. Graziler Körperbau, allgemeine Asthenie, Hypogenitalismus, Neuropathie, psychische Reizbarkeit, chronische Obstipation, gastrische Beschwerden, Cholecystopathien, hyperthyreotische Zeichen sind nicht selten die konstitutionellen Merkmale, die die Porphyrie charakterisieren.

Der Krankheitsverlauf scheint auch unter Umständen von der klinischen Form der Porphyrie abhängig zu sein. So zeigt die cutane Porphyrie, die früher als kongenital bezeichnet wurde, einen schleichend progredienten, chronischen Verlauf. Die Patienten leiden oft schon seit Kindheit an krankhaften Hauterscheinungen, die zuerst nur vorübergehender Natur sind, aber schließlich zu dauernden, fortschreitenden Hautveränderungen führen. Diese Störungen entstehen sehr langsam im Verlaufe von Jahren und Jahrzehnten, oft mit kleinen Remissionen und führen zu den schwersten Gewebsdestruktionen.

Einen ganz anderen Verlauf kann man bei Porphyrinpatienten beobachten, bei denen die Porphyrinerscheinungen plötzlich angeblich aus voller Gesundheit heraus ausbrechen. Man spricht von akuter Porphyrie. Bei dieser Form kann man entweder ein Abflauen des Anfalles bis zum vollständigen Verschwinden jedes Symptoms oder einen rasch auftretenden letalen Ausgang sehen. Nicht selten sind solche Anfälle durch leichte prämonitorische Zeichen angekündigt, manchmal wiederholen sie sich in unregelmäßiger Weise, so daß daraus ein chronischer Krankheitszustand mit akuten Schüben resultiert. Die klinischen Erscheinungen sind indessen bei dem gleichen Patienten fast immer dieselben. Die abdominelle Form überwiegt hier und ist ab und zu von nervösen Erscheinungen begleitet. Der Exitus tritt häufig, sogar gewöhnlich unter Beteiligung des Nervensystems auf (LANDRYsche Paralyse).

Die cutane Form der Porphyrie.

Diese Form, die unter der Bezeichnung von kongenitaler Porphyrie bekannt ist, spielt in der Geschichte der Porphyrinforschung eine besondere Rolle. Sie ist durch Hautveränderungen, die durch Lichteinwirkung hervorgerufen werden, charakterisiert.

Infolge der photosensibilisierenden Eigenschaften der Porphyrine treten bei der cutanen Form der Porphyrie sehr frühzeitig Lichtschädigungen auf. Zuerst kommt es zu Blasenbildungen im Gesichte und an den unbedeckten Körperteilen und zu Hauterscheinungen, die der Hydroa aestivalis gleichen. Dann zu tiefgreifenden Gewebszerstörungen mit braunpigmentierten Hautnarben. Gleichzeitig beobachtet man eine rote Verfärbung des Urins, die auf dem Vorhandensein von Porphyrin beruht.

Die Abb. 54 zeigt mit Deutlichkeit die Hautveränderungen, die in den Frühstadien der cutanen Porphyrie beobachtet werden[1]. Es handelt sich um ein 6jähriges Mädchen, das seit dem Frühling eine schwere Hautaffektion am Gesicht, Nacken und an den Extremitäten, also an den unbedeckten Körperteilen, aufweist. Besonders befallen sind die Streckseiten der oberen und unteren Extremitäten und der Handrücken. Man erkennt erythematöse Elemente mit leichten narbigen und atrophischen Einziehungen, dicke braunrötliche Krusten von verschiedener Größe und Form, mehrere stecknadelkopf- bis haselnußgroße Blasen mit klarer Flüssigkeit. Daneben sind zahlreiche nässende und leicht blutende Stellen und braune Pigmentflecken vorhanden. Der Inhalt der Blasen

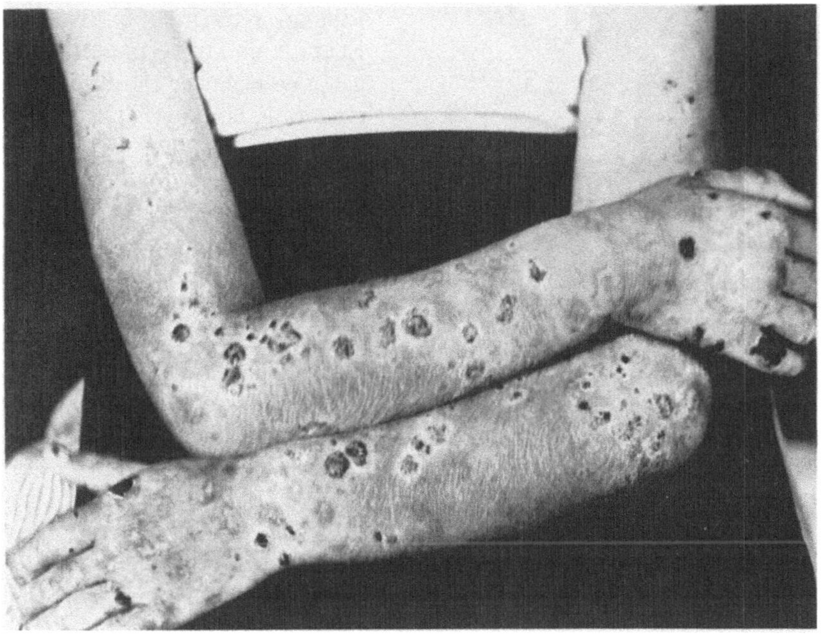

Abb. 54. Hautveränderungen in den Frühstadien der cutanen Porphyrie (6jähr. Mädchen). Neben den Hautveränderungen ist eine starke Lanugo sichtbar. (Photographische Aufnahme der Dermatolog. Klinik Bern.)

ist leicht trüb, enthält Spuren Porphyrin, viele neutrophyle Leukocyten, wenige Lymphocyten und mehrere Monocyten sowie vereinzelte Histiocyten.

Die allgemeine Untersuchung der Patientin ergibt: Hellblondes, gut entwickeltes Mädchen, mit blasser Haut und starker Lanugoentwicklung an den Extremitäten. Neigung zur Verstopfung. Deutlich vergrößerte Leber, Milz am Rippenbogen. Röntgenologisch normale Magendarmpassage. Serumbilirubin = 0,9 mg-%. Blutzuckerkurve und Galaktoseprobe abnorm. Serumcalcium eher niedrig 8,9 mg-%, Serumkalium normal. Im Urin 1,6—9,3 mg Koproporphyrin, Spuren Uroporphyrin, Urobilin und Urobilinogen deutlich positiv. Indican negativ. Uroerhythrin leicht vermehrt. Im Blutserum Koproporphyrin nachweisbar. Serumeisen stark vermehrt (0,0019 mg/cm³).

---

[1] Wir verdanken diesen Fall der Freundlichkeit von Herrn Prof. Dr. O. Naegeli, Direktor der Dermatologischen Universitätsklinik Bern, der uns die Abbildung und die klinischen Angaben über die Hautaffektion zur Verfügung stellte. Wir möchten ihm an dieser Stelle unseren verbindlichsten Dank aussprechen.

Die Anamnesen dieser Fälle sind einander oft sehr ähnlich. Im frühesten Kindesalter (im Falle Schultz waren „Blattern“ schon im Alter von $^1/_4$ Jahr zu beobachten) entwickeln sich besonders im Frühling und im Anschluß an Sonnenbestrahlung kleine und mittelgroße Blasen auf der Haut, die allmählich trocknen und dann unter Narbenbildung verschwinden. Eine Eiterung in den Blasen ist nicht immer zu beobachten und entsteht meist durch spätere Infizierung. Diese frühzeitig auftretenden Hauterscheinungen werden von den verschiedenen Autoren als Pemphigus leprosus (Schultz), Xeroderma pigmentosum (Gagey) oder Hydroa vacciniformis (Anderson, Linser, Günther, Gottron und Ellinger, Maineri, Carrié, Mobitz usw.) bezeichnet. Die Hydroa vacciniformis ist die häufigste Form der Hautbeteiligung bei der Porphyrie. Ferner wird die Epidermolysis bullosa (Gottron und Ellinger, Marcozzi, Maineri) und eine Melanosis circumscripta atrophicans (Gottron und Ellinger) bei der cutanen Porphyrie beschrieben. Die Pigmentierung ist bei diesen Fällen eine sehr häufige Erscheinung. Es kann sich um eine diffuse, oft aber auch um eine circumscripte braune Hautverfärbung handeln. Manchmal fällt mit der braunen Farbe noch eine diffuse Rötung der Haut, gewöhnlich nur an den unbefleckten Körperstellen, zusammen.

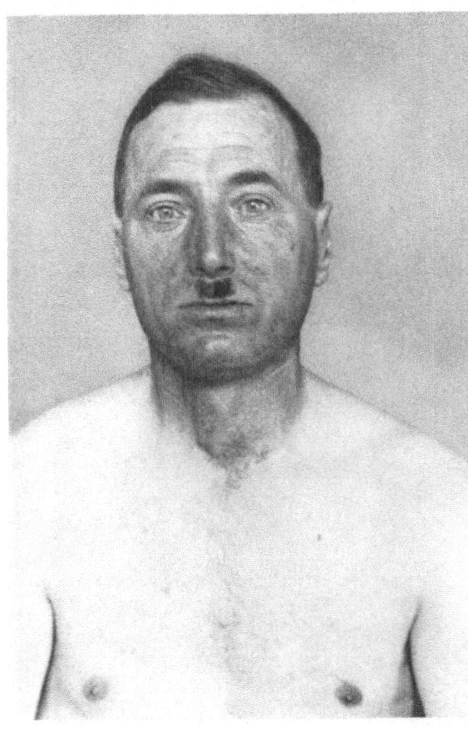

Abb. 55. Starke rotbräunliche Pigmentierung an der unbedeckten Haut bei einem Porphyriepatienten.

Auch andere Formen der Porphyrie können gewisse Hauterscheinungen aufweisen, es handelt sich dabei meistens um eine typische rotbräunliche gefleckte Pigmentierung bei sonst geringgradigen Hauteffloreszenzen.

Die Abb. 55 zeigt diese typische Pigmentierung bei einem Porphyriker mit nur geringen Hautläsionen, bei dem aber trotz langem Lichtschutz die unbedeckte Haut rotbräunlich verfärbt ist.

Neben der Pigmentierung beobachtet man nicht selten eine auffallend starke Behaarung besonders im Gesicht und an den Extremitäten, beim kleinen Kinde wird starke Lanugo beschrieben. Einige unserer Patienten bemerkten außerdem einen auffallenden Haarausfall hauptsächlich an den Augenbrauen.

Die Hauteffloreszenzen im Kindesalter zeigen weitgehende und lang dauernde Remissionen. Gewöhnlich kommt es zum Auftreten der Hydroa im Frühling, manchmal bleiben die Patienten auch jahrelang verschont. Später kehren aber die Hautbeschwerden wieder zurück und gewöhnlich mit größerer Intensität und deutlich entzündlichem Charakter, um dann allmählich unter Narbenbildung und starker fleckförmiger Pigmentierung abzuheilen. Besonders prädisponiert sind Nasenspitze, Nasenflügel und Ohrmuschel. Allmählich tritt an den befallenen Hautbezirken Atrophie, dann Gewebsverlust mit schwerer Destruktion und Mutilation auf (Nase, Ohr und Finger). An den Fingern stellen sich dann infolge der gespannten Haut Gelenkfixationen ein und oft starke Osteoporose und direkter Gewebsverlust an den Knochen. Das untenstehende Bild zeigt eine solche schwere Gewebsdestruktion.

Seltener sind andere Pigmentierungen beschrieben worden, bei drei Fällen sah CERUTTI mehr eine schiefergraue Hautfarbe an den unbefleckten Körperstellen und besonders nach Trauma Auftreten von Blasen. Diese Erscheinung ist in der Literatur der cutanen Porphyrie wiederholt erwähnt (CARRIÉ, GOTTRON und ELLINGER, MAINERI, MARCOZZI usw.); sie erinnert an die Epidermolysis bullosa. Eine Porphyrinvermehrung bei dieser Hautaffektion ist aber nach den Untersuchungen CARRIÉs nicht vorhanden.

Einen atypischen Fall von Porphyrie mit Beteiligung der Haut und des Knochensystems ist von BECKER geschildert. Bei diesem Patienten wurden die Haare allmählich dunkel, die Haut zeigte dunkle Pigmentierung ohne Photosensibilitätserscheinungen. Nach und nach entwickelte sich ein akromegaler Zustand mit Schwellung der Fingergelenke, Atrophie und Sklerosierung der proximalen Gelenkenden bis zu schweren Gelenkzerstörungen. Porphyrin war nur im Serum nachweisbar. Von BEJUL und GELMAN wird ein Fall beschrieben (32jähriges Mädchen) bei dem die Krankheit unter dem Bilde von abdominellen Störungen und akutem hämolytischem Ikterus begann und später zu

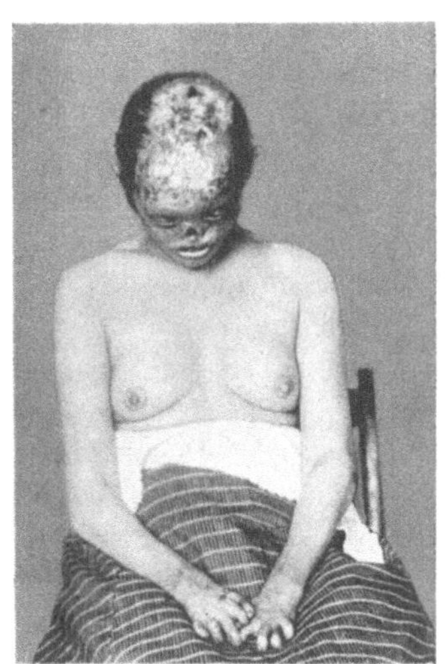

Abb. 56. Schwere cutane Porphyrie mit weitgehender Gewebsdestruktion (Nase, Finger, Ohrmuschel). Nach H. FISCHER (Abbildung aus der Monographie von W. HAUSMANN).

einer eigentümlichen Pigmentierung der Haut mit trophischen Hautveränderungen führte.

Die Hauthistologie bei der cutanen Porphyrieform zeigt eine auffallend geringe Dicke der Hornschicht, Schwund der elastischen Hautfasern und eine besonders deutliche Capillararmut.

BORST und KÖNIGSDÖRFER beschreiben die Ablagerung feiner Porphyrinkörnchen in der Cutis unter der Basalschicht der Epidermis und besonders an den Hautpapillen. Die Hautatrophie wird nach GOTTRON und ELLINGER als wahrscheinliche Folge einer abnormen Ablagerung von Porphyrinstoffwechselschlacken angesehen. Bis heute sind nur wenig histologische Untersuchungen bekannt, die einwandfrei das Vorliegen von Porphyrin in der Haut zeigen, es wäre aber von besonderem Interesse zu erfahren, ob hauptsächlich bei der cutanen Porphyrie der Farbstoff sich in den cutanen Geweben elektiv ablagert. Diese Untersuchungen würden vielleicht eine plausible Erklärung zur Frage der abnormen Photoreaktion der Haut bei der Porphyrie geben. Die U.V.-Untersuchung der Cutis bei unserem oben erwähnten Falle hat eine schwache hellrosa

Fluorescenz des Blaseninhaltes ergeben. Man muß sich fragen, ob bei der cutanen Porphyrie das Auftreten von größeren Mengen Porphyrin schon im frühen Alter zu einer besonders starken Ablagerung von Pigment in allen Organen des Körpers und darunter auch in der Haut, und zwar in amorpher und krystallinischer Form, wie BORST und KÖNIGSDÖRFER zeigen konnten, führt. Das Zusammentreffen von Hauterscheinungen bei den Frühformen der Porphyrie würde auf ein dauerndes Porphyriestadium hindeuten, wobei die Hautsensibilisierung der außerordentlich großen, ununterbrochenen Ablagerung des Pigmentes in den Geweben entsprechen würde.

In den anderen Formen der Porphyrie, bei denen die starke Porphyrinüberproduktion nur stoßweise vor sich geht, kann eine solche schwere Porphyrindurchtränkung der Gewebe nicht zustande kommen. Die schwere phototoxische Hautreaktion fehlt daher in solchen Fällen oder beschränkt sich auf einen starken Erythemeffekt.

Es ist somit denkbar, daß die Photosensibilität an der Haut nicht nur der Qualität (Porphyrin I) sondern auch der Menge der in den Geweben abgelagerten Porphyrine sowie der Art der Verankerung dieser phototoxischen Pigmente besonders in den Hautschichten, zuzuschreiben ist.

Auch die Frage des Porphyrinogens muß hier erwähnt werden. Einige Autoren haben die Vermutung geäußert, daß beim Fehlen der Lichtreaktion die Porphyrine in Form von Porphyrinogen im Organismus kreisen, wobei die Leukobase des Pigmentes erst in der Niere in Porphyrin umgewandelt wird (KÄMMERER, CARRIÉ). Dies trifft höchstens für eine kleine Zahl von Fällen zu. Der Nachweis von Porphyrin im Blutserum und in der Galle bei den meisten Fällen von Porphyrinkrankheit spricht gegen diese Tatsache. Die lichtschützende Wirkung des braunen Pigmentes bei der Porphyrie wie FISCHER und ZERWECK gezeigt haben, scheint auch für das Fehlen der Lichtüberempfindlichkeit von Bedeutung zu sein. ZOO DE JONG nimmt an, daß die Entgiftung des Körpers durch den braunen Farbstoff bei der cutanen Porphyrie nur in ungenügendem Maße vor sich geht.

Die abdominelle Form der Porphyrie.

Das abdominelle Syndrom der Porphyrie stellt das häufigste und daher das klassische Bild der Porphyrinkrankheit dar, es tritt anfallsweise, oft ohne Prodromalsymptome auf. Dieses anfallsweise Auftreten von schweren Störungen hat die alte Bezeichnung von akuter Porphyrie charakterisiert und gilt als das typischste und eindrucksvollste Symptom bei der abdominellen Form.

Der Anfall besteht in heftigen Leibschmerzen, oft krampf- und kolikartigen Charakter aufweisend. Die Schmerzen sind meist in der Magengegend lokalisiert, sie können aber auch dicht oberhalb der Symphyse oder in der Leber-, Nierengegend auftreten. Sie halten meist stundenlang an und zeigen Ausstrahlung in verschiedene Richtungen: So kann Schmerzausbreitung nach hinten in die Lenden- und Nierengegend, seltener nach oben in die Schultergegend (eigene Beobachtung) und nach unten ischiasähnlich (Fall von MASON und FERNHAM) erfolgen. Die Patienten erbrechen dabei sehr häufig und klagen über kolikartige Beschwerden. Regelmäßige Stuhlverhaltung mit Meteorismus.

Die röntgenologische Untersuchung (GÜNTHER, ASSMANN, WEISS, MASON und FERNHAM) des Magendarmtractus zeigt ein charakteristisches Bild. Der Magen und das Duodenum sind gewöhnlich hochgradig erweitert und atonisch, das Ileum dagegen spastisch kontrahiert. Dieses Bild kann auch gewisse Abweichungen erfahren. So war bei den Patienten von HOLLAND und SCHÜRMEYER und MOBITZ ein Pylorusspasmus zu beobachten. In seltenen Fällen ist zum Teil auch das Duodenum kontrahiert, in anderen sitzt der Spasmus im Dickdarm wie bei dem von LANGESKJÖLD beschriebenen Fall (51jähriger Holzarbeiter). Mit der Kontraktion des Dickdarmes sah man bei diesem Patienten eine hochgradige Erweiterung des ganzen Dünndarmes. MASON und FERNHAM berichten außerdem von zwei Fällen von Dickdarmerweiterung. Bei einem 36jährigen Patienten konnten sie bei der Laparotomie, die während des Anfalls ausgeführt wurde, eine hochgradige Blähung des Colons finden. Eine rasche Passage des Dünndarmes und eine hochgradige Obstipation im Colon ascendens werden von KÄMMERER und MEYER beschrieben. Der Dickdarm ist gewöhnlich stark erweitert, zeigt starke Gasansammlung und weist ein mit abwechselnden Kontraktionen und Dilatationen charakterisiertes spastisch-atonisches Bild auf.

Seltener findet man dagegen in der Literatur die Angabe über die Magenaciditätsverhältnisse. Anacidität wurde von OPSAHL und einigen andern Autoren, Magenblutung von KRATZENSTEIN gesehen. Amerikanische Autoren berichten über blutige Durchfälle. Normaler Magenchemismus wurde von SNAPPER, GÜNTHER, VANNOTTI u. a. beobachtet.

Die spastisch-atonischen Erscheinungen des Magendarmtractus, die häufig von kolikartigen Schmerzen, Verstopfung und Erbrechen begleitet sind, bilden sehr wahrscheinlich die direkte Folge einer lokalen Porphyrinwirkung. Wir erinnern hier an unsere Untersuchungen und an die Versuche von REITLINGER und KLEE (Kap. V).

Die abdominellen Anfälle können von geringen prämonitorischen Erscheinungen begleitet sein, einige Autoren (unter anderem KÄMMERER) sprechen direkt von einer Aura. Tatsächlich findet man nicht selten in der Anamnese solcher Fälle Reizzustände, Schlaflosigkeit, Müdigkeit und Depression als unmittelbare Symptome vor dem Anfall. Fieber kann vorhanden sein, fehlt aber häufig. Die Anfälle klingen dann entweder rasch oder allmählich ab, die Dauer des Anfalles ist ganz verschieden (1 Tag bis 1 Monat). Sie zeigen aber häufig eine Rezidivierung. Sie können in selteneren Fällen allmählich in chronische Zustände übergehen. Von GRUND wurden sogar bis 7 Attacken beobachtet.

Während der Attacke scheidet der Patient gewöhnlich bei vorwiegender Oligurie braunen Urin aus, in welchem große Mengen Porphyrine (gewöhnlich Uro- und Koproporphyrin) enthalten sind. Interessant erscheint die Mitteilung von DERRIEN und CRISTOL, die bei zwei Fällen von Porphyrie (ein Fall tödlich verlaufend) Zinkuroporphyrin im Urin in vermehrtem Maße beobachteten. Bei einem Mädchen konnten die beiden Autoren metallisches Porphyrin nachweisen und quantitativ verfolgen. In der anfallsfreien Periode betrug die Zinkausscheidung nicht mehr als 1 mg im 24-Stunden-Urin. Während des Anfalles stieg diese auf die dreifache Menge. Neben Porphyrin findet man häufig im Urin Spuren Eiweiß, Urobilin und Urobilinogen, Uroerythrin und das braune Pigment in großen Mengen. Indican ist nur selten vermehrt.

Die Prognose des abdominalen Anfalles ist trotz der Heftigkeit der Symptome und der Schwere des Krankheitsbildes eine ziemlich günstige. Selten beobachtet man einen Exitus während des Anfalls, die Nachperiode bringt aber häufig ungünstig verlaufende Komplikationen, besonders von seiten des Nervensystems mit sich. Differentialdiagnostisch kommen bei der abdominalen Porphyrie folgende Krankheiten in Betracht: Appendicitis, Gallenstein- und Nierensteinkoliken, Pankreatitis, Ileus, bedeckte Perforationen.

Oft beobachtet man neben dem abdominellen Anfall noch das Auftreten von nervösen Erscheinungen. Der folgende Fall dient dazu als Beispiel:

36jährige Frau. Leicht reizbare Person, schon als Kind Zeichen von Nervosität. Störungen von seiten der Verdauungsorgane mit Neigung zu Obstipation. Menses oft unregelmäßig und mit Schmerzen verbunden. In den letzten 8 Jahren bemerkte die Pat. oftmals unmittelbar nach den Menses eine auffallende Müdigkeit und Schmerzen im Kreuz, Neuralgien in verschiedenen Nervengebieten und Kopfweh. Dazu dunkelbrauner Urin. In neuester Zeit gesellten sich zu diesen Beschwerden noch auffallende Störungen des Magendarmtractus, wie akut auftretende Schmerzen im Oberbauch, Brechreiz, hartnäckige Obstipation mit Stuhl und Windverhaltung, Gefühl des Vollsein, ab und zu schwere Krämpfe und kolikartige Schmerzen, die kaum medikamentös zu beseitigen sind. Dabei galligschleimiges Erbrechen, suprasymphysäre Neuralgien, migräneähnliche Anfälle und sogar Schmerzen mit Paresen an den Extremitäten. Diese schweren Anfälle, die 3—5 Tage lang dauern, gehen immer mit einer starken Verdunklung des Urins einher und wiederholen sich in unregelmäßigen Intervallen 1—3mal jährlich, besonders im Frühling und Herbst.

Die Anfälle kommen immer unmittelbar nach den Menses, als Vorboten derselben tritt 2—3 Tage vorher großer Durst mit starker Polyurie auf. Während des Anfalles selbst dagegen ist eher eine Oligurie zu beobachten. Nie kam es zu Hautstörungen, die Bestrahlung der Haut mit Ultraviolettlicht während des Anfalles ergab völlig normale Hautreaktion. Im Urin wurde Uroporphyrin III und Spuren Koproporphyrin festgestellt, im Stuhl war reichlich Koproporphyrin vorhanden. Im Blute: Erythrocyten- und Hämoglobingehalt normal, leichte nachträgliche Anämie, Protoporphyrin in den Erythrocyten nicht vermehrt. Im Blutserum leichte Koproporphyrinvermehrung, Bilirubin direkt verzögert, quantitativ 0,7 mg-%. Der Calciumspiegel im Serum war leicht erniedrigt bei einer leichten Erhöhung der Calciumausscheidung. Das leicht abspaltbare Eisen im Blut und im Serum und die Eisenausscheidung im Urin waren deutlich vermehrt.

Im akuten Stadium wurden große Mengen Uroporphyrin III und Spuren Koproporphyrin ausgeschieden, ferner zeigten das braune Pigment, das Urobilin und das Uroerythrin eine deutliche Zunahme. Nach Abklingen des Porphyrieanfalles konnte man ein rasches Zurückgehen des Uroporphyrins bei einer auffallenden Erhöhung des Koproporphyrins im Urin feststellen.

Die Polyurie und der Durst vor dem Krankheitsbeginn können vielleicht als Zeichen einer gewissen Beteiligung der Hypophyse am Auftreten der schweren Pigmentstoffwechselstörung gedeutet werden. Abdominalzeichen und Nervensymptome kommen hier zusammen vor, die Anfälle wiederholen sich oft, verschwinden dann allmählich und hinterlassen eine auffallende Schwäche und diffuse Schmerzhaftigkeit der Weichteile und der Knochen. Zwischen den akuten Krankheitsschüben ist die Patientin beschwerdefrei und kann ungestört ihrer Arbeit nachgehen.

Eine ganze Reihe von solchen abdominellen Porphyrien sind im Schrifttum erwähnt. In der älteren Literatur sind sie hauptsächlich unter der Bezeichnung der genuinen akuten Form von GÜNTHER zusammengestellt. Auch in neuester Zeit sind diese Fälle nicht selten. KÄMMERER und MEYER, KRATZENSTEIN, HOLLAND und SCHÜRMEYER, LARYANKO, LIAM, VANNOTTI, WALDENSTRÖM u. a. haben in den letzten Jahren typische und atypische Fälle von abdominaler Porphyrie beobachtet und beschrieben.

BACKER-GRÖNDAHL berichtet von einem Anfall von abdomineller Porphyrie bei einer 31jährigen Frau mit starker Verdunklung des Urins, wobei aber weder Porphyrin noch Melanin und Alkapton nachzuweisen waren.

Wie schwer eine fieberhalte Erkrankung den Verlauf einer Porphyrie beeinflussen kann, ist an diesem Beispiel ersichtlich:

46jähriger Mann. In der Anamnese Tbc.-Belastung. Oft Lungenkatarrh und Neigung zu Erkältungen und Bronchitiden. In letzter Zeit Husten, Auswurf, Müdigkeit und Appetitlosigkeit. Im Verlauf von 4 Monaten 3 schwere, fieberhafte Schübe mit viel Auswurf (Tbc.-Bacillen positiv). Mit dem Fieberanstieg tritt plötzlich ein schwerer Anfall von abdomineller Porphyrie mit dunklem Urin, starker Verstopfung, Meteorismus und kolikartigen Schmerzen auf. Der Anfall geht mit dem Fieber allmählich zurück und die Porphyrinurie zeigt eine starke Verminderung.

Es handelt sich um eine beidseitige Lungentuberkulose. Der zweite Porphyrieanfall tritt ebenfalls plötzlich bei einer zweiten Erhöhung der Fieberkurve auf und verschwindet allmählich unter dem Zurückgehen der Temperatur. Ein dritter Anfall wiederholt sich mit größerer Heftigkeit, begleitet von schweren Schmerzen, Krämpfen, Koliken und Erbrechen. Im Urin Uroporphyrin. Lichtüberempfindlichkeit wird nicht beobachtet. Die Temperatur steigt auf 40⁰. Es folgt Benommenheit, starke Schmerzhaftigkeit der Extremitäten. Es handelt sich um eine miliare Aussaat, die den Patienten in kurzer Zeit ad exitum bringt. Die Autopsie, ausgeführt von Herrn Prof. Dr. C. WEGELIN, zeigt folgendes: Chronische, indurative Lungentuberkulose, rechts acinösnodöse Form. Links käsige Tbc. des Ductus thoracicus, akute Miliartbc. der Lungen, der Milz, Leber, Niere, Nebenniere, Schilddrüse und Tonsille. Akuter Milztumor, Leberverfettung.

Der Magen und der Darm waren stark gebläht, histologisch konnte man in der Leber eine ausgedehnte Verfettung besonders an der Peripherie, zum Teil aber auch im Zentrum der Läppchen beobachten. Die Untersuchung auf Porphyrie mit Hilfe des Fluorescenzmikroskopes ergab das Vorliegen von Porphyrin nur in der Leber und in den Nieren. Die Porphyrinablagerung in der Leber war nur an der Peripherie der Läppchen, dort sowohl in den Leberzellen wie auch im Interstitium, besonders im Bereich des pericapillären Gewebes zu beobachten. Im Zentrum der Lobuli sah man kein Porphyrin; eine leichte Porphyrinfluorescenz war auch in den Endothelien der größeren Gallenabflußbahnen hie und da sichtbar.

Eine Extraktion des Porphyrins aus der Leber nach der FISCHERschen Methode ergab eine geringe Menge Kopro- und eine auffallend hohe Menge Uroporphyrin, in den Nieren war Porphyrin in den Epithelien der Hauptstücke neben braunem Pigment vorhanden. Wiederholte Untersuchungen der Lungen zum Nachweis von Porphyrin in den tuberkulösen, nicht verkalkten Herden älteren und frischeren Datums ergaben immer ein negatives Resultat. Die

Möglichkeit, daß das Porphyrin aus der Tätigkeit der Tuberkelbacillen stamme (die Tbc.-Bacillen produzieren bekanntlich in den Kulturen Porphyrin, s. Kap. II), ist also strikte abzulehnen. Die Hauptbildung des Farbstoffes ist in diesem Fall in die Leber zu verlegen. Das Knochenmark zeigte keine abnorme Porphyrinüberproduktion. Auffallend ist die Tatsache der Uroporphyrinbildung in der Leber. Es ist hier anzunehmen, daß die Carboxylierung des Koproporphyrins unter Umständen auch in der Leber vor sich gehen kann. Der besonders belasteten Leberfunktion ist sehr wahrscheinlich das Zusammentreffen des Porphyrieanfalles mit dem Fieberschub zuzuschreiben. Die Bedeutung der Leber bei der Porphyrinbildung wurde oft erwähnt. Gerade die abdominelle Form der Porphyrie liefert eine Reihe von Symptomen und Beobachtungen, die auf die wichtige Rolle der Leber bei der Porphyrie hindeutet. Die Leberbeteiligung bei dieser Krankheit erscheint besonders plausibel, wenn man an die Bedeutung dieses Organs beim normalen Pigmentumsatz denkt.

ALTHAUSEN hat schon auf die häufige Kombination von Leberstörungen mit den Porphyrien aufmerksam gemacht. Bei drei Fällen von akuter Porphyrie konnte er auch außerhalb des akuten Anfalles bei bestehender Porphyrinurie eine Insuffizienz der Leberfunktion (Belastungsprobe mit Glykose, Insulin und Wasser) feststellen. Bei einem Fall war auch der Eiweißstoffwechsel gestört. In den gleichen drei Fällen fand MANKE auch interessante Verhältnisse des Cholesterins im Blute. Im akuten Porphyrieanfall stellte man Hypocholesterinämie bei normaler Esterquote, nach Abklingen des Anfalles dagegen Hypercholesterinämie fest. MELKERSSON beschreibt neben einer ausgesprochenen Niereninsuffizienz eine Schädigung der Leber. WEISS beobachtete eine 26jährige Patientin, die an Gallensteinkoliken litt. In den Gallensteinen wurde Porphyrin gefunden, in den acholischen Stühlen war dagegen kein Porphyrin vorhanden. Der Verfasser denkt daher an eine primäre Ausscheidung des Porphyrins aus der Leber mit der Galle. KUNZE und BECKER fanden bei einem 59jährigen Porphyriker Lebervergrößerung und Pericholecystitis. Bei der Sektion wurde auch eine Lebercirrhose festgestellt. OPSAHL berichtet von einem Fall, der mit Ikterus anfing, bei dem im Serum die Takatareaktion positiv war und eine leichte hypochrome Anämie bestand. Bei der Autopsie zeigte sich eine Hepatitis chronica mit einer beginnenden Lebercirrhose. Auch BACKER-GRÖNDAHL berichtet über eine autoptisch festgestellte Hepatitis bei einem Patienten. VEIL und WEISS konnten im Urin eines Porphyriekranken Leucin und Thyrosin feststellen. An eine Leberstauung muß bei der Auslösung der Porphyrie im Falle JOHNSONs auch gedacht werden. Schließlich war in drei Fällen, die wir beobachteten, sowie bei dem 6jährigen Mädchen mit cutaner Porphyrie die Leberfunktionsprüfung auf Kohlehydrate sicher pathologisch. Bei dem einen Fall war auch Bilirubin im Serum vermehrt, bei den andern ergab die Autopsie eine diffuse Leberverfettung und die oben angegebene Porphyrinablagerung in dem Leberparenchym. DERRIEN und BENOIT beschreiben ebenfalls Auftreten von Porphyrin in der Leber bei einem rasch ad exitum gekommenen Fall von abdomineller Porphyrie. Der Ausbruch einer Porphyrie bei einer Miliartuberkulose und der auffallende Parallelismus zwischen akuter Tuberkuloseausbreitung und Porphyrieanfall kann es im Zusammenhang mit dem histochemischen Befund von Porphyrin in der Leber zur Vermutung kommen lassen, daß die starke toxische Belastung des Leberparenchyms im Verlaufe der akuten Tuberkulose beim Auftreten der Porphyrie stark beteiligt ist. Man muß sich also fragen, ob beim Fehlen jeglicher Aktivität von seiten der Lungentuberkulose die Porphyrieanfälle zustande gekommen wären, d. h. ob ohne schwere allgemeine Umstimmung des Organismus die latente Pigmentstoffwechselstörung sich manifestiert hätte.

Bei diesen Krankheitsformen kommt es durch eine primäre Erkrankung, die oft interkurrenten Charakter haben kann, zu einer Aktivierung des gestörten Porphyrinumsatzes im Organismus. Wir können daher von einer *sekundär ausgelösten Porphyrie* sprechen.

Die Intoxikationen, und zwar diejenigen bakterieller Art, sind hier als wichtige Auslösungsfaktoren der Porphyrie aufzufassen. In der Literatur sind solche Fälle von sekundär ausgelösten Porphyrien infolge akuten Infektes nicht so sehr selten.

Die pathologische Porphyrinurie bei hohen Fieber und bei akuten Infektionskrankheiten ist ausführlich im vorhergehenden Kapitel behandelt worden. SNAPPER beschreibt einen Porphyrieanfall bei intraperitonealer Lymphdrüsentuberkulose. Die Deutung dieser Erscheinung lautet nach SNAPPER dahin, daß durch Vergrößerung der retroperitonealen Lymphdrüsen ein Druck auf die Nervenzentren und Bahnen ausgeübt wird mit folgender Auslösung eines Anfalles. Man braucht in diesem Falle gewiß nicht an eine solche komplizierte Beeinflussung der Darmmotorik zu denken. Hier liegen wahrscheinlich ähnliche Verhältnisse wie bei den oben zitierten Fall von Porphyrie bei Lungentuberkulose vor.

Bei Masern, Pneumonie, Lungen- und Darmtuberkulose, Typhus, Meningitis, Peritonitis und ferner bei Gelenkrheumatismus kommt es nicht nur zu einer vermehrten Porphyrinausscheidung, sondern nicht selten beobachtet man im Verlaufe von solchen Infekten die Entwicklung einer Porphyrie mit allen dazu gehörenden klinischen Symptomen.

In der norwegischen Literatur wird von einem Falle berichtet, der jedesmal nach einer Erkältung eine dunkle Verfärbung des Urins zeigte. Plötzlich bei infektiösem Fieberanstieg trat ein Porphyrieanfall mit heftigen Magenschmerzen und Ileuserscheinungen auf. Im Urin wurde stets reichlich Porphyrin nachgewiesen. DUESBERG beschreibt ferner eine akute Porphyrie bei einem 34jährigen Manne, der seit 6 Jahren wegen rezidivierender Osteomyelitis in ärztlicher Behandlung stand. Zur Bekämpfung der Schmerzen nahm Patient täglich 5—6 Phanodormtabletten ein und im letzten Jahre sogar bis 20 Tabletten Sedormid täglich. Zu dieser Zeit bekam Patient dunklen Urin und Anfälle von Bauchschmerzen und Verstopfung. Später entwickelten sich auch Geistesstörungen und es trat der Exitus auf. In diesem Falle stellt sich die Frage, ob der chronische Infekt oder der Schlafmittelabusus die wichtigere auslösende Rolle bei der Porphyrie gespielt hat. NIELSEN beschreibt einen Fall von akut auftretender Porphyrie, der mit einer sehr starken Erhöhung der Blutsenkungsgeschwindigkeit einherging.

Der Fall BEILINS (24jähriger Mann) begann schleichend mit neuritischen Symptomen in der rechten Körperhälfte, Schwäche des rechten Armes und rechten Beines, Schmerzen und Spannung im Nacken sowie in der rechten Thoraxhälfte. Nachträglich, begleitet von einer dunkelroten Verfärbung des Urins, stellten sich Obstipation, Erbrechen und Abdominalschmerzen ein. Der

Liquor war xanthochrom und enthielt 152 Zellen. Patient starb an einer LANDRY-schen Paralyse. Von MASON und FERNHAM wird von einem 36jährigen Mann berichtet, der seit etwa 1 Monat an zunehmenden polyneuritischen Schmerzen in den Beinen und Armen litt. Plötzlich bekam Patient Bauchkrämpfe, Er-brechen und diffuse Schmerzen mit Fieber und Leukocytose (16 000 Leuko-cyten). Es stellte sich eine starke Porphyrinurie ein, allmählich entwickelten sich Muskelschwäche und Koma, und Patient starb unter den Symptomen einer Bulbärparalyse. Die Autopsie ergab neben parenchymatöser Degeneration der peripheren Nerven auch entzündliche Infiltrationsherde im Rückenmark.

In einer unbeschränkten Zahl von Porphyriefällen spielt die Störung des Muskelfarbstoffwechsels als Ätiologie der Porphyrie sicher eine wichtige Rolle. Infektiöse und degenerative Störungen des Muskelstoffwechsels können in seltenen Fällen zur Porphyrie Anlaß geben. Diese Form wird dann zum Schlusse wegen der Eigentümlichkeit ihrer Ätiologie allein besprochen.

Die Ergebnisse der pathologisch anatomischen Untersuchungen bei der abdominellen Porphyrie haben zu keiner wesentlichen Klärung dieses Krankheits-bildes geführt.

Herz- und Kreislaufsystem sowie Lungen scheinen dabei nicht wesentlich beteiligt zu sein. Die Leber ist meistens verfettet, besonders häufig ist die peri-phere Verfettung der Leberläppchen beobachtet worden. Sehr oft wird eine starke Anreicherung von Eisenpigment im Leperparenchym und in der Milz gefunden (GRUND, SNAPPER, MASON, VANNOTTI u. a.). Die Galle ist oft ein-gedickt. Die Nieren zeigen auch eisenhaltigen und eisenlosen, darunter einen in Körnchen angeordneten braunen Farbstoff in den Epithelien der Hauptstrecken und der Ausführungsgänge. Blutungen in der Schleimhaut der Blase wurden auch beobachtet. Der Magendarmtractus zeigt oft Veränderungen an der Schleim-haut mit eitrigen Belägen und Erosionen oder kleine Blutungen in der Mucosa und Muscularis sowie vereinzelte circumscripte Entzündungsprozesse am Peri-toneum. Das Nervensystem wird nicht selten befallen, die stärksten degenerativen und entzündlichen Zeichen am Nervensystem sind bei der nervösen Form der Porphyrie zu finden und werden daher im folgenden Abschnitt beschrieben.

Die nervöse (neuritische) Form der Porphyrie.

Die Polyneuritis ist eine gefürchtete Komplikation der Porphyrie, etwa $^1/_3$ aller Fälle zeigt diese schwere Nervenbeteiligung. Die Prognose bei dieser Gruppe ist eine außerordentlich schlechte, die Polyneuritis führt meist unter dem Bilde der ascendierenden und bulbären Paralyse zum Tode.

Die Beteiligung der peripheren Nerven an der Polyneuritis ist ganz ver-schieden. Es handelt sich sehr oft um eine vorwiegend motorische Polyneuritis, die im allgemeinen zuerst meist symmetrisch die unteren Extremitäten, dann die Rückenmuskulatur, dann die oberen Extremitäten und schließlich die Gesichts-muskulatur, das Zwerchfell, die Schluck- und die Stimmbandmuskulatur befällt. Es gibt Fälle, die mit keinen Spontanschmerzen und keinen Sensibilitätsstörungen einhergehen. Andere dagegen, die neben den Lähmungen und sogar oft vor denselben, schwere Schmerzanfälle in den Gliedern, Parästhesien, Hypo- und Hyperästhesien aufweisen.

Bei einer 29jährigen Frau beobachtete KRATZENSTEIN nach dem Abdominal-anfall ohne besondere Neuritisschmerzen eine zunehmende Schwäche der Muskulatur an den Beinen mit fortschreitendem Muskelschwund. Später trat eine völlige Lähmung der unteren, dann der oberen Extremitäten auf und schließlich Exitus letalis. Auch der Fall Löfflers (21jähriges Mädchen) zeigt Auftreten von Lähmungen ohne sensible Beteiligung und ohne Schmerzanfälle. Paula Sachs beschreibt dagegen einen Fall, bei dem nach heftigen neuralgischen Schmerzen eine rasch verlaufende Lähmung der Extremitäten mit hochgradigem Muskelschwund eintrat.

Schmerzen und Lähmungen können auch voneinander durch eine vorübergehende Besserung des Zustandes getrennt sein. Bei der 23jährigen Patientin von Micheli und Dominici traten nach Temperaturerhöhung (38°) und Aufregungszuständen tonische und klonische Krämpfe mit Schmerzen in allen Skeletmuskeln auf. Der Anfall ging zurück, die Patientin erfreute sich einer vorübergehenden Besserung, dann aber plötzliche Verschlechterung mit Erbrechen und Lähmung der unteren Extremitäten, dies jedoch ohne Schmerzen. Der Exitus erfolgte dann nach einer kurz dauernden Besserung unter Zunahme der Lähmungen und unter gleichzeitigem Auftreten von Schmerzen und Krämpfen. Die Angaben über Störungen der Oberflächensensibilität sind etwas seltener. Stockton berichtet über Anästhesie am Gesäß und an den unteren Extremitäten, Snapper beobachtete Hypästhesie und Hypalgesie im ersten Lumbalsegment, Neuralgien ohne Sensibilitätsstörungen waren diesem Zustande vorausgegangen. Günther spricht von suprasymphysären Parästhesien, von Hyperästhesien und von Analgesien. Campbell fand Hypästhesien, Barker und Estes Hyperästhesien der Beine, Bachlechner (zit. nach Günther) Parästhesien im Peronaeusgebiet. Wir konnten in einem Falle gleichzeitig Lähmungen, spontane Schmerzen in den Extremitäten, Para- und Hypästhesien in der Gesäßgegend beobachten.

Scharf von diesen neuritischen Erscheinungen sind die Knochen- und Muskelschmerzen zu trennen, die als Zeichen einer organentzündlichen Veränderung der quergestreiften Muskulatur zu verwerten sind.

Neben den symmetrischen, progredienten Lähmungen findet man nicht selten regellos angeordnete Muskelatrophien. Grund beschreibt einen Fall von symmetrischen Paresen des Radialis- und Ulnarisgebietes, Atrophien der Schultermuskulatur, Lähmung des Facialis und der Stimmbänder. Bachlechner fand eine Parese des N. radialis. Barker und Estes beobachteten das gleichzeitige Gelähmtsein des Ulnaris- und Peronaeusgebietes. Bei einer 36jährigen Frau beschrieb Einzig schlaffe Lähmung mit Atrophie des Deltoides und Cucullaris. Blasenlähmungen und Mastdarmlähmungen sind nicht sehr selten. In einem unserer Fälle trat zuerst Mastdarmlähmung und 14 Tage später Blasenlähmung auf. Interessant ist auch die Beobachtung eines Herpes zoster (N. ileo-inguinalis), beschrieben von Micheli und Dominici. Waldenström beobachtet Amblyopie und Amaurose.

Muskelzuckungen, epileptiforme Anfälle, Nystagmus und Klonus (Bachlechner fand z. B. Patellar- und Achillessehnenklonus bei peripherer Muskelparese) sind nicht selten beschrieben worden.

Bei wenigen Fällen wurde über die elektrische Erregbarkeit der befallenen Muskulatur berichtet. Micheli und Dominici fanden partielle Entartungsreaktionen. Beim Fall Weiss fehlte diese gänzlich. Eine partielle Entartungsreaktion wurde auch von Grund und Bachlechner gefunden. In unserem

Fall von Myoporphyrie waren auch Entartungsreaktionen bei herabgesetzter Reaktionsbereitschaft und chronaxiemetrischen Abweichungen zu konstatieren. Interessant ist ferner das Vorhandensein der Sehnenreflexe bei völlig schlaffer Lähmung und Atrophie der Muskeln. Die Sehnenreflexe sind allerdings im allgemeinen sehr schwach auslösbar. Die Muskelhypotonie und -hyporeflexie sind unter anderem von WEISS, GÜNTHER und MAASE beschrieben worden. LÖFFLER fand dagegen überhaupt keine Sehnen- und Periostreflexe. Die betroffene Muskulatur zeigt in der Regel auffallend rasch auftretende Atrophie.

Bei der Autopsie findet man nicht selten keine makroskopisch und keine histologisch nachweisbaren Veränderungen des Nervensystems. In anderen Fällen wieder sind typische Veränderungen im Gebiete des peripheren Neurons vorhanden. Schon BOSTROEM hatte eine umfangreiche Veränderung der Vorderhornganglienzellen im ganzen Rückenmark festgestellt. Degenerative Prozesse der Spinalganglien sowie der Vorderhornzellen fanden sich im Falle von MICHELI und DOMINICI. MASON und FARNHAM beschrieben Infiltrations- und Destruktionsherde im Rückenmark, Chromatolyse der Vorderhornzellen und diffuse parenchymatöse Degeneration der peripheren Nerven. Vacuolärer Kernzerfall der Vorderhornzellen des Rückenmarkes sind auch von KRATZENSTEIN beobachtet worden. Über organische Veränderungen, die nur in den peripheren Nerven sitzen, ist seltener berichtet worden. PAULA SACHS beschreibt Markscheidendegeneration. Interessant ist der Befund EICHLERs, der akute degenerative Hirnveränderungen (Endothelverfettung der Capillaren) und reichliches Pigment im Gehirn fand. BEILIN stellte bei einem 24jährigen Manne xanthochromen Liquor und Zellvermehrung (152 Zellen) fest. Bei einem 20jährigen Mädchen fanden wir Xanthochromie und Eiweißvermehrung, keine Porphyrinvermehrung im Liquor. Die Autopsie eines von uns beobachteten Falles ergab: Infiltration und Degeneration der peripheren Nerven bis zu den Nervenplexi. Gehirn und Rückenmark zeigten dagegen normalen Befund. In einem Falle von Porphyrie fanden MASON, COURVILLE und ZISKIND ausgedehnte Lipoidinfiltrationen und Chromatolyse in den autonomen Ganglien. Ödem der Hirnhäute ist nicht selten vorhanden.

Atypische Fälle sind auch bei dieser Gruppe anzutreffen. Im allgemeinen sind diese abnormen Krankheitsbilder weder der Gruppe der primären, noch derjenigen der sekundären Porphyrie mit Sicherheit zuzuschreiben. NILSON berichtet über einen Fall, bei dem nach einem plötzlich aufgetretenen abdominellen Anfall psychische Störungen und Lähmungen der oberen Extremitäten auftraten. Allmählich kam es zu einer Besserung, es blieb aber eine starke Atrophie der Arme zurück. Da der Patient von vornherein schon eine erhöhte Senkung zeigte, denkt der Verfasser an eine unbekannte Toxikose. SOMMERLAND berichtet über einen Fall, der mit abdominellen Symptomen begann und bei dem nach einer Pause von Wohlbefinden wieder abdominelle Beschwerden auftraten. Der Patient wurde operiert (gastroenterostomiert). Nach 8 Tagen beginnende Lähmung im linken Quadriceps, dann langsam Paresen und totale Lähmungen in ganz regelloser Reihe bis zum Exitus. Hier fehlt die Symmetrie und das Hinaufsteigen der Lähmungen, und man kann nicht von einer LANDRYschen Paralyse sprechen.

Beim Fall von WEISS (27jährige Frau) ist im Krankheitsverlauf folgendes von Interesse hervorzuheben: Die Patientin hatte schon Porphyrieanfälle ohne

Nervenbeteiligung und ohne schwere Folgen durchgemacht. Im Verlaufe des vierten Anfalles kam es zu Hautpigmentierungen, jedoch ohne nervöse Komplikation. Dann folgten auf einen interkurrenten Temperaturanstieg mit Pharyngitis und späterer Bronchopneumonie Muskel- und Knochenschmerzen, allgemeine Schwäche, Lähmungen, LANDRYsche Paralyse und Exitus. Es scheint, wie wenn hier der akute Infekt das auslösende Moment des tödlich verlaufenden Nervensyndroms bei einer schon vorhandenen Porphyrie gewesen wäre.

Interessant ist außerdem das Auftreten einer Porphyrie bei einem schweren Parkinsonismus (52jähriger Patient PELLEGRINIs).

Es sei hier noch auf eine wichtige Erscheinung bei der neuritischen Form der Porphyrie hingewiesen, nämlich auf das *Auftreten von Porphyrin im Liquor*.

60jähriger Patient, erkrankt vor etwa 3 Monaten an unklaren Beschwerden, Müdigkeit, Appetitlosigkeit, dann abdominellen Schmerzen, Hyperästhesien und Kriebeln in den unteren Extremitäten. Allmähliche Entwicklung von Lähmungen an den unteren Extremitäten mit Neigung zu ascendierender Progression. Im Urin wird massenhaft Uro-, Spuren Koproporphyrin gefunden. Im Blutserum vermehrtes Koproporphyrin. Im Liquor kann Koproporphyrin in meßbaren Mengen festgestellt werden (0,127 mg).

Der Patient starb einige Wochen später an LANDRYscher Paralyse. Eine Autopsie konnte nicht durchgeführt werden.

Das Befallensein des Nervensystems bei der Porphyrie ist von besonderem biologischem Interesse. Man muß sich fragen, ob dabei gewisse Beziehungen zwischen Porphyrie und neurotropen Noxen (Virus) bestehen konnten. Die spezielle Affinität zum Nervensystem, die zentripetale Wanderung den Nervenbahnen entlang ist wahrscheinlich nicht nur eine Eigenschaft eines bestimmten Virus, sondern vielleicht auch definierter chemischer Substanzen. Dafür würde die Erzeugung von Encephalitis und Meningitis mit dem aus gewissen Pflanzenwurzeln extrahierten Cicotoxin sprechen. Besteht vielleicht nicht eine ähnliche Affinität der Porphyrine zum Nervensystem und eine ähnliche Wanderungsmöglichkeit unabhängig von der allgemeinen Ausbreitung des Pigmentes durch die Blutbahnen?

Bei der Beschreibung der klinischen Symptome der neuritischen Porphyrieform verdient hier ein Fall ausführlich besprochen zu werden, der die klare Beteiligung des Muskelfarbstoffwechsels an der Porphyrinstörung beweist. SCHREUS spricht von Hämoporphyrie bei denjenigen Porphyriefällen, die direkte Beziehungen zum Hämoglobinstoffwechsel aufweisen. Bei den erwähnten selteneren *Porphyriefällen mit Störung des Myoglobinumsatzes möchten wir die Bezeichnung Myoporphyrie vorschlagen.*

Die Myoporphyrie.

Die abnorme Mobilisierung von Muskelfarbstoff und seine Ausscheidung im Urin ist dem Kliniker unter dem Namen der Myoglobinurie bekannt. In selteneren Fällen kann man im Verlaufe von entzündlichen oder degenerativen Zuständen der quergestreiften Muskulatur das Auftreten einer Porphyrie beobachten, bei der das Ausgangsmaterial zu einem abnormen Porphyrinumsatz nicht der Blut-, sondern der Muskelfarbstoffe ist. Klinisch läßt sich die Myoporphyrie nicht von anderen Porphyrinformen trennen, erst eine genaue pathologisch-anatomische Untersuchung und die spezielle Verfolgung des Pigmentstoffwechsels können mit Sicherheit das Bestehen einer Myoporphyrie bestätigen. Wir wollen hier kurz auf dieses seltene Krankheitsbild eingehen.

31jährige Patientin, früher immer gesund gewesen, psychisch leicht reizbare Person, mußte 2 Jahre vorher wegen hysteriformen Symptomen ärztlich behandelt werden. Die abdominellen Zeichen der Porphyrie traten plötzlich akut auf und fielen mit den Menses zusammen. Am selben Tage zeigte der Urin, der einige Tage vorher hell und klar war, eine merkwürdig dunkle Farbe. Außer einiger Spasmalgintabletten hatte die Pat. überhaupt kein Medikament zu sich genommen. Das Leiden nahm rasch an Intensität zu mit hartnäckiger Obstipation, Leibschmerzen und Paresen an den unteren Extremitäten. Wegen Polyneuritis Einweisung in das Spital. Beschleunigter Puls, Blutdruck 165/115 mm Hg. Hb. 106/100, Erythrocyten 5,3 Mill., Leukocyten 12 800. Im Urin Uro- und Koproporphyrin in stark vermehrten Mengen vorhanden. Normale Bewegung der Oberschenkel, Streckung der Unterschenkel beeinträchtigt, Oberarmbewegungen stark gehemmt, am Vorderarm nur Pro- und Supination möglich. Starke Schmerzen und Krämpfe im Bauch, Colon descendens stark druckempfindlich, kontrahiert, große Druckschmerzhaftigkeit der Skeletmuskulatur. Deutliche Entartungsreaktion der Muskulatur auf elektrische Reizung.

14 Tage später Verschlimmerung, Mastdarmlähmung, Progredienz der Muskellähmungen an den Extremitäten, Posticusparese und Zwerchfellähmung, schwere psychische Störungen, Angstzustände und Wahnideen, unerträgliche Muskelschmerzen, dann Blasenlähmung, totale Lähmung der Extremitäten, Temperatursteigerung, rasche Verschlimmerung des Allgemeinzustandes, Exitus. Das akute Stadium der Krankheit dauerte etwa 70 Tage. An der Haut keine Erscheinungen von Photosensibilität.

Vor und während der Krankheit war keine Anämie festzustellen, im Gegenteil, es zeigte sich in den letzten Wochen des Leidens eine deutliche Erhöhung des Hämoglobins und der Erythrocyten. Die Urinmengen wurden immer kleiner und das spezifische Gewicht war immer hoch. Die tägliche Porphyrinausscheidung im Urin wurde mit dem Fortschreiten des Leidens und mit der Zunahme der Muskelatrophie immer höher, 0,0193—0,077 g Uroporphyrin, und zwar Uroporphyrin III. Mit den Porphyrinen zusammen wurde von der Patientin im Urin noch das braune Pigment in großen Mengen ausgeschieden. Die Erscheinung von Kreatin im Urin (bis 0,518 g täglich) deutet auf die vorhandene Muskelstoffwechselstörung hin, die Aminosäuren zeigten Werte, die an den oberen Grenzen der Norm liegen. Eine Azidose lag nicht vor, die festgestellte Milchsäureanhäufung im nicht gestauten venösen Blut spricht für eine abnorme Steigerung von sauren Stoffwechselprodukten in der veränderten Muskulatur. Die Leberfunktion war partiell gestört (Zuckerbelastung).

Die Autopsie, ausgeführt im Pathologischen Institut der Universität Bern, ergab: Porphyrie, Polyneuritis und Myositis acuta, Stauung der Leber und der Nieren, Milzfibrose, Leberverfettung. Hochgradige Atrophie des Zwerchfelles und der Muskulatur der Extremitäten. Die Untersuchungen am histologischen Material mit dem Fluorescenzmikroskop brachten interessante Resultate. Neben der von Borst und Königsdörfer beschriebenen primären (den Porphyrinen eigenen) und sekundären (erst nach besonderer chemischer Behandlung hervorgerufenen) Fluorescenz wurde in diesem Falle von uns eine dritte Fluorescenzform festgestellt: die *aktivierte Porphyrinfluorescenz*, die aus dem Muskelfarbstoff unter Ultraviolettlichteinwirkung in schwach saurem Milieu entsteht.

Diese dritte Fluorescenzform läßt sich in jedem histologischen Schnitte auch von normaler Skeletmuskulatur erzeugen, sie liefert damit den Nachweis, daß in den untersuchten Präparaten Muskelfarbstoff vorhanden ist (s. Kap. V).

Wir geben hier nur die wichtigsten Resultate unserer Untersuchungen wieder. Die Herzmuskulatur zeigt alle drei Formen von Fluorescenz. Das beweist uns in anderen Worten, daß in diesem normalen Myokard neben reichlichem Muskelfarbstoff noch ziemlich viel reines Porphyrin vorhanden ist, um vielleicht mit seiner oxydationsfördernden katalytischen Wirkung die Aktion des Myokardes zu unterstützen. Im Knochensystem (Compacta und Spongiosa) fand man viel Porphyrin, merkwürdigerweise wies das Knochenmark gar keine rote Fluorescenz auf. Die quergestreifte Muskulatur bot interessante Ergebnisse. Die gut erhaltene, also die wenig atrophische Skeletmuskulatur zeigte keine primäre oder sekundäre Fluorescenz, sondern nur eine deutliche aktivierte Porphyrinfluorescenz. Die stark atrophische Muskulatur dagegen wies überhaupt keine Fluorescenz auf. Je stärker ein Muskel von der Atrophie befallen war, desto schwächer trat eine Porphyrinbildung aus dem Myoglobin auf; ein Zeichen, daß das normalerweise vorhandene Muskelhämoglobin entweder stark verändert war oder überhaupt fehlte. Diese Tatsache bringt uns auf den Gedanken, daß bei unserem Fall von akuter Porphyrie die Muskelatrophie qualitativ anders sein muß als die gewöhnliche Atrophie nach schlaffer Lähmung, bei welcher die Reaktion der aktivierten Fluorescenz mit großer Regelmäßigkeit auftritt. Hier ist mit dem Schwund der Muskelsubstanz auch der Muskelfarbstoff aus der Muskelzelle ausgetreten bis zum vollständigen Verschwinden. Nicht nur der Muskelfarbstoff, sondern auch der Eiweißanteil der Chromoproteide der quergestreiften Muskulatur hat die atrophische Muskelzelle verlassen, und wir treffen in der Tat im Urin neben Porphyrin noch das oben erwähnte braune Pigment, und eine abnorme Kreatinausscheidung.

Im V. Kapitel wurde auf die chemische und biologische Verwandtschaft der Porphyrine mit dem Stoffwechsel des Muskelpigmentes hingewiesen. In diesem Fall muß man die Möglichkeit eines abnorm starken Übergehens des Myoglobins in Porphyrin unter dem Vorliegen einer latenten Pigmentstoffwechselstörung in Erwägung ziehen. Dieser Fall läßt sich mit folgenden Beispielen aus der Literatur in Zusammenhang bringen.

Bei der sogenannten paroxysmalen Myoglobinurie der Pferde, die mit Hämoglobinurie beginnt und zu schweren Muskelschädigungen und Lähmungen der Hinterbeine führt, beruht diese Farbstoffausscheidung nicht auf Erythrocytenzerfall, sondern auf dem Zerfall des Muskelfarbstoffes.

Im Zusammenhang mit dieser Krankheitserscheinung hat MEYER-BETZ einen mit Muskellähmungen verlaufenden Fall von Hämoglobinurie beim Menschen beschrieben. Die Krankheit beginnt perakut mit Leibschmerzen und Erbrechen und führt zu schweren Muskelveränderungen, die klinisch große Ähnlichkeit mit dem Bilde der Dystrophia musculorum progressiva zeigt. Die Erkrankung hat rezidivierenden Charakter und ist von Hämoglobinurie begleitet. Der Verfasser betont den deutlichen Zusammenhang zwischen Hämoglobinurie und Muskelschädigung, und zur näheren Klärung des Falles hat er am Hunde bewiesen, daß

die experimentelle Hämoglobinurie eine Mischform von muskulärer und globu-
lärer Hämoglobinurie darstellt.

Ätiologisch wird vermutet, daß entweder eine gleiche Noxe Blut und Muskel
trifft, oder daß sich im Muskel unter diesem Agens autohämolytische Stoffe
bilden können.

Zu dem oben beschriebenen Falle gehören noch die Beobachtungen PAULs
und GÜNTHERs. PAUL beschreibt 1924 folgendes Krankheitsbild: Eine 42jährige
Frau erkrankt plötzlich aus vollem Wohlbefinden mit Schüttelfrost, starken
Muskelschmerzen und Hämoglobinurie. Unter Zunahme der Muskelsymptome
und Auftreten von Urämie tritt der Exitus auf. Die Autopsie zeigte in der
gesamten Körpermuskulatur diffuse, wachsartige Degenerationen und Blutungen.

GÜNTHER berichtet schließlich über einen 54jährigen Patienten, der plötzlich
an Schüttelfrost, Mattigkeit und Grippegefühl erkrankte. Nach einer vorübergehenden Besserung trat Schwäche, schmerzhafte Schwellung der Finger und
Hämoglobinurie auf, dann Schwellung des linken Armes, Schmerzen und
Schwäche im Rücken. Hämoglobin 90%, Erythrocyten 4,5 Mill., später Hämoglobin 100%, Erythrocyten 5,2 Mill. Schwache Muskelreflexe, Temperatursteigerung bis 38°, zeitweise leichte Besserung, dann aber Ödemzunahme, Haut-
phlegmone, 40° Fieber, Exitus. Die Muskeln zeigen in vielen Abschnitten eine
sehr blasse, fischfleischartige Farbe, hie und da braunrote Verfärbung. Mikroskopisch sah man eine chronisch entzündliche Muskelveränderung mit Zerfall
der contractilen Substanz. Knochenmark fettreich.

Diese Fälle haben klinisch und autoptisch mehrere Berührungspunkte mit
unserem Falle von Myoporphyrie. Nur fehlen in der oben reproduzierten Anamnese die Zeichen der akuten Porphyrie (abdominelle und polyneuritische
Erscheinungen).

Aus der Literatur sind uns ferner einige Fälle bekannt, die wir in die Gruppe
der Myoporphyrie einreihen möchten. KRATZENSTEIN beschreibt eine Porphyrie
bei einem 29jährigen Patienten mit Muskelschwund an den Extremitäten ohne
Neuritiserscheinungen. Bei der Obduktion fand man Blutarmut der Muskulatur.
Auch WALDENSTRÖM berichtet über interessante Muskelveränderungen bei
einigen Fällen von Porphyrie (neuritische Form). Die paretische Muskulatur war
auffallend blaß, worauf der Verfasser die Hypothese aufstellt, daß aus dem
Myoglobin sich Porphyrin bildet (Proto-, Uro-, Koproporphyrin aus Ätioporphyrin I). Auch Hämoglobinurien können unter dem Bilde der Porphyrie verlaufen. Aus der norwegischen Literatur ist ein Fall bekannt, der jedesmal
nach einer Erkältung eine Porphyrinurie aufwies; es stellte sich infektiöses
Fieber ein mit heftigen Magenschmerzen und Ileuserscheinungen.

PAL beschrieb ferner 1903 eine paroxysmale Hämatoporphyrinurie bei einem
66jährigen Patienten, der Malaria und Lues durchgemacht hatte. Bei stärkerer
Abkühlung hatte der Patient mehrmals Anfälle mit dunklem Urin. Im Urin
wurde reichlich Porphyrin, keine Erythrocyten, kein Hämoglobin gefunden.
Malaria und Lues sind bekanntlich, wie auch Abkühlung, Ursachen von Hämoglobinurie, dieselben können aber in einigen Fällen in eine Porphyrinurie übergehen von latentem oder manifestem klinischem Charakter.

Diese kurzen Angaben zeigen, wie die Annahme FISCHERs (verwandtschaftliche Beziehungen zwischen Muskelfarbstoff und Porphyrie) auch mit klinischem
Material belegt werden kann.

Auf unseren Fall von Myoporphyrie zurückkommend, können wir folgendes sagen: Die Tatsache, daß, je stärker ein Muskel von der Atrophie betroffen war, die Porphyrinbildung aus dem Myoglobin bei der aktivierten Fluorescenzreaktion um so schwächer war, führt uns zur Annahme, daß der normalerweise vorhandene Muskelfarbstoff in der Muskulatur unserer Patientin entweder stark verändert war oder überhaupt fehlte. Wir haben seither die Reaktion der aktivierten Fluorescenz (s. auch früher) bei verschiedenen Fällen von Muskelatrophien ausgeführt. Bis jetzt aber ist nur einmal bei einem Fall von hochgradiger, lang dauernder Muskelatrophie der Ausfall der Reaktion nicht zur Beobachtung gekommen. Sogar bei zwei sehr ausgesprochenen Fällen von Muskeldystrophie war die Reaktion sehr deutlich zu sehen, allerdings nur dort, wo die Muskelfasern noch erhalten waren. Bei der Myoporphyrie zeigt sich also ein abnormes Verhalten des Muskelfarbstoffes gegenüber der Muskelatrophie. Hier tritt mit dem Schwund der Muskelsubstanz auch der Muskelfarbstoff in großen Mengen bis zum vollständigen Verschwinden aus der Muskelzelle.

Das erythropoetische System zeigte in unserem Falle überhaupt keine degenerativen Zeichen und keine Veränderungen, die uns irgendwie Anhaltspunkte für eine Beziehung desselben zu dem alterierten Porphyrinstoffwechsel hätten geben können. Auch klinisch finden wir keinen Zusammenhang zwischen Porphyrie und Blutsystem. Die Patientin war nicht anämisch und ist auch nicht anämisch geworden. Die Milz war nicht vergrößert und zeigte auch keinen abnormen Porphyringehalt. Die Erythrocyten hatten normale Resistenz, Frühformen waren nicht zu sehen.

Der Zusammenhang zwischen Porphyrie und Muskelatrophie erscheint auch unter Berücksichtigung der schon erwähnten Fälle aus der Literatur immer mehr plausibel, er führt zur Berechtigung der Annahme, daß der Muskelfarbstoff ausnahmsweise unter pathologischen Bedingungen und vielleicht auf konstitutioneller Basis aus der Muskelzelle mobilisiert und als Fremdkörper durch die Niere ausgeschieden werden kann. Es ist daher anzunehmen, daß bei dem beschriebenen Fall von Myoporphyrie die beobachtete Polyneuritis und Myositis bei einer latenten Störung des Pigmentstoffwechsels eine schwere atypische celluläre Dysfunktion der Skeletmuskulatur erzeugt habe. Diese Dysfunktion geht mit einer Mobilisierung und einem Freiwerden des Muskelfarbstoffes aus den Skeletmuskelfasern einher. Der Organismus hat versucht, diese plötzlich in abnormen Mengen vorhandenen Stoffe auszuscheiden, indem das Myohämatin, wie FISCHER gezeigt hat, unter Eisenabspaltung in Koproporphyrin abgebaut wurde. Dasselbe wandelt sich schließlich zur Ausscheidung durch die Niere in Uroporphyrin um.

Im Anschluß an die Beschreibung der neuritischen Form der Porphyrie muß hier das häufige Erscheinen von *psychischen Störungen* im Verlaufe der neuritischen Porphyrie erwähnt werden. Es handelt sich meistens um leichte vorübergehende Erscheinungen, die wohl als konstantes Symptom bei jedem Porphyrieanfall zu beobachten sind. Vor allem fällt eine ausgesprochene Reizbarkeit, Neigung zu neuropathischen Reaktionen unmittelbar vor oder während des akuten Krankheitsschubes auf. Man ist daher sehr geneigt, die Porphyrinpatienten als Neuropathen zu bezeichnen. Während aber die früheren Autoren diese psychischen Veränderungen als Konstitutionsanomalie und als latente Disposition zur Porphyrie betrachteten (GÜNTHER spricht bei der Beschreibung des Porphyrismus von neuropathischer Anlage), gibt es heute einige Autoren, die die psychogenen Störungen der Porphyriker eher als Intoxikationsfolge betrachten [1].

Neben der sehr oft beobachteten Reizbarkeit, Aufregungszuständen und epileptiformen Anfällen findet man bei der Porphyrie auch schwere Geistesstörungen. Akute Delirien mit Halluzinationen, meist ängstlichen Charakters wurden z. B. von ASCOLI, GÜNTHER und THIEL beschrieben. Depression und Hypochondrie wurden von BOSTROEM und von CAMPBELL beobachtet. Häufig findet man eine typische Hysterie. Eine 50jährige Patientin bekam im Anschluß an eine große Erregung einen Porphyrieanfall. Allmählich entwickelte sich unter aufsteigender Paralyse eine KORSAKOW-Psychose (Fall DE JONG).

Nach der Ansicht EICHLERs handelt es sich dabei nicht um eine gewöhnliche psychopathische Reaktion, sondern diese Patienten sind organisch Kranke, „deren Verfassung" — so äußert sich der Autor — „von reizbarer Schwäche, als ein chronischer neurasthenischer Zustand zu bezeichnen ist". Er kommt zu dieser Auffassung, da er Gelegenheit hatte, einen Porphyriker mit akuten, degenerativen Hirnveränderungen mit Geistesstörungen zu beobachten. Diese Hirnläsionen zeigten große Ähnlichkeit mit denjenigen, die bei akuten toxischen Psychosen gefunden werden (Epithelverfettung der Capillaren).

Noch zu erwähnen ist die Schizophrenie, die neben den hysterischen Zügen bei einem unserer Fälle deutlich zum Vorschein kam und die mit dem Fortschreiten des Leidens immer mehr zutage trat. Die Behauptung EICHLERs, daß unter dem Bilde der Neurasthenie und Psychopathie sich eine Zahl von latenten Porphyrikern befinde, sowie die Feststellung von HÜHNERFELD, von KÖGL und von KLINKE einer günstigen Beeinflussung der Depression bei parenteraler Porphyrinverabreichung sind hier noch zu erwähnen.

Häufige Nebensymptome und allgemeine Begleiterscheinungen der Porphyrie.

Wie die psychischen Störungen oft als sekundäre Symptome das Bild der Porphyrie vervollständigen, so gibt es noch eine Reihe von Erscheinungen, die nicht obligat zum Bilde der Porphyrinkrankheit gehören, die aber wegen der Häufigkeit ihres Vorkommens noch erwähnenswert sind.

Unter Porphyrinintoxikation wurden in der Literatur bestimmte klinische Zeichen, die als toxische Folgen der Porphyrinvermehrung im menschlichen Körper zu verwerten sind, zusammengefaßt. Unter diesen sind die diffusen Hautpigmentationen, die Tachykardie, die Hypertonie und die Hyperglobulie zu verstehen, Erscheinungen, die wir zum Teil schon im IV. Kapitel erwähnt haben, die dem Krankheitsbild nicht strikte angehören, aber gelegentlich und in allen oben beschriebenen Formen der Porphyrie zu beobachten sind. Wir möchten sie deshalb hier zusammenfassen, da sie nicht einem einzigen Organsystem zuzuschreiben sind.

Die Hautpigmentation kann auch bei den nicht cutanen Formen der Porphyrie vorkommen. Sie unterscheidet sich von den Erscheinungen der cutanen Porphyrie dadurch, daß diese Pigmentierung keine Beziehung zur Photosensibilität hat und keinem Entzündungsprozeß entspricht (siehe Abb. 55).

---

[1] WALDENSTRÖM stellt mit Recht die Frage, ob bei der Pyrrolstoffwechselstörung Pyridin und Pyridinderivate entstehen könnten, die für die Entstehung der nervös-psychischen Porphyriesymptome verantwortlich gemacht werden könnten.

Die Tachykardie ist ein häufiges Nebensymptom der Porphyrie, sie kann in selteneren Fällen auch von einer Hypertonie (SCHREUS, CARRIÉ und VANNOTTI u. a.) begleitet werden. Hier ist man geneigt, eine spezifische Wirkung des Porphyrins auf das Gefäßsystem, sei es auf direktem Wege, sei es auf dem Wege der Vasomotorenregulation, anzunehmen. Wir begeben uns hier in das große Gebiet der konstitutionellen Neurosen (W. FREY) und der vegetativen Stigmatisierung (v. BERGMANN): man sieht nämlich, nach den obengenannten Autoren, bei diesen Individuen, ähnlich wie bei den Porphyriepatienten, das Zusammentreffen von Störungen des Magendarmtractus (mit Neigung zu Spasmen) und Hypertension.

Die genaue Betrachtung der Symptomatologie der Porphyrinkrankheit liefert auffallend häufig eine Reihe von Erscheinungen, die für das Mitspielen des Sympathicus bei der Porphyrinintoxikation sprechen. Die stark saure Reaktion des Urins und die Oligurie im Anfall können als Sympathicussymptome angesehen werden. Ferner stellt die Auslösung von hyperthyreotischen Symptomen durch die plötzliche Vermehrung von Porphyrin im Organismus ein genügendes Zeichen für eine abnorme Verschiebung des vegetativen Gleichgewichtes dar, wobei man den Eindruck gewinnt, daß die Porphyrine eine gewisse *sympathikotrope Wirkung* entfalten. Es muß aber in diesem Zusammenhang, wie W. FREY betont, nicht an eine gleichzeitige parasympathische Untererregbarkeit beim Sympathicusübergewicht, sondern auch an die Möglichkeit einer ausgleichenden Überfunktion des Vagus gedacht werden, so daß oft beim Porphyrinkranken eine starke Labilität in seiner Reaktionsweise festgestellt werden kann.

Die Auslösung dieser mannigfachen neurohormonalen Erscheinungen ist vorwiegend zentral. Das plötzliche Auftreten einer abnormen Porphyrinproduktion und der damit verbundenen klinischen Zeichen sowie ihr Vorkommen bei Fieber, Menstruation (BRUGSCH) und bei weiteren Störungen des Meso- und Diencephalons sprechen für die direkte Beteiligung bestimmten, dem vegetativen Nervensystem übergeordneten Zentren an dem abnormen Porphyrinprozeß.

Porphyrinurie und Basedow wurden an Hand eines Falles von Bleiintoxikation im VIII. Kapitel eingehend geschildert.

Die Tachykardie des Porphyrinkranken, die gelegentlich beobachtete Hyperthermie ohne nachweisbare Entzündungszeichen, die psychische Einstellung der Patienten, die motorische Unruhe, die Angst- und Aufregungszustände, sogar der Stoffwechsel (bei einem Fall von uns beobachtet war der Grundumsatz an der oberen Grenze der Norm, bei dem anderen war der Grundumsatz stark erhöht), die Körpergewichtsabnahme, die erniedrigte Assimilationsgrenze für Zucker, die Pigmentablagerungen der Haut, die hohen Werte von Hämoglobin und Erythrocyten, sind genügende Symptome, die dafür sprechen, daß das Porphyrin als Synergist der Schilddrüse wirkt. Neben dem erwähnten Fall von Bleibasedow seien hier noch folgende Beispiele zitiert:

BARKER und ESTES beschreiben einen Fall von Porphyrie bei einem 18jährigen Mädchen. Das Leiden bestand schon seit 1 Jahr, gekennzeichnet durch Verdunklung des Urins, zeitweisem Erbrechen und Schmerzen (Blutstatus: Erythrocyten 4,1 Mill., Hämoglobin 80%, Leukocyten 4600). Plötzlich Temperaturerhöhung, Tachykardie (140). Leukocytose, Zunahme des Halsumfanges mit Auftreten von GRAEFE- und DALRYMPLE-Phänomen, Leibschmerzen, Konvulsionen und weitere Schilddrüsenschwellung. Einen Monat später symmetrisch aufsteigende Lähmungen mit Muskelatrophie und Exitus. Bei der Autopsie fand man eine leichte Struma colloides.

Eine geringe Anschwellung der Schilddrüse während des Porphyrieanfalles wurde von GÜNTHER (40jährige Frau) und auch von SNAPPER beobachtet und beschrieben. MASON und FERNHAM berichten über einen Porphyrieanfall bei einer 53jährigen, strumatragenden Frau. Daneben bestand Erbrechen und Bauchkrämpfe mit Delirien, Tachykardie bis 120, Blutdruck 160/90 mm Hg. Temperatur 38⁰. Bei einer 31jährigen Japanerin (Fall von MATSUO, IWAO, HITENORI und TAKEKASU) wurde dazu noch Glykosurie beobachtet.

Ein nach unserer Ansicht in ätiologischer Hinsicht sehr wichtiger Befund bei der Porphyriekrankheit wird von MAASE hervorgehoben. Dieser Autor fand bei der Autopsie einer Porphyriepatientin neben einer Struma colloides noch eine Erweichung des rechten Ovariums und Veränderungen in der Prähypophyse und in den Epithelkörperchen.

Anatomisch sind in diesem Falle die wichtigsten endokrinen Organe, die mit dem Porphyrin in funktionellem Zusammenhang stehen, befallen.

Die Hypophyse in Verbindung mit den Meso- und Diencephalenzentren steht hier im Vordergrund unseres Interesses. Die häufigen klinischen Erscheinungen bei den Porphyrinstoffwechselstörungen sowie die Beteiligung der Schilddrüse und der Ovarien bei der Porphyriekrankheit sprechen wie schon erwähnt (V. und VII. Kapitel) für eine direkte und indirekte Beeinflussung des hypophysär-diencephalen Systems durch das Porphyrin. Histologisch läßt sich manchmal eine Vermehrung der eosinophilen Zellen im Hypophysenvorderlappen, seltener eine Schwellung und eine Degeneration des ganzen Lappens nachweisen.

Es ist daher nicht ein Zufall, wenn in der Anamnese der Porphyriepatientinnen das Zusammenfallen des Porphyrieanfalles mit den Menses häufig erscheint. Auf den Zusammenhang zwischen Menses und Porphyrie hat WEISS als erster aufmerksam gemacht. Bei seiner 27jährigen Patientin trat der zweite Anfall gleichzeitig mit den Menses auf, bei dem dritten Anfall waren die Menses verspätet und beim vierten zum Tode führenden Anfall lag eine Gravidität vor. Auch im zweiten Fall von WEISS (26jährige Patientin) traten die Porphyrieanfälle während den Menses auf. GUTSTEIN berichtet über unregelmäßige Menses mit Porphyrieanfällen. Das Auftreten von Porphyrie zusammen mit den Menses beschreiben ferner noch SACHS, BOSTROEM und KRATZENSTEIN.

Seither ist dieses Vorkommen häufig beobachtet worden, bei unseren Porphyriepatientinnen war es immer zu finden. In einem Falle war eine leichte Vergrößerung und starke Schmerzhaftigkeit der Adnexe vorhanden.

Ein Zusammentreffen der Porphyrie mit einer Störung der Epithelkörperchen, wie im Falle MAASES zu beobachten war, legt das Problem des Calciumstoffwechsels bei der Porphyrie nahe, das wir bei der Besprechung der biologischen Funktion des Porphyrins eingehend dargestellt haben.

Die Verfolgung des Kalkstoffwechsels bei der Porphyrie bietet kein einheitliches Bild. MÜLLER berichtet bei einem Fall von cutaner Porphyrie (lang dauernder kongenitaler Porphyrie) über Knochenentkalkung und über überschüssige Calciumausscheidung nach dessen Bilanzbestimmung. Hier ist an die leichte aber lang dauernde Porphyrieazidose sowie an die evtl. Störung der Calciumresorption von seiten des oft mitbeteiligten Darmes zu denken.

Anders verhält sich der Calciumstoffwechsel bei den akuten Porphyrieanfällen. Zuerst kann man mit der plötzlich auftretenden Porphyrieausscheidung eine Erhöhung der Calciumausscheidung mit folgendem Absinken des Calciumspiegels im Blute, dann aber eher eine Verminderung der Calciumausfuhr mit Erhöhung des Serumspiegels sehr wahrscheinlich unter Ablagerung des Porphyrins-Calciumkomplexes im Knochensystem und Zunahme der Calciumresorption aus dem Darm beobachten. Das Calcium spielt schließlich, wie wir sehen werden, bei der Porphyrie eine wichtige therapeutische Rolle.

Die Bestimmung des Calciumspiegels im Blutserum in einem Falle von akut verlaufender Porphyrie (abdominelle Form) bei einer 36jährigen Patientin ergab folgende Werte:

	Calcium in Serum	Porphyrinausscheidung
5. Krankheitstag	8,12 mg-%	38,73 mg-%
9. Krankheitstag	9,47 ,,	18,54 ,,
16. Krankheitstag	10,86 ,,	5,91 ,,
3 Monate später	9,04 ,,	0,87 ,,

Bei der Ionenverschiebung im Organismus ist noch das Verhalten des Eisens bei der Porphyrie ins Auge zu fassen. Es ist bekannt, daß häufig eine starke Eisenablagerung in den Organen der Porphyriekranken, und zwar sowohl bei der cutanen (BORST und KÖNIGSDÖRFER) wie bei der abdominellen und neuritischen Form der Porphyrie (VANNOTTI) zu beobachten ist. BORST und KÖNIGSDÖRFER berichten über eine ausgesprochene Eisenvermehrung in der Leber und Milz, ferner in den Nieren, Knochenmark, belichteter Haut usw., dagegen war die Eisenreaktion bei der unbelichteten Haut, im Knochen, Magendarm und Nervensystem negativ. Es scheint hier, wie MÜLLER hervorhebt, daß diejenigen Organe, die klinisch die schwersten Porphyrieerscheinungen zeigen (Nerven, Darm, Haut) eisenfrei sind. Dieser Autor konnte bei einem Porphyriepatienten (cutane Form) eine deutliche Erniedrigung des Bluteisenspiegels bei einem Fehlen von Eisenausscheidung im Urin und Spuren Eisen im Stuhl feststellen. Er nimmt an, daß der Eisenhaushalt bei dieser Krankheit gestört sei, wobei eine auffallend abnorme Eisenverteilung in den Organen vorliegt. Ist hier vielleicht an die Porphyrinbildung als Folge einer Eisenstoffwechselstörung oder an eine Zurückhaltung des Eisens im Organismus beim Abbau der Pigmente (BORST und KÖNIGSDÖRFER) zu denken?

Die gleichzeitige Ablagerung von Eisen und Porphyrin in die Peripherie der Leberläppchen und im Reticulumendothel der Leber (VANNOTTI) scheint für eine einheitliche Zusammenarbeit zwischen Eisendepots und Porphyrinbildung zu sprechen. In diesem Zusammenhang ist noch die Feststellung einer konstanten mäßigen Erhöhung der Werte des leicht abspaltbaren Eisens im Blut und im Serum in vier Fällen von Porphyrie zu erwähnen (wiederholte Bestimmungen bei dem gleichen Patienten). Die Ablagerung des Eisens in den Geweben könnte für eine Störung der Eisenausscheidung sowie für eine Schädigung bestimmter Organzellen sprechen (Leberparenchym im Sinne EPPINGER). Hier kommt hauptsächlich das Versagen des Reticuloendothels bei der Porphyrie in Frage. (Dieser Punkt wird im allgemeinen zu wenig berücksichtigt.) Das Fehlen einer Porphyrinvermehrung bei der Bleiintoxikation nach der Blockierung dieses

Systems, die Störung des Eisenumsatzes, der Porphyrinnachweis in den Reticulumzellen, sowie die weitgehende Schädigung des Gesamtpigmentumsatzes läßt naheliegend erscheinen, daß das Reticuloendothel, und zwar hauptsächlich dasjenige der Leber und des Knochenmarkes, an der Porphyrinkrankheit beteiligt ist.

Eisenumsatzstörung und Schädigung der Hämoglobinbildung bzw. Erythropoese gehen oft Hand in Hand. Auch bei der Porphyrie kann man tatsächlich Veränderungen des Blutbildes beobachten. Besonders bei der cutanen Form sieht man nicht selten eine sekundäre Anämie, die terminal sehr schwer sein kann (MOBITZ). Oft aber und besonders bei der abdominellen und neuritischen Form der Porphyrie sind die Hämoglobinwerte und die Zahl der Erythrocyten normal oder sogar deutlich erhöht. Zeichen von einer abnormen Knochenmarksregeneration sind dabei nicht vorhanden. Die Resistenz der Erythrocyten ist manchmal vermindert, eine Thrombocytopenie nur im Tierversuche beobachtet worden. Folgende Tabelle gibt zur Orientierung den Blutstatus bei verschiedenen Porphyrinpatienten aus der Literatur und aus unserer Beobachtung wieder.

Autor	Erythrocyten	Hb. %	Leukocyten	Bas.	Eosin.	Neutro.	Lymphoc.	Monc.	Bemerkungen
BARKER, ESTES	4,180	80	6400						hämolyt. Ikterus
BEJUL u. GELMAN	3,6—4,4	60							
CAMPBELL	7,000								
GÜNTHER 1. Fall	6,820	90	8700	0,5	0,5	80	17	2	
2. Fall	5,480	92	5400		6,5	46	42	5,5	
HOLLAND u. SCHURMEYER	5,000	102	9400	1	1	72	23	3	
KRATZENSTEIN	4,380	105	9800	1	1	82	14	2	
LÖFFLER	3,100	63	9400						
KÄMMERER u. KONSTANTIN	4,000	78	5100		2	62	36		
MICHELI u. DOMINICI . .	4,760	74	7600	0,5	4	34	45	16,5	
URBACH u. BLOCH	5,100	94	5100		4	60	30	6	
SACHS	6,409	80	8500			46	54		
Unsere Fälle									
20jährige Patientin . . .	5,4	100	9200	1	3	63	23	10	
31 ,, ,, . . .	5,3	106	12800		1	66	22	11	†
36 ,, ,, . . .	4,9	90	7800	1	1	50	40	8	
47 ,, ,, . . .	4,68	94	9800		1	72	22	5	†
39jähriger Patient	5,65	110	6800	1	4	60	25	10	
45 ,, ,, ...	5,0	100	6000		1	54	32	13	
46 ,, ,, ...	4,3	82	9900	1		71	25	3	†
60 ,, ,, ...	5,0	90	6400	1		61	31	7	†
25jährige Patientin, Fall HADORN[1]	4,3	100	11000	1	1	59	27	11	
6jährige Patientin (Hautporphyrie)	4,8	110	5100	2	4	57	20	17	

Diese Befunde haben gewisse Autoren dazu geführt, die ätiologische Rolle des Knochenmarkes und des Hämoglobinstoffwechsels bei der Porphyrinbildung im Organismus, jedoch zu Unrecht, anzuzweifeln. Bei den Porphyrien scheint in der Tat die normale Hämatopoese nicht wesentlich gestört zu sein. Hier liegen zwei voneinander verschiedene Prozesse (Hämoglobinsynthese und Pophyrinbildung) vor, die sich gegenseitig nur auf indirektem Wege beeinflussen. Daher

---

[1] Siehe Kapitel IX.

ist die sekundäre Anämie bei den schweren lang dauernden Porphyrien mehr ein Begleitsymptom allgemeiner Art als ein ätiologischer Faktor. Die häufige Polyglobulie und die Vermehrung des Hämoglobins beruhen wahrscheinlich auf einer Erhöhung der für die Erythropoese so wichtigen Fraktion des leicht abspaltbaren Eisens und auf der von seiten des Porphyrins ausgeübten Stimulation der Erythropoese (BRUGSCH, FERRARI, HÜHNERFELD). Ein wesentlich anderes Verhalten zeigen die Porphyrine gegenüber der Erythro- und Hämatopoese bei den Blutkrankheiten, darüber aber wurde bei der Besprechung der Porphyrinurie ausführlich berichtet.

Zusammenfassung.

Die Porphyrie stellt eine primäre Störung des allgemeinen Pigmentstoffwechsels und speziell des Porphyrinumsatzes dar und verdankt ihre klinisch charakteristischen Erscheinungen der primären abnormen Produktion von Porphyrin im Organismus. Sie ist somit scharf von der *Porphyrinurie* zu trennen.

Verschiedene Einteilungen wurden für diese Krankheit je nach dem Verlauf, den Symptomen und der Ätiologie vorgeschlagen. Am zweckmäßigsten ist heute noch die Einteilung der Porphyrie nach ihrer Symptomatologie.

Abdominelle, nervöse (neuritische) und cutane Form der Porphyrie. In ätiologischer Hinsicht kann man eine Hämoporphyrie (SCHREUS) von einer Myoporphyrie (VANNOTTI) unterscheiden.

Bei der Porphyrie läßt sich eine konstitutionelle, oft sogar familiäre Disposition nachweisen, die sich in bestimmten charakteristischen Zeichen äußert (neuropathische Züge, Neigung zu abnormer Hautpigmentierung), welche von GÜNTHER unter der Bezeichnung von *Porphyrismus* zusammengefaßt werden.

Man muß annehmen, daß bei der Porphyrie eine oft latente konstitutionelle Störung des Pigmentstoffwechsels vorliegt, die sich unter bestimmten Bedingungen oder im Verlaufe einer interkurrenten Erkrankung plötzlich manifestiert. Zu dieser Anomalie des Pigmentumsatzes gehört auch der von BORST und KÖNIGSDÖRFER als Rückschlag der Pigmentbildung in embryonale Zustände bezeichnete Symptomenkomplex.

Die Porphyrie kann als angeborenes Leiden schon intrauterin manifest werden. Dies beweist ein Fall eines neugeborenen Mädchens, das einige Stunden nach der Geburt starb, und dessen Sektion eine ausgesprochene Ablagerung von Porphyrin in allen Organen zeigte.

Das Auftreten einer bestimmten Form der Porphyrie beruht zum Teil auf einer Disposition gewisser Organsysteme und zum Teil wahrscheinlich auf der Art des gebildeten Porphyrins. Es scheint, daß bei der cutanen Form der Porphyrie ein Porphyrin I, bei den andern Porphyrieformen dagegen ein Porphyrin III ausgeschieden wird (WALDENSTRÖM).

Bei der *cutanen Porphyrie* stehen die durch Lichteinwirkung hervorgerufenen Hautveränderungen im Vordergrund; diese äußern sich in Blasenbildung an den unbedeckten Hautteilen, ähnlich der Hydroa aestivalis, die dann mit Hautnarben und abnormer Pigmentierung abheilen, und sogar zu tiefgreifenden Gewebszerstörungen mit schweren Veränderungen am Knorpel (Nase, Ohr) und an den Knochen (Finger) führen. Die Porphyrinvermehrung im Urin und Stuhl ist eine konstante, oft monate- und jahrelang bestehende Erscheinung. Die große Bildung von Porphyrin führt zu einer gewaltigen Ablagerung desselben in den verschiedenen Organen meist in Form von Krystallen und amorphen Körnern. Der Verlauf dieser Form zeigt ausgesprochen chronischen Charakter mit vorübergehenden Remissionen und einer typischen Progredienz.

Die *abdominelle Porphyrie* äußert sich dagegen hauptsächlich anfallsweise mit plötzlichen krampf- oder kolikartigen Leibschmerzen mit Ausstrahlung in die Nieren, Symphyse oder in die Schultergegend. Starke Stuhlverhaltung und Meteorismus; röntgenologisch läßt sich in den meisten Fällen eine deutliche Atonie des Magens und des oberen Dünndarmes, eine krampfartige Kontraktion des unteren Dünndarmes und eine Dickdarmerweiterung feststellen. Die Anfälle können nach einigen Tagen mit dem Zurückgehen der begleitenden Porphyrieausscheidung abklingen und sich in regelloser Weise wiederholen. Weibliche Personen scheinen häufiger befallen zu sein, dabei tritt der Anfall sehr oft mit den Menses zusammen auf. Bei anderen Patienten ist es eine interkurrente Krankheit, die den Porphyrieanfall auslöst, dabei handelt es sich also um eine *sekundär* bedingte Äußerung der latenten Pigmentanomalie.

Häufig läßt sich klinisch und autoptisch eine Schädigung oder eine Funktionsstörung der Leber nachweisen. In einem Falle konnte nur in der Leber das Porphyrin gefunden werden, und zwar hauptsächlich an der Peripherie der Leberläppchen zusammen mit einer starken Eisenansammlung. Die Leber und ihr reticuloendotheliales System spielen also bei der Entstehung eines Teiles der Porphyrinkrankheiten eine wichtige Rolle. Nicht selten beobachtet man eine Kombination der abdominellen Porphyrie mit der *nervösen oder neuritischen Porphyrie*. Es handelt sich hier um das Bild einer Polyneuritis von atypischem Verlauf, mit vorwiegend motorischen Ausfallserscheinungen und schweren neuralgiformen Schmerzen. Selten kommt es zu Remissionen, meistens entwickelt sich eine symmetrische Neuritis an den unteren Extremitäten, nach oben ascendierend, die unter dem Bilde der LANDRYschen Paralyse den Patienten ad exitum bringt.

Unter diesem Bilde verlief eine *Myoporphyrie*, bei der infolge Auftretens einer Myositis und Neuritis eine abnorme Mobilisierung von Muskelfarbstoff zustande kam, die zu einer starken Anhäufung von Porphyrin (Porphyrin III) führte. Auch in diesem Fall muß eine primäre Störung des allgemeinen Pigmentstoffwechsels vorausgesetzt werden. Vereinzelte in der Literatur erwähnte Fälle sowie histologische Untersuchungen bei der Myoporphyrie bekräftigen die Annahme einer abnormen Mobilisierung des Muskelfarbstoffes aus der Muskelzelle.

Bei allen drei Formen der Porphyrie treten sehr häufig als Begleiterscheinungen psychische Störungen unter dem Bilde von starker Reizbarkeit, neuropathischen Reaktionen, Aufregungszuständen, Hysterie und sogar akuten Delirien und Halluzinationen auf.

Wichtiger für die Gesamtbeurteilung der Porphyrinwirkung sind die Nebensymptome der Porphyrie wie Hautpigmentierungen, (auch ohne photosensible Hauterscheinungen), Tachykardie, Hypertonie, Hyperthermie, Oligurie, saure Urinreaktion, die für ein Überwiegen der Sympathicusaktion sprechen. Diese sympathikotrope Wirkung der Porphyrine ist besonders wichtig und steht mit dem beobachteten Hyperthyreoidismus bei der Porphyrinüberproduktion in engem Zusammenhang (s. Bleibasedow und Porphyrinurie).

Neben der Beteiligung des sympathischen Nervensystems an der Porphyrinstörung ist also auch diejenige des endokrinen Systems zu erwähnen. Auch von klinischer Seite wird die Vermutung einer aktiven Porphyrinbeteiligung bei der regulatorischen Funktion des hypophysären diencephalen Komplexes und der damit verbundenen Aktion der Schilddrüse, Nebenniere und des Ovariums mit genügend Beobachtungen bekräftigt.

Daneben läßt sich bei der Porphyrie eine Störung der Calciumregulation und der Eisenbilanz im Organismus nachweisen, wobei die starke Eisenablagerung in den Organen und die Erhöhung des leicht abspaltbaren Eisens für eine krankhafte Funktion des Reticuloendothels und oft für eine damit verbundene Insuffizienz der Eisenverwertung im gesamten Pigmentumsatz sprechen.

Literatur zu Kapitel VIII.

ALTHAUSEN, L. T.: Zur Frage der Leberschädigung bei der akuten Porphyrie. Klin. Wschr. **1931 II**, 1016.

ANDERSON, McCALL: Hydroa aestivale in two brothers. Brit. med. J. **1898**, 1. Zit. nach GÜNTHER.

ASCOLI, V.: Zit. nach GÜNTHER. Policlinico **1908**, H. 3, 84.

BACKER-GRÖNDAHL, N.: Porphyrie ohne Porphyrin. Acta chir. scand. (Stockh.) **76**, 227 (1935).

BARKER, J. and ESTES: Family hematoporphyrinum. J. amer. med. Assoc. **1912**, 718.

BECKER, S.: Ein Fall von akuter genuiner Hämatoporphyrie, akromegaloider Symptome und eigentümlicher chronischer deformierender Gelenkerkrankung. Med. Klin. **1931 I**, 54.

BEILIN, A.: Russk. Klin. **10**, 161 (1928).

BEJUL, A. u. J. GELMAN: Ein Fall akuter essentieller Hämatoporphyrie. Münch. med. Wschr. **1929 I**, 745.

BERGMANN, G. v.: Die vegetativ Stigmatisierten. Z. klin. Med. **108**, 90 (1928).

— Funktionelle Pathologie. Berlin: Julius Springer 1937.

BRUGSCH, J. TH.: Die sekundären Störungen des Porphyrinstoffwechsels. Erg. inn. Med. **51**, 86 (1936).

CAMPBELL, K.: A case of Hämatoporphyria. J. ment. Sci. **44**, 305 (1898).

CARRIÉ, C.: Die Porphyrine. Leipzig: Georg Thieme 1936.

CERUTTI, P.: Sindrome porfirica con manifestazioni cutanee. Atti Soc. med.-chir. Padova **11**, 882 (1934).

DERRIEN, E. et Ch. BENOIT: Beobachtungen über den Befund im Harn und einigen Organen bei einer Frau, die an plötzlicher Porphyrie gestorben ist. Arch. Soc. Sci. méd. et biol. Monpellier 8, 456 (1929).

— et P. CRISTOL: Zincoporphyrinurie. C. r. Soc. Biol. Paris **103**, 126 (1930).

DUESBERG, R.: Über den Nachweis des Leberstoffes. Verh. dtsch. Ges. inn. Med. **1931**, 87.

— Toxische Porphyrie. Münch. med. Wschr. **1932 II**, 1821.

EHRMANN, S.: Versuche über Lichtwirkung bei Hydroa aestivale. Arch. f. Dermat. **77**, 163 (1905).

EICHLER, P.: Zur Kenntnis der akuten genuinen Hamatoporphyrie. Psychotische Störungen und anatomische Befunde. Z. Neur. **141**, 363 (1932).

EINZIG: Z. urol. Chir. **22** (1927).

EMMINGER, E. u. G. BATTISTINI: Fluoreszenzmikroskopische Untersuchungen an bleivergifteten Kaninchen mit und ohne Calciumzufuhr. Virchows Arch. **290**, 492 (1933).

FISCHER, H.: Über Porphyrinurie und natürliche Porphyrine. Münch. med. Wschr. **1923 II**, 1143.

— u. R. DUESBERG: Über Porphyrine bei klinischer und experimenteller Porphyrie. Arch. f. exper. Path. **166**, 95 (1932).

— u. H. LIBOWITZSKY: Auftreten von Uro- bzw. Koproporphyrin I bei akuter Porphyrie. Hoppe-Seylers Z. **241**, 220 (1936).

FREY, W.: Die Herz- und Gefäßkrankheiten. Berlin: Julius Springer 1937.

GAGEY, C. L.: Cas d'hémoglobinurie au cours d'un Xeroderma pigment. Thèse de Paris **1896**.

GELMANN, I.: Zur Frage der klinischen Bedeutung der Kopro- und Uroporphyrien. Münch. med. Wschr. **1929 I**, 532.

— Zur Klinik und Genese der Bleikrisen. Dtsch. Arch. klin. Med. **163**, 1 (1929).

GOTTRON, H. u. F. ELLINGER: Beitrag zur Klinik der Porphyrie. Arch. f. Dermat. **164**, 11 (1931).

GRUND, G.: Über Hämatoporphyrinurie mit Polyneuritis. Zbl. inn. Med. **1919**, 810.

GÜNTHER, H.: Die Hämatoporphyrie. Dtsch. Arch. klin. Med. **105**, 88 (1912).
— Über die akute Hämatoporphyrie. Dtsch. Arch. klin. Med. **134**, 257 (1920).
— Über den Muskelfarbstoff. Virchows Arch. **230**, 146 (1921).
— Die Bedeutung der Hämatoporphyrine in Physiologie und Pathologie. Erg. Path. **20 I**, 608 (1922).
— Hämoglobinurie bei akuten Infektionskrankheiten unter besonderer Berücksichtigung eines neuen Falles von Hämoglobinurie bei Scharlach. Dtsch med. Z. **1923**, 219.
— Kasuistische Mitteilung über Myositis myoglobinurica. Virchows Arch. **251**, 141 (1924).
— Hämatoporphyrie. SCHITTENHELMs Handbuch der Krankheiten des Blutes und blutbildenden Organe, Bd. 2, S. 622. Berlin: Julius Springer 1925.
GUTSTEIN, M.: Über einen Fall von Nephroroseinurie. Z. klin. Med. **84**, 324 (1917).
HARBITZ, F.: Hematoporphyrinuria as an indipendent disease and as symptom of lever disease and intoxication. Arch. int. Med. **33**, 632 (1924).
HIRSCHHORN, S. u. ROBITSCHEK: Über Hämatoporphyrinausscheidung im Harn bei chronischer Bleivergiftung. Z. klin. Med. **106**, 664 (1927).
HOLLAND, G. u. A. SCHÜRMEYER: Beitrag zur Klinik der Porphyrine und Hinweis auf eine einfache Nachweismethode der Porphyrine. Klin. Wschr. **1932 II**, 1221.
JOHNSSON, V.: Über Porphyrinurie. Hygiea (Stockh.) **94**, 997 (1932).
JONG, C. DE: Über Porphyrine. Nederl. Tijdschr. Geneesk. **1934**, 1098.
KÄMMERER, H.: Über die klinische Bedeutung der Porphyrine. Klin. Wschr. **1930 II**, 1658.
— Biologie und Klinik der Porphyrine. Verh. dtsch. Ges. inn. Med. **1933**, 28.
— u. W. K. MEYER: Über abdominale idiopathische Porphyrie. Dtsch. Arch. klin. Med. **179**, 392 (1936).
KALKDEWEY, W.: LANDRYsche Paralyse, Porphyrie, Sulfonal. Z. Neur. **145**, 165 (1933).
KLEE: Demonstr. Ver.igg Münch. Fachärzte inn. Med. Münch. med. Wschr. **1923 II**, 1376.
KNUTZEN u. BECKER: Dtsch. Z. Chir. **206**, 332 (1927).
KRATZENSTEIN, E.: Über einen Fall von akuter Porphyrie. Klin. Wschr. **1934 II**, 1651.
LANGESKIÖLD, F.: Akute Hämatoporphyrinurie mit ileusartigen Symptomen. Finska Läk.sällsk. Hdl. **70**, 241 (1928).
LARJANKO, J. H.: Ein Fall von Pemphigus leprosus, kompliziert durch Lepra visceralis. Diss. med. Greifswald 1874.
— Klinisch pathologische Untersuchungen über die Porphyria idiopathica abdominalis. Acta Soc. Medic. fenn. Duodecim **21**, 1 (1935).
LIAM, K. O.: Acute porphyrinurie. Geneesk. Tijdschr. Nederl.-Indie **1936**, 1816.
LIEBIG, H.: Über experimentelle Bleihämatoporphyrinurie. Arch. f. exper. Path. **125**, 16 (1927).
LINSER, P.: Über den Zusammenhang zwischen Hydroa aestivale und Hämatoporphyrinurie. Arch. f. Dermat. **79**, 251 (1906).
LÖFFLER, W.: Über Porphyrinurie bei akuter aufsteigender Paralyse. Schweiz. Korresp.bl. **1919**, 1871.
LÜTHY: Porphyrie und Polyneuritis. Schweiz. med. Wschr. **1933**, 1149.
MAASE, C.: Über das Auftreten von Skatolfarbstoffen im Harne bei akuter Hämatoporphyrie. Z. klin. Med. **99**, 270 (1924).
MAINERI: Giorn. ital. Mal. vener. e pelle **1923**. Zit. nach GOTTRON u. ELLINGER.
MARCOZZI: Epidermolysis bullosa distrofica con ematoporfirinuria e alterazione endocrino-simpatica. Arch. ital. Dermat. **4** (1928).
MASON, V. R., C. COURVILLE u. E. ZISKIND: The porphyrins in human disease. Med. Z. **12**, 355 (1933).
— and R. N. FERNHAM: Acute Porphyrinuria. Arch. int. Med. **47**, 467 (1931).
MASSA, M.: Forme cliniche di porfiria. Ateneo parm. **2**, 7 (1935).
MATSUO, IWAO, IDENORI u. TAKEKAZU: Clinical and experimental researches on the porphyrin bodies. Jap. J. Gastroenterol. **4**, 185 (1932).
MAUGERI, S.: Profirinuria famigliare e porfiria idiopatica. Riforma med. **1936**, 919.
MELKERSON, E.: Un cas de porphyrie aigue spontanée avec symptomes nerveux. Acta med. scand. (Stockh.) **63**, 153 (1926).
— Sur la pathogénie de la porphyrie aigue spontanée. Acta med. scand. (Stockh.) **66**, 227 (1927).
MERTENS, E.: Über das Uroporphyrin bei akuter Hämatoporphyrie. Hoppe-Seylers Z. **238**, I (1936).
MEYER-BETZ, F.: Beobachtungen an einem eigenartigen mit Muskellähmungen verbundenen Fall von Hämoglobinurie. Dtsch. Arch. klin. Med. **101**, 85 (1927).

MICHELI, F. e G. DOMINICI: Porfiria famigliarie con sintomi polineuritici. Minerva med. **1930**, 469, 505.
— — Über zwei Fälle von familiärer Porphyrie mit letalem Ausgang. Dtsch. Arch. klin. Med. **171**, 154 (1931).
MOBITZ: Kongenitale Porphyrinurie (Demonstration). Münch. med. Wschr. **1923 II**, 1376.
— Akute Porphyrinurie (Demonstration). Münch. med. Wschr. **1923 II**, 1376.
MOEN, E.: Ein Fall von Hämatoporphyrie. Norsk Mag. Laegevidensk. **95**, 813 (1934).
NIELSON, HOLGER, E.: Ein Fall von Hämatoporphyria acuta idiopathica. Hosp.tid. (dän.) **1934**, 1133.
OPSAHL, R.: Hämatoporphyrie. Norsk Mag. Laegevidensk. **95**, 813 (1934).
PAL, J.: Praoxysmale Hämatoporphyrinurie. Zbl. inn. Med. **24**, 601 (1903).
PARSON, A. R.: Zit. nach GÜNTHER. Lancet **1909 II**, 1112.
PAUL, F.: Über einen Fall von paroxysmaler Hämoglobinurie. Wien. Arch. klin. Med. **7**, 532 (1924).
PELLEGRINI, M.: Fattore emolitico ed epatico nella genesi della porfirinuria. Fisiol. e Med. **5**, 795 (1934).
PETRELIUS, K.: Über Porphyrinurie. Duodecim (Helsingfors) **49**, 982 (1933).
RANKING and PARDINGTON: Two cases of hematoporphyrinuria. Lancet **1890 I**, 607.
RONCORONI, C.: Porfirinuria da alimentazione unilaterale. Pathologica (Genova) **27**, 737 (1935).
ROTHMANN, P.: Hematoporphyrinuria. Raport of two cases. Amer. J. Dis. Childr. **32**, 219 (1936).
SACHS, P.: Ein Fall von akuter Porphyrie mit hochgradiger Muskelatrophie. Klin. Wschr. **1931 II**, 1123.
SCHITTENHELM, A.: Über zentrogene Formen des Morbus Basedowi und verwandter Krankheitsbilder. Klin. Wschr. **1935 I**, 401.
SCHREUS, H. TH.: Ergebnisse und Probleme der Porphyrinforschung. Klin. Wschr. **1934 I**, 121, 334.
— u. C. CARRIÉ: Zur Physiologie und Pathophysiologie der Porphyrinausscheidung. Klin. Wschr. **1933 II**, 745.
— — Über den Zusammenhang der Symptome der Bleivergiftung mit Porphyrinausscheidung auf Grund von Untersuchungen bei Bleikranken. Z. klin. Med. **123**, 330 (1933).
SCHULTZ, J. H.: Ein Fall von Pemphigus leprosus, kompliziert durch Lepra visceralis. Diss. med. Greifswald 1874. Zit. nach GÜNTHER.
SNAPPER, J.: Über Bauchkoliken mit Porphyrinurie. Klin. Wschr. **1922 I**, 657.
SOMMERLAND: Über akute Porphyrie. Klin. Wschr. **1932 II**, 1324.
STOCKVIS: Die Pathogenese der Hämatoporphyrinurie. Z. klin. Med. **28**, 1 (1895).
VANNOTTI, A.: Zwei seltene Fälle von Porphyrie. Z. exper. Med. **97**, 337 (1935).
— Klinik u. Pathogenese der Porphyrien. Erg. inn. Med. **49**, 337 (1935).
— Basedow als Gewerbekrankheit. Dtsch. Arch. klin. Med. **178**, 610 (1936).
VEIL, W. H. u. H. WEISS: Beiträge zur Kenntnis der akuten Porphyrinurie. Verh. dtsch. Ges. inn. Med. **1923**.
VIGLIANI, E.: Über Bleibasedow. Arch. Gewerbepath. **5**, 185 (1934).
— Ricerche sulla porfirinuria nel saturnismo. Rass. med. appl. lavoro ind. **5**, No 4 (1934).
VOLLMER: Hereditäre Syphilis und Hämatoporphyrinurie. Arch. f. Dermat. **65**, 221 (1903).
VOSS, H.: Über die Beziehungen zwischen Schilddrüse und Zentralnervensystem. Klin. Wschr. **1935 I**, 881.
WALDENSTRÖM, J.: Some observations on acute porphyria and other conditions with a change in the excretion of porphyrins. Acta med. scand. (Stockh.) **83**, 281 (1934).
— Die akute Porphyrie, ein oft verkanntes Krankheitsbild. Sv. Läkartidn. **1935**, 1281.
— Untersuchungen über Harnfarbstoffe, hauptsächlich Porphyrine mittelst der chromatographischen Analyse. Dtsch. Arch. klin. Med. **178**, 38 (1935).
— Bemerkungen zu der Arbeit von E. MERTENS: Über das Uroporphyrin usw. Hoppe-Seylers Z. **239**, III (1936).
— Studien über Porphyrie. Acta med. scand. (Stockh.) Suppl. **1937**.
WEISS, H.: Zur Kenntnis der Porphyrinkrankheit. Dtsch. Arch. klin. Med. **149**, 255 (1925).
— Diagnose und Prognose aus dem Harne. Leipzig: Weidmann 1936.
ZOO DE JONG, H.: Beiträge zur Kenntnis der Hämatoporphyrinurie. Nederl. Tijdschr. Geneesk. **72**, 165 (1928).

Neuntes Kapitel.

Die Therapie der Porphyrinkrankheiten.

Nicht nur die systematische Darstellung von zum Teil schon bekannten und zum Teil neu gewonnenen Tatsachen im gesamten Porphyrinproblem soll das Ziel dieser Monographie sein, sondern vielmehr die Hervorhebung und die Erforschung bestimmter Vorgänge die für die Behandlung und für die Bekämpfung der schweren klinischen Erscheinungen der Porphyrinstoffwechselerkrankungen von Bedeutung sind.

Es kann heute gesagt werden, daß dank der reichlichen experimentellen und klinischen Beobachtung der letzten Jahre das Problem der aktiven spezifischen Therapie der Porphyrie ihre ersten positiven Schritte gemacht hat.

Es scheint hier zweckmäßig die Behandlung der abnormen Porphyrinurie von derjenigen der Porphyrie zu trennen.

Die Behandlung der pathologischen Porphyrinurie von bekannter Ätiologie gestaltet sich verhältnismäßig einfach. Oft genügt es, die Grundkrankheit erfolgreich zu behandeln um ein rasches Absinken der abnormen Porphyrinausscheidung zu bewirken. Dies ist besonders der Fall bei der Fieberporphyrinurie, bei den Porphyrinurien bei Magendarmblutungen und bei den Blutkrankheiten. Im VII. Kapitel wurden mehrere Beispiele einer solchen prompten Abnahme der Porphyrinausscheidung im Verlaufe einer entsprechenden Anämiebehandlung angeführt.

Das gleiche kann für die Porphyrinvermehrung bei den Leberkrankheiten gesagt werden. Hier hat sich nach unseren Erfahrungen sowohl eine intensive Insulin-Traubenzuckerkur wie eine Leberextraktbehandlung bewährt.

Bei der akuten Leberstauung sieht man oft gleich nach der Behebung der schweren Dekompensationserscheinungen durch die kardiale Behandlung ein überraschend schnelles Absinken der Porphyrinausscheidung.

Besondere Aufmerksamkeit muß der Behandlung der Porphyrinvermehrung bei den Intoxikationen geschenkt werden. Hier kann die Bildung des Pigmentes so große Mengen erreichen, daß es klinisch zum Syndrom des Porphyrieanfalles kommen kann. An erster Stelle soll hier auf die Therapie der Bleiintoxikation eingegangen werden.

Bei der Diskussion des Bleibasedows (s. Kap. VII) wurde auf die wichtige Rolle der Leberextrakttherapie sowohl für die Porphyrinurie wie für die Hyperthyreose hingewiesen. Das Aussetzen dieser Therapie führte zu einer raschen Verschlimmerung, die Wiederaufnahme derselben zu einer prompten Besserung der Symptome. Die Wirkung der Campolontherapie war hier besonders auffallend und läßt sich durch eine Stimulation der krankhaft veränderten Knochenmarkstätigkeit vermittelst Zusatz des antianämischen Prinzips erklären, während andererseits das geschädigte Leberparenchym durch die Leberextrakte in seiner Funktion günstig beeinflußt wird.

Unter chronischer Leberextraktverabreichung kommt es meistens zu einem langsamen Zurückgehen der Porphyrinausscheidung, wobei die Wirkung der Leberpräparate mit einer Calciumtherapie in günstigem Sinne noch unterstützt werden kann. Besonders MASSA, EMMINGER und BATTISTINI haben sich für die Calciumtherapie bei der Bleiporphyrinurie eingesetzt. MASSA stützt sich dabei, sich die große klinische Ähnlichkeit von Bleikoliken mit dem abdominellen Porphyrieanfall vor Augen haltend, auf die günstige Wirkung des Calciums bei der Bleikolik. Auch experimentell hat dieser Autor durch Calciumchlorid eine prompte Beseitigung der Porphyrinurie bei der Bleiintoxikation des Kaninchens gesehen. Er denkt an die Bindung der Calciumsalze an Porphyrin. Die Calciumzufuhr begünstigt die Ablagerung des Calciumporphyrinkomplexes im Knochensystem. Es liegt daher die Anwendung der Calciumtherapie bei akuten und subakuten Bleiporphyrinerscheinungen, die zu schweren Störungen Anlaß geben, nahe. Bei chronischen Zuständen ist eine Mobilisierung dieses abgelagerten Pigmentes vorzunehmen, damit durch eine prompte Ausscheidung die Porphyrindepots entlastet werden. Diese Mobilisierung kann in kürzester Zeit entweder unter Verabreichung einer azidotischen Diät oder einer Magnesiumzufuhr nach dem Vorschlag MAUGERIs und CAPELLIs, wie im V. Kapitel dargetan, geschehen. Wenn die Porphyrinbefreiung aus dem Skeletsystem zu rasch geschieht, kommt es unter Umständen zu einem Wiederauftreten von Symptomen, die einer Porphyrinintoxikation entsprechen.

Bei den schweren Porphyrinurien ist schließlich auch eine Behandlung mit dem Vitaminkomplex B_2 und speziell mit dem Lactoflavin angezeigt, die uns in einigen Fällen (Kap. VII) gute Dienste geleistet hat. Darüber wird in der Folge näher berichtet werden.

Wie steht es nun mit der Behandlung der Porphyrie selbst.

Es erscheint heute vielleicht etwas verfrüht, ausführlich von der Therapie dieses relativ seltenen Leidens zu sprechen. Die allgemeinen Ansichten in der Literatur sind sich darüber nicht einig. Die meisten Autoren sprechen von symptomatischer Therapie, und tatsächlich blieb dem Kliniker häufig nichts anderes übrig als seine Behandlung der Schwere und der Erscheinung der Porphyrie entsprechend anzupassen.

Wir sind überzeugt, daß die weiteren zukünftigen Erforschungen des Leidens in bezug auf Ätiologie und auf Organbeteiligung sichere Fortschritte in der Behandlung der Krankheit mit sich bringen werden. Die ersten Versuche in dieser Richtung sind heute schon gemacht worden.

GÜNTHER hat 1920 folgende therapeutische Vorschläge besonders in bezug auf die abdominelle Form der Porphyrie gemacht: Erstens Opium und Morphium und Alkalitherapie (Atropin scheint nicht zu wirken), zweitens bei Rezidiven partielle Vagusresektion analog dem Vorgehen von E. BIRCHER mit folgender Reduktion der Hyperazidität, Behebung der Magenptose, der Atonie und der spastischen Kontraktion des Magendarmtractus. SOMMERLAND will eine Besserung durch Milchdiät, Amylaceen, Traubenzucker und Insulinbehandlung gesehen haben.

In der neueren Literatur findet man nicht selten die Angabe, daß eine Lebertherapie von großem Nutzen war. Diese Behandlung ist sicher bedeutungsvoll. Wir haben die wichtige Rolle der Leberfunktion bei der Porphyrie betont, wir kennen die engen Beziehungen des Leberparenchyms zum Porphyrinstoffwechsel, daher ist die Anwendung von Leberextrakten sowie die Insulin-Traubenzuckerbehandlung sicher von großer therapeutischer Wichtigkeit. DUESBERG konnte mit großen Leberdosen (dreifache Tagesdosis GÄNSSLEN-Extrakt) sowie mit Mucotrat per os eine „Porphyria congenita" weitgehend bessern, wobei die

Porphyrinausscheidung deutlich zurückging. Er beobachtete, daß auch die Porphyrinurie bei der perniziösen Anämie mit der Leberbehandlung stark abnahm. Ferner konnte der Verfasser mit Lebertherapie (injizierbaren Leberextrakten) künstlich erzeugte Porphyrie (Blei und Sulfonal) günstig beeinflussen. SCHREUS und CARRIÉ schlagen eine Behandlung mit Campolon vor. Die Lebertherapie mit den beiden Angriffsmöglichkeiten auf Knochenmark und Leber kann unter Umständen wie wir uns selbst überzeugen konnten auf die Porphyrie eine gute Wirkung ausüben, hauptsächlich bei langdauernder, hochdosierter Anwendung. Dabei kann aber nicht erwartet werden, daß ein akuter Anfall damit coupiert wird.

Das Calcium ist ebenfalls von therapeutischem Interesse, die Ablagerung des Porphyrins in den Knochendepots ist besonders in den akuten Fällen erstrebenswert, damit ein rasches Zurückgehen des Porphyrinspiegels im Organismus zustande kommt.

Von großer Bedeutung ist aber noch die Anwendung einer zweckmäßigen Alkalitherapie. Auf eine solche Behandlung hat schon GÜNTHER 1912 und später SCHREUS und CARRIÉ hingewiesen.

Die im IV. Kapitel beschriebenen Versuche bei Porphyriepatienten haben gezeigt, daß die Alkalisierung oder die Ansäuerung des Urins nicht indifferente Vorgänge in bezug auf die Porphyrinausscheidung darstellen. Im allgemeinen führt die Säurezufuhr zu einer Erhöhung der gesamten Porphyrinausscheidung, die einerseits auf einer Mobilisierung des Porphyrins aus den Knochendepots (Mobilisierung des Calciums) und andererseits auf einer für den Organismus schädlichen Porphyrinumwandlung in Uroporphyrin in den Nieren beruht.

Die Alkalisierung bringt eine Hemmung der Koproporphyrinkarboxylierung mit sich, die sich sogar in einem totalen Verschwinden des Uroporphyrins aus dem Urin äußern kann und vermutlich zu einer Verminderung der Gesamtbildung von Porphyrin im Körper führt. Wie weit von einer Abnahme der Porphyrinproduktion im Organismus und von einer Speicherung des Pigmentes in den Depotsorganen bei der Alkalitherapie gesprochen werden kann, bleibt einstweilen noch dahingestellt.

Die Untersuchungen von SCHREUS und CARRIÉ zeigen, daß in der Leber durch Säurezufuhr die Porphyrinbildung aus dem Hämoglobin gesteigert wird. Andererseits wird die Koproporphyrinsynthese aus der Fleischautolyse durch Alkalizusatz vermehrt. Diese Beispiele bringen uns folglich nicht weiter.

Die Klinik liefert uns aber Material zur Klärung dieser Frage. Die folgende Kurve zeigt den Verlauf der Porphyrinausscheidung im Urin vor und nach Alkalizufuhr bei einer Patientin mit abdomineller Porphyrie im akuten Anfall.

Es ist hier deutlich ersichtlich, daß die Alkalizufuhr eine prompte Verminderung der Uroporphyrinausscheidung und eine rasche Aufhellung des Urins (braunes Pigment) mit sich bringt. Dementsprechend aber steigt die Ausscheidung des Koproporphyrins sehr stark in die Höhe, um dann allmählich wieder abzunehmen. Für die Patientin war diese Verminderung der Uroporphyrinausscheidung von großer Bedeutung, da mit dem Einsetzen der Alkalitherapie auch die schmerzhaften Symptome der Abdominalporphyrie rasch abnahmen. Es ist also anzunehmen, daß hier die Alkalitherapie die Karboxylierung von Kopro- in Uroporphyrin gehemmt hat, und da das Uroporphyrin für den Organismus als besonders toxisch gilt, so kann mit der Alkalizufuhr eine therapeutisch günstige Beeinflussung des Zustandes erzielt werden.

Sehr wichtig bei dieser Alkalitherapie ist die Wahl des anzuwendenden Mittels. Bei unseren Belastungsversuchen haben wir deutliche Schwankungen in der Porphyrinausscheidung bei der Verabreichung von Natrium bzw. Kaliumsalzen bei sonst konstant bleibenden Versuchsbedingungen beobachten können. Bei der Alkalisierung mit Kaliumsalzen war oft überhaupt kein günstiger Effekt zu verzeichnen, während mit entsprechenden Dosen Natriumsalzen die Abnahme der Porphyrinausscheidung und das Zurückgehen der klinischen Symptome deutlich und rasch erfolgte (Na- und K-Citrat und Carbonat).

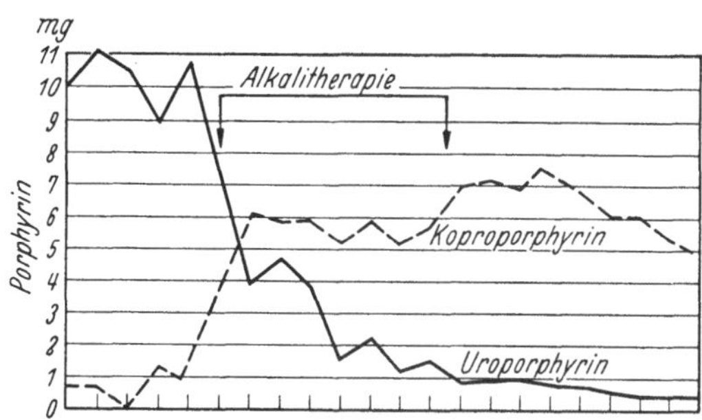

Abb. 57. Wirkung der Alkalizufuhr auf die Porphyrinausscheidung in einem Anfall von abdomineller Porphyrie. (36jähr. Patientin.)

Die folgende Kurve veranschaulicht das Gesagte:

Eine Alkalitherapie braucht nicht auf die Dauer verschrieben zu werden. Nach Abklingen des akuten Anfalles wäre eine Mobilisation der Porphyrindepots im Organismus zu versuchen, indem man vorsichtig und während kurzer Zeit peroral Säure oder parenteral Magnesium verabreicht.

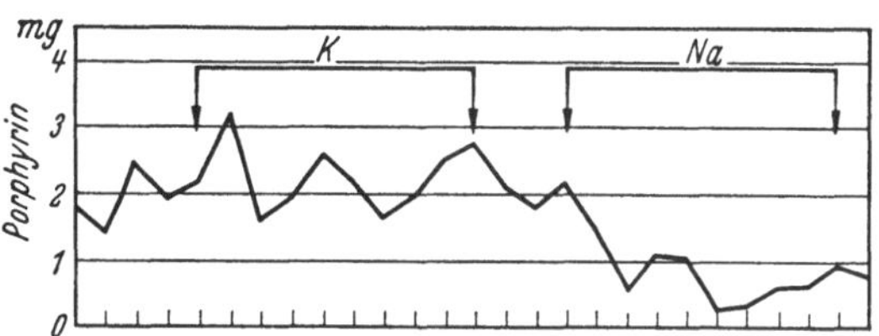

Abb. 58. Verschiedenes Verhalten der Porphyrinausscheidung unter K- bzw. Na-Verabreichung bei einem Porphyriepatienten in einer anfallsfreien Periode.

Damit ist es möglich, aus dem Organismus Porphyrin auszuschwemmen und zwar in kleinen Dosen, ohne daß es klinisch zu manifesten Porphyrinerscheinungen kommt.

Man kann sich also die Dauerbehandlung eines Porphyrikers folgendermaßen vorstellen: Im akuten Stadium der Krankheit, d. h. während des Anfalles wird eine Alkalitherapie unterstützt von Calciumzufuhr, um die Bildung von Uroporphyrin zu hemmen und die Ablagerung des Porphyrins im Knochensystem durch Calcium zu begünstigen, eingeleitet. In einer späteren anfallsfreien Periode wird mit Säure oder noch besser mit Magnesium (nach unserer Erfahrung 4—6 ccm einer sterilen 25% Magnesiumsulfatlösung intravenös) das abgelagerte Porphyrin aus dem Körper entfernt.

Die Alkalitherapie kann auch für die allgemeine Reaktionsbereitschaft des Organismus im Anfall von Bedeutung sein.

Waldenström hat in einem Fall, bei dem die Lebertherapie versagt hatte, gute therapeutische Effekte mit Darreichung von Diuretica gesehen. (Während des Anfalles ist oft eine Oligurie vorhanden.) Ob hier mit einer vermehrten Diurese auch eine Besserung der Porphyrinausscheidung in Gang kommt, bleibt ungeklärt.

Die Funktion der Leber muß im Verlaufe der Porphyrie und speziell im akuten Zustande fortlaufend kontrolliert werden.

FRANKE und FIKENTSCHER haben bei peroraler Belastung mit Eiweiß und Fett am normalen Individuum eine Erhöhung der Porphyrinausscheidung beobachtet, die zum Teil auf Belastung der Leberfunktion zurückzuführen ist.

Bei einem Porphyriker wurde die Porphyrinausscheidung bei der Leberfunktionsprüfung nach Eiweißbelastung verfolgt. Die folgende Kurve zeigt mit Deutlichkeit den Anstieg der Porphyrinausscheidung. Auch die kombinierte Leberfunktionsprobe mit Zucker-Insulin-Wasser-Belastung ließ es zu einer Mehrausscheidung kommen.

Die Verfolgung der Porphyrinausscheidung bei der Bilirubinbelastungsprobe nach v. BERGMANN ergibt nicht selten eine Mehrausscheidung auch in Fällen, bei denen die Bilirubinkurve als normal zu betrachten ist.

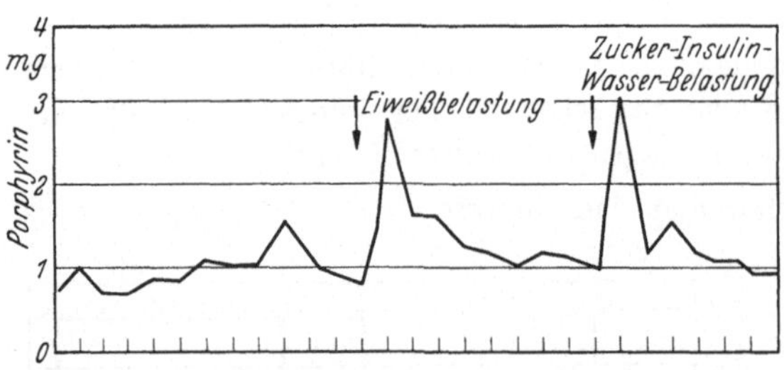

Abb. 59. Prompte Vermehrung der Porphyrinausscheidung bei einem Porphyriker nach peroraler Gelatinebelastung und nach der Leberfunktionsprüfung mit Zucker-Insulin-Wasser-Belastung.

Alle diese Beispiele zeigen uns mit Deutlichkeit, wie die Leber am komplexen Vorgang der Porphyrinbildung oft beteiligt ist und deswegen muß bei der Therapie eines jeden Porphyrikers einer Leberbelastung aus dem Wege gegangen werden.

Dies kann einmal unter diätetischen Maßnahmen (Verminderung von Fett- und Eiweißzufuhr) und dann hauptsächlich mit der Einleitung einer Insulin-Traubenzuckerkur oder evtl. unter Verwendung von Leberextraktpräparaten (unter denen speziell Campolon zu nennen ist) geschehen.

Die günstige Wirkung der Leberextrakte auf die Porphyrie wurde in den letzten Jahren sehr oft beschrieben (CARRIÉ, DUESBERG, VANNOTTI u. a.). Diese Leberextrakte sollen möglichst parenteral verabreicht werden, sie sind einer peroralen Lebertherapie vorzuziehen, da eine Vermehrung der Darmporphyrine durch starke Belastung mit porphyrinbildenden Substanzen (rohe Leber) so weit wie möglich vermieden werden soll.

Die Wirkung der Leberpräparate findet wahrscheinlich darin ihre Erklärung, daß die Funktion des Knochenmarkes unter Darreichung des endogenen antianämischen Faktors eine günstige Regulation bei einer evtl. Schädigung der normalen Hämoglobinsynthese in den Erythroblasten erfährt. CARRIÉ denkt ferner mit Recht bei der Störung des Pigmentstoffwechsels an die Wirkung noch unbekannter Leberfermente. Die Leberpräparate können eine allgemeine Unterstützung der Leberfunktion ausüben, dies ist z. B. auch aus ihrer günstigen diuretischen Wirkung (Wasserregulation und Leberfunktion) bei der Kreislaufinsuffizienz zu schließen. Wir sind daher der Auffassung, daß mit der Leberextrakttherapie sowohl das Knochenmark als auch die Leber selbst eine wichtige Unterstützung in ihrer bei der Porphyrie oft beeinträchtigten Regulation erfahren. Es ist hinzuzufügen, daß die Mehrzahl dieser Präparate reichlich Vitamin B$_2$ enthalten.

Das Vitamin-B_2-Komplex spielt bei der Behandlung der Porphyrie und auch im allgemeinen bei der Porphyrinstoffwechselstörung eine außerordentlich wichtige Rolle.

Dies ist uns in neuerer Zeit bei der systematischen Verfolgung des Porphyrinumsatzes bei Vitamin-B_2-Avitaminosen besonders aufgefallen (s. Kap. VII). Ein Mangel an B_2-Vitamin oder besser gesagt an den verschiedenen Faktoren der B_2-Gruppe führt zu Anämie, Magendarmstörungen und Hautveränderungen, wobei eine Porphyrinvermehrung sehr oft festzustellen ist (Ablagerung in die Haut, Ausscheidungszunahme). Es wäre sicher falsch, die Porphyrie als eine B_2-Avitaminose zu bezeichnen, die Zusammenhänge zwischen B_2 und Porphyrie sind aber mannigfacher Natur und lassen, wie wir uns überzeugen konnten, sich besonders experimentell gut verfolgen (Koproporphyrinvermehrung bei der B_2-Avitaminose der Ratte). Folgendes Beispiel veranschaulicht die Folgen eines Vitamin-B_2-Mangels in bezug auf den Porphyrinumsatz des Menschen. Bei einem unserer Porphyrinpatienten bestimmten wir bei einer konstant gehaltenen vitaminreichen Diät die tägliche Porphyrinausscheidung während 25 Tagen. Durchschnittlich wurden täglich 2,77 mg Farbstoff ausgeschieden. Daraufhin verabreichte man eine Vitamin B_2 sehr arme Kost, und der Patient reagierte in den ersten Tagen mit einer starken Vermehrung der Porphyrinausscheidung. Dieser erste Anstieg kann auf die Diätänderung zurückgeführt werden (vermehrte Zufuhr von porphyrinbildender Nahrung). Später ging die Ausscheidung etwas zurück, um dann nach etwa 20 Tagen dieser Diät wieder deutlich anzusteigen. Am 26. Versuchstage wurde bei gleichbleibender Diät Lactoflavin (2—4 mg) per os gegeben, und die durchschnittliche Porphyrinausscheidung, die während dem Vitamin-B_2-Mangel auf 4,08 mg täglich angestiegen war, sank jetzt auf 1,88 mg. Nach 12tägiger Lactoflavinbehandlung wurde das Vitamin durch den Hefeextrakt Cenovis ersetzt. Die Porphyrinausscheidung ging daraufhin noch deutlicher (1,33 mg täglich) zurück.

Auf dem Gebiete der Atmungsfermente haben Lactoflavin (B_2-Faktor) und Porphyrin chemisch weder direkte noch indirekte Beziehungen miteinander, funktionell dagegen scheinen diese Pigmente voneinander abhängig zu sein, und zwar dermaßen, daß bei Mangel an gelbem Atmungsferment die Reihe der Eisenporphyrinverbindungen evtl. vikariierend eintreten und umgekehrt bei der Asphyxie das Lactoflavin günstig einwirken kann (DIETRICH und PENDEL). Abgesehen von diesen hypothetischen Verhältnissen allgemeiner Natur, die, wenn auch von höchstem Interesse, heute noch nicht geklärt worden sind, stehen Vitamin B_2 und Porphyrin besonders bei der Regulation des Knochenmarkes einander nahe. Das Vitamin kann nämlich die Erythropoese beeinflussen, wir brauchen nicht auf die jetzt noch offene Frage des „Extrinsic factor" bei der Perniciosa einzugehen, sicher ist aber das Auftreten verschiedener Anämieformen bei Mangel der B_2-Faktoren, wie man auch bei der Sprue und Pellagra beobachten kann, die ihrerseits von einer abnormen Porphyrinproduktion begleitet sind.

Porphyrinvermehrung und Vitamin-B_2-Mangel rufen oft gemeinsame krankhafte Erscheinungen im Darmtractus hervor. Die abdominellen Störungen der Sprue und der Pellagra verlaufen nicht selten unter der gleichen Symptomatologie des abdominellen Porphyrieanfalles, wobei dann der Porphyringehalt des Darmes stark gesteigert ist.

Bei der abdominellen Porphyrie stellt sich oft infolge lang dauernder Störung der Darmfunktion eine Schädigung der Darmresorption ein, die indirekt ein avitaminotischer Zustand mit sich bringen kann.

Neben diesen Betrachtungen allgemeiner Art spricht unsere klinische Erfahrung eindeutig für eine Einleitung der B_2-Therapie bei der Porphyrie.

Die rasche Besserung des Allgemeinzustandes, gefolgt von einer prompten Aufhebung der Anämie und auch das schlagartige Zurückgehen der Porphyrinvermehrung im Stuhl bei dem oben beschriebenen Fall von einheimischer Sprue auf die Lactoflavintherapie und später auf Cenovis veranlaßte uns, diese Präparate bei der Porphyrie anzuwenden.

Folgende Kurve zeigt die Wirkung des Lactoflavins (HOFFMAN LA ROCHE) (2 mg täglich) auf die Porphyrinausscheidung bei einem Porphyriepatienten während einer anfallsfreien Periode.

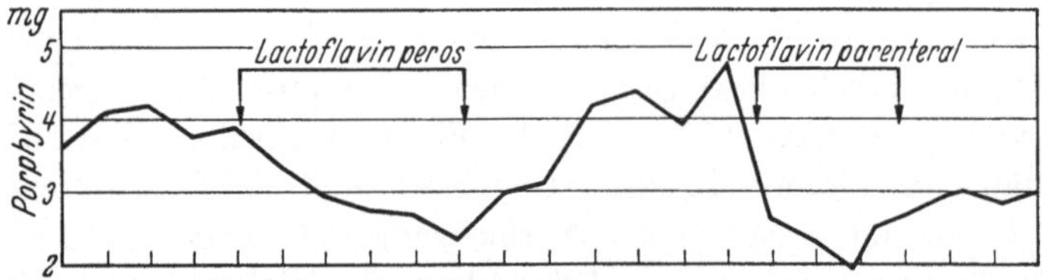

Abb. 60. Verschieden starke Wirkung des Lactoflavins auf die Porphyrinausscheidung nach peroraler und parentualer Anwendung.

In überraschender Weise wirkte das Lactoflavin in etwas höheren Dosen (eine Ampulle Lactoflavin täglich während einigen Wochen ununterbrochen) bei einem schweren Falle von Porphyrie mit neuritischen Symptomen. Es handelt sich dabei um eine 25jährige Patientin, bei der wir die tägliche Porphyrinausscheidung unter der Lactoflavintherapie verfolgen konnten[1].

Die Anamnese dieser Patientin ist derjenigen der übrigen Porphyriefälle sehr ähnlich: Ein früherer Anfall von abdominellen Schmerzen (Appendektomie), später ein Infekt und daraufhin allmählich die Entwicklung einer sehr schweren neuritischen Form der Porphyrie mit ascendierender Paralyse. Völlige Lähmung der unteren, dann der oberen Extremitäten mit schwerster Muskelatrophie. In diesem Stadium wurde, wie die folgende Kurve zeigt, zuerst während zwei Tagen eine Alkalitherapie durchgeführt, wobei die Uroporphyrinausscheidung deutlich zurückging, während die Koproporphyrinkurve stark in die Höhe schnellte. Nach Verabreichung von Lactoflavin (eine Ampulle täglich) sank schon am dritten Tage dieser Therapie sowohl die Uroporphyrin- wie auch die Koproporphyrinausscheidung prompt und dauernd auf relativ niedrige Werte.

Sehr auffallend war der weitere Verlauf dieser schweren Porphyrie. 14 Tage nach Beginn der Lactoflavinbehandlung zeigt das Blutbild, das Zurückgehen einer anfänglichen Leukocytose. Die Temperatur, die beständig über 37⁰ war, sank allmählich auf subfebrile und dann auf afebrile Werte, und die ursprüngliche Tachykardie von 130—140 auf 80—100. Auch die Senkung zeigte beim Einsetzen der B_2-Therapie einen auffallenden Sturz von 50 auf 19 und sogar 15. Die Lähmungen wiesen keine weitere Progredienz auf und die Patientin

---

[1] Wir verdanken diesen Fall der Freundlichkeit des Herrn Dr. HADORN, Direktor der medizinischen Abteilung des Tiefenauspitals in Bern, dem wir auch an dieser Stelle noch besonders danken möchten.

fühlte sich subjektiv besser und von den Schmerzen befreit. Nachdem die Patientin längere Zeit hindurch lactoflavinfrei behandelt wurde, trat mit langsamer Zunahme der Porphyrinausscheidung ein neuer schwerer Anfall mit starker Beeinträchtigung des Allgemeinbefindens auf, der aber mit Lactoflavin wieder gebessert werden konnte. (Die Porphyrinausscheidung sank auf 0,3 mg zurück.)

Eine weitere Beobachtung über die günstige Wirkung des Lactoflavins ließ sich bei einem 4. Falle beobachten (er wurde schon im VIII. Kapitel zitiert). Die Urinuntersuchung ergab im anfallsfreien Intervall eine tägliche Porphyrinausscheidung von 0,9—2,6 mg Koproporphyrin täglich und Spuren Uroporphyrin. Schon nach 4 Ampullen Lactoflavin wurde die Porphyrinausscheidung auf die Hälfte reduziert. Eine weitere B_2-Verabreichung zusammen mit Alkalitherapie brachte die Porphyrinausscheidung auf 0,2—0,9 mg täglich.

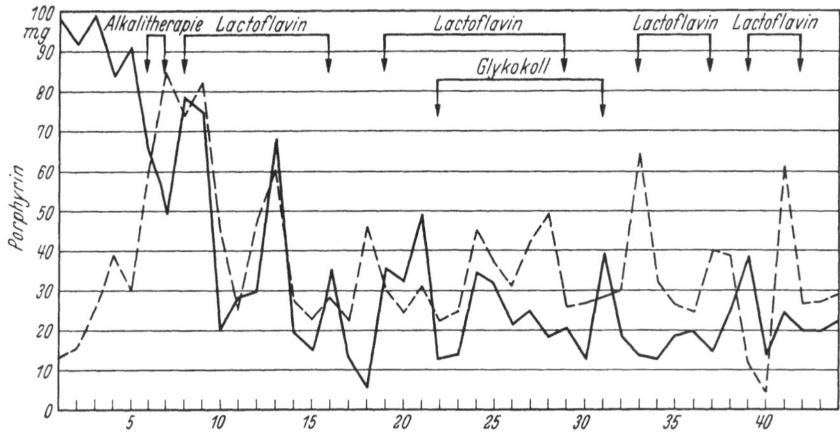

Abb. 61. Ausscheidungskurve von Kopro- und Uroporphyrin in einem Falle von neuritischer Porphyrie nach Lactoflavin- und Alkalibehandlung. (Fall Dr. HADORN.)

Diese wenigen Beispiele ermöglichen schon einen klaren Einblick in die zukünftige Behandlung der Porphyrie zu werfen.

Die starke Verminderung der Porphyrinausscheidung, gefolgt von einer prompten Besserung des Zustandes in einem sonst in kurzer Zeit ad exitum führenden Krankheitsbild ist ein genügend klarer Beweis für die Wirkung und für die therapeutische Verwertung des Lactoflavins, insbesondere da die rasche Unterbrechung eines akuten Anfalles von neuritischer Porphyrie uns sonst nicht bekannt ist.

Das Vitamin B_2 stellt keine Spezificum gegen die Porphyrie dar, dies zeigt uns die Unwirksamkeit des Lactoflavins gegenüber einer Porphyrinurie nach Intoxikation und einer cutanen Porphyrie, es muß aber als ein sehr wichtiger Faktor für die Bekämpfung der Porphyrinstoffwechselstörungen sowohl in ihren akuten Erscheinungen als auch in ihren latenten Zuständen beurteilt werden.

Die Wirkung dieses Faktors steht sicher mit bestimmten Regulationen und Organfunktionen in Zusammenhang, deshalb ist es verständlich, daß nicht alle Formen der Porphyrinkrankheit mit B_2 erfolgreich behandelt werden können. In diesem Zusammenhang wäre noch zu prüfen, ob der günstige Effekt dieser Vitamintherapie nicht von der Bildung eines bestimmten Porphyrinisomers im Organismus abhängig ist.

Die therapeutische Wirkung dieses Präparates muß, nach den im Kap. VII erfolgten allgemeinen Betrachtungen, einerseits auf eine günstige Unterstützung der Gewebsatmung durch das gelbe WARBURG-Ferment bei der Porphyrinstoffwechselstörung und andererseits auf eine Aktivierung des gesamten B_2-Komplexes durch das Lactoflavin (günstiger Einfluß auf die Darm-, Knochenmarks- und Leberfunktion) zurückgeführt werden.

Unter diesem Gesichtspunkte ist eine Behandlung mit dem Gesamtkomplex des B_2-Vitamins (Hefeextrakte) der Lactoflavintherapie vorzuziehen.

Bei den akuten Porphyrieanfällen, und speziell bei den schweren Magendarmstörungen dieser Krankheit, wo die perorale Therapie kaum durchgeführt werden kann, soll die parenterale Lactoflavinbehandlung versucht werden. Am besten sollte eine Hefe-Lactoflavintherapie (Cenovis + Lactoflavin) eingeleitet werden. Die perorale B_2-Therapie bietet ferner den Vorteil einer direkten Phosphorilierung des Lactoflavins im Darm (VERZÁR).

Wir möchten hier noch auf die Versuche einer Neutralisierung der phototoxischen Wirkung des Porphyrins und besonders des Uroporphyrins hinweisen.

So haben FISCHER und HILGER den Vorschlag gemacht, die Porphyrie mit Kupfer zu behandeln, um im Organismus eine nicht phototoxische Kupferporphyrinverbindung zu erreichen. Im gleichen Sinne will auch die von DERRIEN und TURCHINI vorgeschlagene Zinktherapie bei den Porphyrinkrankheiten aufgefaßt werden. Der Vorschlag HAUSMANNs, mit Serumzusatz die Lichtempfindlichkeit des Organismus auf Porphyrin herabzusetzen, ist praktisch kaum durchzuführen und kann unter Umständen mehr gefährlich als nützlich sein. Bei den Fällen von Hautüberempfindlichkeit muß eine Abschirmung der Haut versucht werden, was am besten mit Aesculin-(Ultrazeozonsalbe) oder Chininsalben geschieht. Das Chinin sollte nach dem Vorschlag von PERUTZ auch innerlich versucht werden. Dieser Autor konnte bei der Sulfonalporphyrinurie am Kaninchen zeigen, daß die innerliche Verabreichung von Chininsulfat eine deutliche Herabsetzung der Lichtüberempfindlichkeit mit sich führt.

Es bleibt uns noch die symptomatische Therapie übrig, die leider in manchen Fällen die Behandlung der Wahl darstellt.

Im akuten Krankheitsstadium sollen Antineuralgica verschrieben werden, oft sind aber bei den starken Schmerzen auch die besten neuralgischen Mittel wirkungslos. Narkotica müssen wenn möglich wegen der Gefahr der Auslösung schwerer Porphyrieanfälle (bei Barbiturpräparaten) mit Vorsicht angewendet werden, am ungefährlichsten sind die Opiate. (Eine solche Therapie soll jedoch bei der ascendierenden Paralyse vermieden werden.) Von den Spasmolytica ist das Atropin wirkungslos. Das war nicht nur in den Versuchen am lebenden Tiere und am Darmpräparat, sondern auch am Krankenbett zu beobachten. Etwas besser scheint der Erfolg mit der Anwendung von synthetisch hergestellten Spasmolytica zu sein, unter anderem hat einmal Trasentin (Ciba), das in Kombination mit Cibalgin günstig gewirkt. In einem weiteren Fall war mit Belladonna in Verbindung mit Secale (Bellergal Sandoz) gegen die neuralgiformen Schmerzen der Porphyrie guter Erfolg zu verzeichnen.

Wichtig erscheint uns die Behandlung der hyperthyreotischen Nebenerscheinungen der Porphyrie zu sein. Hier ist an die diätetische Maßnahme, an die Verordnung von Brom, Luminal, Calcium, Gynergen und anderen

Präparaten zu denken. Die Behandlung der Muskelaffektion mit Glykokoll in den seltenen Fällen von Myoporphyrie ist zu versuchen.

Zusammenfassung.

Die Behandlung der pathologischen Porphyrinurie ist im allgemeinen verhältnismäßig einfach. Die Besserung der Grundkrankheit bringt oft auch ein Zurückgehen der Porphyrinausscheidung mit sich. Bei den schweren Porphyrinurien mit dem Symptomenbild des Porphyrieanfalles führt eine Leberextrakttherapie und reichliche Calciumzufuhr oft zu einer raschen Beseitigung der Beschwerden.

Schwieriger gestaltet sich die Behandlung der Porphyriekrankheit. Die perorale Alkalitherapie unter Vermeidung von Kaliumsalzen führt oft allein schon zu einer raschen Besserung, besonders indem die Uroporphyrinproduktion gehemmt wird. Daneben leistet die intensive Leberbehandlung sowohl mit Leberextrakten als auch mit Insulin-Traubenzucker, besonders dann, wenn die Leber im Mittelpunkt der Pigmentstörung steht, wichtige therapeutische Dienste.

Die chronisch verlaufenden Porphyrien und besonders die abdominelle Form dieses Leidens zeigen oft avitaminotische Erscheinungen, man muß daher eine intensive Vitamintherapie treiben, während diätisch eine lactovegetabilische Kost zu versuchen ist. Unter den Vitaminen spielt das Vitamin B_2, und zwar der Vitamin-B_2-Komplex, eine außerordentlich wichtige Rolle, und dies besonders dank der vielseitigen Beziehungen der verschiedenen B_2-Faktoren zum Pigmentstoffwechsel einerseits und zu der Knochenmarks-, Leber- und Darmfunktion andererseits. Unsere diesbezügliche Erfahrung läßt uns an Hand von eindrucksvollen Beispielen mit der Behandlung mit Lactoflavin und Hefeextraktion (Cenovis) vermuten, daß das Vitamin B_2 ein erfolgreiches Mittel zur Bekämpfung der akut und chronisch verlaufenden Porphyrie darstellt.

Die Prophylaxe der Porphyrie als wichtige therapeutische Aufgabe des Klinikers muß hier schließlich besonders betont werden, da die frühzeitige Erkennung der latenten Porphyrinstoffwechselstörung und ihre Behandlung eine Verhütung des gefürchteten Porphyrieanfalles mit sich bringen kann.

Die Alkalitherapie, Calcium- und Leberextraktbehandlung zusammen mit einer geeigneten Diät mit reichlich Hefe (B_2-Vitamin) oder Hefeextrakten kann für längere Zeit, wie wir uns überzeugen konnten, das Auftreten von schweren akuten Porphyriesymptomen verhindern.

Es muß daher unsere Aufgabe sein, mit den heute zur Verfügung stehenden Untersuchungsmethoden solche leider nicht so seltene symptomenlos verlaufenden Pigmentstörungen zu entdecken, damit durch eine prophylaktische Behandlung das Auftreten weiterer schwerer Krankheitszustände vermieden werden kann.

Literatur zu Kapitel IX.

CARRIÉ, C.: Experimentelle Untersuchungen zum Hydroa vacciniforme und zur Porphyrinurie. Arch. f. Dermat. **163**, 523 (1931).

CAPPELLI, F.: Azione del piombo e del magnesio sulla porfirinuria nell'uomo. Med. del Lavoro **27**, 97 (1936).

DERRIEN, E. et P. CRISTOL: Zincoporphyrinurie. C. r. Soc. Biol. Paris **103**, 126 (1930).

Duesberg, R.: Über die biologischen Beziehungen des Hämoglobins zu Bilirubin und Hämatin bei normalen und pathologischen Zuständen des Menschen. Arch. f. exper. Path. **174**, 305 (1935).

Emminger, E. u. G. Battistini: Fluoreszenzmikroskopische Untersuchungen an bleivergifteten Kaninchen mit und ohne Calciumzufuhr. Virchows Arch. **290**, 492 (1933).

Fischer, H. u. Hilger: Zur Kenntnis der natürlichen Porphyrine. 8. Mitt. Hoppe-Seylers Z. **138**, 49 (1924).

Günther, H.: Die Hämatoporphyrie. Dtsch. Arch. klin. Med. **105**, 88 (1912).

Hausmann: Strahlenther. **28**, 81 (1928). Zit. nach Carrié.

Massa, M.: Porfirine e calcio nell'intossicazione da piombo. Giorn. Clin. med. **14**, 1721 (1933).

— e G. Battistini: Porfirinuria sperimentale e patologica e loro scomparsa dopo introduzione di sali di calcio. Pathologica (Genova) **25**, 28 (1933).

Maugeri e Mutolo: Zit. nach Cappelli. Med. del Lavoro **1935**, No 6.

Sommerland: Über akute Porphyrie. Klin. Wschr. **1932 II**, 1324.

Waldenström, J.: Die akute Porphyrie, ein oft verkanntes Krankheitsbild. Sv. Läkartidn. **1935**, 1281.

Zehntes Kapitel.

Qualitative und quantitative Bestimmungsmethoden der Porphyrine.

1. Der qualitative Porphyrinnachweis.

a) Im Urin: *Methode nach* Garrod. Das Porphyrin wird durch Ausfällen von Erdalkaliphosphaten aus dem Urin mitgerissen und aus diesem Phosphatniederschlag extrahiert. 100 ccm Urin + 20 ccm einer 10%igen NaOH-Lösung, der damit gewonnene Niederschlag wird nach gründlicher Waschung mit Wasser entweder mit der Eisessigmethode oder mit salzsaurem Alkohol behandelt. Es ist damit Uro- und Koproporphyrin qualitativ nachzuweisen. Für quantitative Bestimmungen ist diese Methode unzulänglich, da mit dem Phosphatniederschlag die Porphyrine nicht quantitativ mitgerissen werden.

Methode nach Hans Fischer *(Koproporphyrin)*. Der Urin wird mit Eisessig angesäuert (2 ccm Säure auf 100 ccm Harn). Dazu kommt die gleiche Menge Äther. Das Gemisch wird im Scheidetrichter längere Zeit geschüttelt. Nach der Abtrennung des Harnes vom Äther läßt man die unterstehende Flüssigkeit ab und wäscht den Essigäther, der porphyrinhaltig ist, mit kleinen Mengen Wasser vorsichtig. Das Porphyrin wird dann mit kleinen Mengen Salzsäure (10—20%ige HCl-Lösung extrahiert. Der Salzsäureauszug wird spektroskopisch oder mit der Fluorescenzprobe auf seinen Porphyringehalt geprüft.

Die genaue Verarbeitung des Urins für spektroskopische Untersuchungen nach der Fischerschen Methode ist folgende: 1000 Teile Harn werden mit 3 Teilen Eisessig angesäuert und mit 1000 Teilen Äther ausgeschüttelt, der Äther 4mal mit je 20 Teilen Wasser gewaschen und dann mit 3 Teilen 25%iger Salzsäure ausgeschüttelt. Dann wird die Salzsäurelösung mit Äther überschichtet und mit festem Natriumacetat, hierauf mit Natronlauge versetzt, bis die Flüssigkeit essigsaurer reagiert. Die ätherische Lösung wird dreimal gewaschen und dann spektroskopisch untersucht. Das Porphyrin kann dann aus dem Äther noch mit 25%iger Salzsäure oder zweckmäßiger mit etwa n/10-NaOH extrahiert werden. Mit dieser Methode kann ohne großen Verlust an Porphyrin eine gereinigte und von anderen vorhandenen Pigmenten befreite Porphyrinlösung bekommen werden, die dann für den spektroskopischen Nachweis des Farbstoffes sehr geeignet ist.

Methode nach RIVA *und* ZOJA. 500 ccm Urin werden mit 50—60 ccm Amylalkohol vorsichtig geschüttelt. Der Amylalkohol gibt dabei meist eine Emulsion, die sich beim Filtrieren durch ein mit Amylalkohol befeuchtetes Filter trennt. Der Amylalkohollösung wird der Farbstoff mit kleinen Mengen Ammoniak entzogen. Die alkalische Lösung ist bekanntlich unbeständig, da das Porphyrin rasch zersetzt wird.

Methode nach HANS FISCHER *für die Gewinnung von Uroporphyrin.* Das Uroporphyrin ist in den üblichen Lösungsmitteln unlöslich. Die Extraktion geschieht daher folgendermaßen: Der Urin wird mit Eisessig angesäuert (möglichst große Mengen Urin); der sich langsam bildende Niederschlag enthält das Uroporphyrin. Die ätherlöslichen Porphyrine werden dann mit Essigäther entfernt.

Eine andere Methode für die Gewinnung von Uroporphyrin wird ebenfalls von HANS FISCHER angegeben: Das schwer lösliche Uroporphyrin wird an Aluminiumhydroxyd adsorbiert, indem der Urin mit diesem guten Adsorbens (breiige Form) länger geschüttelt wird. Nach der Sedimentbildung gießt man den entfärbten Urin ab und gewinnt so das Uroporphyrin aus dem Niederschlag, indem die ätherlöslichen Porphyrine zuerst mit Eisessigäther extrahiert und dann das Uroporphyrin mit Salzsäurealkohol in Lösung gebracht wird.

Schließlich kann das Uroporphyrin auf dem Wege einer Veresterung als Uromethyl oder als Uroäthylester gewonnen werden (Methode s. unten).

Chromatographische Porphyrinextraktionsmethode nach WALDENSTRÖM. Das Porphyrin wird an ein Adsorptionsmittel (Aluminiumoxyd) fixiert, indem der Urin durch die poröse Säule des Adsorptionsmittels hindurchgetrieben und nachträglich mit einem geeigneten Entwickler dem Aluminiumoxyd entzogen wird (Elution). An einem gewöhnlichen Scheidetrichter von etwa 1000 ccm Fassung ist ein 3,5 cm weites, 20 cm langes Abflußrohr angeschmolzen, das unten mit einem Hahn endigt. Über diesem Hahn wird vor jeder Adsorption ein kleiner angefeuchteter Wattebausch festgedrückt. Das Adsorptionsmittel (Aluminiumoxyd oder Talkum) wird in das Rohr eingegossen bis zu einer Höhe von 5—10 cm. Dann wird Wasser dazugetan und der Schütteltrichter bis zur vollständigen Aufschlemmung des Adsorptionsmittels gut geschüttelt. Nach vollständiger Absetzung der aufgeschlemmten Partikel wird durch eine Saugpumpe das Wasser langsam durchgesaugt und bevor die Säule trocken gesaugt ist, der mit Essigsäure leicht angesäuerte Urin hinzugefügt. Wenn die ganze Harnmenge aufgefüllt ist, öffnet man den Hahn und läßt den Harn durch ganz schwache Ansaugung hinunter filtrieren. Die verschiedenen Harnpigmente setzen sich in typischen Schichten der Säule entlang ab. Wenn die ganze Harnmenge durchgelaufen ist, wird die Säule mit 1%iger Essigsäure gewaschen, um Reste von Harn zu entfernen. Danach wird mit 20%iger Essigsäure eluiert. Hierauf wird mit viel Eisessig nachgewaschen und durchgesaugt und diese Fraktion ist stark porphyrinhaltig. Jetzt wird mit Wasser nachgewaschen und durch 12%ige Ammoniaklösung werden die restlichen Pigmente herausgelöst. Das ätherlösliche Koproporphyrin wird gewöhnlich aus dem Urin früher in gewöhnlicher Weise entfernt, so daß mit der Methode die ätherunlöslichen Porphyrinfraktionen getrennt werden können.

Bei eiweißhaltigem Urin kommt es nicht selten mit der Eisessigäthermethode zu einer Eiweißgerinnung und die Trennung der beiden Schichten (Urin und Äther) ist oft schwierig. Auch die vollständige Entfernung von Porphyrin aus dem geronnenen Eiweißsubstrat gestaltet sich nicht sehr einfach. Man kann daher das Eiweiß aus dem Urin mit der von PIETTRE für das Serumeiweiß angegebenen Präcipitationsmethode fällen. Der Urin wird auf $+4^0$ gebracht und unter Umrühren wird langsam reines Aceton auf -5^0 zugesetzt. Das koagulierte Eiweiß wird dann abfiltriert und getrocknet. Die Porphyrine werden sowohl in der filtrierten Flüssigkeit wie im getrockneten Rückstand mit den üblichen Methoden extrahiert, gereinigt und quantitativ gemessen.

Für quantitative Porphyrinbestimmung ist daher neben der FISCHERschen noch die chromatographische Methode von WALDENSTRÖM und besonders das in der letzten Zeit von TROPP ausgearbeitete Extraktionsverfahren mit Hilfe eines modifizierten SCHACHERL-Extraktionsapparates sehr geeignet. Es ist ferner auf die Gefahr eines Porphyrinverlustes durch wiederholtes Waschen hinzuweisen.

Extraktion der ätherlöslichen Porphyrine nach der Methode von TROPP *und* PENEW. Diese Autoren benützen die Extraktion des Porphyrins aus dem Urin mittels eines Perforators (nach KUTSCHER) (s. Abb. 62). Die zur Untersuchung nötige Urinmenge (75 ccm Urin + 15 ccm Eisessig) befindet sich im Glasrohr B.

Der im Kolben A vorhandene Äther wird durch Verdampfung in das Rohr B getrieben, schichtet sich allmählich über den Urin und läuft in den Verdampfungskolben zurück. Mit dieser Methode erreicht man Ersparnis an Zeit und Material.

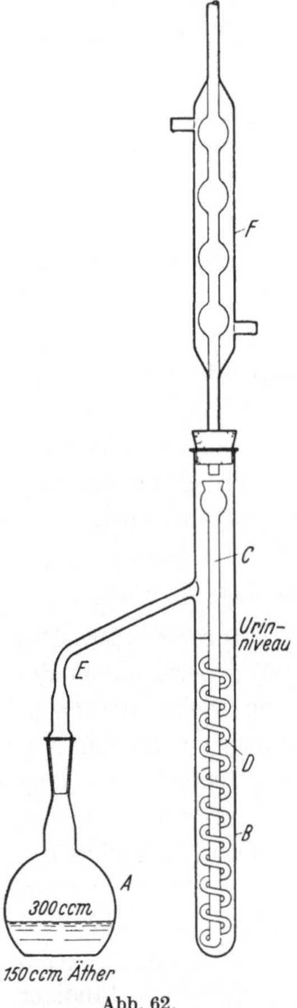

Abb. 62.
Quantitative klinische Harnporphyrinuntersuchungen
[Dtsch. Arch. klin. Med. 180,
412 (1937)].

Qualitativer Nachweis von Proto-, Deutero- und Koproporphyrin nach WILLSTÄTTER *und* STOLL. Die einzelnen, ätherlöslichen Porphyrine werden aus ihren ätherischen Lösungen mit Salzsäure verschiedener Konzentration ausgeschüttelt, und zwar wird Koproporphyrin in 0,1%ige Salzsäure übergeführt, das Deuteroporphyrin geht in 0,4%ige, das Protoporphyrin in 2%ige Salzsäure über.

Trennungsmethode von Kopro-, Deutero- und Protoporphyrin nach der Methode von SCHUMM. Das Koproporphyrin ist in salzsäurehaltigem Chloroform nicht löslich. Wird ein Porphyringemisch mit derEssigäthermethode extrahiert und gereinigt, dann kann man aus der Ätherlösung die Porphyrine mit 20%iger Salzsäure extrahieren. Schüttelt man jetzt diese Porphyrinlösung mit Chloroform (alkoholfreies Chloroform), so geht das Protoporphyrin in größeren Mengen in Chloroform, Deuteroporphyrin dagegen nur in ganz geringen Mengen in dasselbe über.

Trennungsmethode der verschiedenen Porphyrine nach Dobriner. Die Porphyrine werden durch Phosphatfällung als Niederschlag aus dem Urin entfernt. Der Bodensatz wird jetzt mit kleinen Mengen konzentrierter Salzsäure behandelt. Die Säure wird mit Natriumacetat neutralisiert und die ätherlöslichen Porphyrine lassen sich somit in Äther überführen. Das in Äther unlösliche Uroporphyrin bleibt zurück. Die übrigen Porphyrine werden mit 5% (evtl. 10—25%) Salzsäure aus dem Äther extrahiert und mit Chloroform behandelt (Extraktion des Protoporphyrins). Mit Natriumacetat werden die übriggebliebenen Porphyrine in Äther wieder übergeführt und mit 0,4% Salzsäure extrahiert. Nach Zusatz von gleichen Mengen Wasser (0,2% HCl) behandelt man die Lösung mit Chloroform und damit extrahiert man das Deuteroporpyrin. Die Salzsäurelösung wird nochmals mit Natriumacetat neutralisiert und das zurückgebliebene Koproporphyrin mit Äther getrennt.

b) Extraktion aus dem Stuhl. *Methode nach* H. Fischer. 10 g Stuhl werden mit 10 ccm Eisessig übergossen und in einer Reibschale verrieben. Dann wird noch Äther hinzugesetzt. Nach der Filtration wird das klare Filtrat in einen Scheidetrichter gebracht und durch Zusatz von Äther und Entmischung mit Wasser wird das Porphyrin in Äther hineingetrieben. Nach der Waschung mit Wasser kann man das Porphyrin mit Salzsäure extrahieren. Diese Lösung kann jetzt zur weiteren Reinigung mit Natriumacetat und Äther in ähnlicher Weise wie bei Urin behandelt werden. Aus dem Äther wird schließlich mit Salzsäure das Porphyrin gewonnen und kann spektroskopisch bestimmt werden.

Oft handelt es sich bei der Stuhlextraktion um ein Porphyringemisch, die verschiedenen ätherlöslichen Porphyrine können nach den oben angegebenen Methoden getrennt werden (verschiedene Salzsäurekonzentrationen). Für das Uroporphyrin empfiehlt sich nach der Extraktion von ätherlöslichen Porphyrinen das Uroporphyrin mit salzsaurem Alkohol zu gewinnen.

c) Extraktion aus dem Blutserum. *Methode nach* Hans Fischer. 1 Teil Serum wird mit 1 Teil Äther durchgeschüttelt, dazu 1 Teil Eisessig gegeben und das Gemisch wieder kräftig geschüttelt. Aus dieser Emulsion, nach Zusatz eines weiteren Teiles Äther, kann eine gelbe klare Flüssigkeit abgegossen werden. Dieser Ätherextrakt wird mit Wasser gewaschen und das Porphyrin kann aus dem Äther mit Zusatz von 25%iger Salzsäure ausgeschüttelt werden.

d) Extraktion aus den Erythrocyten. *Methode nach* Hijmans v. d. Bergh. 10 ccm Blut (evtl. Oxalatblut) werden mit 50 ccm physiologischer Kochsalzlösung versetzt. Die Blutkörperchen werden abzentrifugiert und mehrere Male mit physiologischer Kochsalzlösung gewaschen und dann mit einem Gemisch von Eisessig und Essigester (1:3) auf der Schüttelmaschine 2 Stunden lang vorbehandelt. Das Gemisch wird dann filtriert und das Filtrat mit Wasser gewaschen. Nach Entfernung des Wassers wird das Porphyrin mit 5%iger Salzsäure ausgeschüttelt. Der Extrakt kann dann, nach weiterer Reinigung nach der Fischerschen Methode, spektroskopiert werden.

e) Extraktion aus der Galle. Nach unseren Bestimmungen hat sich folgende Methode bewährt: 1 Teil Galle wird mit 1 Teil Äther durchgeschüttelt und dann nach Hinzufügen von 1 Teil Eisessig längere Zeit extrahiert. Nach Zusatz von etwas Äther oder Essigäther wird die Galle abgegossen, das Äthergemisch vorsichtig mit Wasser gewaschen und das Porphyrin mit 10%iger HCl extrahiert. Die Gallenfarbstoffe gehen aber reichlich in HCl über, so daß man wiederholt die Salzsäure-Ätherpassage durch Na-Acetatzusatz anwenden muß. Oft kann man für die Koproporphyrinbestimmung die störenden Farbstoffe mit Chloroform entfernen.

f) Extraktion aus den Organen. *Methode nach* HANS FISCHER. Die Organe werden mit der Fleischhackmaschine zu Brei zerkleinert, dann mit Eisessigäther extrahiert, wobei die Extraktion durch die Schüttelmaschine längere Zeit dauern muß. Es empfiehlt sich nach der Eisessigextraktion die Organe mit Pyridin nochmals nachzuextrahieren. Das Pyridin wird im Vakuum verdampft, der Rückstand mit Essigäther verarbeitet. Der Essigäther wird dann gewaschen und das Porphyrin mit Salzsäure extrahiert.

Bei der Knochenextraktion wird nach FISCHER der Knochen nach Zermalmen in der Knochenmühle mit Alkoholäther zur Entfernung von Fett behandelt. Zur Herauslösung des Farbstoffes wird der Rückstand mit 5%iger Salzsäure behandelt. Diese wird dann gereinigt und zur Spektroskopie verarbeitet.

2. Darstellung der Porphyrinester.

Methode nach H. FISCHER. Zur Veresterung wird das Porphyrin mit Methylalkohol behandelt und hierauf unter Eiskühlung bis zur Sättigung trockenes HCl-Gas hineingeleitet. Unter öfterem Umschütteln läßt man 24 Stunden stehen, verdünnt dann mit der gleichen Menge Methylalkohol, filtriert vom ungelösten Rückstand ab, gießt in das mehrfache Volumen Wasser, macht unter Eiskühlung mit Soda alkalisch und extrahiert mit Chloroform. Der Chloroformextrakt wird nach der Befreiung vom Wasser im Vakuum eingedickt. Nach nochmaliger Lösung in Chloroform unter Zusatz von siedendem Methylalkohol wird dann die Krystallisation des gereinigten Methylester eingeleitet.

Die Darstellung des Uroporphyrinmethylesters geschieht folgendermaßen:

Bei Zusatz von Essigsäure scheidet sich das Porphyrin aus dem Urin in Flocken aus, darunter befindet sich auch das Uroporphyrin. Nach Entfernung der ätherischen Porphyrine wird der Bodensatz in Methylalkohol aufgenommen und die Lösung unter Eiskühlung mit trockenem HCl-Gas zur Sättigung gebracht. Der Uroporphyrinmethylester wird dann in krystallisierter Form gewonnen. SCHUMM zieht folgende Methode vor: Das gereinigte Porphyrin wird in salzsaurem Methylalkohol eine halbe Stunde am Rückflußkühler gekocht. Nach Zugabe von überschüssiger Soda wird der Ester im Scheidetrichter mit Chloroform geschüttelt und im Chloroform aufgenommen. Nach Einengung der Lösung im Vakuum wird siedender Methylalkohol zum erhitzten Rückstand zugegeben und der Porphyrinmethylester krystallinisch daraus gewonnen.

3. Der Nachweis von Fluorescyten im Blut nach KELLER und SEGGEL.

Mit einer Erythrocytenzählpipette wird an der Fingerbeere das Blut aufgesogen und mit isotonischer Salzlösung (Kochsalz, Ringer, Natriumcitratlösung) verdünnt. Die erhaltene Erythrocytenaufschwemmung bringt man nun in eine Beobachtungskammer, die folgendermaßen zusammengesetzt ist: Auf einen Objektträger aus nichtfluorescierendem Glas (Uviol) werden 2 gewöhnliche Deckgläser in etwa 1 cm Abstand gelegt und die Lücke mit einem Euphosdeckglas (Firma Schott und Gen., Jena) überbrückt. In den so entstandenen Kammerspalt bringt man einige Tropfen der Erythrocytenaufschwemmung und wartet die Sedimentierung der Zellen ab. Diese Kammer wird dann auf dem

Kreuztisch eines Fluorescenzmikroskopes, das mit Ultraviolettstrahlen einer Bogenlampe beleuchtet wird, befestigt.

4. Bestimmung der Porphyrinisomerie mittels der p_H-Fluorescenzkurven nach FINK und HOERBURGER.

Für jede Messung wird eine Pufferserie hergestellt, die von p_H 2 an in Stufen von 0,2 p_H-Einheiten bis p_H 8 führt. Die zu gebrauchenden Pufferlösungen bestehen aus einer $^1/_5$ molaren sekundären Natriumphosphatlösung und einer $^1/_{10}$ molaren Citronensäurelösung (McILVAINE). In 30 ccm Puffergemisch kommen genau dosierte gleiche Mengen von Porphyrinstandardlösung. Zur Messung kommen die Proben in Glascuvetten aus Uviolglas und werden mit der Fluorescenzstufenphotometrie nach FINK auf die Porphyrinfluorescenzintensität quantitativ gemessen. Da das Porphyrin sich teilweise in den Pufferlösungen in kolloidalem Zustand befindet, können damit Abweichungen des Fluorescenzlichtes entstehen. Diese Störung läßt sich durch Verwendung eines, nur für das rote Fluorescenzlicht durchlässigen Filters beheben. Aus den gewonnenen Zahlen werden dann Kurven hergestellt, die auf dem Koordinatensystem p_H: $10 \times \log$ der relativen Lichtintensität aufgebaut sind. Die mit dieser Methode gewonnenen Kurven sind auf S. 17 wiedergegeben.

5. Quantitative Porphyrinbestimmungen.

Colorimetrische Methode nach W. THIEL. Das Porphyrin wird nach der FISCHERschen Methode aus dem Urin extrahiert und mit dem Absolutcolorimeter von LEITZ untersucht. Die Eichung des Apparates geschah mit Porphyrinlösungen (in Salzsäure) von bestimmter Konzentration. Es wurde eine Schichthöhe von 15 cm angewendet und die Bestimmung erfolgte mit der bekannten Graufilterlösung ohne jede Porphyrinvergleichslösung. Diese Bestimmungsmethode ist allerdings ungenau und gibt oft sehr abweichende Resultate. Sie ist daher heute außer Gebrauch.

Stufenphotometrische Bestimmung nach VANNOTTI-NEUHAUS. Bei genügend großen Mengen Porphyrin wird das PULFRICHsche Stufenphotometer für die direkte Konzentrationsbestimmung des Farbstoffes gebraucht. Zur Eichung des Stufenphotometers wurden zuerst Lösungen von Kopro- bzw. Uroporphyrin von bekannter Konzentration hergestellt. Da die Gewinnung von Porphyrinkrystallen ziemlich kompliziert ist und sich oft mühsam gestaltet, kann die Eichung des Stufenphotometers mit Hämatoporphyrin vorgenommen werden, das bekanntlich in reinen Krystallen von der chemischen Industrie zu erhalten ist. Quantitative Bestimmungen mit Uro- und Hämatoporphyrinstandardlösungen gleicher Konzentration haben eine gute Übereinstimmung der Werte ergeben. Die Absorptionskurven der beiden Farbstoffe sind sehr ähnlich, so daß man ohne weiteres für praktische Zwecke die stufenphotometrische Porphyrinbestimmung nach vorhergehender Apparateichung mit Hämatoporphyrin empfehlen kann. Die Schichtdicke, die gewöhnlich gebraucht wurde, beträgt 20 mm.

Spektrocolorimetrische Bestimmung nach SCHREUS und CARRIÉ. Die zu stimmende Porphyrinsalzsäurelösung wird in den Trog des AUTHENRIETHschen Colorimeters gebracht, im Colorimeterkeil befindet sich eine geeichte Koproporphyrinlösung. Vor das im AUTHENRIETH-Colorimeter befindliche Prisma wird nun ein Spektroskop gestellt, so daß sowohl das Spektrum der im Keil als auch das der im Trog befindlichen Lösung nebeneinander im Gesichtsfeld des Spektroskopes zu erblicken sind. Durch Verschieben des Keils werden die beiden verschiedenen Spektren in genaue Übereinstimmung gebracht (Intensität der Absorptionsbanden). Aus den abgelesenen AUTHENRIETH-Werten erhält man in der zuvor gewonnenen Eichtabelle den gewünschten Porphyringehalt der untersuchten Lösung.

Quantitative Porphyrinbestimmung mittels Fluorescenzintensitätsanalyse (FINK, FIKENTSCHER). Es wird die Luminescenzintensität einer Porphyrinlöung mit einem Colorimeter gemessen. Am einfachsten mit dem PULFRICH-Stufenphoto-meter. Es wird das Photometer vor der HANAUERschen Analysenquarzlampe aufgestellt, an den beiden Photometeröffnungen befinden sich die zwei Cuvetten für die Porphyrinlösungen, in die eine kommt die zu untersuchende, in die andere die Standard-Porphyrinlösung. Das Ultraviolettlicht der Hanauer-lampe wird durch eine Kupfersulfatlösung und durch ein spezielles U.V.-Filter filtriert und gelangt schließlich in die Cuvette. Zwischen diesen und dem Photometer befindet sich ein Euphosglasfilter. Man kann an Stelle der leicht veränderlichen Standardlösung ein zusammengesetztes Glasfilter verwenden,

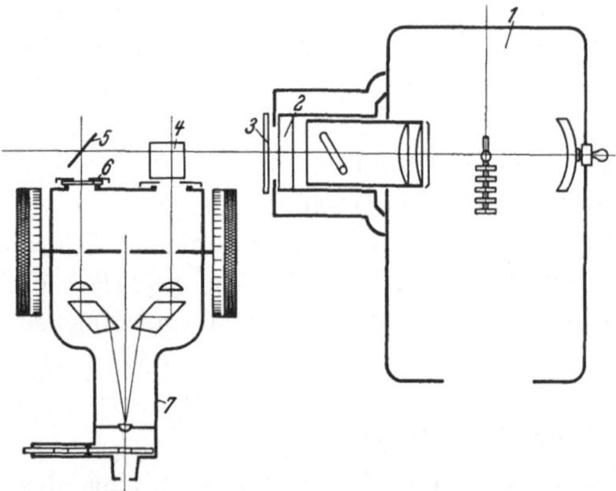

Abb. 63. Anordnung zur quantitativen Porphyrinbestimmung mittels Fluorescenzintensitätsanalyse (nach VANNOTTI und NEUHAUS). *1* Fluorescenzlampe von REICHER-Wien. An Stelle der Metallbogenlampe wird eine punktförmige Hanauer Quecksilberdampflampe gebraucht (die Hanauerlampe kann auch direkt senkrecht der Stufenphotometerachse gebracht werden). *2* Cuvette mit Kupfersulfatlösung. *3* U.V.-Filter. *4* Quarzcuvette für die untersuchende Porphyrinlösung. *5* Zusammengesetztes Filter zur Erzeugung der roten Fluorescenz. *6* Spaltblende. *7* Stufenphotometer nach PULFRICH (Zeiss-Jena).

das unter Belichtung mit Ultraviolettstrahlen eine rote Fluorescenzfarbe abgibt. Mit dem Stufenphotometer wird damit die Fluorescenzintensität nach vorheriger Eichung des Apparates quantitativ bestimmt.

Quantitative Porphyrinbestimmung mittels Fluorescenzintensitätsanalyse nach VANNOTTI *und* NEUHAUS. Das Prinzip der Methode entspricht der oben erwähnten Beschreibung und die Apparatur ist in ihrer Anordnung aus nachstehender Abbildung ersichtlich.

Die Cuvette mit der Porphyrinlösung wird seitlich durch eine Hanauer Punktlichtlampe bestrahlt; man mißt die damit erzeugte Fluorescenz mit dem zu der Fluorescenzlampenachse senkrecht stehenden Stufenphotometer. Es wird nur ein Teil der fluorescierenden Lösung mittels einer Spaltblende bemessen. Mit dieser Anordnung kann man das Euphosfilter ausschalten und auch minimale Porphyrinspuren quantitativ nachweisen.

Spektrophotometrische Porphyrinbestimmungen. HEILMEYER sowie VIGILANI haben die quantitative Porphyrinbestimmung mit der spektrophotometrischen Methode angegeben. Diese sehr genaue Analyse ist ziemlich kompliziert, in Frage kommt das Spektralphotometer von KÖNIG und MARTENS, sowie die photographische spektrophotometrische Bestimmung mit rotierendem Sektor nach SCHEIBE. Diese komplizierten Methoden erfordern kostspielige Apparate und große Erfah-

rung auf dem Gebiet der Spektrophotometrie. Wir verweisen den Leser auf die
eingehende Bearbeitung der Methoden in der Publikation von L. HEILMEYER.

Anordnung für die Spektrophotographie der Porphyrinfluorescenz nach
CH. DHÉRÉ. Für die Spektrographie sind besonders intensive Erregungsstrahlen
und eine relativ große Objektivöffnung des Spektrographen erforderlich. Die
vorstehende Abb. 64 zeigt die Anordnung von DHÉRÉ. Die Achse des

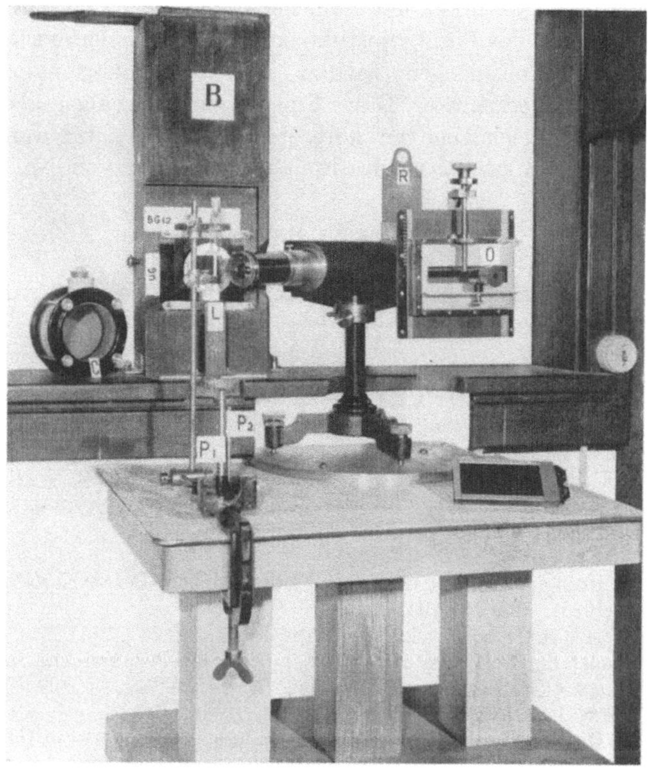

Abb. 64. Anordnung für die Fluorescenzspektrographie nach DHÉRÉ. B Beleuchtungsapparat (Bogenlampe).
UG Optisches System des Beleuchtungsapparates. C Cuvette mit der Kupfersulfatlösung. O Spalt des
Spektrographen mit Okular. R Spektrographenverschluß. L Halter der Mikrocuvette vor dem
Spektrographenobjektiv. P Kreuztischanordnung für die Justierung der Mikrocuvette.

Kollimators steht senkrecht zur Achse des Beleuchtungsapparates. Das Licht
einer automatischen Kohlenbogenlampe von 18—20 Amp. wird durch ein
optisches Quarzlinsensystem konzentriert und dann durch eine mit Kupfer-
sulfat gefüllte Cuvette aus Uviolglas und durch ein geeignetes Ultraviolettfilter
auf die zu untersuchende Flüssigkeit geleitet. Es werden zu diesem Zweck besonders schmale Röhrchen aus Uviolglas hergestellt. Im Spektrograph erfolgt die
Dispersion durch 2 große Prismen (stark dispersierendes Flintglas $n_D = 1,75$).
Das Objektiv des Kollimatorrohres hat eine relative Öffnung von F:4. Für das
Objektiv der photographischen Kamera beträgt die Öffnung F:6. Die Länge
des Spektrums von der Kaliumlinie (767 mμ) zu der Cadmiumlinie (399 mμ)
beträgt etwa 72 mm. (Wir benützen einen lichtstarken Spektrographen von der
Firma Fueß, Berlin.) Die DHÉRÉsche Versuchsanordnung erlaubt eine relativ

kurze Expositionszeit. Bei besonders günstigen Bedingungen kann man schon mit einer Belichtungszeit von etwa 2 Minuten ein Fluorescenzspektrum aufnehmen (Spalt = 0,08—0,15 mm). Selten bei einer Belichtungszeit von 15 Minuten und mehr läßt sich mit dieser Methode das störende Auftreten der Spektrumlinie der fluorescenzerregenden Lichtstrahlen auf die Platte vermeiden. Sehr geeignet für die Fluorescenzspektroskopie sind nach DHÉRÉ die Platten Ilfordspezial rapid panchromatic oder Wellington Spektrum Panchromatic.

In neuester Zeit hat DHÉRÉ mit ähnlicher Apparatur mit infraroten Platten das infrarote Gebiet des Porphyrinspektrums mit Erfolg erforscht. Für die Bestimmung der Wellenlängen benützt man das Emissionsspektrum des Heliums und des Quecksilbers. Diese Emissionslinien können aber nicht für die Ablesung der Wellenlänge im infraroten Gebiet benützt werden. Dafür haben DHÉRÉ und BIERMACHER das Emissionsspektrum von Ne, Ag, Ar und Ca verwendet.

Literatur zu Kapitel X.

CARRIÉ, C.: Die Porphyrine. Leipzig: Georg Thieme 1936.

DHÉRÉ, CH.: Nachweis der biologisch wichtigen Körper durch Fluoreszenz und Fluoreszenzspektren. ABDERHALDANS Handbuch der biologischen Arbeitsmethoden, Abt. II, Teil 3, S. 3097, Lief. 420.

— La fluorescence en Biochimie. Paris 1937.

— u. O. BIERMACHER: Sur le choix des raies de référence spectrale dans l'étude du tout proche infrarouge, spécialement pour la détermination des spectres de fluorescence. C. r. Soc. Biol. Paris **120**, 1162 (1935).

DOBRINER, K.: Urinary Porphyrins in Disease. J. of biol. Chem. **113**, 1 (1936).

FIKENTSCHER: Quantitative Porphyrinbestimmung durch Lumineszenzintensitätsmessung mit dem Stufenphotometer. Biochem. Z. **249**, 257 (1932).

FINK, H.: Hoppe-Seylers Z. **202**, 8 (1932).

FINK, H. u. W. HOERBURGER: Beiträge zur Fluoreszenz der Porphyrine. Hoppe-Seylers Z. **218**, 181 (1933); **225**, 49 (1934).

FISCHER, H.: Über das Uroporphyrin. Hoppe-Seylers Z. **95**, 34 (1915).

— Neuere Methoden der Isolierung und des Nachweises von Porphyrinen. ABDERHALDENS Handbuch der biologischen Arbeitsmethoden. Abt. I, Teil 11, S. 169. Lief. 211 und Abt. IV, Teil 5, I, S. 536.

GARROD, A. E.: On the occurence and detection of haematoporphyrin in the urine. J. of Physiol. **13**, 598 (1892).

HEILMEYER, L.: Medizinische Spektrophotometrie. Jena: Gustav Fischer 1933.

HIJMANS VAN DER BERGH u. W. GROTEPASS: Porphyrinämie ohne Porphyrinurie. Klin. Wschr. **1933 I**, 586.

KELLER, CH. J. u. K. A. SEGGEL: Über Vorkommen fluoreszierender Erythrozyten. Fol. haemat. (Lpz.) **52**, 241 (1934).

PIETTRE, M.: Biochimie des Proteins. Paris: Baillière 1937.

RIVA, A. u. L. ZOJA: Gazz. med. Torino **43**, 421 (1893).

SCHUMM, O.: Spektrochemische Analyse natürlich organischer Farbstoffe. Jena: Gustav Fischer 1937.

THIEL, W.: Quantitative Porphyrinmessungen bei verschiedenen Krankheiten, insbesondere bei Leberfällen. Verh. dtsch. Ges. inn. Med. **1933**.

TROPP, C. u. L. PENEW: Quantitative klinische Harnporphyrinuntersuchungen. II. Mitt. Dtsch. Arch. klin. Med. **180**, 411 (1937).

VANNOTTI, A. u. E. NEUHAUS: Quantitative Messungsmethode der Porphyrine. Z. exper. Med. **97**, 398 (1935).

VIGLIANI, E.: Ricerche spettrofotometriche sulle porfirine. Contributo allo studio dei metodi della loro determinazione quantitativa. Diag. e techn. lavoro **5**, 8 (1934).

WALDENSTRÖM, J.: Untersuchungen über Harnfarbstoffe, hauptsächlich Porphyrine, mittels der chromatographischen Analyse. Dtsch. Arch. klin. Med. **178**, 38 (1935).

WILLSTÄTTER u. A. STOLL: Untersuchungen über Chlorophyll. Berlin 1913.

Namenverzeichnis.

Die Kursivzahlen entsprechen den Literaturseiten am Schluß jedes Kapitels.